Hygienisch-mikrobiologische Wasseruntersuchung in der Praxis

Herausgegeben von
Irmgard Feuerpfeil
und Konrad Botzenhart

Beachten Sie bitte auch weitere interessante Titel zu diesem Thema

Hein, H., Kunze, W.

Umweltanalytik mit Spektrometrie und Chromatographie
Von der Laborgestaltung bis zur Dateninterpretation

2004
ISBN: 978-3-527-30780-7

Koelle, W.

Wasseranalysen – richtig beurteilt
Grundlagen, Parameter, Wassertypen, Inhaltsstoffe, Grenzwerte nach Trinkwasserverordnung und EU-Trinkwasserrichtlinie

2003
ISBN: 978-3-527-30661-9

Wasserchemische Gesellschaft, Fachgruppe in der GDCh, in Gemeinschaft mit dem Normenausschuss Wasserwesen (NAW) im DIN e.V. (Hrsg.)

Deutsche Einheitsverfahren zur Wasser-, Abwasser- und Schlamm-Untersuchung
Physikalische, chemische, biologische und bakteriologische Verfahren. Aktuelles Grundwerk

Loseblattwerk in Ordner
ISBN: 978-3-527-19010-2

Hygienisch-mikrobiologische Wasseruntersuchung in der Praxis

Nachweismethoden, Bewertungskriterien, Qualitätssicherung, Normen

Herausgegeben von
Irmgard Feuerpfeil und Konrad Botzenhart

WILEY-VCH Verlag GmbH & Co. KGaA

Herausgeber

Dr. Irmgard Feuerpfeil
Umweltbundesamt
Fachgebiet II 3.5
Heinrich-Heine-Str. 12
08645 Bad Elster

Prof. Dr. Konrad Botzenhart
Universität Tübingen
Inst. für Med. Mikrobiologie
Wilhelmstr. 31
72074 Tübingen

Bibliografische Information der Deutschen Nationalbibliothek
Die Deutsche Nationalbibliothek verzeichnet diese Publikation in der Deutschen Nationalbibliografie; detaillierte bibliografische Daten sind im Internet über http://dnb.d-nb.de abrufbar.

Printed in the Federal Republic of Germany

Gedruckt auf säurefreiem Papier

Satz K+V Fotosatz GmbH, Beerfelden

Druck Betz-Druck GmbH, Darmstadt

Bindung Litges & Dopf GmbH, Heppenheim

Cover Design Schulz Grafik-Design, Fußgönheim

ISBN 978-3-527-31569-7

Inhaltsverzeichnis

Hygienisch-mikrobiologische Wasseruntersuchung in der Praxis.
Irmgard Feuerpfeil und Konrad Botzenhart (Hrsg.)

ISBN: 978-3-527-31569-7

Geleitwort

Trinkwasser muss frei sein von Krankheitserregern

So streng diese grundsätzliche Forderung der Hygiene ist, so schwierig sie in letzter Konsequenz in der Praxis der Trinkwasserversorgung in voller Konsequenz umzusetzen ist, so profitiert die Praxis doch von der Tatsache, dass Krankheitserreger im Trinkwasser fast immer die Folge einer Kontamination mit tierischen oder menschlichen Abgängen sind.

Im Vergleich zur chemischen Analyse hat die Mikrobiologie den unschätzbaren Vorteil, über einen Indikator zu verfügen, um nicht auf alle erdenklichen Krankheitserreger prüfen zu müssen: *E. coli*. Eine Differenzierung war von untergeordnetem Interesse, solange enteropathogene *E. coli* (z. B. EHEC) keine besondere Aufmerksamkeit erforderten.

Für den Praktiker wäre es natürlich erfreulich, wenn es dabei bliebe. Dieser Standpunkt wurde viele Jahrzehnte in der Praxis vertreten und so konnten sich Fachbücher wie das von Karl Höll auf einige wenige Bestimmungsmethoden beschränken, einschließlich der Koloniezahl auf Nährböden bei verschiedenen Temperaturen und dem Nachweis der so genannten Coliformen, was immer darunter zu verstehen sein mag. Nun haben sich die wissenschaftlichen Erkenntnisse weiterentwickelt und neben den Indikatoren haben eine große Zahl von Pathogenen zunächst ein wissenschaftliches und darüber hinaus auch ein praktisches Interesse gefunden. Oder umgekehrt: so lange keine praktikablen Nachweismethoden vorlagen, mussten mit überdehnten Vermutungen, um nicht zu sagen Spekulationen, Schlussfolgerungen aus den Befunden von Indikatororganismen hilfsweise abgeleitet werden.

Die Weiterentwicklung von mikrobiologischen Nachweismethoden ist also nicht nur wissenschaftlichem Interesse sondern auch praktischer Notwendigkeit geschuldet. Die Methodik hat inzwischen einen solchen Umfang erreicht, dass sie schon seit einiger Zeit nicht mehr in Wasserlehrbüchern abgehandelt werden kann, sondern eine eigenständige Sammlung erfordert. Diesem Ziel dient das vorliegende Buch. Es ist die Fortentwicklung einer ersten umfassenden Methodensammlung für das Wasserfach des vormaligen Instituts für Hygiene und Mikrobiologie in Bad Elster, der jetzigen Dienststelle des Umweltbundesamtes und Teil seiner Trinkwasserabteilung.

Hygienisch-mikrobiologische Wasseruntersuchung in der Praxis.
Irmgard Feuerpfeil und Konrad Botzenhart (Hrsg.)

ISBN: 978-3-527-31569-7

Auf eine Besonderheit sei noch hingewiesen: Grundsätzlich ist neben dem tatsächlichen Nachweis von Krankheitserregern auch und besonders die Indikation der Reinheit, also der Abwesenheit von Indikatororganismen, das Ziel der mikrobiologischen Untersuchung zur seuchenhygienischen Bewertung der Wasserqualität. Unter diesem Aspekt kommt es nicht so sehr auf wissenschaftliche Genauigkeit bei der Erfassung einer Gruppe von Bakterien an, als auf die Zuverlässigkeit und Einfachheit der Bestimmung. Gemeint sind die Coliformen. Hierüber besteht eine wissenschaftliche Meinungsvielfalt, der die Praxis etwas verständnislos gegenübersteht. Einen Ausweg aus einer solchen Vielfalt, die durchaus ihre Berechtigung haben kann und die im vorliegenden Buch reflektiert wird, kann nur ein normativer Konsens bieten, der entweder in internationalen Standards oder in besonderen Fällen als Legaldefinition in einer Rechtsnorm, also in der Trinkwasserverordnung, eingebracht wird. Die Entwicklung unterschiedlicher kommerzieller Methoden für den mikrobiologischen Nachweis wird zwar die Vergleichbarkeit der Ergebnisse erschweren. Das ist aber für die Eigenkontrolle des Trinkwassers hinnehmbar, wenn dafür die immer noch viel zu lange Zeit zwischen dem Ansatz der mikrobiologischen Probe und dem Vorliegen eines Ergebnisses abgekürzt werden kann, wenn keine falsch negativen Ergebnisse erzielt werden und wenn im Zweifel eine Legaldefinition dessen, was als maßgeblicher Befund zu werten ist, herangezogen werden kann.

Hygiene des Trinkwassers ist ein weltweites Problem und die mikrobiologische Überwachung überall erforderlich. Eine entsprechend weite Verbreitung wird dem vorliegenden Buch gewünscht.

Berlin, November 2007
Prof. Dr. Andreas Grohmann

Autorenverzeichnis

Konrad Botzenhart
Eberhard-Karls-Universität Tübingen
Institut für Medizinische
Mikrobiologie und Hygiene
Wilhelmstraße 31
72074 Tübingen

Martin Exner
Hygiene Institut der Universität Bonn
Sigmund-Freud-Straße 25
53105 Bonn

Irmgard Feuerpfeil
Umweltbundesamt
Fachgebiet II 3.5
„Mikrobiologie des Trink-
und Badebeckenwassers"
Heinrich-Heine-Straße 12
08645 Bad Elster

Jens Fleischer
Regierungspräsidium Stuttgart
Landesgesundheitsamt
Referat 93 – Wasserhygiene
Nordbahnhofstraße 135
70191 Stuttgart

Andreas Grohmann
Holbeinstr. 17
12203 Berlin

Beate Hambsch
DVGW – Technologiezentrum Wasser
(TZW) Abteilung Mikrobiologie
Karlsruher Straße 84
76139 Karlsruhe

Gerhard Hauk
Facharzt für Hygiene
und Umweltmedizin
Landesamt für Gesundheit
und Soziales MV
Abteilung 3
Gertrudenstraße 11
18057 Rostock

Ernst-August Heinemeyer
Niedersächsisches
Landesgesundheitsamt
Außenstelle Aurich
Lüchtenburger Weg 24
26603 Aurich

Stefanie Huber
Bayerisches Landesamt für Gesundheit
und Lebensmittelsicherheit
Sachgebiet Umweltmikrobiologie (S5)
Veterinärstraße 2
85764 Oberschleißheim

Hygienisch-mikrobiologische Wasseruntersuchung in der Praxis.
Irmgard Feuerpfeil und Konrad Botzenhart (Hrsg.)

ISBN: 978-3-527-31569-7

Annette Hummel
Umweltbundesamt
Fachgebiet II 3.5
„Mikrobiologie des Trink-
und Badebeckenwassers“
Heinrich-Heine-Straße 12
08645 Bad Elster

Katrin Luden
Niedersächsisches
Landesgesundheitsamt
Außenstelle Aurich
Lüchtenburger Weg 24
26603 Aurich

Andrea Rechenburg
Hygiene Institut der Universität Bonn
Sigmund-Freud-Str. 25
53105 Bonn

Roland Schulze Röbbecke
Universitätsklinikum Düsseldorf
Institut für Medizinische Mikrobiologie
und Krankenhaushygiene
Universitätsstr. 1
40225 Düsseldorf

Benedikt Schaefer
Umweltbundesamt
Dienstgebäude Bad Elster
FG II 3.5
Heinrich-Heine-Straße 12
08645 Bad Elster

Haribert Schickling
AKS Staatliche Akkreditierungsstelle
Hannover
Calenberger Straße 2
30169 Hannover

Peter Schindler
Landesuntersuchungsamt
für das Gesundheitswesen Südbayern
Veterinärstraße 2
85764 Oberschleißheim

Oliver Schneider
Regierungspräsidium Stuttgart
Landesgesundheitsamt
Referat 93 – Wasserhygiene
Nordbahnhofstraße 135
70191 Stuttgart

Dirk Schoenen
Hygiene-Institut der Universität
Sigmund-Freud-Straße 25
53127 Bonn

Jürgen-M. Schulz
AKS Staatliche Akkreditierungsstelle
Hannover
Calenberger Straße 2
30169 Hannover

Regine Szewzyk
Umweltbundesamt
FG II 1.4
Corrensplatz 1
14195 Berlin

Steffen Uhlig
quo data Gesellschaft für Qualitätsmanagement und Statistik mbH
Kaitzer Straße 135
01187 Dresden

Peter Werner
Institut für Abfallwirtschaft
und Altlasten
Technische Universität Dresden
Pratzschwitzerstr. 15
01796 Pirna

Albrecht Wiedenmann
Gesundheitsamt des
Landkreises Esslingen
Sachgebiet Infektionsschutz
und Umwelthygiene
Beblinger Str. 2
73728 Esslingen

1
Allgemeines

Konrad Botzenhart und Irmgard Feuerpfeil

Zum Schutz der menschlichen Gesundheit kommt der Sicherung der Trinkwasserversorgung eine hohe Bedeutung zu. Krankheitserreger können über das Trinkwasser wie durch kein anderes Medium in großen Teilen der Bevölkerung verteilt werden. Durch die Schaffung großer, zentraler Wasserversorgungen können gleichzeitig viele Menschen erkranken, wenn ein mit Krankheitserregern belastetes Trinkwasser verteilt wird. Um derartige Gesundheitsgefährdungen auszuschließen, sind strenge Anforderungen an das Trinkwasser festgelegt.

Bereits am 16. Juni 1906 veröffentlichte das Kaiserliche Gesundheitsamt die „Anleitung für die Errichtung, den Bau und die Überwachung öffentlicher Wasserversorgungsanlagen, welche nicht ausschließlich technischen Zwecken dienen". Damit wurde vor 100 Jahren ein Ordnungsrahmen für die Trinkwasserhygiene in Deutschland geschaffen, der nicht an Aktualität eingebüßt hat. In der dazu entwickelten Strategie spielten bereits die bakteriologische Untersuchung des Trinkwassers und das Indikatorprinzip eine hervorragende Rolle.

Das Erkennen der Zusammenhänge zwischen Seuchenausbrüchen und Wasserqualität war eng verbunden mit der Entwicklung der bakteriologischen Untersuchungsverfahren für Trinkwasser.

Neuere Entwicklungen seit Bekanntmachung der EG-Richtlinie zur „Qualität des Wassers für den menschlichen Gebrauch" (98/83/EG, 1998) wurden in der TrinkwV 2001 in nationales Recht umgesetzt.

Mit der Bezeichnung „Wasser für den menschlichen Gebrauch" wurde durch die EG-Richtlinie und die TrinkwV 2001 der Geltungsbereich dahingehend erweitert, dass nicht nur das Wasser zum Trinken hohen Anforderungen im hygienischen Sinn gerecht werden muss, sondern die gleichen Anforderungen an das Wasser zur Körperreinigung, zur Zubereitung von Speisen und zum Wäschewaschen eingehalten werden müssen.

Um in der EG und auch in Deutschland vergleichbare Untersuchungsergebnisse zu erhalten, wurden in der EG-Richtlinie und in der TrinkwV 2001 für die mikrobiologischen Parameter die Untersuchungsverfahren, die Untersuchungsvolumina, die Untersuchungshäufigkeit und die Stelle der Einhaltung der Parameterwerte verbindlich vorgeschrieben.

Hygienisch-mikrobiologische Wasseruntersuchung in der Praxis.
Irmgard Feuerpfeil und Konrad Botzenhart (Hrsg.)

ISBN: 978-3-527-31569-7

Die Untersuchungsverfahren sind in den meisten Fällen genormt. Die in den letzten Jahrzehnten zur Untersuchung der Trink- und Badewasserproben eingesetzten Verfahren waren sog. „presence-absence" Tests und wiesen die Mikroorganismen nur qualitativ nach. Die neuen Anforderungen an die Überwachung mit konzentrationsabhängiger Bewertung erfordern Untersuchungsverfahren, die eine quantitative Bestimmung der Parameter ermöglichen.

Durch die Einführung generell neuer Referenzmethoden zum Nachweis der mikrobiologischen Überwachungsparameter gibt es auch in dieser Hinsicht für Deutschland Neuerungen.

Im Falle der Bestimmung von *E. coli* werden z. B. durch Änderung des Nachweisprinzips jetzt auch anaerogene *E. coli* mit erfasst.

Das neue Nachweisverfahren für Enterokokken grenzt die nach TrinkwV 1990 bestimmte physiologische Gruppe der Fäkalstreptokokken auf den Nachweis von 4 typisch „fäkalen" Enterokokkenarten ein.

Ebenso wird mit der Bestimmung von *C. perfringens* der „fäkale" Vertreter der Clostridien anstatt der physiologischen Gruppe „sulfitreduzierende sporenbildende Anaerobier" erfasst.

Neu ist auch, dass nach § 15 Abs. 1 TrinkwV 2001 die Anwendung anderer, alternativer Methoden ermöglicht wird, sofern sie gleichwertige Ergebnisse zum Referenzverfahren (nach DIN EN ISO 17994) liefern.

Die Entwicklung führt neuerdings zu Methoden, mit denen typische Enzymwirkungen durch chromogene oder fluorogene Substrate nachgewiesen werden.

Die Trinkwasserinstallation von öffentlichen Gebäuden wurde verstärkt in die Überwachung der Trinkwasserqualität einbezogen, um neu erkannte Gefährdungen durch Biofilme und Wiederverkeimungen nach der Verteilung des Trinkwassers unter den Bedingungen der Hausinstallation erkennen und wirkungsvoll bekämpfen zu können. Hier kommt der Trinkwasserinstallation in medizinischen Einrichtungen, wie Krankenhäusern und Pflegeheimen, insbesondere Kontaminationen mit Legionellen und *P. aeruginosa*, besondere Bedeutung zu. Diese nicht fäkal bedingten Krankheitserreger werden durch das Indikatorprinzip nicht erfasst und müssen innerhalb der Überwachung direkt untersucht werden. Im Falle der Legionellen wurde erstmals die direkte Bestimmung eines Krankheitserregers in der TrinkwV 2001 gefordert. Legionellen und *P. aeruginosa* sind aber auch in die Überwachung von nach DIN 19643 betriebenen Beckenbädern einbezogen worden.

Im Falle weiterer Krankheitserreger, wie wasserübertragbarer Viren oder Parasitendauerformen, ist eine sog. „Endproduktkontrolle" des Trinkwassers zur Überwachung aus methodischen Gründen nicht sinnvoll, zu aufwendig und zu kostenintensiv.

Hier sollten zur Risikoabschätzung vor möglichen Kontaminationen des Trinkwassers sog. „water safety plans", die durch die WHO vorgeschlagen wurden, eingesetzt werden.

Die „Endproduktkontrolle" des Trinkwassers wird hier ersetzt bzw. ergänzt durch die „Prozesskontrolle" mit Ermittlung der Rohwasserbelastung durch sog. Indexpathogene (z. B. *Campylobacter*) und Bestimmung der Reduktionsraten durch die Trinkwasseraufbereitungsverfahren mittels Indikatoren.

Auch für die Badegewässer gibt es seit 2006 eine neue EG-Richtlinie (2006/7/EG, 2006), deren Vorgaben in deutsches Recht umgesetzt werden müssen. Hier sind ebenfalls wesentliche Neuerungen zu beachten, die auf den verbesserten Gesundheitsschutz der Badenden gerichtet sind. Unter anderem werden ebenfalls neue mikrobiologische Überwachungsparameter und Nachweisverfahren vorgegeben.

Die mikrobiologischen Untersuchungen zur Überwachung der Trink- und Badewasserqualität erfordern von den Untersuchungsstellen auch die Einhaltung neuer Qualitätskriterien – sie müssen eine Akkreditierung nachweisen. Damit soll sichergestellt werden, dass die Labore mit hoher Zuverlässigkeit und Sachkenntnis die Untersuchung der Wasserproben, einschließlich der Probenahme, nach den vorgeschriebenen Nachweisverfahren und Normen durchführen.

Die fachlich kompetente Untersuchung der Wasserproben, die Befundinterpretation durch den Amtsarzt oder in speziellen Fällen gemeinsam mit einem dafür geeigneten Hygieneinstitut stellen sicher, dass den Verbrauchern ein den Anforderungen der TrinkwV 2001 und weiterer technischer Regeln entsprechendes Trinkwasser zur Verfügung gestellt werden kann. Dies gilt in gleichem Maße für die Qualität des Badewassers.

Zu Fragen der hygienisch-mikrobiologischen Untersuchung der Wasserproben und zur Befundbewertung sollen die Beiträge in diesem Buch Antworten und Unterstützung geben.

2
Methodische Grundlagen

Benedikt Schaefer

Die gesetzlichen Rahmenbestimmungen zum Betrieb eines Labors für mikrobiologische Wasseruntersuchungen umfassen neben den Arbeitsschutzbestimmungen auch seuchenrechtliche Aspekte. Da bei der Anzucht von Mikroorganismen aus Umweltproben nicht ausgeschlossen werden kann, dass auch pathogene Erreger angereichert werden, sind die Bestimmungen des Infektionsschutzgesetztes (IfSG) zu beachten. Eine Ausnahme kann man für Laboratorien annehmen, in denen nur Koloniezahlbestimmungen, Untersuchungen auf das Vorkommen von *E. coli* und coliforme Keime und auf intestinale Enterokokken durchgeführt werden. Bei allen anderen Untersuchungen ist davon auszugehen, dass im Labor mit Krankheitserregern umgegangen werden muss, beispielsweise im Rahmen der Qualitätssicherung (Positivkontrollen, Ringversuchsproben). Die wichtigste Voraussetzung für den Umgang mit Krankheitserregern ist eine entsprechende Erlaubnis für den Laborleiter gemäß § 44 Infektionsschutzgesetz (IfSG). Die geplante Aufnahme von Tätigkeiten mit Krankheitserregern ist gemäß § 49 IfSG anzeigepflichtig.

Laboratorien, die Untersuchungen gemäß Trinkwasserverordnung (TrinkwV) durchführen, müssen gemäß § 15 Abs. 4 von der zuständigen Behörde des jeweiligen Bundeslandes dafür zugelassen sein. Voraussetzung für die Zulassung ist eine Akkreditierung (s. a. Kapitel 3.1).

2.1
Reinigen und Sterilisieren der Labormaterialien

Benedikt Schaefer

Vor der Beschaffung von Labormaterialien ist die grundsätzliche Frage zu klären, ob Einwegmaterial oder wieder verwendbare Artikel verwendet werden sollen. Einwegmaterial ist in der Regel gebrauchsfertig und wird nach Gebrauch entsorgt. Das führt zu großen Mengen Müll. Die Kosten für die Müllentsorgung müssen bei der Wirtschaftlichkeitsbetrachtung berücksichtigt werden. Das

Hygienisch-mikrobiologische Wasseruntersuchung in der Praxis.
Irmgard Feuerpfeil und Konrad Botzenhart (Hrsg.)

ISBN: 978-3-527-31569-7

Waschen der wieder verwendbaren Materialien erfordert den Einsatz von Arbeitszeit, Waschwasser und Reinigungsmitteln.

Petrischalen sind aus Kunststoff oder aus Glas. Glaspetrischalen werden vor Befüllen mit Nährboden durch Heißluft sterilisiert, Kunststoffpetrischalen genügen bei üblichen Verwendungszwecken ohne weitere Sterilisation den Anforderungen. Bei längeren Inkubationszeiten wie zum Beispiel bei der Untersuchung auf Legionellen sollte strahlensterilisierten Petrischalen der Vorzug gegeben werden.

2.1.1
Reinigung

Glasgeräte und wieder verwendbare Kunststoffartikel werden grundsätzlich vor jedem Gebrauch, auch vor dem Erstgebrauch, mit handelsüblichen Spülmitteln heiß gewaschen. Vorteilhaft ist die Verwendung von Laborglas-Waschautomaten mit den dazugehörigen Spezialwaschmitteln. Für die verschiedenartigen Glasgefäße und Geräte gibt es Wascheinsätze. Besonders für die Innenreinigung von engen Röhren wie Glaspipetten sind dafür konstruierte Wascheinsätze unverzichtbar. Bei manuellem Waschen ist unter Waschmittelzugabe ebenfalls heiß zu waschen. Hier empfiehlt sich mehrmaliges Nachspülen mit heißem Wasser. Wichtig für die Sauberkeit des Glases ist ein abschließendes Klarspülen mit Wasser von hoher Reinheit. Für mikrobiologische Untersuchungen reicht in der Regel das Spülen mit destilliertem Wasser oder vollentsalztem Wasser (VE-Wasser) aus.

2.1.2
Heißluftsterilisation

Nach dem Waschen wird das Glas im Trockenschrank getrocknet und anschließend in Heißluftsterilisatoren sterilisiert. Öffnungen bei Flaschen, Kolben u. ä. werden vor der Sterilisation mit Verschlüssen oder mit Aluminiumfolie abgedeckt. Verschlüsse müssen dabei locker sitzen, um ein Platzen der Gefäße zu vermeiden (Ausnahme: Autoklav mit Stützdruck). Bei Verwendung von Glasflaschen mit Schliffstopfen ist zwischen Flaschenschliff und Stopfen ein schmaler Streifen Aluminiumfolie oder Papier anzubringen. Das Ende des Streifens wird dazu umgeknickt und vor Einsetzen des Stopfens in die Flaschenöffnung gehängt. Den danach eingesetzten Stopfen deckt man mit Aluminiumfolie ab, so dass Verschluss und Flaschenhals bedeckt sind. Geräte, wie Pinzetten oder Spatel, werden in ein Becherglas gegeben, und der Behälter wird mit Aluminiumfolie abgedeckt. Bei geringem Verbrauch können Kleingeräte auch in größeren Petrischalen oder einzeln in Aluminiumfolie gewickelt sterilisiert werden.

Beim Beschicken eines Heißluftsterilisators ist darauf zu achten, ob das Material die erforderlichen hohen Temperaturen verträgt. Probleme bereiten dabei insbesondere Kunststoffartikel und Stopfen aus Zellstoff. Materialien, die nicht mindesten 160 °C vertragen, sollten durch Autoklavieren sterilisiert werden (s. a. Abschnitt 2.2.3). Bei Kunststoffteilen, die Erhitzung vertragen, ist häufig die maximal zulässige Temperatur eingeprägt oder aufgedruckt. Die gebräuchlichen Laborflaschen mit blauen Schraubverschlüssen und Ausgießringen können nur bis 140 °C autoklaviert werden; gleiche Flaschen mit etwas teueren roten Verschlüssen und Ausgießringen können bis 200 °C erhitzt werden. Wenn Kunststoffartikel nicht mit der Angabe der maximal zulässigen Temperatur gekennzeichnet sind, helfen Nachfragen bei der Bezugsquelle weiter.

Die Hitzesterilisation kann durch Einwirkzeiten von mindestens zwei Stunden bei 160 °C, einer Stunde bei 170 °C oder einer halben Stunde bei 180 °C erfolgen. Siehe hierzu auch die Hinweise in der DIN EN ISO 19458 (2006) oder im Deutsches Arzneibuch (DAB, 2006). Besonders bei großen Heißluftsterilisatoren ist die Aufheizzeit zu berücksichtigen. Auch ist darauf zu achten, dass die Luftumwälzung im Heißluftsterilisator nicht zu sehr durch dichte Beschickung behindert wird. An allen Wänden muss entsprechender Abstand eingehalten werden, bei großen Geräten sollte auch in der Mitte eine Schneise für Luftumwälzung freigelassen werden. Der Erfolg der Heißluftsterilisation ist mit Indikatoren regelmäßig zu überprüfen.

2.1.3 Lagerung von sterilen Labormaterialien

Es ist darauf zu achten, dass einmal sterilisierte Artikel nicht unbegrenzt lange steril bleiben. Glaspetrischalen müssen spätestens nach einer Woche Lagerung erneut sterilisiert werden, andere Laborartikel in der Regel nach einem Monat. Bereits sterilisierte Labormaterialien sind so zu lagern, dass immer die Artikel mit der längsten Lagerzeit zum Gebrauch entnommen werden. Es soll verhindert werden, dass nur ein Teil der Materialien umgeschlagen wird und der nicht umgeschlagene Rest überlagert wird. Als Merksatz hierzu hat sich der Begriff „LILO“ (Last In Last Out) etabliert. Die Länge der Lagerzeit ist für die verschiedenen Materialien durch Sterilkontrollen zu evaluieren und zu dokumentieren.

2.2 Herstellung und Aufbewahrung von Nährböden

Benedikt Schaefer

Die Herstellung der Nährböden ist in den einzelnen Kapiteln im Zusammenhang mit der Beschreibung des Untersuchungsverfahrens detailliert beschrieben. Hier sollen einige grundlegende Bemerkungen genügen. Hinweise finden sich auch in den Normen ISO/TS 11133-1 sowie dem Entwurf ISO 11133-2. Beide Normen gelten für Nährmedien aus der Lebensmittelmikrobiologie. Derzeit wird daran gearbeitet, die beiden Teile zu einer neuen einteiligen ISO 11133 mit Geltungsbereich für Lebensmittelmikrobiologie und Wassermikrobiologie fortzuentwickeln. Diese Norm wird Hinweise zu Qualitätskontrollen beim Hersteller sowie beim Verbraucher von Nährmedien enthalten. Dazu wird eine Liste mit Referenzstämmen aufgenommen, die für qualitative oder quantitative Qualitätskontrollen einzusetzen sind.

Nährmedien sind hitzeempfindlich. Sie sollten daher so schonend wie möglich erwärmt und autoklaviert werden. Die Gefäße für die Zubereitung von Nährmedien sollten so groß gewählt werden, dass der Inhalt auf einmal verbraucht wird.

2.2.1
Fertignährböden

Die Vorschrift zur Verwendung von Fertignährböden ist normalerweise auf den Behältern zu finden, in denen sie gekauft werden. Hersteller von mikrobiologischen Medien oder einzelnen Bestandteilen bieten häufig ein Buch über die Verwendung, Zubereitung und Zusammensetzung der Medien an. Da Angaben zur Charge und zum Haltbarkeitsdatum auf der Handelspackung zu finden sind, sollten die Medien nicht umgefüllt werden. Die Größe der Packungseinheiten und die jeweils bestellte Menge müssen sich am Verbrauch orientieren. Die Lagerung erfolgt trocken und dunkel bei Raumtemperatur in den dicht verschlossenen Behältern. Nach Überschreiten des Mindesthaltbarkeitsdatums dürfen Medien und ihre Bestandteile nicht mehr verwendet werden. Verklumpte Pulver und Granulate sind zu verwerfen. Es werden gebrauchsfertige Petrischalen, Kolben, Flaschen oder Nährkartonscheiben mit verschiedenen Nährmedien angeboten. Bei allen Produkten dieser Art wird die Verwendung vom Hersteller genau beschrieben. Trotz großer Anstrengungen der Hersteller zur Chargenkontrolle ist eine Eingangskontrolle der Fertignährböden beim Kunden unverzichtbar. Sinnvoll ist in diesem Zusammenhang die Verwendung von Regelkarten zur Überprüfung des möglichen Einflusses von Chargenwechseln auf das Untersuchungsergebnis (s. Kapitel 3). Dabei sollten die Nährböden so überprüft werden, wie es dem späteren Einsatz bei Untersuchungsaufträgen entspricht. So muss zum Beispiel bei Medien, die für Membranfiltrationen eingesetzt werden, auch die Chargenkontrolle mit Membranfiltrationsansätzen durchgeführt werden.

2.2.2
Zubereitung

Die meisten Nährmedien werden in Pulver- oder Granulatform angeboten. Diese werden gegebenenfalls mit den weiteren Bestandteilen des Mediums in ein genügend großes Gefäß eingewogen und durch Zugabe von entsalztem oder frisch destilliertem Wasser aufgeschlämmt. Die Bestandteile werden durch Umschütteln und bei agarhaltigen Medien nach ca. 20-minütigem Quellenlassen durch Erhitzen im Dampftopf gelöst. Erst wenn die Lösung homogen ist, kann der pH-Wert mittels Indikatorpapier oder hitzebeständiger Elektrode kontrolliert und gegebenenfalls korrigiert werden. Dabei ist die Abhängigkeit des pH-Wertes von der Temperatur zu beachten. Nach Einstellen des pH-Wertes wird mit Aqua dest. zum Endvolumen aufgefüllt. Als Gefäße für die Zubereitung von Nährmedien haben sich neben Glaskolben und „Nährbodenflaschen“, die mit Kappen oder Stopfen verschlossen werden, auch Laborglasflaschen mit Schraubverschluss durchgesetzt.

2.2.3 Sterilisation

Sie ist im Anschluss an die Bereitung des Nährbodens erforderlich, weil Peptone bzw. Trockennährboden immer in geringem Maße keimhaltig oder sporenhaltig sind. Die Sterilisation erfolgt im Autoklav bei 121 °C in 15–20 min. Die Zeitspanne vom Erreichen der Sterilisationstemperatur am Thermometer des Autoklaven bis zum Erreichen der Sterilisationstemperatur im Nährboden, die sog. Ausgleichszeit, beträgt bei kleinen Volumina (bis 50 ml) etwa 3 min. Dies fällt kaum ins Gewicht. Die Ausgleichszeit beträgt jedoch bei einem Liter etwa 20 min. Daher ist von dem Ansatz größerer Volumina als einem Liter abzusehen. Wenn ein Autoklav ohne Stützdruck verwendet wird, empfiehlt es sich, ein Volumen Nährboden in einem doppelt so großen Gefäß zu autoklavieren, also z. B. 1 l in einer 2 l-Flasche. Bei flüssigem Beschickungsgut ist eine Deckelverriegelung vorgeschrieben, die ein Öffnen des Gerätes erst erlaubt, wenn das Beschickungsgut auf Temperaturen unter 80 °C abgekühlt ist. Das soll verhindern, dass es zum Siedeverzug und damit zur Gefährdung des Personals kommen kann. Die Kontrolle der Temperatur des Beschickungsgutes muss dabei mit einem Messfühler in einem Referenzgefäß erfolgen. Wenn diese direkte Kontrolle der Flüssigkeitstemperatur nicht möglich ist (z. B. bei alten Autoklaven oder Autoklaven mit einem geringen Kammervolumen), muss die Kammertemperatur auf 50–60 °C gefallen sein, bevor der Deckel geöffnet werden darf. Der Erfolg des Autoklavierens ist wie bei der Heißluftsterilisation durch geeignete Indikatoren zu überprüfen.

Empfindliche Nährböden, besonders zuckerhaltige, werden für 30 min bei maximal 110 °C oder fraktioniert an drei aufeinanderfolgenden Tagen für 30 min bei 100 °C im strömenden Wasserdampf sterilisiert. Für Sterilisation bei Atmosphärendruck kann auch ein Dampftopf eingesetzt werden. Zur Herstellung von Agarplatten ist der Nährboden nach dem Autoklavieren in einem Wasserbad auf 48–50 °C abzukühlen und dann in sterile Petrischalen auszugießen. Wird zu heiß gegossen, bildet sich sehr viel Kondenswasser. Müssen nach der Sterilisation dem Nährboden hitzeunverträgliche Substanzen oder deren sterilfiltrierte Lösungen zugegeben werden, so sind sterile Arbeitsbedingungen und die in der Gebrauchsanweisung vorgeschriebene Temperatur einzuhalten.

2.2.4 Lagerung der gebrauchsfertigen Nährböden

Nährböden sollten nach der Herstellung nicht unnötig gelagert, sondern bedarfsgerecht jeweils frisch zubereitet werden. Wenn eine Lagerung notwendig erscheint, sollten die sterilen Flüssignährmedien in dicht verschlossenen Gefäßen bei 4–8 °C dunkel aufbewahrt werden.

Vor der Verwendung ist das Medium auf Anzeichen einer Kontamination wie zum Beispiel Trübung oder Kahmhautbildung zu kontrollieren. Agarhaltige Nährböden sollten in Petrischalen gegossen und ebenfalls bei 4–8 °C aufbewahrt werden. Die Petrischalen müssen bei längerer Lagerung vor Austrocknung geschützt werden, z. B. in einem Plastikbeutel.

Wie bei anderen sterilen Labormaterialien ist die maximale Lagerzeit der Nährmedien in Petrischalen oder anderen Gefäßen festzulegen und zu dokumentieren. Auch für die Lagerung gebrauchsfertiger Nährböden muss sichergestellt sein, dass keine überlagerten Materialien verwendet werden (s. Abschnitt 2.1.3).

Vor der Verwendung müssen Petrischalen auf Raumtemperatur erwärmt und erforderlichenfalls getrocknet werden. Die Schalen werden dazu mit dem Deckel nach unten für einige Minuten bis zu einer halben Stunde in einen Brutschrank gelegt und die Unterteile etwas seitlich schräg auf die Deckel gesetzt.

2.2.5
Konfektionierung

Im mikrobiologischen Wasserlabor werden üblicherweise Petrischalen mit ca. 90 mm Durchmesser eingesetzt. Diese Petrischalen werden mit ca. 15–20 ml agarhaltigem Nährmedium befüllt. Eine zu geringe Füllmenge kann erhebliche Auswirkungen auf das Wachstum von Bakterien haben. Eventuell sich an der Oberfläche des Mediums bildende Luftblasen können durch Fächeln mit der Bunsenbrennerflamme entfernt werden. Hierbei ist besonders bei der Verwendung von Kunststoffschalen Vorsicht angebracht. Zur Herstellung von Röhrchen mit Flüssigmedium für die Untersuchung auf Gasbildung durch Bakterien, müssen diese Röhrchen vor oder nach Füllung mit Flüssigmedium so mit den Gärröhrchen (sog. Durham-Röhrchen) versehen werden, dass die Öffnung der Gärröhrchen nach unten zeigt. Um die Sterilität zu gewährleisten und gleichzeitig die Luft aus den Röhrchen zu treiben, müssen die so gefüllten Röhrchen autoklaviert werden. Wenn aus Gründen der Nährbodenstabilität ein Dampftopf benutzt wird, ist mehrfach zu erhitzen und anschließend zu kontrollieren, ob die Luft vollständig aus den Gärröhrchen verdrängt worden ist.

2.3
Entsorgung

Benedikt Schaefer

Alle bei mikrobiologischen Wasseruntersuchungen verwendeten Materialien sind nach Benutzung ordnungsgemäß zu entsorgen. Dabei ist davon auszugehen, dass alle Gegenstände mit Krankheitserregern kontaminiert sein können. Aus Gründen der Arbeitssicherheit und auch zur Vereinfachung der Arbeitsorganisation werden ausnahmslos alle Abfälle und alle verwendeten Laborgeräte und Gefäße autoklaviert. Eine chemische Desinfektion ist nicht mehr Stand der

Technik. Beim Autoklavieren ist auf die Auswahl eines geeigneten Gerätes und eines für das Beschickungsgut und die Verpackung geeigneten Autoklavierverfahrens zu achten. Bei Verwendung von dicht schließenden oder großen eimerförmigen Gefäßen ist das häufig eingesetzte Gravitationsverfahren nicht ausreichend, sondern es muss ein fraktioniertes Vakuumverfahren eingesetzt werden. In der Regel sind Laborabfälle als flüssiges Autoklaviergut zu behandeln, und es wird für mindestens 20 min bei 121 °C autoklaviert. Dabei ist die Aufheiz- und Ausgleichszeit zu beachten. Die gefahrlose Sammlung der kontaminierten Abfälle am Arbeitsplatz und der ordnungsgemäße Transport zur Desinfektion sollten durch innerbetriebliche Anweisungen wie z. B. einen Hygieneplan sichergestellt werden. Dabei ist darauf zu achten, dass Sammelgefäße nicht länger als notwendig im Arbeitsbereich verbleiben. Es hat sich bewährt, dass am Ende jedes Arbeitstages alles kontaminierte Material aus dem Arbeitsbereich entfernt und zur Desinfektion gebracht wird. Für das Sammeln von Einwegmaterial eignen sich autoklavierbare Plastikbeutel, die in besonderen Ständern oder Sammelgefäßen direkt an den mikrobiologischen Arbeitsplätzen bereitstehen sollten. Besondere Vorsicht ist angebracht bei spitzen oder scharfen Abfällen wie Spritzenkanülen oder Glasscherben. Dafür gibt es im Laborfachhandel besondere Sammelcontainer, die zusammen mit dem Abfall autoklaviert und entsorgt werden.

Glaspipetten können nach Benutzung in Standzylindern mit Innenkorb gesammelt werden. Diese Sammelgefäße sind mit einem Reinigungsmittel zu füllen, um ein Eintrocknen von Resten der pipettierten Medien zu vermeiden. Im Handel gibt es eine Vielzahl geeigneter Reinigungsmittel, die gleichzeitig eine desinfizierende Wirkung haben. Trotz dieser chemischen Desinfektion sind Pipetten vor dem Waschen zu Autoklavieren.

Glasgefäße und Instrumente, die wiederverwendet werden sollen, werden getrennt vom Einwegmaterial in andere Behälter gegeben. Diese Behälter sollten dicht und autoklavierbar sein. Aus Gründen der Transportsicherheit ist es unter Umständen sogar zweckmäßig, für einen Verschluss dieser Gefäße mit spezieller Deckeldichtung zu sorgen.

Literatur zu Kapitel 2 bis 2.3

DAB (2006): Deutsches Arzneibuch. Deutscher Apotheker Verlag, Stuttgart.

DIN EN ISO 19458 (2006): Wasserbeschaffenheit – Probenahme für mikrobiologische Untersuchungen.

Weiterführende Literatur

Corry, J. E. L.; Curtis, G. D. W. & Baird, R. M. (eds.) (2003): Handbook of Culture Media for Food Microbiology. 2nd edition. Progress in Industrial Microbiology volume 37. Elsevier, Amsterdam.

DIN 58951 T. 2 (2003): Dampf-Sterilisatoren für Labor-Sterilisiergüter. – Anforderungen.

DIN-Taschenbuch 302 (2000): Medizinische Mikrobiologie und Immunologie – Qualitätsmanagement.

Erdle, H. (2005): Infektionsschutzgesetz incl. Trinkwasserverordnung mit Anmerkungen, 3. Auflage, Ecomed, Landsberg.

Liste der vom Robert Koch-Institut geprüften und anerkannten Desinfektionsmittel und -verfahren, Stand vom 31. 05. 2007 (15. Ausgabe).

2.4
Entnahme und Transport von Proben
Peter Schindler

2.4.1
Allgemeines

Grundvoraussetzung jeder Wasserentnahme ist, dass die gezogene Probe nicht sekundär verunreinigt wird und auch zum Zeitpunkt der Untersuchung noch den gleichen Keimstatus aufweist. Dies gilt unabhängig davon, ob die Wasserqualität in der Hauptverteilung oder in der Hausinstallation ermittelt wird oder ob man diese bewusst unter Miterfassung einer eventuellen Zapfhahnverschmutzung im Rahmen möglicher Krankheitserregerverbreitung für den Verbraucher bestimmt. Sie muss unter sterilen Kautelen in ein Sterilgefäß entnommen werden. Vorgehensweisen für die Probenahme sind in DIN EN ISO 19458 (2006) festgelegt. Um den ursprünglich vorhandenen Keimstatus zu erhalten, müssen zusätzliche physikalische, chemische und biologische Beeinflussungen auf ein Minimum begrenzt werden. Bei gechlorten Wasserproben oder auch bei der Oxidation mit Chloramin, Brom oder Ozon muss Natriumthiosulfat zugesetzt werden. Theoretisch kann mit 7,1 mg von wasserfreiem Natriumthiosulfat 1 mg Chlor neutralisiert werden. Nach DIN EN ISO 19458 (2006) wird je 100-ml-Flaschengröße 0,1 ml einer Natriumthiosulfat-pentahydrat-Lösung ($Na_2S_2O_3 \cdot 5\ H_2O = 18$ mg ml^{-1}) zugegeben, die mindestens 2 mg l^{-1} und bis 5 mg l^{-1} des Chlorrückstands abhängig von der Neutralisationsdynamik neutralisiert. Dies ist für die Mehrzahl der Proben ausreichend. Es empfiehlt sich, Natriumthiosulfat schon vor der Sterilisation in die Wasserflasche einzupipettieren. Es schlägt sich dann in kristalliner Form an der Wandung nieder und geht beim Füllen sofort in Lösung. Natriumthiosulfat hat selbst keine Auswirkungen auf den Keimgehalt, ist auch für Legionellen unschädlich, stört nicht bei Anwesenheit in nicht gechlorten Wasserproben und wird nicht durch Sterilisieren oder trockene Hitze zerstört. Dagegen kann es bei niedrigen pH-Werten zerfallen, so dass die Natriumthiosulfat-Lösung im neutralen Bereich liegen muss. Zur Entsilberung wird je Liter 1 Milliliter einer Natriumsulfid-Lösung ($Na_2S \cdot 9\ H_2O = 0{,}1$ g l^{-1}) zugesetzt.

Biologisch bedingte Absterbe- und Aufkeimungsvorgänge sind durch möglichst raschen lichtgeschützten Transport unter Kühlung zu verhindern. Temperaturen von $5 \pm 3\,^{\circ}C$ sind nach DIN EN ISO 19458 (2006) als ideal anzustreben. Darüber hinaus muss die Temperatur bis zu einer Transportzeit von 8 h in Kühlboxen nicht dokumentiert werden. Falls eine direkte Überbringung ins Labor am Entnahmetag nicht möglich ist, sollte wenigstens gewährleistet sein, dass zwischen Entnahme und Probenansatz nicht mehr als 24 h liegen. Mineral-, Quell- und Tafelwasserproben sollten innerhalb von 12 h nach Entnahme angesetzt werden.

Die Entnahme unterschiedlicher Wasserproben von unterschiedlichen Stellen bedingt eine differenzierte Vorgehensweise, so dass nur geschultes Personal eingesetzt werden sollte. Ein kleiner Fehler bei der Entnahme der Proben kann eine kostenintensive Laboruntersuchung in Frage stellen. Speziell für die Untersuchungen amtlicher Trinkwasserproben gilt nach § 15 (4) der TWVO (2001), dass diese nur in Laboratorien durchgeführt werden dürfen, die hierfür einschließlich der Probenahme akkreditiert sind. Diese Vorgaben gelten für den Probenehmer als erfüllt, wenn er nach erfolgter anerkannter Schulung (und regelmäßiger Nachschulung) in das Qualitätssicherungssystem eines akkreditierten Labors eingebunden ist.

2.4.2
Probenahmegefäße und Zubehör

Für die Probenahme sind geeignete sterile Flaschen einzusetzen. Diese können entweder vom Untersuchungslabor dementsprechend aufbereitet zur Verfügung gestellt oder auch fertig über den Handel bezogen werden. Für die meisten Entnahmen sind 250-ml-Flaschen ausreichend.

Flaschen können aus Glas oder unterschiedlichen Kunststoffen wie Polypropen, Polystyrol, Polyethen oder Polycarbonat bestehen, wobei bei Wiederverwendung Glas bevorzugt wird, während Polyethen als Einwegartikel benutzt wird. Frühere Ansichten, dass Mikroorganismen, insbesondere auch Legionellen, irreversibel an Kunststoff binden und sich damit dem Nachweis entziehen, konnten nicht bestätigt werden. Zum Verschließen können Schliffglas- oder Kunststoffstopfen für Glasflaschen sowie Kunststoffschnappdeckel oder Kunststoff- oder Metallschraubkappen für Glas- und Kunststoffflaschen verwendet werden.

Für die mikrobiologische Probenahme benötigt man insbesondere Utensilien, um die Entnahmestelle zu sterilisieren und um steril Schöpf- und Tiefenwasserproben zu ziehen. Dieses geschieht bevorzugt durch Abflammen des Hahns und kann sowohl mit entzündeter, mit Methanol- oder Brennspiritus getränkter Watte auf einem Halter als auch mit einem Gaskartuschen- oder Spiritusbrenner erfolgen. Für Schöpfproben sind für Trink- und Schwimmbeckenwasser außen und innen sterile Flaschen zu verwenden. Sie sollten niemals direkt mit der Hand sondern mit einer abflammbaren, mindestens 50 cm langen, möglichst mittels Schließvorrichtung justierbaren Tiegelzange entnommen werden, deren Greifer der Flasche angepasst sind. Bei tiefer liegenden Wasserspiegeln sind Senkzangen an einem Metalldraht zu verwenden, die einen Gewichtsschwerpunkt haben, wodurch die Entnahmeflasche mit der Öffnung nach unten ins Wasser gerissen wird, so dass die Hauptwasserprobe erst beim Hochziehen ins Flascheninnere gelangt. Ebenfalls nützlich können auf mehrere Meter ausziehbare Stativstöcke mit Haltevorrichtung sowie abflammbare Metallschöpfer sein.

2.4.3
Probenahmebegleitschein

Der Probenahmebegleitschein sollte als Kurzprotokoll alle Angaben für eine sachgemäße Untersuchung beinhalten. Das Untersuchungslabor benötigt hierzu:

- Name und Anschrift des Einsenders/Probenehmers
- Datum und Uhrzeit der Entnahme
- Art und Verwendungszweck des Wassers
- Entnahmestelle und Zustand des Wassers
- Zusatzuntersuchungen über den gesetzlich festgelegten Mindestumfang hinaus
- Hinweise auf außergewöhnliche Vorkommnisse
- Zuordnungsmöglichkeit der Probe.

Weitere Daten sind insbesondere für den Einsender wichtig, so beispielsweise die Entnahmetemperaturen der Wasserproben sowie die Witterung am Entnahmetag und an den Vortagen. Hierdurch können über die Jahre hinweg wertvolle Rückschlüsse zu zeitlich begrenzten Gefährdungssituationen gewonnen werden.

2.4.4 Entnahme von Trinkwasser

Früher wurde die Trinkwasserqualität an sich nur im Hauptverteilungsnetz ermittelt. Die TWVO 2001 und die DIN EN ISO 19458 (2006) beziehen nunmehr den mikrobiologischen Zustand der Hausinstallation und auch eine mögliche Erregerverbreitung durch eine verschmutzte Zapfarmatur mit ein. Dies bedingt von Fall zu Fall eine differenzierte Vorgehensweise, die sich in einer unterschiedlichen Entnahmetechnik niederschlägt. Dazu enthält DIN EN ISO 19458 (2006) eine Tabelle (s. Tab. 2.1), in der die verschiedenen Anlässe für Probenahmen („Zweck") und die dafür geeignete Art der Probenahme dargestellt werden.

In Wasserwerken sind ständig fließende Wasserströme, sog. Dauerläufer, ohne weitere Vorbereitung für eine Abfüllung geeignet.

Wasser in der Hauptverteilungsleitung wird nach DIN EN ISO 19458 (2006) wie unter „Zweck a)" beschrieben entnommen (s. Tab. 2.1). Die Entnahme aus einem Zapfhahn setzt voraus, dass dieser sterilisierbar ist. Deshalb sind nur solche aus Metall geeignet, ohne Schwenkarm und ohne Schläuche oder Strahlreg-

Tabelle 2.1 Probenahme an einer Entnahmeapparatur für unterschiedliche Zwecke.

Zweck	Qualität des Wassers	Entfernen von angebrachten Vorrichtungen und Einsätzen	Desinfektion	Spülung
a)	In der Hauptverteilung	Ja	Ja	Ja
b)	An der Entnahmearmatur	Ja	Ja	Nein [a] (minimal)
c)	Wie es verbraucht wird	Nein	Nein	Nein

a) Nur kurz spülen, um den Einfluss der Desinfektion des Zapfhahns auszugleichen ler wie z. B. Perlatoren. Sie müssen dicht sein, und das Wasser sollte im glatten Strahl ausfließen.

Zapfhahnproben: Für die Entnahme ist der Zapfhahn zum Herausspülen von Ablagerungen mehrmals voll zu öffnen und zu schließen. Dann wird der Hahn rund zwei bis drei Minuten gründlich abgeflammt, insbesondere die Mündung, aber auch die Strecke bis hin zum Öffnungsventil. Beim anschließenden Öffnen sollten deutliche Zischgeräusche zu hören sein. Bevor man die Probe entnimmt, lässt man nun das Wasser bleistiftdick zur Entfernung stagnierenden Wassers bis zur Temperaturkonstanz ablaufen, was bei Hauptleitungen fünf Minuten in Anspruch nimmt und bei Endleitungen entsprechend länger auszudehnen ist. Befindet sich unter dem Zapfhahn ein Becken, muss mit der Bildung eines keimhaltigen Aerosols gerechnet werden. Dies kann durch das Unterstellen eines sauberen Gefäßes (Tasse, Glas) unter den Wasserstrahl weitgehend verhindert werden. Hat man Glasflaschen mit Schliffstopfen, so lockert man vorsichtig die Rundaluminiumfolie vom Flaschenhals, hebt sie mitsamt dem Stopfen ab und entfernt mit einer Daumengleitbewegung oder durch Ausschütteln den Papierstreifen zwischen Hals und Stopfen. Bei gechlorten oder gesilberten Wässern werden die Enthemmungsmittel, sofern nicht ursprünglich in der Flasche befindlich, unmittelbar vor dem Füllen zugegeben. Danach geht man mit der Flasche in den fließenden Strahl und füllt zu etwa Fünfsechstel, wobei der Stopfen seitlich schützend darüber gehalten werden sollte. Die Flaschen werden deshalb nicht vollgefüllt, um später im Labor eine gute Wiederdurchmischung durch Schütteln zu gewährleisten. Anschließend wird der Stopfen aufgesetzt und die Aluminiumfolie am Flaschenhals festgedrückt. Flaschenhals, Rand und Stopfeninnenseite dürfen während des gesamten Entnahmevorgangs weder mit der Hand noch mit anderen unsterilen Stellen in Berührung gekommen sein. Dies gilt sinngemäß auch bei Flaschen mit Schraub- oder Schnappverschluss. Probenverwechselungen können durch eine entsprechende Kennung auf der Aluminiumfolie, beispielsweise durch Prägen mit einem harten Gegenstand oder durch Beschriftung hier oder auf einem Etikett vermieden werden.

Für **Schöpfproben** (z. B. aus Hochbehältern) kommen nur außen und innen sterile Flaschen infrage, die bei gechlorten Wässern bereits Natriumthiosulfat (s. Abschnitt 2.4.1) angetrocknet enthalten sollten. Die Metalldose oder die gänzliche Umhüllung aus Aluminiumfolie oder Kunststoffbeutel werden soweit geöffnet bzw. entfernt, dass der Flaschenhals bzw. -körper mit einer zuvor durch Abflammen sterilisierten Zange gegriffen werden kann. Die Flasche wird nun aus der Restumhüllung gezogen. Bei dem gesamten Vorgang darf die Flasche selbst außen nicht wieder kontaminiert werden. Bei direkten Schöpfproben dürfen die Hand nicht und die Tiegelzange nur mit dem abgeflammten Teil ins Wasser tauchen. Entnommen wird, indem die Flasche mit der Flaschenöffnung nach unten eingetaucht, und zum Füllen, meist in etwa 30 cm Wassertiefe, gedreht wird. Ist der Wasserspiegel nicht unmittelbar zugänglich, ist die Flasche wie oben beschrieben mit einer abgeflammten Senkzange zu greifen. Die Zange ist an der Stelle mit der Handberührung erneut abzuflammen, ebenso der Metalldraht mindestens so weit, wie er ins Wasser taucht. Nach der Entnahme wird die Flasche bis auf Fünfsechstel des Inhaltes abgegossen, sofort, falls erforderlich, mit Natriumthiosulfat versetzt, verschlossen und gekennzeichnet.

Wasser bis zum Zapfhahn für den Verbraucher: Die Bestimmung der Wasserqualität von Proben aus einem Zapfhahn, wie sie dort für den Verbraucher geliefert wird, unterliegen prinzipiell der gleichen Vorgehensweise. Dieser „Zweck" wird in DIN EN ISO 19458 (2006) als „Zweck b)" beschrieben (s. Tab. 2.1). Da hier mikrobiologische Veränderungen durch die Hausinstallation miterfasst werden sollen, beispielsweise material- oder stagnationsbedingte Aufkeimungen, können die Schritte des Ausspülens vor dem Abflammen und des Abfließens danach weitestgehend entfallen. Nach dem Abflammen des Hahns lässt man dann gerade so viel Wasser ablaufen, dass dieser wieder kalt ist, und entnimmt die Probe. Falls der Zapfhahn nicht abflammbar ist, so als Mischbatterie oder aus Kunststoffmaterialien bestehend, gäbe es zwar die Möglichkeit einer anderweitigen Desinfektion beispielsweise durch mehrminütige Einwirkung mit Hypochlorit-Lösung ($1\ g\ l^{-1}$), doch ist dies alles nur akzeptabel, so lange der mikrobiologische Befund danach gut ist. Hier ist es besser, bei wiederholt zu beprobenden Entnahmestellen repräsentativ zusätzlich einen geeigneten Zapfhahn anbringen zu lassen.

Wasser, wie es verbraucht wird: Darüber hinausgehend ist es durchaus von Bedeutung, Wasser zu untersuchen, wie es direkt vom Verbraucher genutzt wird, der ja auch ohne jede Vorbehandlung den Hahn aufdreht. Hier geht es darum, ob über die kontaminierte Zapfstelle Krankheitserreger (mit-)verbreitet werden. Hier geht es um „Zweck c)" nach DIN EN ISO 19458 (2006; s. Tab. 2.1). Diese am einfachsten zu bewerkstelligende Probenahme, man dreht den Hahn einfach auf und entnimmt Wasser, erfordert dagegen eine besonders sorgfältige Befundinterpretation. Einmal ist es in der Regel nicht angebracht, derartige Proben auf die üblichen mikrobiologischen Parameter wie *E. coli*, Coliforme, Enterokokken und Koloniezahlen zu untersuchen, da nicht auszuschließen ist, dass sich derartige Keime außen am Hahn befinden können. Zum anderen gibt der direkte Krankheitserregernachweis keinen Hinweis darauf, ob lediglich diese Zapfstelle oder das System kontaminiert ist.

Ein Beispiel hierfür wäre die Untersuchung auf *P. aeruginosa*. Besteht der Verdacht, dass der Keim über den Wasserhahn weitergegeben wird, dürfte in der überwiegenden Zahl der Fälle eine mögliche Verkeimung der Entnahmestelle durch retrograde Verkeimung über Spritzwasser aus dem Siphonbereich vorliegen. Folglich lässt man hier bei der Entnahme kein Wasser ablaufen, entfernt Strahlregler nicht und sterilisiert nicht durch Abflammen, um den meist äußerlich vorhandenen Keim nicht abzutöten. Will man dagegen eine interne Leitungsverkeimung nachweisen, so durch Fehler bei Filterwechseln, Rohrnetzarbeiten oder Neuanschlüssen, so wird die Probe mit Entfernung von Strahlreglern, Abflammen und Ablaufen lassen gezogen.

Legionellenproben aus der Hausinstallation werden nach „Zweck b)" gemäß DIN EN ISO 19458 (2006) entnommen (s. Tab. 2.1). Der Umfang der auf Legionellen zu untersuchenden Stellen richtet sich hier nach den Angaben im

DVGW-Arbeitsblatt W 551 (2004), wobei für die orientierende Untersuchung am Austritt des Trinkwassererwärmers (Warmwasserleitung), am Eintritt in den Trinkwassererwärmer (Zirkulationsleitung) und jede Steigleitung beprobt werden sollten. Für die weitergehende Untersuchung kommen zusätzlich zur orientierenden Untersuchung hinzu: verdächtige Stockwerksleitungen, Leitungsteile mit Stagnationswasser (Be- und Entlüftungsleitungen bei Sammelsicherungen, Entleerungsleitungen, selten benutzte Entnahmestellen, Membranausdehnungsgefäße) sowie Kaltwasserentnahmestellen bei Verdacht auf Erwärmung. Weitere Hinweise finden sich in Schaefer (2007).

Bei **Brunnen** mit Handpumpen, die ohne Angießen Wasser fördern, ist der Auslauf abzuflammen, bis er völlig trocken ist. Vor der Entnahme wird etwa 10 min abgepumpt. Das geförderte Wasser darf erst in 5 m Mindestabstand vom Brunnen wieder versickert werden. Will man insbesondere die Qualität im Grundwasserleiter bestimmen, ist vor der Probenahme so lange abzupumpen, bis sich der Brunneninhalt etwa dreimal erneuert hat.

Gelegentlich kann es in Brunnenschächten zur Anreicherung toxischer Gase (CO_2) oder explosiver Gase (Methan) kommen. Dies ist vor einer Probenahme abzuklären!

2.4.5
Entnahme von sonstigen Wasserproben

Mineral-, Quell- und Tafelwasser-Proben vom Brunnenkopf oder das zur Tafelwasserherstellung verwendete Trinkwasser sind wie unter Abschnitt 2.4.4 für die Hauptverteilung nach DIN EN ISO 19458 (2006) beschrieben zu ziehen (s. Tab. 2.1). Als Probenmenge benötigt man in etwa 850 ml, die entweder mit vier 250 ml-Sterilflaschen oder einer entsprechend präparierten 1 l-Flasche entnommen werden. Von den Fertigpackungen benötigt man rund 4,5 l (80%-Grenzwert, fünffacher Ansatz), wobei darauf zu achten ist, dass zwischen Abfüllung und Untersuchungsbeginn nicht mehr als 12 h liegen.

Schwimmbeckenwasserproben werden zweckmäßigerweise mit außen und innen sterilen und mit Natriumthiosulfat versetzten Entnahmegefäßen gezogen. Schöpfproben sind wie unter Abschnitt 2.4.4 beschrieben zu entnehmen, wobei das Beckenwasser aus Hallen- und Freibädern während des Badebetriebs etwa 50 cm vom Beckenrand entfernt aus dem oberflächennahen Bereich zu schöpfen ist. Die Entnahme von Zapfhahnproben ist durch die DIN EN ISO - 19458 (2006) geregelt. Abweichend zur Vorgabe im Trinkwasserbereich lässt man das Wasser nach mehrmaligem Auf- und Zudrehen des Hahns erst 5 min ablaufen, bevor der Hahn geschlossen und abgeflammt wird. Danach lässt man eine Minute ablaufen und entnimmt die Probe. Zusätzlich sieht die DIN 19643 (1997) regelmäßig Untersuchungen vom Reinwasser vor, wobei es sich um das wiederaufbereitete, mit Chlor versetzte Wasser vor dem Beckeneinlauf handelt. Dabei ist darauf zu achten, dass häufig das Filterablaufwasser am dortigen Hahn fälschlicherweise als „Reinwasser“ beschildert ist. Für die Legionellenuntersuchung ist jedoch das Filterablaufwasser und bei Becken mit aerosolbildenden Einrichtungen zusätzlich das Beckenwasser zu untersuchen.

Oberflächenwasserproben, z. B. aus Badegewässern sollten an den Stellen und zu den Zeiten des höchsten Badebetriebes als Schöpfproben nach Anhang 5 der EG-Richtlinie 2006/7/EG aus etwa 30 cm Tiefe bei einer Mindestwassertiefe von 100 cm genommen werden. Günstig hierfür können Badestege, Stativstöcke für eine Entnahme direkt vom Ufer aus und schritthohe wasserdichte Stiefel sein. Die Proben sollten repräsentativ für das Badegebiet sein. Fäkalbelastete Schwachstellen sind mit einzubeziehen, beispielsweise bei Seen Stellen mit übermäßigen Wasservögelansammlungen sowie Fließgewässereinmündungen. Bei tideabhängigen Gewässern sind mindestens zwei Proben innerhalb von zwei bis vier Stunden vor und nach Kenterung des Stromes zu nehmen. Wie auch bei Fließgewässern ist gegen die Strömung zu schöpfen. Entnahmen während des Badebetriebes gewährleisten, dass die Wasserprobe soviel Sedimentanteil enthält, wie sie in dieser Zusammensetzung auch vom Badenden aufgenommen wird. Darüber hinausgehende Sedimentaufwirbelungen sind zu vermeiden. Obwohl kaum eine Kontaminationsgefahr besteht, wird empfohlen, mit außen und innen sterilen Gefäßen und mittels Tiegelzange zu entnehmen. Diese sollte zumindest dann abgeflammt werden, wenn zuvor möglicherweise stark belastete Proben genommen worden sind oder wenn das Badegebiet gewechselt wurde.

Abwasserproben oder sonstige stark kontaminierte oder viel Schwebestoffe enthaltende Proben werden mit einem abflammbaren Metallschöpfer entnommen und in die Sterilflaschen geschüttet. Ebenso können Probenahmen von Gülle, Klärschlamm, Spielsand, Bademoor u. ä. mit einem Metallschöpfer oder -löffel an definierten Stellen oder als repräsentative Mischprobe von unterschiedlichen Stellen erfolgen.

Abweichende Probenahmen können im Rahmen epidemiologischer Abklärungen stattfinden. Hier ist zu berücksichtigen, dass der entsprechende Erreger etliche Zeit (Inkubationszeit!) vor dem Auftreten von Erkrankungen und meist nur kurzfristig Zutritt zum Wasser hatte. Daher sind möglichst rasch größere Wassermengen, notfalls auch mit nicht sterilen Kanistern und Gefäßen, sowie Wasser aus Stagnationszonen zu entnehmen. Für Viren werden meist 10 l benötigt. Für parasitologische Untersuchungen sind in der Regel mehrere hundert Liter zu untersuchen, so dass hier eine Aufkonzentrierung durch Filtration oder Zentrifugation vor Ort stattfinden muss.

2.4.6
Probentransport

Die Proben sollten lichtgeschützt und gekühlt transportiert werden, selbst wenn sie unmittelbar nach der Entnahme ins Labor gebracht werden. Bewährt haben sich Behälter aus Styropor oder Kunststoff, die meist vier bis sechs 250-ml-Probengefäße fassen und mit Kühlelementen aus dem Tiefkühlfach (übernacht bei $-18\,^{\circ}C$) versehen werden. Für kaltes Trinkwasser werden selbst im Hochsommer Probentemperaturen von unter 12 °C zwei Tage lang eingehalten. Bei Warmwasserproben kann jedoch die Kühlkapazität nicht ausreichend sein, so dass entweder weniger Proben verschickt oder diese doch direkt überbracht werden sollten. Beim Versand muss gewährleistet sein, dass die Proben am Folgetag vormittags im Labor eintreffen. Erfahrungsgemäß ist dies nicht immer möglich, selbst wenn die Einsendung von zentralen Annahmestellen bei Post und Bahn aus erfolgt. Notfalls muss auf zusätzliche, private Paketdienste zurückgegriffen werden. Bewährt haben sich hier auch Transportstaffeln im Rahmen persönlicher Absprachen mehrerer Einsender.

Literatur

DIN 19643-1 (1997): Aufbereitung und Desinfektion von Schwimm- und Badebeckenwasser – Teil 1: Allgemeine Anforderungen.

DIN EN ISO 19458 (2006): Wasserbeschaffenheit – Probenahme für mikrobiologische Untersuchungen (ISO 19458:2006); Deutsche Fassung EN ISO 19458.

DVGW-Arbeitsblatt W 551 (2004): Trinkwassererwärmungs- und Leitungsanlagen; Technische Maßnahmen zur Verminderung des Legionellenwachstums; Planung, Errichtung, Betrieb und Sanierung von Trinkwasserinstallationen.

EG-Richtlinie 2006/7/EG des Europäischen Parlaments und des Rates vom 15. Februar 2006 über die Qualität der Badegewässer und deren Bewirtschaftung und zur Aufhebung der Richtlinie 76/160/EWG. DE Amtsbl. EU vom 4. 3. 2006 L64/37–51.

Schaefer, B. (2007): Legionellenuntersuchung bei der Trinkwasseranalyse – Hinweise zur Probenahme, Durchführung im Labor und Bewertung. Bundesgesundheitsbl. – Gesundheitsforsch – Gesundheitsschutz, 50, 291–295.

TWVO (2001): Verordnung zur Novellierung der Trinkwasserverordnung vom 21. Mai 2001. *BGBl.* I Nr. 24, 959–980.

2.5 Mikrobiologisches Messen

Steffen Uhlig

2.5.1 Einführung

Dieser Abschnitt befasst sich mit den statistischen Grundlagen mikrobiologischen Messens, welche in der DIN EN ISO 8199 (2007) zusammengefasst dargestellt sind.

Die Basis jedes Messverfahrens bildet die Vorstellung, dass eine Stichprobe gezogen wird, auf deren Basis zahlenmäßige Rückschlüsse auf die zu beurteilende Grundgesamtheit oder Ausgangspopulation getroffen werden können.

Dabei müssen gewisse Anforderungen an die Zufälligkeit der Stichprobe erfüllt sein. Bei vielen mikrobiologischen Messverfahren werden Mikroorganismen nach ihrer Vermehrung in geeigneten Substraten als Kolonien zählbar gemacht, jedoch bieten sich auch Nachweisverfahren an, die eine **qualitative** Aussage hinsichtlich eines Kriteriums, z. B. einer Trübung oder eines Farbumschlages erlauben. Die qualitative Aussage würde dann z. B. lauten: Probe ist getrübt oder Probe ist nicht getrübt. Um solche Kriterien **quantitativ** bewerten zu können, müssen mathematische Verfahren zur Anwendung kommen, die als Ergebnis eine Keimzahl oder Keimdichte liefern.

Ziel der Messung ist in jedem Falle die Ermittlung einer Keimdichte x in der Stichprobe, welche der Keimdichte λ in der zu beurteilenden Grundgesamtheit oder Ausgangspopulation möglichst nahe kommt. Die Keimdichte wird dabei in beiden Fällen über die Zahl der Mikroorganismen (Koloniezahl, Keimzahl) je 1 ml definiert. Zur statistischen Beurteilung eines Messverfahrens dient dann die Standardabweichung der gemessenen Keimdichte x in der Stichprobe in Abhängigkeit von der zu messenden, aber unbekannten Keimdichte λ. Ebenso wichtig ist das entsprechende Konfidenzintervall für λ sowie die zugehörige Messunsicherheit. Letztere ist nicht Gegenstand dieser Darstellung, steht jedoch in engem Zusammenhang zum Konfidenzintervall. Die Ermittlung der Standardabweichung bzw. des Konfidenzintervalls ist vom jeweils gewählten statistischen Modell des Messfehlers abhängig. Dabei haben als Zählwerte vorliegende Daten oft die Eigenschaft einer schiefen Verteilungsform, so dass die häufig genutzte Normalverteilung in diesem Zusammenhang nicht immer brauchbar ist. Anstelle der Normalverteilung bietet sich die in der Mikrobiologie häufig genutzte Poisson-Verteilung an, welche im folgenden Abschnitt vorgestellt wird.

2.5.2
Modellierung des Messfehlers

Wenn man zunächst davon ausgeht, dass die Hauptursache für Abweichungen zwischen Messwert x und dem zu messenden Wert λ daher rührt, dass die Dichte der Mikroorganismen in der gemessenen Stichprobe von ihrer Dichte im zu beurteilenden Volumen nur zufällig abweicht und keine Zählfehler oder dergleichen auftreten, können die Keimzahlen in der Stichprobe als Poisson-verteilt aufgefasst werden. Weitere Voraussetzungen für die Poisson-Verteilung lauten wie folgt:

- Die Verteilung der Bakterien ist zufällig. Die Bakterien beeinflussen sich hinsichtlich ihres räumlichen Auftretens nicht „gegenseitig", d. h. im mathematischen Sinne hat das Vorhandensein eines Bakteriums keine Auswirkung auf die eventuelle Existenz oder Nichtexistenz eines „Nachbarbakteriums". Insbesondere dürfen keine Verklumpungen oder Schleierbildungen auftreten.
- Das Probenvolumen ist klein im Verhältnis zu dem zu beurteilenden Volumen. Das Probenvolumen wird im Folgenden mit dem Parameter v gekennzeichnet.

Wenn diese Annahmen zutreffen, kann die Zahl der Mikroorganismen in einer Stichprobe als Poisson-verteilt angesehen werden. Der Parameter der Poisson-Verteilung richtet sich dabei nach der Zahl der Mikroorganismen in der Ausgangspopulation, d. h. in der Grundgesamtheit. Maßgebend ist die mittlere Zahl der Mikroorganismen im untersuchten Probenvolumen, also das Produkt aus

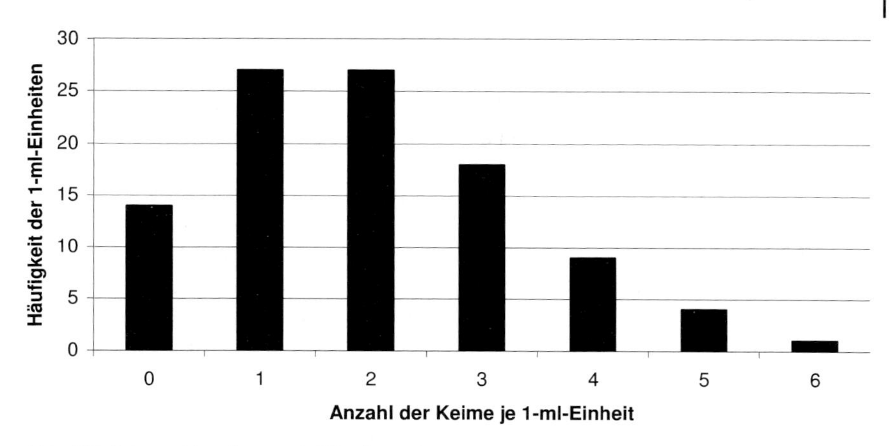

Abb. 2.1 Poisson-Verteilung mit Mittelwert 2.

der zu messenden, aber unbekannten Keimdichte λ und dem Probenvolumen v. Je kleiner λv, desto größer ist die sich aus der Poisson-Verteilung ergebende, unvermeidliche (relative) Messunsicherheit des Zählergebnisses.

Die Poisson-Verteilung soll hier anhand eines gedanklichen Experimentes erläutert werden (Arndt et al. 1981). Würde man 100 Bakterien in 100 ml Flüssigkeit einmischen (wobei die Einmischung und Ausbreitung der Bakterien in der Flüssigkeit zufällig erfolgt) und würde man dieses Probenvolumen in 100 gleiche Einheiten zu je 1 ml aufteilen, so ist nicht zu erwarten, dass in jeder entnommenen 1-ml-Einheit genau ein Mikroorganismus erfasst wird, obwohl die mittlere Keimzahl im vorliegenden Fall 1 Keim pro ml beträgt. Das Auszählen der insgesamt 100 Einheiten könnte folgendes Bild ergeben: 36 Einheiten enthalten keinen Keim, 38 Einheiten enthalten einen Keim, 18 Einheiten zwei Keime, 6 Einheiten drei Keime, 2 Einheiten vier Keime. Man erhält somit die Aussage, dass 36 Proben keinen und 64 Proben einen oder mehr als einen Mikroorganismus enthalten.

Bei der Durchführung des Versuches mit 200 Bakterien auf 100 ml Flüssigkeit könnte sich folgende Verteilung der Volumina mit je 1 ml ergeben: 14×0 Keime, 28×1 Keim, 28×2 Keime, 18×3 Keime, 9×4 Keime, 4×5 Keime, 1×6 Keime. In Abb. 2.1 ist dieses Ergebnis in grafischer Form dargestellt. Diese Verteilung entspricht gerundet der Poisson-Verteilung. Im vorliegenden Beispiel liegt die mittlere Zahl der Mikroorganismen im betrachteten Stichprobenvolumen (1 ml) bei 2, und entsprechend groß ist die relative Standardabweichung der tatsächlichen Keimzahlen. Die theoretische Standardabweichung der Keimzahlen für die Poisson-Verteilung berechnet sich nach der Formel

$$s_{\text{Anzahl}} = \sqrt{\text{Keimdichte} \cdot \text{Probenvolumen}} = \sqrt{\lambda v}\,. \qquad (1)$$

Gemäß dieser Formel liegt bei einer Keimdichte von 2 ml^{-1} und einem Probenvolumen von 1 ml die theoretische Standardabweichung bei 1,414, und die relative Standardabweichung ergibt sich zu 1,414 : 2 = 0,707.

Es ist zu beachten, dass die Poisson-Verteilung nur jenen mathematisch unvermeidbaren Fehler beinhaltet, der sich daraus ergibt, dass sich in der Stichprobe eine in der Regel verhältnismäßig geringe Anzahl von Mikroorganismen befindet. Daneben können allerdings noch weitere Fehler auftreten:

- methodische Fehler des Untersuchungslabors (z. B. Pipettierfehler, Bakterienklumpen um Partikel)
- subjektive Fehler (z. B. Zähl- u. Ablesefehler)
- mikrobiologisch bedingte Fehler (Sobald mehr als 1 Keim erforderlich ist, um in einer Nährlösung Wachstum auszulösen, oder sobald Faktoren wirken, die ein Absterben von Keimen in Ansätzen mit niedrigen Keimdichten begünstigen, wird die ermittelte Keimzahl zu gering sein).

Auch die biologische Variabilität von Keimpopulationen und weitere bekannte oder nicht bekannte bzw. nicht kontrollierbare Einflussfaktoren können zu einem fehlerbehafteten Ergebnis führen. Dabei müssen u. a. Probenentnahme, -lagerung, -aufbereitung, Labor- bzw. Versuchsbedingungen sowie die Variabilität der Mikroorganismen berücksichtigt werden. Nur wenn die genannten Probleme im Vergleich zu dem auf Basis des Poisson-Modells ermittelten Fehlers vernachlässigbar sind, ist die Poisson-Verteilung zur Beschreibung des Gesamtfehlers und der Gesamtmessunsicherheit tatsächlich anwendbar. Es ist also nicht zulässig, das Fehlermodell der Poisson-Verteilung ohne weitere Überprüfung heranzuziehen. Vielmehr sollte die tatsächliche Fehlercharakteristik anhand von Ringversuchen oder In-Haus-Validierungsstudien empirisch überprüft werden.

Dabei ist zu beachten, dass die klassischen Auswerteverfahren für Ringversuche gemäß DIN ISO 5725-2 auf der Annahme der Normalverteilung basieren, hier also nicht eingesetzt werden können. In DIN ISO 16140 wird daher die Möglichkeit einer robusten Auswertung von Ringversuchsdaten angesprochen. Eine ausgefeilte robuste Auswertungsmethode bietet DIN 38402 (DEV A 45). Diese Auswertung kann z. B. mit dem Computerprogramm ProLab durchgeführt werden. Diese Verfahrensweise erlaubt neben einer Erfassung des zufälligen Fehlers, der sich bei wiederholten Messungen innerhalb eines Labors ergibt, auch die Ermittlung systematischer Fehler. Um die Wirkung der oben genannten Einflussfaktoren im Detail über eine In-Haus-Validierungsstudie überprüfen zu können, bietet sich eine Vorgehensweise analog zur Entscheidung der Europäischen Kommission CD 657/2002 an. Durch geeignete Versuchspläne kann die Wirkung unterschiedlicher Verdünnungsstufen, Probenbehandlungen und Messabläufe im Detail untersucht werden. Die Auswertung kann dann z. B. mit dem Computerprogramm InterVal erfolgen. Bezugsmöglichkeiten beider Softwareprogramme werden im Literaturverzeichnis genannt.

Neben diesen Aspekten gibt es weitere zu beachtende Gesichtspunkte, die z. B. in der Wahl des Zeitpunktes und der Lokalität der Probenentnahme begründet sind. Speziell bei Bade- und Oberflächengewässern kann der Einfluss dieser Faktoren auf die Verteilung der Keime im zu untersuchenden Medium und damit auf die Keimdichte erheblich sein. Generell zu beachten ist in diesem Zusammenhang, dass Validierungsregeln in verschiedenen Arbeitsgruppen diskutiert werden, jedoch derzeit noch nicht verbindlich festgelegt wurden.

2.5.3 Gussplattenverfahren

Die quantitative Erfassung von Bakterien über die Koloniezahl erfolgt im allgemeinen über 2 oder mehrere Parallelansätze von Gussplatten, indem z. B. 1 ml des zu untersuchenden Wassers bzw. erforderlicher Verdünnungen davon mit einem verflüssigten Nährboden vermischt, zum Erstarren gebracht und nach entsprechender Bebrütung die gewachsenen Kolonien gezählt werden. Von Wässern, bei denen auf den Platten zu Kolonien auswachsende Keim- bzw. Konglomeratzahlen von >300 ml^{-1} zu erwarten sind, werden mehrere, meist 10er Stufen von Verdünnungen angesetzt. Die Gussplattenzählergebnisse sollten im Idealfall einer Poisson-Verteilung folgen. Mit der Keimdichte λ und dem Probenvolumen v je Gussplatte liegt die erwartete Koloniezahl pro Platte bei λv, mit einem näherungsweisen 95%-Schwankungsintervall von $\pm 1{,}96\ \sqrt{\lambda v}$. Je niedriger also die erwartete Koloniezahl λv pro Platte ist, desto größer ist der statistische Fehler. Er erreicht bei 20 Kolonien pro Platte 43,8% und überschreitet bei 15 Kolonien die 50%-Grenze. Mit steigender Koloniezahl nimmt zwar der statistische Fehler ab (er liegt bei 300 Kolonien pro Platte bei 11,3%), dafür steigen aber die methodischen und subjektiven Fehler (z. B. Überwachsen von Kolonien, Konglomeratbebrütungen, Auszählfehler) an.

Da die Koloniezahl pro 1 ml angegeben wird, ist bei Auszählung einer Verdünnungsstufe der Mittelwert der Parallelen mit der Verdünnungsstufe zu multiplizieren. Aus mikrobiologisch-methodischen Gründen wächst bei einer Verdünnung von 1:10 auf der Platte aber nicht nur 1×10^{-1} der Ausgangskeimzahl zu Kolonien aus. Deshalb ist die durch Multiplikation erhaltene Angabe der Koloniezahl pro 1 ml – vor allem bei Mehrfachverdünnungen – mit einem erheblichen Fehler belastet.

Eine Minderung dieses Fehlers wird erreicht, wenn das Auszählergebnis nur jener Verdünnungsstufen, in deren Bereich 10–300 Kolonien pro Platte gewachsen sind, berücksichtigt wird.

Als gewichteter Mittelwert der Koloniezahl ergibt sich

$$x_W = \frac{\sum k_i}{\sum n_i v_i} \tag{2}$$

wobei $\sum k_i$ = Summe aller Kolonien
n_i = Anzahl der Platten (Parallelen in jeder Verdünnungsstufe) und
v_i = Verdünnungsstufe [ml] (entspricht dem unverdünnten Probenvolumen in ml)

ist.

Die Zählergebnisse der Verdünnungsstufen gehen gewichtet in die Berechnung von x_W ein. Bei dieser Formel ist bereits berücksichtigt, dass sich die Varianzen in den Verdünnungsstufen näherungsweise im Verhältnis der Verdünnungen ändern.

Beispiel:

		Verdünnungsstufe	
		10^{-2} ml	10^{-3} ml
Parallelen	A	187	29
	B	203	20
	C	165	26
	$\sum$	555	75

Es ergibt sich im vorliegenden Beispiel

$$x_W = \frac{555 + 75}{3 \cdot 10^{-2} + 3 \cdot 10^{-3}} = 19091 \times \text{ml}^{-1} . \tag{3}$$

2.5.4
Membranfilterverfahren

Die Membranfiltration zur quantitativen Erfassung von Mikroorganismen im Wasser wird im allgemeinen dann eingesetzt, wenn die Keimzahl im zu untersuchenden Wasserkörper sehr niedrig ist. Durch die Filtration werden die Keime aus einem großen Wasservolumen auf die kleine Fläche des Membranfilters (Durchmesser 50 oder 35 mm) konzentriert.

Nach der Filtration werden die Filter auf einen festen Nährboden aufgelegt und entsprechend Kulturvorschrift bebrütet. Die gewachsenen Kolonien auf dem Filter werden ausgezählt. Bei diesem Verfahren ist darauf zu achten, dass die Auswahl der Größe des zu filtrierenden Wasservolumens so erfolgt, dass weder zu wenige Keime pro Membranfilter wachsen noch Überdeckungen der Kolonien auftreten. In der Regel sollte die Koloniezahl zwischen 10 und 200 liegen, wobei zur Vermeidung von Überdeckungen außer der Keimzahlhöhe auch die zu erwartende Koloniegröße zu beachten ist. Für die Fehlerbeurteilung gelten die Ausführungen zu Abschnitt 2.5.2. Insbesondere kann die Poisson-Verteilung nur dann als geeignetes Fehlermodell verwendet werden, wenn zunächst im Rahmen einer Validierung die Präzisionsdaten ermittelt wurden.

Zur Auswertung gibt die DIN EN ISO 8199 (2007) Hinweise, wie z. B. bei stärker mikrobiologisch belasteten Proben nach Verdünnungsschritten das Ergebnis zu berechnen ist.

Folgende Formel wird angewendet für die Auswertung der abgelesenen Ergebnisse, wenn unterschiedliche Verdünnungen einer Probe angesetzt bzw. unterschiedliche Volumina einer Probe filtriert werden:

$$C_s = \frac{Z}{V_{tot}} \times V_s \tag{4}$$

Dabei ist

C_s die berechnete Anzahl an KBE im Referenzvolumen V_s der Probe;

Z die Summe aller gezählten Kolonien auf den Platten oder Membranfiltern verschiedener Verdünnung d_1, d_2, ..., d_i oder verschiedener Volumina der Untersuchungsprobe (Probe oder Verdünnung);

V_s das gewählte Referenzvolumen zur Angabe der Konzentration der Mikroorganismen in einer Probe:

V_{tot} das berechnete Gesamtvolumen der Originalprobe in den ausgezählten Platten. V_{tot} ist entweder die Summe der einzelnen Volumina der Untersuchungsprobe (Probe oder Verdünnung) oder wird nach Gleichung (5) berechnet:

$$V_{tot}(n_1 V_1 d_1) + (n_2 V_2 d_2) + \ldots + (n_i V_i d_i) \tag{5}$$

Dabei ist

V_{tot} das berechnete Gesamtvolumen der Ausgangsprobe in den ausgezählten Platten

$n_1, n_2, \ldots n_i$ die Anzahl der Platten je Verdünnungsstufe $d_1, d_2, \ldots, d_{i;}$

$V_1, V_2, \ldots, V_i$ das eingesetzte Volumen in Verdünnung $d_1, d_2, \ldots, d_i$;

$d_1, d_2, \ldots, d_i$ die Verdünnung, eingesetzt für das Volumen der Untersuchungsprobe $V_{1,}$ $V_2, \ldots, V_i$ ($d=1$ für eine unverdünnte Probe, $d=0{,}1$ für eine 1:10 Verdünnung, usw.).

Ein Beispiel soll diese kompliziert aussehende Formel erläutern:
Koloniezahlbestimmung pro 100 ml

Ablesung:
Filtration von 100 ml: 45 Kolonien,
Filtration von 10 ml: 10 Kolonien

Berechnung:
$Z=45+10=55$
$V_s=100$ ml
$V_{tot}=(1\times100\times1)+(1\times10\times1)=110$
$C_s=(55:110)\times100=50$
Ergebnis: $C_s=50$ KBE pro 100 ml

Sind weitere Tests zur Bestätigung charakteristischer Kolonien notwendig, muss u. U. eine repräsentative Auswahl (in einigen Berechnungsvorschriften ist die Zahl der zu bestätigenden Kolonien vorgegeben) erfolgen.

Die Anzahl der Zielorganismen auf der Platte ist dann nach folgender Formel zu berechnen:

$$x = \frac{k}{n} \times z \qquad (6)$$

wobei

x die berechnete Anzahl an bestätigten Kolonien je Platte;

k die Anzahl n an Kolonien, die den Identifizierungs- oder Bestätigungskriterien entsprechen;

n die Anzahl der vermutlich positiven Kolonien, die von einer Platte zur Bestätigung abgeimpft wurden;

z die Gesamtanzahl der vermutlich positiven Kolonien, die auf der Platte gezählt wurden.

Beispiel:
Ablesung:
30 typische Kolonien (gelb auf TTC-Agar)
10 daraus ausgewählte Kolonien zur Bestätigung
5 bestätigte Kolonien

Berechnung:
$X = (5:10) \times 30 = 15$

Ergebnis:
$X = 15$ Kolonien pro Platte

In der Formel $C_s = \frac{Z}{V_{tot}} \times V_s \qquad (4)$

wird dann Z durch X (die Summe aller x) ersetzt, um den Bezug zum Untersuchungsvolumen herzustellen.

2.5.5 Most Probable Number-Methode (MPN-Verfahren)

Für die Schätzung der Keimzahl hat sich die sogenannte MPN-Methode (Most Probable Number) bewährt. Besonders bei der Qualitätskontrolle in der Wasserhygiene, Lebensmittelhygiene u. ä. Bereichen wird das Verfahren benutzt. Damit die MPN-Methode anwendbar ist, muss vorausgesetzt werden, dass sich jedes in einer Probe enthaltene Bakterium nach dem Bebrüten zu einer erkennbaren Population entwickelt. Andernfalls spiegelt der ermittelte MPN-Index eine zu geringe Keimzahl wider.

Ausgangspunkt der MPN-Methode ist ein definiertes Volumen einer Probe. Dies kann unverdünnt oder in einem bestimmten Verhältnis verdünnt einer Nährlösung zugesetzt werden. Dieses Substrat wird vermischt und bebrütet. Unter den genannten Voraussetzungen kann eine Aussage dahingehend getroffen werden, ob die Nährlösung durch Wachstumsprozesse getrübt oder nicht getrübt ist. Sowohl Trübungsaussagen hinsichtlich der Intensität als auch des eventuellen Eintritts der Trübung nach Ablauf einer definierten Zeit werden nicht berücksichtigt. Es ist auch nicht erkennbar, ob die Trübung durch einen oder viele Keime hervorgerufen wurde.

Um die Sicherheit der berechneten Keimzahl zu erhöhen, werden mehrere Röhrchen gleichzeitig bebrütet (Parallelansatz). In der Praxis werden häufig 3 Verdünnungsstufen mit je 5 oder auch mehr Röhrchen eingesetzt. Aus der relativen Häufigkeit des Vorkommens der getrübten Röhrchen kann ein Index berechnet werden, der die wahrscheinlichste Keimdichte der Probe ausdrückt. Prinzipiell ist dabei jede Menge an Bakterien in der Ausgangsprobe möglich, allerdings ist – in der Regel – nur eine Keimzahl die wahrscheinlichste (most probable number).

Fehler können bei der Berechnung der wahrscheinlichsten Keimdichte entstehen, wenn die in der Einleitung genannten Voraussetzungen verletzt sind. Zu stark abweichenden Resultaten kann es insbesondere dann kommen, wenn sich unplausible Ergebnisse bei den verschiedenen Verdünnungsstufen ergeben, z. B. wenn sich bei starker Verdünnung ein positives Resultat zeigt, bei geringerer Verdünnung jedoch nicht. Als Besonderheit kommt hinzu, dass bei ungünstig gewählten Verdünnungsstufen alle bebrüteten Röhrchen positiv (z. B. bei der Untersuchung von stark verschmutztem Wasser) oder auch alle negativ sein können (z. B. bei Trinkwasser). In diesem Fall wäre das Modell mit den gewählten Verdünnungsfaktoren unbrauchbar und damit eine Aussage zur mittleren Keimdichte nicht möglich. Kommen sowohl positive als auch negative Röhrchen vor, so ist die wahrscheinlichste Keimzahl mit einer Wahrscheinlichkeit und mit gewissen Fehlergrenzen berechenbar. Diese obere und untere Fehlergrenze wird üblicherweise durch die Wahl von 95% Vertrauensgrenzen abgeschätzt. Für die Ermittlung dieser Grenzen existieren verschiedene Berechnungsverfahren. Zur Berechnung kann man auf eines der im Internet verfügbaren Berechnungsprogramme zurückgreifen. Eine Download-Möglichkeit wird im Literaturverzeichnis genannt. Zu beachten ist allerdings, dass aufgrund unterschiedlicher Algorithmen zwar zumeist die gleiche Keimzahl ermittelt wird, jedoch die Grenzen für die Keimzahl unterschiedlich angegeben werden.

Die **Poisson-Verteilung** als Verteilungsmodell der Keime lautet

$$P(X = m) = \frac{(\lambda v_{\mathrm{i}})^m}{m!} \exp\{-\lambda v_{\mathrm{i}}\} \tag{7}$$

wobei

$P(X{=}m)$ die Häufigkeit (Wahrscheinlichkeit) des Auftretens von m Bakterien in der Probe,
λ die mittlere Keimzahl pro ml und
v_{i} das i-te Probenvolumen ist.

Nach dem Bebrüten ist nicht bekannt, in wie vielen Röhrchen 1 Keim, 2 Keime usw. beim Ansatz der Kultur enthalten waren. Es ist innerhalb einer Verdünnungsstufe nur bekannt, wie viele Röhrchen keinen Keim und wie viele einen oder mehr als einen Keim enthalten haben. Es wird das Ergebnis also in zwei Klassen eingeteilt. Dabei ergibt sich aus der Poisson-Verteilung für die Wahrscheinlichkeit, dass ein Röhrchen keinen Keim enthält,

$$P(X=0)=\frac{(\lambda v_{\mathrm{i}})^{0}}{0!}\exp\{-\lambda v_{\mathrm{i}}\}=\exp\{-\lambda v_{\mathrm{i}}\} \tag{8}$$

und entsprechend für die Wahrscheinlichkeit, dass ein beliebig ausgewähltes Röhrchen einen oder mehr als einen Keim enthält,

$$P(X\geq 1)=1-P(X=0)=1-\exp\{-\lambda v_{\mathrm{i}}\}\,. \tag{9}$$

Falls nun L die Anzahl der untersuchten Verdünnungsstufen ist, n_{i} die Anzahl der untersuchten Röhrchen in Verdünnungsstufe i und k_{i} die Anzahl der positiven Röhrchen in Verdünnungsstufe i, ergibt sich die zugehörige Wahrscheinlichkeit bei einer vorgegebenen Keimdichte auf Grundlage der **Binomial-Verteilung** gemäß

$$P(k_i, k_2, \ldots, k_{\mathrm{L}})=\prod_{i=l}^{L}\binom{n_i}{k_{\mathrm{i}}}\exp\{-\lambda v_{\mathrm{i}}\}^{n_{\mathrm{i}}-k_{\mathrm{i}}}(1-\exp\{-\lambda v_{\mathrm{i}}\})^{k_{\mathrm{i}}} \tag{10}$$

Alle Parameter in diesem Ausdruck sind bekannt, wenn man einmal von der Keimdichte λ absieht. Betrachtet man für ein festes Stichprobenergebnis die Keimdichte als variabel, so ist der Ausdruck eine Funktion von λ. In Abb. 2.2 wird eine solche Funktion (Likelihoodfunktion) in Abhängigkeit von der Keimdichte dargestellt. Sie kann wie folgt interpretiert werden: In der 1. Stufe wurden 3 Röhrchen mit je 10 ml Probenvolumen, in der 2. Stufe 3 Röhrchen mit je 1 ml (entspricht Verdünnung 1:10) und in der letzten Stufe 3 Röhrchen mit je 0,1 ml (entspricht Verdünnung 1:100) bebrütet. Insgesamt kamen 33,3 ml

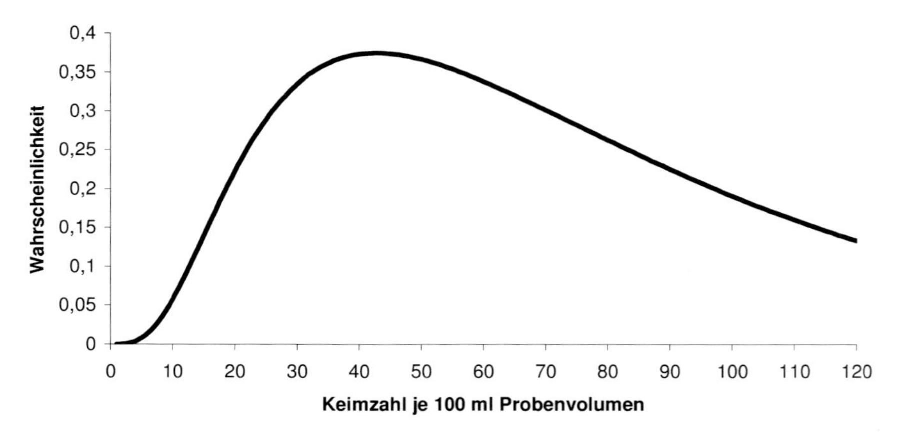

Abb. 2.2 Likelihoodfunktion der Kombination 3/1/0.

Probenvolumen zum Einsatz. Das Ergebnis des Testes war 3/1/0, d.h. in der 1. Stufe waren alle drei Röhrchen positiv, in der 2. Stufe ein und in der letzten Stufe kein Röhrchen.

Die Funktion zeigt bei ca. 40 Keimen in 100 ml Probenvolumen ein Maximum. Dieses Maximum ist die für den Testausgang 3/1/0 wahrscheinlichste Keimzahl. Die exakte Zahl lautet 42,7 Keime je 100 ml, wobei die Wahrscheinlichkeit bei dieser Keimzahl 0,37 beträgt. Wie die Likelihoodfunktion zeigt, ist trotzdem auch jede andere Keimzahl mit einer geringeren Wahrscheinlichkeit möglich. Konfidenzgrenzen geben eine Vorstellung von der möglichen „Schwankungsbreite" der ermittelten Keimzahl. So liegt ihr Wert im obigen Beispiel mit 95% Sicherheit, d.h. einer Irrtumswahrscheinlichkeit von 5% zwischen 10,4 und 175 Keimen in 100 ml des untersuchten Substrates. Damit wird deutlich, dass die MPN-Methode bei einer geringen Anzahl von Röhrchen eine erhebliche Unsicherheit aufweist, die oft eine Größenordnung erreicht, d.h. bei der die Abweichung zwischen ermittelter Keimzahl und wahrer Keimzahl ein Mehrfaches des wahren Wertes erreichen kann.

Bei der Interpretation der durch das MPN-Verfahren berechneten Keimzahl ist eine gewisse Vorsicht anzuraten. Prinzipiell sind Testausgänge, bei denen alle Röhrchen positiv bzw. alle Röhrchen negativ sind, als nicht brauchbar zu betrachten, d.h. die Keimdichten liegen außerhalb der vom Modell erfassbaren Grenzen. Auch wenn stets mehr als die Hälfte der Röhrchen in jeder Stufe und in der höchsten Stufe alle Röhrchen positiv sind, kann die Empfehlung gegeben werden, die Untersuchung auf zusätzliche Verdünnungsstufen auszudehnen. Prinzipiell wirkt sich die Erhöhung der Röhrchenzahl positiv auf die Konfidenzintervalle aus, d.h. die untere und die obere Grenze der Keimdichte werden eingeengt. Die Berechnung der zu einer Keimzahl gehörenden Unter- bzw. Obergrenzen (95%-Konfidenzgrenzen) macht deutlich, dass eine berechnete MPN-Keimzahl erheblich von der tatsächlichen Keimzahl abweichen kann. Es ist ratsam, ein Modell zu wählen, welches bezüglich der Anzahl von Verdünnungsstufen und der Anzahl von Röhrchen pro Stufe die vermutete Kennzahl gut abdeckt und die untere bzw. obere Keimzahlgrenze ausreichend einengt. Dabei sollten, wann immer möglich, mehr als 3 Röhrchen pro Verdünnungsstufe untersucht werden.

Ein Problem stellen sogenannte untypische Codes dar, bei denen unplausible Ergebnisse vorliegen, zum Beispiel positive Ergebnisse trotz hoher Verdünnungsstufe bei gleichzeitig negativem Ergebnis bei geringer Verdünnung. Bei untypischen Codes liefert das MPN-Verfahren häufig stark überhöhte Keimzahlen. Untypische Codes sind sehr unwahrscheinlich und sollten bei praktischen Untersuchungen daher kaum auftreten. Treten sie dennoch auf, sollte geprüft werden, ob methodische Fehler (Verdünnungsfehler etc.) aufgetreten sind.

Zur Auswertung werden im Falle kommerziell erhältlicher Testsysteme vom Hersteller MPN-Tabellen für den Anwendungsbereich mitgeliefert. In der DIN EN ISO 8199 (2007) werden für spezielle Fragestellungen MPN-Tabellen angegeben. Außerdem kann der in der Literatur zitierte Internetlink genutzt werden.

2.5.6
Titer-Methode

Die Titer-Methode ist ein Spezialfall des Verdünnungsverfahrens. Als Titer ist die kleinste Wassermenge definiert, in der Keime kulturell nachgewiesen werden können. Es wird wie bei dem Verdünnungsverfahren mit mehreren Verdünnungsstufen gearbeitet. Allerdings wird kein Parallelansatz vorgenommen. Die Verwendung von einem Röhrchen pro Verdünnungsstufe führt allerdings zu extrem hohen Fehlerbreiten der Schätzwerte, so dass Schätzwerte, die mit der Titer-Methode berechnet wurden, nur als grobe Näherungswerte betrachtet werden können.

Literatur

Arndt, G.; Hildebrandt, H.; Weiss, H.; Siems, H. (1981): Einsatz der Most Probable Number-Technik zum quantitativen Salmonellen-Nachweis. Fleischwirtschaft, 61, 1373–1981.

DIN 38402 A 45 (2003): Deutsche Einheitsverfahren zur Wasser-, Abwasser- und Schlammuntersuchung – Allgemeine Angaben (Gruppe A) – Teil 45: Ringversuche zur externen Qualitätskontrolle von Laboratorien.

DIN EN ISO 8199 (2007): Wasserbeschaffenheit – Allgemeine Anleitung zur Zählung von Mikroorganismen durch Kulturverfahren (ISO 8199: 2005). Beuth Verlag GmbH, Berlin.

DIN ISO 5725 (1994 ff): Genauigkeit (Richtigkeit und Präzision) von Messverfahren und Messergebnissen.

InterVal – Softwareprogramm zur Auswertung von In-Haus-Validierungsstudien. (2007) Bezugsmöglichkeit www.quodata.de

ProLab – Softwareprogramm zur Auswertung von Ringversuchen (2007). Bezugsmöglichkeit: *www.quodata.de*

Weiterführende Literatur

MPN-Rechner (2007): *http://www.quodata.de/mpn.php.*

EG-Richtlinie 2002/657/EG (2002): Entscheidung der Kommission vom 12. 08. 2002 zur Umsetzung der EG-Richtlinie 96/23/EG des Rates betreffend die Durchführung von Analysemethoden und die Auswertung von Ergebnissen. Amtsblatt der Europäischen Gemeinschaften 17. 08. 2002.

2.6
Vergleichbarkeit mikrobiologischer Messmethoden

Steffen Uhlig

Mikrobiologische Messmethoden sind wie alle Messmethoden fehlerbehaftet. Die Messabweichungen sind teilweise unvermeidlich. Selbst wenn ein und derselbe Bearbeiter zwei parallele Untersuchungen auf der Basis der gleichen Probe vornimmt und in exakt der gleichen Weise vorgeht, werden die Untersuchungsergebnisse voneinander und von der mittleren Zahl der Zielorganismen im zu untersuchenden Volumen abweichen. Stärkere Abweichungen sind zu erwarten, wenn die Untersuchungen nicht zum gleichen Zeitpunkt und mit den gleichen Gerätschaften vorgenommen werden. Darüber hinaus zeigen Ringversuche mit mehreren Laboratorien, dass es auch einen Labor- bzw. Bearbeitereffekt gibt. Die genannten Abweichungen sollten in der Regel zufällig sein, d.h. es wird davon ausgegangen, dass sich die Messabweichungen im Mittel gegeneinander aufheben.

Wenn allerdings unterschiedliche Messmethoden angewandt werden, sind auch systematische Messabweichungen zu erwarten. So ist häufig bei unterschiedlichen mikrobiologischen Messmethoden auch das Spektrum der Organismen unterschiedlich, d.h. unterschiedliche Methoden reagieren auf unterschiedliche Organismen. Dies hat zur Folge, dass je nach Zusammensetzung der untersuchten Population eine Alternativmethode systematisch höhere oder systematisch niedrigere Werte aufweisen kann als das Referenzverfahren. Oft fallen solche systematischen Verzerrungen in der Praxis zunächst kaum auf, weil sie durch zufällige Messabweichungen überdeckt werden. Um systematische Verzerrungen mit einer gewissen statistischen Sicherheit zu erfassen, muss daher eine Vielzahl von Messungen vorgenommen werden.

Für die Überprüfung der Vergleichbarkeit einer alternativen Methode mit einem Referenzverfahren liefert die erst in den letzten Jahren etablierte Norm DIN EN ISO 17994 (2004) eine aufwändige, aber gleichwohl sinnvolle Vorgehensweise. Nach dieser Norm werden von mindestens 6 Laboratorien jeweils eine größere Anzahl von Proben (typisch: 50 Proben) parallel mittels beider Verfahren untersucht. Auf Basis der relativen Differenz der Ergebnisse für jede Probe erfolgt dann die Ermittlung der mittleren relativen Abweichung zwischen Referenzmethode und Alternativmethode. Das Kriterium der Vergleichbarkeit gilt dann als erfüllt, wenn der Betrag der mittleren relativen Abweichung zwischen den beiden Methoden signifikant unter 10% liegt. Je nach gesetzlichen Vorgaben wird das Kriterium nur einseitig betrachtet und nur überprüft, ob das Alternativverfahren nicht schlechter als das Referenzverfahren ist, d.h. unter Umständen liefert das Alternativverfahren im Mittel höhere Werte als das Referenzverfahren.

Neben der mittleren relativen Abweichung wird auf der Basis der Ringversuchsergebnisse geprüft, ob signifikante Abweichungen zwischen den Laboratorien festzustellen sind oder ob eine Abhängigkeit vom Probentyp vorliegt. Ist dies der Fall, muss weiter geprüft werden, ob diese spezifischen Abweichungen als tolerabel gelten können.

Hinzuweisen ist in diesem Zusammenhang auf die Forderung, alle verdächtigen Beobachtungen sowohl der Alternativmethode als auch der Referenzmethode vollständig zu bestätigen. Diese Forderung wird derzeit im Hinblick auf eine mögliche Revision von DIN EN ISO 17994 (2004) diskutiert. Aufgrund der hohen zusätzlichen Kosten ist allerdings aus biometrischer Sicht die Verwendung eines adaptiven Stichprobenplanes ausreichend, mit dem nicht alle verdächtigen Beobachtungen zu untersuchen wären, sondern – in Abhängigkeit von der Bestätigungsquote – nur eine Stichprobe aller verdächtigen Beobachtungen.

Literatur

DIN EN ISO 17994 (2004): Wasserbeschaffenheit – Kriterien für die Feststellung der Gleichwertigkeit von mikrobiologischen Verfahren (ISO 17994: 2004); Deutsche Fassung EN ISO 17994: Beuth Verlag GmbH, Berlin.

2.7
Nationale/internationale Normung
Regine Szewzyk

Voraussetzung für die Erzielung vergleichbarer Ergebnisse bei der mikrobiologischen Untersuchung von Wasserproben ist die Anwendung identischer Verfahren in allen Untersuchungsstellen. Wenn DIN- oder EN-Normen für ein Verfahren zur Verfügung stehen, ergibt sich durch verschiedene Rechtsvorschriften eine Verpflichtung diese Normen anzuwenden. ISO-Normen haben nicht den gleichen Grad an Verbindlichkeit, werden in der Praxis aber analog angewendet. Die Normungsaktivität hat sich in den letzten Jahren immer mehr von der rein nationalen Normung hin zur internationalen Normung verschoben, um eine bessere Vergleichbarkeit von Laborergebnissen auch über nationale Grenzen hinaus zu erreichen. Insbesondere im Rahmen der Europäischen Gemeinschaft besteht ein starkes Interesse an international harmonisierten Methoden.

2.7.1
Nationale Normung

In Deutschland wurden schon frühzeitig für die wichtigsten Parameter bei Trink- und Badebeckenwasseruntersuchungen sowie für die Probenahme mit der DIN 38411-Reihe „Mikrobiologische Verfahren (Gruppe K)“ genormte Verfahren erarbeitet. Die für die Wasseruntersuchung relevanten Normen werden als Deutsche Einheitsverfahren (DEV) gesammelt. Diese Loseblattsammlung wird regelmäßig aktualisiert und ist in den Laboratorien eine wichtige Grundlage für die Entscheidung, welche Methoden für Untersuchungen herangezogen werden.

In der alten TrinkwV von 1990 wurden im Anhang 1 die zu verwendenden Verfahren zum Nachweis von *E. coli*, coliformen Bakterien, Fäkalstreptokokken, sulfitreduzierenden sporenbildenden Anaerobiern sowie für die Koloniezahl kurz beschrieben. Die in der alten TrinkwV genannten Verfahren entsprachen den in den DIN-Normen festgelegten und weiter spezifizierten Verfahren. Damit war in Deutschland für die Routineparameter eine einheitliche Untersuchung von Trinkwasserproben sichergestellt. In anderen Bereichen – wie z. B. bei der Untersuchung auf Legionellen oder von Badegewässern – gab es diese strikte Festlegung auf bestimmte Verfahren nicht. Eine Vereinheitlichung wurde aber durch Empfehlungen des Umweltbundesamtes angestrebt (BGB, 2000).

2.7.2 Internationale Normung

Im Rahmen der europäischen Harmonisierung tritt die internationale Normung immer mehr in den Vordergrund. In den letzten Jahren ist es gelungen, für die meisten der wichtigen mikrobiologischen Parameter länderübergreifende Normen zu erarbeiten. Die meisten Normen werden gleichzeitig als europäische Normen (CEN) und internationale Normen (ISO) erarbeitet und veröffentlicht. Normen, die als europäische Normen erscheinen, müssen in allen Mitgliedsländern der EU in nationale Normen überführt und angewendet werden. Bisherige nationale Normen mit gleichem Inhalt müssen beim Erscheinen der europäischen Norm zurückgezogen werden. Daher ist die aktive Mitarbeit Deutschlands in den europäischen und internationalen Normungsgremien sehr wichtig. Die für die Trinkwasseruntersuchung einschlägigen Normen werden in Deutschland durch den Arbeitsausschuss Wasseruntersuchung (NA 119-01-03) im Normenausschuss Wasserwesen (NAW) bearbeitet. Folgende europäische Normen wurden in den letzten Jahren erarbeitet und in DIN Normen überführt:

a) DIN EN ISO 6222 (1999) : Wasserbeschaffenheit – Quantitative Bestimmung der Koloniezahl durch Einimpfen in ein Nährmedium (DEV-Nr. K5).
b) DIN EN ISO 7899-1 (1998): Wasserbeschaffenheit – Nachweis und Zählung von intestinalen Enterokokken – Teil 1: Miniaturisiertes Verfahren (MPN-Verfahren) für Oberflächengewässer und Abwasser (DEV-Nr. K14).
c) DIN EN ISO 7899-2 (2000): Wasserbeschaffenheit – Nachweis und Zählung von intestinalen Enterokokken – Teil 2: Verfahren durch Membranfiltration (DEV-Nr. K15).
d) DIN EN ISO 9308-1 (2001): Wasserbeschaffenheit – Nachweis und Zählung von *Escherichia coli* und coliformen Bakterien – Teil 1: Membranfiltration (DEV-Nr. K12).
e) DIN EN ISO 9308-3 (1999): Wasserbeschaffenheit – Nachweis und Zählung von *Escherichia coli* und coliformen Bakterien – Teil 2: Miniaturisiertes Verfahren (MPN-Verfahren) für den Nachweis und die Zählung von *Escherichia coli* in Oberflächenwasser und Abwasser (DEV-Nr. K13).
f) DIN EN ISO 10705-1 (2002): Wasserbeschaffenheit – Nachweis und Zählung von Bakteriophagen – Teil 1: Zählung von F-spezifischen RNA-Bakteriophagen (DEV-Nr. K16).
g) DIN EN ISO 10705-2 (2002): Wasserbeschaffenheit – Nachweis und Zählung von Bakteriophagen – Teil 2: Zählung von somatischen Coliphagen (DEV-Nr. K17).
h) DIN EN 12780 (2002): Wasserbeschaffenheit – Nachweis und Zählung von *Pseudomonas aeruginosa* (DEV-Nr. K11).[1]
i) DINV ENV ISO 13843 (2001): Wasserbeschaffenheit – Richtlinie zur Validierung mikrobiologischer Verfahren (DEV-Nr. K2).

[1] Diese wird in Kürze durch die inhaltsgleiche Norm DIN EN ISO 16266 ersetzt.

j) DIN EN 14486 (2005): Wasserbeschaffenheit – Nachweis humaner Enteroviren mit dem Monolayer-Plaque-Verfahren (DEV-Nr. K3).
k) DIN EN ISO 17994 (2004): Wasserbeschaffenheit – Kriterien für die Feststellung der Gleichwertigkeit mikrobiologischer Verfahren (DEV-Nr. K4).
l) DIN EN ISO 19458 (2006): (DEV-Nr. K19). Wasserbeschaffenheit – Probenahme für mikrobiologische Analysen.

Einige Normen wurden nur als internationale Normen (ISO) veröffentlicht und nicht als europäische Normen, z. B.

a) ISO 7704 (1985): Wasserbeschaffenheit; Bewertung von Membranfiltern für mikrobiologische Analysen.
b) ISO 8199 (2005): Wasserbeschaffenheit – Allgemeine Anleitung zu Keimzahlbestimmung.[2]
c) ISO 11731 (1998): Wasserbeschaffenheit – Nachweis und Zählung von Legionellen.
d) ISO 11731-2 (2004): Wasserbeschaffenheit – Nachweis und Zählung von Legionellen – Teil 2: Direktes Membranfiltrationsverfahren mit niedriger Bakterienzahl.[2]
e) ISO 17995 (2005): Wasserbeschaffenheit – Nachweis und Zählung von wärmebeständigen Campylobacter.

Sie können in nationale Normen (DIN) umgesetzt werden, sind jedoch nicht verbindlich.

Bei der Novellierung der EU-Trinkwasserrichtlinie und der EU-Badegewässerrichtlinie wurden für die mikrobiologischen Parameter – mit Ausnahme des Parameters *C. perfringens,* für den noch keine Norm existiert – genormte Nachweisverfahren als Referenzverfahren direkt in der Richtlinie angegeben (s. Tab. 2.2). Die Normen erhalten damit einen höheren Stellenwert, da sie einen direkten Gesetzesbezug haben. Dies ist ein wichtiger Schritt zu einer Vergleichbarkeit mikrobiologischer Wasseruntersuchungen im europäischen Rah-

Tabelle 2.2 Referenzverfahren für mikrobiologische Parameter in EU-Richtlinien.

Parameter	EU-Trinkwasserrichtlinie	EU-Badegewässerrichtlinie
Koloniezahl	DIN EN ISO 6222	–
E. coli	DIN EN ISO 9308-1	DIN EN ISO 9308-3 DIN EN ISO 9308-1
Enterokokken	DIN EN ISO 7899-2	DIN EN ISO 7899-1 DIN EN ISO 7899-2
Pseudomonas aeruginosa	DIN EN 12780	–

[2] Veröffentlichung als DN-Norm in Vorbereitung.

men. Die Angabe von Normen in der Richtlinie hat außerdem gegenüber einer expliziten Verfahrensbeschreibung den Vorteil, dass die Nachweisverfahren dem Stand der Wissenschaft und Technik angepasst werden können, ohne dass eine Änderung der Richtlinie notwendig ist.

Die in der EU-Trinkwasserrichtlinie genannten Referenzverfahren sind – außer für die Koloniezahl – Membranfiltrationsverfahren. Die in Deutschland verwendeten Flüssigkeits-Anreicherungsverfahren konnten sich im europäischen Rahmen nicht durchsetzen, da in den meisten anderen Ländern Membranfiltrationsverfahren bevorzugt wurden. Membranfiltrationsverfahren haben den Vorteil, dass eine Quantifizierung leicht möglich ist. Die in Deutschland herrschende Auffassung der höheren Sensitivität der Flüssigkeits-Anreicherungsverfahren ließ sich experimentell nicht belegen. Vergleichsuntersuchungen haben gezeigt, dass Flüssigkeits-Anreicherungsverfahren nicht prinzipiell eine höhere Sensitivität haben als Membranfiltrationsverfahren. Eine wichtige Rolle spielt vielmehr die durch Zugabe von Hemmstoffen erreichte Selektivität der Nährmedien, die sich auch auf die Zielorganismen auswirken kann. So wurden bei Ringversuchen zum Nachweis von Enterokokken mit dem Slanetz-Bartley-Agar höhere Wiederfindungsraten erzielt als mit der Azid-Glucose-Bouillon.

Bei der EU-Badegewässerrichtlinie wurden leider je zwei Referenzverfahren in die Richtlinie aufgenommen. Dadurch wird der Nachweis der Vergleichbarkeit neuer Nachweisverfahren (s. Kapitel 2.6) erschwert. Die beiden zuerst genannten Referenzverfahren sind die Normen, die für den genannten Einsatzbereich (Oberflächengewässer) erarbeitet wurden. Sie beruhen auf einem miniaturisierten MPN-Verfahren in Mikrotiterplatten (s. Kapitel 4.2 und 4.4). Die an zweiter Stelle genannten Verfahren sind Membranfiltrationsverfahren, die eigentlich für den Trinkwasserbereich erarbeitet wurden. Während das Trinkwasser-Nachweisverfahren für Enterokokken (s. Kapitel 4.4) in der Regel auch bei Oberflächengewässern erfolgreich angewendet werden kann, ist das Verfahren für *E. coli* (s. Kapitel 4.2) nur für sehr saubere Trinkwässer geeignet und sollte nicht zur Untersuchung von Badegewässern verwendet werden. Im Anwendungsbereich dieser Norm steht explizit, dass sich „aufgrund der geringen Selektivität ... Begleitwachstum störend auf die verlässliche Auszählung von coliformen Bakterien auswirken (kann) ... „Das Verfahren ist daher besonders für desinfiziertes Wasser und andere Trinkwässer mit niedrigen Bakterienzahlen geeignet." Leider ist es trotz zahlreicher Einsprüche, auch aus den zuständigen europäischen Normungsgremien, nicht gelungen, diese Norm aus der EU-Badegewässerrichtlinie zu streichen.

Außer den Normen für einzelne mikrobiologische Parameter wurden in den CEN- und ISO-Normungsgremien auch wichtige übergreifende Normen erarbeitet. Die neue DIN EN ISO 19458 zur Probenahme wurde als DEV K 19 veröffentlicht. DIN 48411-1 (K 1) wird dadurch abgelöst. Eine Vornorm zur Validierung mikrobiologischer Verfahren (DINV ENV ISO 13843) wurde bereits 2001 veröffentlicht, findet jedoch in der Praxis noch wenig Anwendung. Die Validierung mikrobiologischer Verfahren ist generell ein Problem. Die meisten in den Normen beschriebenen mikrobiologischen Verfahren haben noch keine primäre

Validierung erfahren. Ausnahmen sind die Mikrotiterplattenverfahren zum Nachweis von *E. coli* und intestinalen Enterokokken in Badegewässern (DIN EN ISO 9308-3 und DIN EN ISO 7899-1), die in ausführlichen Ringversuchen gestestet wurden sowie – teilweise – das Membranfiltrationsverfahren für *P. aeruginosa* (s. Kapitel 4.6). Die anderen beschriebenen Verfahren haben sich zwar z. T. bereits seit vielen Jahren in der Praxis bewährt. Es stehen jedoch keine Informationen über die Verfahrenskenndaten oder Messunsicherheiten zur Verfügung. Nach einem Beschluss der Normungsgremien dürfen künftig nur noch Verfahren in Normen veröffentlicht werden, die in Ringversuchen validiert worden sind. Dies stellt eine große Herausforderung für die zukünftige Normung mikrobiologischer Verfahren dar, da die Organisation von internationalen Ringversuchen sehr aufwändig und teuer ist. Eine weitere wichtige übergreifende Norm ist die DIN EN ISO 17994 (2004) zur Vergleichbarkeit mikrobiologischer Verfahren. Nach § 7 (5) der EU-Trinkwasserrichtlinie und § 3 (9) der EU-Badegewässerrichtlinie ist es möglich andere als die genannten Referenzverfahren zu verwenden, sofern die Vergleichbarkeit nachgewiesen wurde. Die DIN EN ISO 17994 bildet die Basis für den Nachweis dieser Vergleichbarkeit (s. Kapitel 2.6).

Besondere Probleme bei der Normung traten bei Summenparametern auf, die nur durch das beschriebene Nachweisverfahren definiert werden. Dies ist z. B. bei den Parametern „thermotolerante coliforme Bakterien" oder „coliforme Bakterien" der Fall. Solche Parameter sollten in Zukunft möglichst vermieden werden und durch Parameter ersetzt werden, die verfahrensunabhängig definiert werden können. Ein erster Schritt wurde bereits getan mit dem Ersatz des Parameters „thermotolerante coliforme Bakterien" durch *E. coli*. Als Ersatz für die coliformen Bakterien bietet sich z. B. die Gruppe der Enterobacteriaceen an, für die in Deutschland bereits ein erprobtes Verfahren beschrieben wurde (DIN 38411-9, 2001). Bei den Nachweisverfahren werden zukünftig für die internationale Normung vermehrt moderne Verfahren Berücksichtigung finden, die auf chromogenen/fluoreszierenden Substraten oder molekularbiologischen Nachweisen beruhen. Als erste Nachweisverfahren mit fluoreszierenden Substraten wurden die miniaturisierten MPN-Verfahren zum Nachweis von *E. coli* und Enterokokken in Oberflächengewässern (DIN EN ISO 9308-3 und DIN EN ISO 7899-1, 1999) genormt. Bei zukünftigen mikrobiologischen Normungsprojekten wird darüber hinaus die Qualitätssicherung eine große Rolle spielen. Zum einen werden Nachweisverfahren, die genormt werden sollen, eine bessere Validierung erfahren müssen als bisher. Zum anderen sind Normen geplant, die direkt Qualitätssicherungsaspekte – wie die Validierung von Medien und Membranfiltern – zum Inhalt haben.

Literatur

BGB (2000): Nachweis von Legionellen in Trinkwasser und Badebeckenwasser, Bundesgesundheitsblatt, 43, 911–914.

DIN EN ISO 19458 (2006): Wasserbeschaffenheit – Probenahme für mikrobiologische Untersuchungen (ISO 19458: 2006); Deutsche Fassung EN ISO 19458.

Weiterführende Literatur

EG-Richtlinie 2006/7/EG (2006) des Europäischen Parlaments und des Rates vom 15. Februar 2006 über die Qualität der Badegewässer und deren Bewirtschaftung und zur Aufhebung der Richtlinie 76/160/EWG, Amtsblatt der EG Nr. L. 64/37 vom 4. 3. 2006.

BGB (1995): Mikrobiologische Untersuchungsverfahren von Badegewässern nach Badegewässerrichtlinie 76/160/EWG, Bundesgesundheitsblatt, 38, 385–396.

3
Qualitätssicherung

Benedikt Schaefer

Die Ergebnisse von Laboruntersuchungen haben insbesondere bei Feststellung von Grenzwertüberschreitungen oder Kontamination mit Krankheitserregern tiefgreifende und manchmal auch kostenintensive Folgen. Sowohl im Sinne der öffentlichen Hygiene und des vorbeugenden Gesundheitsschutzes als auch im Sinne der Verlässlichkeit für Wasserversorgungsunternehmen müssen die Laborergebnisse daher hohen Ansprüchen genügen. Die Richtlinie der europäischen Gemeinschaft, EG-Richtlinie 98/83/EG (1998), zur „Qualität von Wasser für den menschlichen Gebrauch" hat daher 1998 in Anhang III festgelegt, dass alle Mitgliedsstaaten sicherzustellen haben, dass „alle Laboratorien, in denen Proben analysiert werden, über ein System zur Kontrolle der Qualität der Analysen verfügen, das von Zeit zu Zeit von einer Person überprüft wird, die nicht dem betreffenden Labor untersteht". Hierzu existiert DIN EN ISO 17025 (2005). Da es sich hierbei um eine allgemein anerkannte Regel der Technik handelt, ist die Anwendung dieser Norm in ihrem Geltungsbereich verpflichtender Vertragsbestandteil im Vertragsrecht. Die Anforderung der EG-Richtlinie wurde in § 15 Absatz 4 der Trinkwasserverordnung (TrinkwV, 2001) in nationales Recht umgesetzt. Danach dürfen „Untersuchungen einschließlich der Probenahmen [...] nur von solchen Untersuchungsstellen durchgeführt werden, die nach den allgemein anerkannten Regeln der Technik arbeiten, über ein System der internen Qualitätssicherung verfügen, sich mindestens einmal jährlich an externen Qualitätssicherungsprogrammen erfolgreich beteiligen, über für die entsprechenden Tätigkeiten hinreichend qualifiziertes Personal verfügen und eine Akkreditierung durch eine hierfür allgemein anerkannte Stelle erhalten haben [...]." Alle hier genannten Anforderungen lassen sich mit dem Begriff „Akkreditierung" zusammenfassen.

Externe Qualitätssicherungsprogramme sind im Rahmen der hygienisch-mikrobiologischen Wasseruntersuchung gleichbedeutend mit Ringversuchen zu den mikrobiologischen Parametern der TrinkwV 2001. Die meisten Labore nehmen an den Ringversuchen des Niedersächsischen Landesgesundheitsamtes (NLGA), Außenstelle Aurich, teil. Aktuelle Informationen zu diesen Ringversuchen finden sich im Internet unter http://www.nlga.niedersachsen.de/master/C9893352_N9892457_L20_D0_I5800417.html.

Hygienisch-mikrobiologische Wasseruntersuchung in der Praxis.
Irmgard Feuerpfeil und Konrad Botzenhart (Hrsg.)

ISBN: 978-3-527-31569-7

Zur **internen Qualitätssicherung** werden z. B. Regel- oder Leitkarten eingesetzt, auf denen alle Messwerte einer Messreihe aufgezeichnet werden. Dabei kann es sich um Temperaturmessungen aus einem Brutschrank genauso handeln wie um gravimetrische (mit der Waage durchgeführte) Kontrolle von pipettierten Flüssigkeitsmengen oder um Zählergebnisse einer Keimzahlbestimmung, die von demselben Ansatz durch verschiedene Labormitarbeiter gezählt wurden. Warnwerte oder Eingriffswerte werden dabei durch Angaben wie z. B. zulässige Toleranzen in Normen vorgegeben oder nach statistischer Auswertung von Vorlaufversuchen durch den Untersuchungsleiter selbst festgelegt. Wenn beispielsweise von jeder Nährbodencharge einige Platten mit einer Keimsuspension bekannter Konzentration beimpft werden, können durch Unterschiede im Wachstum zwischen den verschiedenen Nährbodenchargen Qualitätsunterschiede aufgedeckt werden.

Eine Voraussetzung für solche Chargenkontrollen ist eine **Stammhaltung** von Bakterien bekannter Identität und möglichst auch bekannter Konzentration. Stämme für Positiv- oder Negativkontrollen können über Stammsammlungen wie die Deutsche Sammlung von Mikroorganismen und Zellkulturen (www.dsmz.de) bezogen werden. Bekannte Konzentrationen werden über Verdünnungsreihen hergestellt. Die Stammhaltung im Labor erfolgt im Normalfall bei –80 °C in speziellem Medium. Die Identität solcher Stämme kann mittels biochemischer Untersuchungen („Bunte Reihe") überprüft werden. Seit einiger Zeit sind für bestimmte Bakterienarten quantitative Referenzmaterialien im Handel erhältlich.

Für alle im Labor durchgeführten Untersuchungsverfahren müssen Standardarbeitsanweisungen vorliegen. Im Rahmen der Qualitätssicherung ist eine umfassende **Dokumentation** notwendig. Was nicht dokumentiert ist, gilt als nicht gemacht. Auch Regelungen zur Organisation des Qualitätssicherungssystems, insbesondere der Zuständigkeiten, der vorhandenen Vorschriften, der Methodenbeschreibungen usw. müssen dokumentiert sein.

Bei Messwerten gilt das Prinzip der Rückführbarkeit zu Messnormalen. Dabei muss nicht notwendigerweise mit geeichten oder zertifizierten Normalen gearbeitet werden. Allerdings sind bei der **Kalibrierung** von Messgeräten geeignete Lösungen vorzusehen, die das Vertrauen stärken, dass die Messgeräte für ihren Einsatzzweck geeignet („fit for purpose") sind und Messwerte mit hinreichender Präzision und Richtigkeit angeben. Dabei sind z. B. Regelungen für die Kalibrierung von Messgeräten, die bei Messungen am Ort der Probenahme eingesetzt werden besonders kritisch.

Die Qualitätssicherung beinhaltet auch geeignete Regelungen zu Organisation und Zuständigkeiten sowie zur Schulung und Weiterbildung des Laborpersonals. Beispielsweise soll durch regelmäßige „**Interne Audits**" überprüft werden, ob das theoretisch geplante und vorbereitete Qualitätssicherungssystem sich auch im praktischen Laborbetrieb bewährt.

Alle diese externen und internen Qualitätssicherungsmaßnahmen werden im Rahmen einer Akkreditierung von externen Fachleuten begutachtet. Wenn sich „Nicht-Konformitäten" ergeben, sind entsprechende Korrekturmaßnahmen notwendig, um die für die anspruchsvolle Labortätigkeit erforderliche Qualität gewährleisten zu können.

Literatur

DIN EN ISO 17025 (2005): Allgemeine Anforderungen an die Kompetenz von Prüf- und Kalibrierlaboratorien (ISO/IEC 17025).

EG-Richtlinie 98/83/EG (1998) des **rates** vom 3. November 1998 über die Qualität von Wasser für den menschlichen Gebrauch. ABl. L 330 vom 5. 12. 1998, S. 32.

TrinkwV (2001): Verordnung zur Novellierung der Trinkwasserverordnung vom 21. Mai 2001. BGBl. I Nr. 24, 959–980.

3.1 Laborakkreditierung

Haribert Schickling und Jürgen-M. Schulz

Untersuchungslaboratorien werden heutzutage von Kunden ganz selbstverständlich nach ihrer Akkreditierung gefragt. Das gilt im privaten wie im staatlichen Bereich. In der amtlichen Lebensmittelüberwachung z. B. dürfen seit langem nur noch akkreditierte Untersuchungsinstitute tätig sein. Dies war und ist eine wichtige Harmonisierungsmaßnahme im geeinten Europa, um gegenseitiges Vertrauen in die Qualität und Kompetenz des gesundheitsbezogenen Verbraucherschutzes bei Bürgern und Behörden zu gewährleisten. Auch Untersuchungslaboratorien im Umweltschutz und in anderen öffentlichen Bereichen werden zunehmend mit der Forderung konfrontiert, einen Kompetenznachweis durch Akkreditierung vorzuhalten.

Seit 2003 müssen auch Stellen, die Untersuchungen (einschließlich Probenahme) nach der Trinkwasserverordnung 2001 durchführen, bestimmte Voraussetzungen erfüllen, zu denen die Pflicht zur Akkreditierung gehört. Kritiker befürchten, Akkreditierung erzeuge hier unnötige Kosten, binde wertvolle Arbeitskraft und „bereinige" den Markt zugunsten von Laborgiganten. Die Befürworter hingegen erkennen in der Akkreditierung eine Triebfeder zu ständiger Verbesserung und die Grundlage für wachsendes Vertrauen in ihre Tätigkeit auch nach außen. Immer noch führen in Behörden, bei Entscheidungsträgern und auch in manchen Laboratorien Unklarheiten über die Bedeutung von Akkreditierung und Vorbehalte zu Missverständnissen.

Akkreditierung schafft Vertrauen. Wichtige Voraussetzung dazu ist, dass das Laboratorium ein normenkonformes Management aufbaut. Dazu bedarf es erheblicher Anstrengungen. Kompetenznachweise und Qualität sind nicht umsonst zu haben. Formale Regeln und Arbeitsanweisungen müssen nicht nur erarbeitet werden, sie müssen von allen Mitarbeitern im Laboratorium verstanden und umgesetzt, also „gelebt" werden.

Dokumentenlenkung, ständige Weiterbildung des Personals, regelmäßige interne Audits, vorbeugende und korrigierende Maßnahmen einschließlich der Erfolgskontrolle sind genauso wichtig, wie Leistungskontrollen der Untersuchungsmethoden, Einsatz von Referenzmaterial und Referenzstämmen sowie regelmäßige Wartung und Kalibrierungen der Messgeräte. Wirksamkeit und Funktionsfähigkeit des Managementsystems zielen letztlich darauf ab, dass nur kompetent erstellte und vertrauenswürdige Untersuchungsbefunde das Laboratorium verlassen. Die fachkompetenten und mit der Praxis vertrauten Begutachterinnen und Begutachter der Akkreditierungsstelle bewerten die vom Laboratorium dazu vorgelegten Nachweise.

Die Akkreditierung nach der einschlägigen internationalen Norm ISO/IEC 17025 bestätigt dem Laboratorium dann formal ein normenkonformes Qualitätsmanagement und Fachkompetenz im Geltungsbereich der Akkreditierung. Wichtig ist dabei die Tatsache, dass eine Akkreditierung nicht pauschal für das gesamte Tätigkeitsspektrum eines Laboratoriums erteilt wird, sondern immer nur für die Prüftätigkeiten, für deren Durchführung die erforderliche technische/fachliche Kompetenz nachgewiesen wird. Üblicherweise wird der Akkreditierungsbereich durch die Nennung der Untersuchungsverfahren bzw. Prüfarten in der Anlage zur Akkreditierungsurkunde definiert.

Einige wichtige Begriffe

- **Akkreditierung**
  „Akkreditierung" ist für eine Konformitätsbewertungsstelle (Laboratorium, Inspektionsstelle oder Zertifizierungsstelle) die formelle Kompetenzbestätigung für bestimmte Aufgaben durch die befugte, unabhängige Akkreditierungsstelle. Anforderungen an die Akkreditierungsstelle und deren Vorgehensweise sind in der internationalen Norm ISO/IEC 17011 niedergelegt. Eine allgemein anerkannte Akkreditierungsstelle übt ihre Tätigkeit gemäß dieser internationalen Norm aus.
- **Zertifizierung**
  „Zertifizierung" ist ein Verfahren, nach dem eine Dritte Seite (Zertifizierungsstelle) unparteilich bescheinigt, dass ein Produkt, ein Prozess, eine Dienstleistung oder ein Managementsystem mit festgelegten Anforderungen konform ist. Hier liegt der Schwerpunkt auf der Ermittlung von Übereinstimmung mit genormten Anforderungen, während bei der Akkreditierung die Kompetenzbegutachtung im Vordergrund steht. Zertifizierungsstellen sind „Gegenstand" der Akkreditierung.
- **technisch**
  „Technisch" wird in den Normen im Sinne von „fachlich" verwendet:
  Technische Kompetenz = Fachkompetenz, technische Leitung des Laboratoriums = fachliche Leitung des Laboratoriums, technisches Personal = fachliches Personal usw.
- **Prüfung**
  „Prüfung" ist die Ermittlung eines oder mehrerer Merkmale an einem Gegenstand der Konformitätsbewertung (Produkt, Material, Untersuchungsprobe)

nach einem Verfahren. Vereinfacht ist das der Normenbegriff für Laboruntersuchung (engl. „test“). Analog gilt: Prüflaboratorium = Untersuchungslaboratorium, Prüfbericht = Untersuchungsbericht, Prüfleitung = Untersuchungsleitung, Prüfbereich = Untersuchungsbereich usw.

Der Begriff „Prüfen“ kann missverständlich sein, da umgangssprachlich eher Kontrolle oder Examinierung darunter verstanden wird. Auch technische Normen verwenden den Begriff nicht immer einheitlich.

- **Eignungsprüfung**

  „Eignungsprüfung“ (engl.: „proficiency testing“) ist das Ermitteln der Fähigkeit eines Laboratoriums für das Untersuchen (i.d.R. für Routinemethoden) anhand von Eignungsprüfungsprogrammen (engl.: „proficiency testing program“). Diese schließen die Organisation, Durchführung und Auswertung der Vergleichsuntersuchung(en) zwischen Laboratorien zum Zwecke der Eignungsprüfung ein.

  „Vergleichsuntersuchungen anderer Art“ entsprechen nicht den hohen formalen Anforderungen an ein Eignungsprüfungsprogramm. Sie dienen anderen Zwecken, wie z. B. Etablierung einer Methode, Nachweis, dass bestimmte Mitarbeiter eine bestimmte Untersuchungstechnik in hinreichendem Umfang beherrschen, Absicherung eines wichtigen Analysenbefundes, vergleichende Untersuchung einer geteilten Probe in zwei Laboratorien, vergleichende Untersuchung an qualifiziertem Referenzmaterial bzw. Referenzmaterial von Referenzlaboratorien.

  Der traditionell in Deutschland verwendete Begriff „Ringversuch“ ist in etwa gleichzusetzen mit „Vergleichsuntersuchung“, mit dem Unterschied, dass man bei nur zwei Teilnehmern zwar schon von einer Vergleichsuntersuchung, aber noch nicht von einem „Ringversuch“ sprechen kann.

- **Audit**

  „Audit“ ist ein systematisches, dokumentiertes und unabhängiges Ermittlungsverfahren zur Erlangung von objektiven Erkenntnissen, ob Konformität oder Nichtkonformität zu festgelegten Anforderungen besteht. „Audit“ ist ein sehr allgemeiner Begriff, der nach Möglichkeit präzisiert werden sollte (z. B. Zertifizierungsaudit, Internes Audit, Prozessaudit, Witness Audit, Kundenaudit usw.). Gegenstand von Audits sind hauptsächlich Managementsysteme. Allgemeine Erläuterungen zu Audits enthält die Norm ISO 19011.

  Anmerkung: Zertifizierungsstellen führen Audits (engl. „audit“) durch, während Akkreditierungsstellen „Begutachtungen“ (engl. „assessments“) durchführen.

Die einschlägigen Normen für Qualitätsmanagement und Konformitätsbewertung werden gemeinsam auf internationaler Ebene von ISO (International Organization for Standardization) und auf europäischer Ebene von CEN (Comité Européenne pour la Normalisation) erarbeitet bzw. novelliert und parallel in Kraft gesetzt. Das Deutsche Institut für Normung (DIN) ist verpflichtet, CEN-Normen direkt zu übernehmen.

Zu den weltweit bekanntesten Normen gehört die ISO 9001 zur Zertifizierung von Qualitätsmanagementsystemen. Dabei ist zu beachten, dass mit dem Qualitätsbegriff häufig unterschiedliche Vorstellungen verbunden werden. „Qualität" in Zusammenhang mit der ISO 9000er Normenfamilie ist nicht „Exzellenz" sondern lediglich eine an vorgegebenen Anforderungen orientierte zuverlässig gleich bleibende Qualität. Das Menü eines Spitzenrestaurants hat zum Beispiel keine gute Qualität, wenn es nicht das Niveau von Spitzenrestaurants erreicht. Es ist aber sicherlich exzellent gegenüber einem Fast-Food-Burger, der den Anspruch auf immer gleichen Standardgeschmack perfekt erfüllt und daher von hoher Qualität ist.

Wichtige Normen zum Qualitätsmanagement sind:

- ISO 9000 „Grundlagen und Begriffe"
- ISO 9001 „Anforderungen"
- ISO 9004 „Leitfaden zur Leistungsverbesserung"
- ISO 19011 „Leitfaden für Audits von Qualitätsmanagement- und/oder Umweltmanagementsystemen".

Kompatibel zu den Qualitätsmanagement-Normen, aber darüber hinaus auch auf technische (fachliche) Kompetenz ausgerichtet, sind die Normen für Konformitätsbewertung. Um diesen weitergehenden Anspruch deutlich zu machen, spricht man nicht mehr nur von „Qualitätsmanagement" sondern umfassender von „Management". Andere Fachbegriffe wurden analog angepasst. So heißt z. B. das „Qualitätsmanagementhandbuch" eines Laboratoriums jetzt „Managementhandbuch".

Wichtige Normen zur Konformitätsbewertung sind:

- ISO/IEC 17000 „Begriffe und allgemeine Grundlagen"
- ISO/IEC 17011 „Allgemeine Anforderungen an Akkreditierungsstellen, die Konformitätsbewertungsstellen akkreditieren"
- ISO/IEC 17025 „Allgemeine Anforderungen an die Kompetenz von Prüf- und Kalibrierlaboratorien"
- ISO/IEC 17020 (Übernahme der wortgleichen ehem. EN 45004) „Allgemeine Kriterien für den Betrieb verschiedener Typen von Stellen, die Inspektionen durchführen"
- EN 45011 „Allgemeine Anforderungen an Stellen, die Produktzertifizierungssysteme betreiben" (wortgleich mit ISO/IEC Guide 65)
- ISO/IEC 17021 „Konformitätsbewertung – Anforderungen an Stellen, die Managementsysteme auditieren und zertifizieren"
- ISO/IEC 17024 „Konformitätsbewertung – Allgemeine Anforderungen an Stellen die Personen zertifizieren".

Im Konformitätsbewertungswesen gibt es die drei Hierarchieebenen:
1. Akkreditierungsstellen

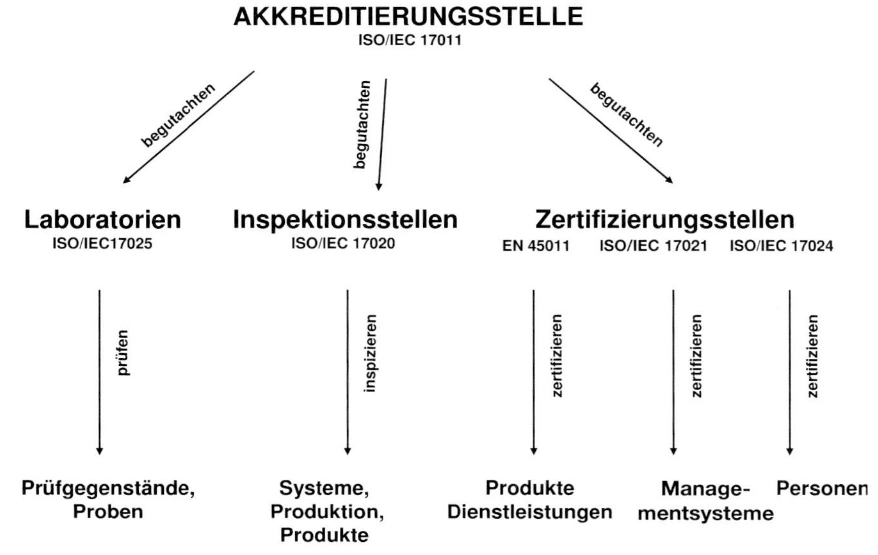

Abb. 3.1 Drei Hierarchieebenen im Konformitätsbewertungswesen.

2. Konformitätsbewertungsstellen
3. Gegenstände der Konformitätsbewertung.

Diese sind mit den einschlägigen Normen in Abb. 3.1 dargestellt.

Ein Prüflaboratorium (Untersuchungsstelle) ist im dargestellten System eine Konformitätsbewertungsstelle, die bestimmte Prüfgegenstände wie zum Beispiel Trinkwasser, Schwimm- und Badebeckenwasser oder Badegewässer dahingehend prüft, ob die durch gesetzliche Regelung oder eine Norm geforderte Qualität erfüllt ist.

Die Akkreditierungsstelle an der Spitze der Hierarchie bewertet (begutachtet) u. a. die Erfüllung der allgemeinen Anforderungen an die Kompetenz von Prüflaboratorien für die Durchführung von Prüfungen einschließlich Probenahmen.

Die Prüflaboratorien (Untersuchungsstellen) ihrerseits bewerten (prüfen) an bestimmten Prüfgegenständen (Untersuchungsmaterialien) wie zum Beispiel Trinkwasser, Schwimm- und Badebeckenwasser oder Badegewässer hinsichtlich bestimmter Maßstäbe.

International einschlägig für Prüflaboratorien und somit für Wasserlaboratorien geeignet ist die internationale Norm ISO/IEC 17025. Diese Norm ist auf die technische Kompetenz des Laborbetriebs und insbesondere auf vertrauenswürdige Untersuchungsergebnisse ausgerichtet. Daneben gibt es noch andere für Wasserlaboratorien allgemein nicht relevante Systeme:

- Die ISO 9001 dient nicht der Bestätigung von Fachkompetenz von Laboratorien, sondern einer relativ unspezifischen Systemzertifizierung.

- Das als „Gute Laborpraxis" (GLP) bezeichnete Regelwerk der OECD ist im Chemikaliengesetz für einen relativ engen Anwendungsbereich festgeschrieben und gilt für Studien zur Zulassung neuer Substanzen und nicht für normale Wasserlaboratorien.
- Die ISO 15189 wird z. T. für klinische Laboratorien herangezogen und ist nur für Patientendiagnostik insbesondere in Krankenhauslaboratorien gedacht. Sie wurde außerhalb der ISO/IEC 17000er Serie erarbeitet. Sie gilt nicht für die Wasserhygiene.

Im klassischen Fall der Akkreditierung gemäß ISO/IEC 17025 erfolgt die Eingrenzung des Akkreditierungsbereichs einfach durch Aufzählung von Standardverfahren. Von diesen festgelegten Einzelmethoden darf das Laboratorium ohne Änderung der Akkreditierung nicht abweichen. Um aber auf veränderte Bedingungen, untersuchungsbedingte Störungen oder auf neuartige Fragestellungen (z. B. Umweltskandal) ohne unnötige Verzögerung kompetent reagieren zu können, bietet sich die Akkreditierung gemäß ISO/IEC 17025 nach Untersuchungstechniken bzw. Prüfarten an. Die Definition des Akkreditierungsbereichs erfolgt über kompetent beherrschte Prüfbereiche (Prüfarten oder Untersuchungstechniken). Die Anforderungen an die berufliche Qualifikation des Laboratoriumspersonals sind entsprechend höher. Innerhalb des Kompetenzbereichs (der zuerkannten Prüfarten) kann das Laboratorium unter Beachtung der Validierungsregeln Standardmethoden frei auswählen, diese ggf. anpassen oder bei entsprechender wissenschaftlicher Kompetenz auch neue Methoden entwickeln.

In Deutschland gibt es eine ganze Reihe verschiedener staatlicher und privater Akkreditierungsstellen. Unter anderem sind dies:

Im geregelten Bereich:

- AKS Hannover
  Staatliche Akkreditierungsstelle Hannover, Niedersächsisches Ministerium für den ländlichen Raum, Ernährung, Landwirtschaft und Verbraucherschutz
  Hannover
- DAU
  Deutsche Akkreditierungs- und Zulassungsgesellschaft für Umweltgutachter mbH
  Bonn
- SAL
  Staatliche Anerkennungsstelle der Lebensmittelüberwachung, Hessisches Ministerium für Umwelt, Ländlicher Raum und Verbraucherschutz
  Wiesbaden
- ZLG
  Zentralstelle der Länder für Gesundheitsschutz bei Arzneimitteln und Medizinprodukten
  Bonn

- ZLS
  Zentralstelle der Länder für Sicherheitstechnik im Bayerischen Staatsministerium für Umwelt, Gesundheit und Verbraucherschutz
  München.

Im nicht geregelten Bereich:
- DACH
  Deutsche Akkreditierungsstelle Chemie GmbH
  Frankfurt/M.
- DAP
  Deutsches Akkreditierungssystem für Prüfwesen GmbH
  Berlin
- GAZ
  Gesellschaft für Akkreditierung und Zertifizierung mbH
  Düsseldorf
- TGA
  Trägergemeinschaft für Akkreditierung GmbH
  Frankfurt/M.

Mit der Errichtung eines Deutschen Akkreditierungsrates (DAR) bei der Bundesanstalt für Materialforschung und -prüfung wurde in Deutschland eine gemeinsame Plattform für die diversen Akkreditierungsstellen gegründet. Gekennzeichnet ist der DAR durch einen dualen Aufbau, d.h. in ihm sind sowohl Stellen des gesetzlich geregelten als auch des gesetzlich nicht geregelten Bereiches vertreten. Eine Reihe von Akkreditierungsstellen des gesetzlich geregelten Bereiches fehlt allerdings. Der DAR führt selbst keine Akkreditierungen durch.

Im Gegensatz zur recht heterogenen Akkreditierungslandschaft in Deutschland gibt es in den anderen europäischen Ländern fast ausnahmslos eine zentrale nationale Akkreditierungsstelle (staatlich oder als Monopol-Organisationsform im Staatsauftrag).

Auf europäischer Ebene ist der DAR Mitglied in der Vereinigung europäischer Akkreditierungsstellen (EA = European Coordination of Accreditation) und international im IAF (International Accreditation Forum) und in ILAC (International Laboratory Accreditation Cooperation) vertreten. Diese internationalen Organisationen, aber auch der DAR, geben eine Reihe von interessanten Dokumenten und Leitfäden heraus. Zu den jeweiligen Download-Bereichen gelangt man im Internet z. B. über den DAR (*www.dar.bam.de*) und dort über „links".

3.1.1 Ablauf der Akkreditierung

Die Schritte eines Akkreditierungsverfahrens sind den Akkreditierungsstellen von der Norm ISO/IEC 17011 vorgegeben.

Übersicht

1. Antragsverfahren
↓
2. Begutachtungsverfahren
↓
3. Akkreditierung
↓
4. Überwachungsverfahren
↓
und Reakkreditierung im 5. Jahr

3.1.1.1 Antragsverfahren

Das Antragsverfahren beinhaltet:

- Antrag auf Akkreditierung
- Antragsprüfung (Vorbewertung) und ggf. Vorbegehung
- Auswahl der Begutachterinnen/Begutachter
- Beauftragung
- Einverständniserklärung der Betroffenen.

Interessierten Laboratorien werden für die jeweils gewünschte Akkreditierung Informationsunterlagen zur Verfügung gestellt. Geht dann der Antrag bei der Akkreditierungsstelle ein, unterzieht diese ihn erst einmal einer Vollständigkeits- und Annehmbarkeitsüberprüfung („Contract Review"), um sicherzustellen, dass

- der Geltungsbereich der beantragten Akkreditierung klar definiert ist,
- der Antrag bzw. die Antragsunterlagen die von der Akkreditierungsstelle benötigten und die durch die Norm ISO/IEC 17011 geforderten Angaben enthalten.

Erkennbare Missverständnisse werden vor Antragsannahme ausgeräumt.

Bei einer Erstakkreditierung findet vor der Hauptbegehung üblicherweise eine Vorbegehung statt. Diese dient der Feststellung, ob das Akkreditierungsverfahren Aussicht auf Erfolg hat und dem Zweck, die Hauptbegehung organisatorisch vorzubereiten. Das Laboratorium kann hierbei ebenso wie bei der Hauptbegehung begründete Einwände gegen die Begutachterinnen und Begutachter geltend machen.

Anschließend wird das Begutachtungsteam für die Hauptbegehung so zusammengestellt, dass es den vom Laboratorium beantragten Akkreditierungsbereich fachlich umfassend abdeckt. Begutachterinnen und Begutachter der im DAR vertretenen deutschen Akkreditierungsstellen müssen mehrjährige Berufspraxis vorweisen und sind nach einem umfangreichen zwischen Deutschland, Österreich und der Schweiz abgestimmten Schulungsrahmenprogramm (D-A-CH) qualifiziert worden. Sie werden laufend von ihrer Akkreditierungsstelle betreut und in akkreditierungsrelevanten Fachfragen regelmäßig fortgebildet.

3.1.1.2 **Begutachtungsverfahren**

Das Begutachtungsverfahren besteht aus:

- Fachliche Unterlagenprüfung
- Interview der Laborleitung vor Ort
- Begehung der Laborbereiche
- Abschlussgespräch mit Votum vor Ort
- ggf. korrigierende Maßnahmen des Laboratoriums
- Begutachtungsbericht und Stellungnahme des Laboratoriums.

Zur Unterlagenbewertung erhalten die Mitglieder des Begutachtungsteams vorab Arbeitskopien der Antragunterlagen. Weitere Dokumente und Aufzeichnungen können ggf. noch beim Laboratorium angefordert werden.

Werden bei der Unterlagenprüfung Mängel bzw. Nichtkonformitäten in solchem Umfang festgestellt, dass eine Begehung keine oder kaum Aussicht auf Erfolg hat, kann das Verfahren an dieser Stelle angehalten werden.

Für die Hauptbegehung wird ein Begehungsplan erstellt, der soweit wie möglich alle betroffenen Bereiche und Tätigkeiten des Laboratoriums bei der Begehung berücksichtigt. Ist dies nicht möglich, werden repräsentative Stichproben so ausgewählt, dass das Begutachtungsteam zu einem fachlich umfassenden Votum zum beantragten Akkreditierungsumfang kommen kann.

Die Hauptbegehung beginnt mit einer ausführlichen Eröffnungsbesprechung zwischen dem Begutachterteam und dem Laboratorium. Bei unterschiedlichen Laborbereichen ist es besonders wichtig, die Übereinstimmung der Vorgabedokumente des Laboratoriums mit den tatsächlichen Vor-Ort-Gegebenheiten zu überprüfen. Die selbst in der Laborpraxis stehenden Begutachterinnen und Begutachter überzeugen sich von der fachlichen Kompetenz des Laborbetriebs. Dazu befragen sie auch die Labormitarbeiter und das Hilfspersonal. Im Abschlussgespräch teilt das Begutachtungsteam dann sein Votum zur Akkreditierung vorbehaltlich der schriftlich vereinbarten Korrekturmaßnahmen mit.

Das Ergebnis der Begutachtung wird von dem/der Leitenden Begutachter(in) in Form eines gutachterlichen Gesamtberichts zusammengefasst und der Leitung der Akkreditierungsstelle übergeben. Nach Annahme des Gesamtberichts durch die Akkreditierungsstelle wird dieser erst einmal dem Laboratorium zur Stellungnahme vorgelegt.

3.1.1.3 **Akkreditierung**

Die Akkreditierung erfolgt durch:

- Akkreditierungsentscheidung
- Akkreditierungsurkunde
- Veröffentlichung im Verzeichnis der akkreditierten Stellen.

Auf der Grundlage aller vorliegenden Berichte und Unterlagen wird von der Leitung der Akkreditierungsstelle in der Regel unter Hinzuziehen eines besonderen Gremiums die Akkreditierung festgestellt (ausgesprochen).

Das Laboratorium erhält über die Akkreditierung einen Bescheid und eine Urkunde mit Anlage, in der der Akkreditierungsbereich festgelegt ist. Die Akkreditierungsstellen veröffentlichen die Laufzeiten und Akkreditierungsbereiche der bei ihnen akkreditierten Laboratorien, in vielen Fällen auch im zentralen Akkreditierungsregister des DAR (*www.dar.bam.de*).

3.1.1.4 **Überwachungsverfahren**

Das Überwachungsverfahren besteht aus:

- Überwachung akkreditierter Stellen zur Aufrechterhaltung der Akkreditierung einschließlich der Anwendung von geforderten Eignungsprüfungsprogrammen
- Aktualisierung des Verzeichnisses der akkreditierten Stellen, soweit erforderlich.

Zur Aufrechterhaltung der Akkreditierung hat das Laboratorium der Akkreditierungsstelle über Veränderungen zu berichten. Innerhalb des fünfjährigen Akkreditierungszeitraumes sind in der Regel drei Überwachungsbegehungen vorgesehen.

Will das Laboratorium die Akkreditierung fortführen (Reakkreditierung), muss noch vor Ablauf von fünf Jahren eine Wiederholungsbegutachtung erfolgen. Dafür wird in der Regel ein neues Team an Begutachterinnen und Begutachtern beauftragt.

3.1.2
Anforderungen nach ISO/IEC 17025

Die folgende Auflistung gibt einen Überblick über die Anforderungen der Norm ISO/IEC 17025. Die relevanten Kriterien sind jeweils als Frage zusammengefasst. Dazu muss betont werden, dass die Übereinstimmung der Tätigkeit eines Laboratoriums mit gesetzlichen Regelungen und Sicherheitsanforderungen nicht Gegenstand einer Akkreditierung ist. Gleichwohl ist das Laboratorium verpflichtet und letztlich verantwortlich, die gesetzlichen Regelungen einzuhalten.

Organisation:
- Welche Rechtsform hat das Laboratorium?
- Wie sind die Verantwortlichkeiten/Befugnisse/Tätigkeiten festgelegt?
- Gibt es ein Organigramm/einen Geschäftsverteilungsplan?
- Wer trägt die fachliche Gesamtverantwortung für das Laboratorium?
- Wie sind Stellvertretungen für Leitungsfunktionen geregelt?

- Wie werden Interessenskollisionen vermieden und die Unparteilichkeit sichergestellt?

Personal:
- Wie ist das Personal vertraglich gebunden?
- Wie wird eine angemessene Aufsicht sichergestellt?
- Wie wird die notwendige Fachkompetenz des Personals sichergestellt?
- Wie ist das Schulungsziel festgelegt, wie wird der Schulungsbedarf ermittelt und die Wirksamkeit beurteilt?
- Welche Aufzeichnungen über Berufsqualifikation, Schulungen und die erteilten Befugnisse werden geführt?

Handbuch:
- Gibt es ein Handbuch und was ist dessen Inhalt?
- Wie lautet die Aussage zur Qualitätspolitik und wer hat sie festgelegt?
- Wie sorgt die oberste Leitung bezüglich der Wirksamkeit des Managements für Aufrechterhaltung, Verbesserung und Kommunikation?
- Wie wird auf weitergehende Regelungen und Dokumentation verwiesen?
- Welche Verantwortlichkeiten sind im Handbuch geregelt?

Qualitätsmanagement-Beauftragte:
- Ist ein(e)/sind mehrere Qualitätsmanagementbeauftragte(r) benannt und wo ist/sind er/sie organisatorisch angegliedert?
- Wie wird die QM-Dokumentation dem Personal vermittelt?

Umgang mit Dokumenten:
- Wie ist die Lenkung von Dokumenten geregelt?
- Wer genehmigt Dokumente und wer gibt sie heraus?
- Wie wird sichergestellt, dass die Dokumente auf dem neuesten Stand und für das Personal leicht verfügbar sind?
- Wie sind die Dokumente gekennzeichnet?
- Wie und von wem werden Änderungen von Dokumenten durchgeführt?
- Wie wird die Dokumenten-Stammliste geführt?
- Welche Maßnahmen werden bei fehlerhaften Arbeiten ergriffen?
- Welche Korrekturmaßnahmen werden ergriffen und wie sind sie geregelt?
- Wie werden Korrekturmaßnahmen aufgezeichnet?
- Wie wird die Wirksamkeit von Korrekturmaßnahmen überwacht?
- Wie wird die ständige Verbesserung des Managementsystems sichergestellt?

Interne Audits:
- Wie werden interne Audits geplant und durchgeführt?
- Wer führt die internen Audits durch?
- Wie werden interne Audits aufgezeichnet?
- Wie werden Korrekturmaßnahmen überwacht?

Managementbewertungen (Reviews):
- Werden regelmäßig Managementbewertungen durchgeführt und was beinhalten sie?
- Wie werden die Managementbewertungen aufgezeichnet?
- Wie wird die Einhaltung der notwendigen Maßnahmen überwacht?
- Welche vorbeugenden Maßnahmen werden ergriffen?

Räumlichkeiten:
- Wie ist der Zugang zum Laboratorium und zu einzelnen Bereichen geregelt?
- Sind die Räumlichkeiten geeignet?
- Wie werden die Umgebungsbedingungen überwacht und aufgezeichnet?
- Wie werden Ordnung und Sauberkeit sichergestellt?
- Wie werden Querkontaminationen vermieden?

Geräte:
- Sind alle notwendigen Geräte vorhanden und geeignet?
- Wie sind die Geräte gekennzeichnet?
- Werden die Geräte von befugtem Personal bedient und welche Unterlagen stehen diesem zur Verfügung?
- Wie werden die Geräte auf Eignung und Funktion überprüft?
- Wie werden die Geräte gewartet?
- Wie werden die Geräte kalibriert?
- Welche Maßnahmen werden ergriffen, wenn sich ein Gerät als fehlerhaft erweist?
- Welche Aufzeichnungen werden über die Geräte geführt?

Bezugsnormale:
- Wie werden Bezugsnormale gehandhabt und kalibriert?

Probenahme:
- Welche Pläne und Regelungen gibt es zur Probenahme?
- Welche Unterlagen stehen bei der Probenahme zur Verfügung?
- Wie wird die Probenahme aufgezeichnet?

Probenhandhabung:
- Wie sind Transport, Eingang, Handhabung, Schutz, Lagerung, Aufbewahrung und Beseitigung von Proben geregelt?
- Wie werden die Proben gekennzeichnet?
- Welche Regelungen zur Aufzeichnung von Abweichungen und zur Zurückweisung von Proben gibt es?

Beschaffung:
- Welche Verfahren zur Auswahl, Beschaffung, Lagerung und Anwendung von Ausrüstungen, Reagenzien, Verbrauchsmaterialien und Dienstleistungen gibt es?

- Wie werden Reagenzien, Zubehör (Ausrüstung) und Verbrauchsmaterialien überprüft?
- Wie werden Lieferanten beurteilt?

Auswahl und Validierung von Prüfverfahren:
- Wie werden Prüfverfahren ausgewählt?
- Wie wird der Kunde über das Prüfverfahren informiert?
- Wie wird die richtige Anwendung genormter Verfahren bestätigt?
- Wie werden neue Prüfverfahren eingeführt?
- Wie werden Prüfverfahren validiert?

Messunsicherheit:
- Wie wird die Messunsicherheit der Prüfergebnisse ermittelt?

Referenzmaterialien:
- Wie ist der Umgang mit Referenzmaterialien geregelt?
- Werden zertifizierte Referenzmaterialien verwendet?
- Welche Zwischenprüfungen erfolgen an Referenzmaterialien und Normalen?

Datenlenkung:
- Wie werden Berechnungen und Datenübertragungen geprüft?
- Wie werden selbst entwickelte Softwareverfahren validiert?
- Wie werden Datensicherheit und Datenschutz gewährleistet?

Qualitätslenkung:
- Mit welchen Mitteln und wie häufig wird die Qualität der durchgeführten Prüfungen überprüft?
- Wie werden diese Überprüfungen aufgezeichnet?
- Wie werden Qualitätslenkungsdaten analysiert und wie wird mit Außerkontrollsituationen umgegangen?

Aufzeichnungen:
- Wie ist der Umgang mit Aufzeichnungen geregelt?
- Welche Angaben enthalten die Aufzeichnungen zu Proben?

Prüfbericht:
- Auf welche Aspekte wird beim generellen Aufbau der Prüfberichte besonders geachtet?
- Welche speziellen Vereinbarungen mit Kunden zu Gestaltung und Inhalt von Prüfberichten gibt es?
- Wie sind die Prüfberichte formal gestaltet?
- Wie werden zur Interpretation notwendige Angaben wie spezielle Prüfbedingungen, Übereinstimmungen mit Spezifikationen und Messunsicherheiten wiedergegeben?
- Wie werden Probenahmen in Prüfberichten wiedergegeben?

- Wie werden Meinungen und Interpretationen in Prüfberichten wiedergegeben?
- Wie werden Ergebnisse von Unterauftragnehmern im Prüfbericht wiedergegeben?
- Wie werden geänderte Prüfberichte herausgegeben?
- Wie werden Datenschutz und Datensicherheit bei elektronisch übermittelten Prüfberichten sichergestellt?

Verhältnis zum Kunden:
- Wie und von wem werden Anfragen, Angebote und Verträge geprüft?
- Welche Aufzeichnungen werden über die Vertragsprüfung und andere Beratungen mit dem Kunden angefertigt?
- Wie erfolgt die Zusammenarbeit mit dem Kunden?
- Wie wird die Vertraulichkeit sichergestellt?
- Wie werden Kundenbeschwerden behandelt und aufgezeichnet?

Unteraufträge:
- Wie wird die Kompetenz von Unterauftragnehmern sichergestellt?
- Wie wird die Zustimmung des Kunden eingeholt?
- Welche Aufzeichnungen werden über Unteraufträge geführt?

3.1.3
Schwerpunkte der Begutachtung

3.1.3.1 Interne Audits und Managementbewertungen

Das Laboratorium muss interne Audits durchführen, um sicherzustellen, dass das Managementsystem und die Anforderungen der Norm ISO/IEC 17025 vollständig in der Praxis verwirklicht sind. Dabei können auch wertvolle Hinweise für die Verbesserung des Managementsystems erhalten werden. Die oberste Leitung des Laboratoriums muss regelmäßig nach einem vorbestimmten Verfahren das Managementsystem und die Prüftätigkeit in einem Management-Review bewerten.

3.1.3.2 Zuverlässiger Umgang mit Referenzstämmen

Vertrauenswürdige, gültige Untersuchungsbefunde im mikrobiologischen Laboratorium erfordern ein wirksames Qualitätsmanagement und Kompetenz im Umgang mit Referenzmaterialien und Referenzstämmen. Das Prüflaboratorium muss den Begutachterinnen und Begutachtern der Akkreditierungsstelle eine funktionierende Qualitätskontrolle nachweisen. Dabei ist die Zugangsregelung sowie die Festlegung der Verantwortlichkeiten wichtig. Das Prüflaboratorium muss über eine Anweisung zur Handhabung, Pflege und Qualitätskontrolle der Stammsammlung sowie zur Führung der Aufzeichnungen verfügen.

Empfehlenswerte Anleitungen für mikrobiologische Laboratorien gibt der Leitfaden EA-4/10 (*www.european-accreditation.org*).

Bei der Herstellung und Beschaffung von Nährmedien sind systematische Funktionskontrollen mit den entsprechenden Aufzeichnungen erforderlich. Die Akkreditierungsstelle fordert dazu eine schriftliche Regelung.

3.1.3.3 **Methodenvalidierung**

Bei der Bearbeitung von Prüfaufgaben sind vorzugsweise genormte Verfahren anzuwenden, die in der Regel bereits validiert sind. Normen, Standard- und einschlägige Literaturmethoden müssen nicht noch einmal abgeschrieben oder mit einem hauseigenen Deckblatt versehen werden. Dies entbindet das Laboratorium aber keineswegs davon, durch angemessene eigene Validierungsschritte nachzuweisen, dass es überhaupt über die entsprechende Qualifikation des Laborpersonals und die erforderlichen Kenntnisse im Umgang mit den Geräten verfügt, um die beschriebene Standardmethode zu beherrschen.

Beispiel

1. Methodenauswahl/-beschreibung
   a) Amtliche Methoden
   b) Modifizierte Methoden oder Literaturmethoden
2. Schulung der Mitarbeiter und Bereitstellen der erforderlichen Ausrüstung
3. Durchführung
   a) Amtliche Methoden:
      - Spezifität/Selektivität (Prüfung mit Referenzstämmen)
      - Nachweisgrenze (Prüfung mit definierten Keimgehalten)
      - Wiederfindung (Prüfung mit definierten Keimgehalten, Prüfung von Realproben mit definierten Keimzahlen)
      - Richtigkeit (Teilnahme an Laborvergleichsuntersuchungen)
      - Präzision (z. B. max. zulässige Abweichung Faktor 10 bei Keimzahlbestimmungen)
   b) Modifizierte Methoden oder Literaturmethoden:
      - Spezifität/Selektivität (Prüfung mit Referenzstämmen)
      - Nachweisgrenze (Prüfung mit definierten Keimgehalten)
      - Wiederfindung (Prüfung mit definierten Keimgehalten, Prüfung von Realproben mit definierten Keimzahlen)
      - Richtigkeit (Teilnahme an Eignungsprüfungen/Vergleichsuntersuchungen)
      - Präzision (z. B. max. zulässige Abweichung Faktor 10 bei Keimzahlbestimmungen)
      - Plausibilität (z. B. Vergleich mit anderen Verfahren wie amtlichen Verfahren).
4. Freigabe?

Die Aufzeichnungen zur Validierung werden über eine bestimmte Zeit archiviert. Der verantwortliche Laborleiter stellt schließlich fest, ob die Methode für die beabsichtigte Verwendung geeignet ist und gibt sie frei.

Selbstverständlich ist dieses Beispiel keine strenge Vorgabe. Gerade in der Mikrobiologie sind die erforderlichen Validierungsschritte an der jeweiligen Aufgabenstellung zu orientieren.

3.1.3.4 Eignungsprüfung

Die Eignungsprüfung ist ein unabhängiges Hilfsmittel, durch das ein Laboratorium in objektiver Weise selbst die Zuverlässigkeit seiner Analytik bewerten und belegen kann. Dritten gegenüber nachgewiesene erfolgreiche Ergebnisse schaffen Vertrauen. Akkreditierungsstellen erkennen den Nutzen von Eignungsprüfungsprogrammen ausdrücklich an.

Eignungsprüfungsprogramme sind für Laboratorien wichtige und anerkannte Instrumente zur Verifizierung bzw. Validierung im Rahmen der Qualitätssicherung. Selbst nicht erfolgreich bestandene Eignungsprüfungen bringen häufig den positiven Effekt, dass systematische Fehler erkannt und abgestellt werden können.

Adressen und Informationen zu Ringversuchsanbietern bietet das Europäische Ringversuchsinformationssystem (EPTIS) der Bundesanstalt für Materialforschung und -prüfung in Berlin unter: www.eptis.bam.de.

3.1.3.5 Probenahme

Die Beurteilung eines Untersuchungsergebnisses im Prüfbericht kann nur erfolgen, wenn die für den Prüfbericht fachlich verantwortliche Person alle Messunsicherheitsbeiträge einschließlich der Probenahme unter Kontrolle hat. Aus der Praxis ist allgemein bekannt, dass die Qualität und Aussagekraft eines Untersuchungsergebnisses in erheblichem Maße von der Qualität der Probenahme abhängt. Fehler bei der Probenahme können durch noch so gute Untersuchungstechniken im Laboratorium nicht wieder gut gemacht werden.

Aufgrund der Festlegung in der Trinkwasserverordnung 2001 ist die Probenahme bei amtlichen Trinkwasseruntersuchungen der erste Teilschritt der Laboruntersuchung und fällt damit auch unter die (Labor-)Akkreditierungspflicht.

Die Zuordnung von Entnahme und Transport der Wasserproben zum Verantwortungsbereich des Laboratoriums ist deshalb wichtig, weil die Untersuchungsergebnisse mit den einzelnen Grenzwerten an der Stelle der Einhaltung verglichen werden sollen. Gemäß Trinkwasserverordnung 2001 i. V. m. Artikel 6 der EU-Richtlinie 98/83/EG ist die „Stelle der Einhaltung“ der Grenzwerte definiert. Diese ist demnach der Ort der Probeentnahme.

Alle technischen (fachlichen) und Management-Anforderungen der ISO/IEC 17025 an Abläufe, Personen, Gerätschaften usw. gelten nicht nur für den stationären Bereich des Laboratoriums, sondern in vollem Umfang grundsätzlich auch für die Probenahme. Darüber hinaus gibt es noch weitere Kriterien, die sich speziell auf die Probenahme beziehen, z. B.

- Der Vorgang der Probenahme muss die Faktoren berücksichtigen, deren Lenkung die Gültigkeit der Prüfergebnisse sicherstellt.
- Das Laboratorium muss die einzelnen Personen für die einzelnen Arten der Probenahme autorisieren und darüber Aufzeichnungen führen.
- Das Laboratorium muss mit allen erforderlichen Gerätschaften für die Probenahme ausgerüstet sein. Dazu gehören auch die Gerätschaften zum Kalibrieren der vor Ort eingesetzten Messgeräte. Das Laboratorium muss sich auch um die Geräte kümmern, die nicht unter seiner ständigen Kontrolle stehen.
- Es liegt in der Verantwortung des Laboratoriums, dass die Umgebungsbedingungen die Probenahme nicht negativ beeinflussen (können).
- Der Probenahmeplan (Stichprobenplan) und die Probenahme-Verfahrensanweisungen des Laboratoriums müssen am Ort der Probenahme verfügbar sein.
- Das Laboratorium muss Verfahrensanweisungen zum Aufzeichnen der wesentlichen Angaben und Tätigkeiten hinsichtlich der Probenahme haben. Diese Aufzeichnungen müssen das angewendete Verfahren der Probenahme, die Identifikation des Probenehmers, die Umgebungsbedingungen (sofern relevant), Diagramme oder andere Darstellungen zur Beschreibung des Ortes der Probenahme und, wenn angemessen, das statistische Verfahren, auf dem das Probenahmeverfahren beruht, enthalten.

Gemäß ISO/IEC 17025 sind Aufzeichnungen vor Ort (meist als Probenahmeprotokoll bezeichnet) anzufertigen. Diese Aufzeichnungen werden im Prüfbericht zusammen mit den Untersuchungsergebnissen berichtet. Probenahmeprotokolle sind also lediglich technische Aufzeichnungen und im Allgemeinen selbst keine Prüfberichte.

Die normenkonforme Einbindung überwiegend extern beschäftigter Personen in ein akkreditiertes Laboratorium ist wichtiger Punkt der Laborbegutachtung. Durch geeignete vertragliche Bindung (bzw. entsprechende öffentlich-rechtliche Bindung im behördlichen Bereich) können die so genannten externen Probenehmer einzeln und namentlich mit in das Laboratorium aufgenommen werden. Ebenso wie Laboraußenstellen (Laborstandorte) gehören die Probenehmer in ihrer Funktion als Beschäftigte des Laboratoriums mit in den direkten Akkreditierungsumfang. Dritte wie z. B. Arbeitgeber, bei denen diese Personen hauptsächlich tätig sind, dürfen keinen fachlich unzulässigen Einfluss auf die Tätigkeit der Probenehmer ausüben, sobald diese in der Funktion als Probenehmer für das Laboratorium tätig sind. Die Verantwortung des Einsatzes eines vertraglich in das Managementsystem des Labors eingebundenen Probenehmers liegt grundsätzlich beim Laboratorium und nicht beim Auftraggeber.

3.1.3.6 **Unparteilichkeit**

In der ISO/IEC 17025 ist ausdrücklich „Unparteilichkeit" gefordert. Das bedeutet, dass für Untersuchungen, die unter der Akkreditierungspflicht erfolgen, die Unparteilichkeit glaubwürdig sichergestellt sein muss. Ziel der Akkreditierung ist grundsätzlich die Schaffung von Vertrauen in die Arbeitsergebnisse eines akkreditierten Labors. Einseitige Interessen bei der Untersuchung oder die Möglichkeit einseitiger Einflussnahme auf Untersuchungen gefährden die Unparteilichkeit. Wichtig ist die wirksame Trennung von Produktionssteuerungs- und Kontrolllaboratorien.

Darüber hinaus verlangt die Trinkwasserverordnung bei Untersuchungen i. S. von § 19 (2) von den dafür bestellten Untersuchungsstellen („bestellte Stellen") für die Ausübung ihrer Untersuchungstätigkeit ausdrücklich auch noch die Unabhängigkeit vom Wasserversorgungsunternehmen.

3.1.3.7 **Unterauftrag**

Gemäß der ISO/IEC 17025 kann ein Laboratorium, das selbst auch für Probenahmetechniken akkreditiert ist, die Probenahme z. B. aus Kapazitätsgründen vorübergehend oder dauerhaft fremd vergeben. Solch ein Unterauftrag erfolgt dann innerhalb der Akkreditierung des Laboratoriums. Der Unterauftragnehmer muss hierfür kompetent sein, braucht aber selbst nicht akkreditiert zu sein, da das akkreditierte Laboratorium die volle Verantwortung trägt. Die Wahrnehmung dieser Verantwortung u. a. durch Schulung, Überlassung von Methoden/Verfahrensanweisungen, Auditierungen usw. wird bei der Akkreditierung des Labors mit begutachtet.

Der Auftraggeber/Kunde muss mit der Unterauftragsvergabe nachweislich einverstanden sein bzw. zugestimmt haben. Unteraufträge müssen in Prüfberichten immer klar gekennzeichnet werden.

Die Delegation von Prüfungstätigkeiten ohne eigene Fachkompetenz (ohne dass das den Auftrag weitergebende Laboratorium für den relevanten Bereich akkreditiert ist) wird im allgemeinen Sprachgebrauch missverständlich oft auch als „Unterauftrag" bezeichnet. Richtig wäre in einem solchen Fall die Bezeichnung „Auftragsweitergabe". Im Prüfbericht eines für die Probenahme selbst nicht akkreditierten Laboratoriums müssen die Angaben zur Probenahme als außerhalb der eigenen Akkreditierung gekennzeichnet sein.

3.1.4
Hinweis

Alle nationalen und internationalen technischen Normen unterliegen dem Copy Right und können beim Beuth Verlag, Berlin Wien Zürich bezogen werden: http://www.beuth.de.

Muster für Checkliste und Antragsunterlagen für Prüflaboratorien siehe z. B. Staatliche Akkreditierungsstelle Hannover (AKS) unter http://www.aks-hannover.de.

EWG-, EG- und EU-Rechtregelungen sind unter http://eur-lex.europe.eu/de/index.htm frei zugänglich (Direktzugang zur Suche der Nr. des Dokuments oder nach Fundstelle im Amtsblatt über „einfache Suche".)

3.2 Mikrobiologische Ringversuche zur externen Qualitätskontrolle im Rahmen der Trinkwasserverordnung 2001

Ernst-August Heinemeyer und Katrin Luden

3.2.1 Einleitung

Eine Beteiligung an externen Qualitätssicherungssystemen für Prüflaboratorien ist nach DIN ISO 17025 (2005) notwendig. Durch die TrinkwV 2001 wird in § 15 Absatz 4 von den Untersuchungsstellen sowohl die Akkreditierung gemäß ISO 17025 als auch eine Teilnahme an externen Qualitätssicherungssystemen gefordert. Diese doppelte Aufzählung unterstreicht den Stellenwert von Ringversuchen.

Prinzipiell gibt es drei Arten von Ringversuchen:

1) Ringversuche im Rahmen der externen Qualitätskontrolle zur Prüfung der Qualität und Eignung von Laboratorien,
2) Ringversuche zur Zertifizierung von Referenzmaterial, bei dem ein robuster Mittelwert bestimmt wird und
3) Validierungsringversuche für Methoden, bei der die Leistungsfähigkeit der Methode geprüft werden soll.

Ringversuche basieren immer auf den drei Säulen: Labor, Referenz- bzw. Untersuchungsmaterial und Methode(n) zusammen. Der Blickwinkel, aus dem die Ergebnisse betrachtet werden, variiert. Voraussetzung für eine sinnvolle Auswertung eines Ringversuches ist, dass die beiden Teile, die nicht überprüft werden, für die Bearbeitung der Fragestellung geeignet sind.

Als Ausrichter von Trinkwasserringversuchen besitzt Niedersachsen eine lange Tradition. Die Ringversuche wurden bereits 1985 vom Niedersächsischen Ministerium für Soziales (MS) am Staatlichen Medizinaluntersuchungsamt (MUA) in Braunschweig (H.E. Müller) begründet. 1995 übernahm das neu gebildete Niedersächsische Landesgesundheitsamt (NLGA) mit seiner Außenstelle Aurich, ehemals MUA Aurich, die Ausrichtung und hat das System der Ringversuche seitdem konsequent weiterentwickelt (s. Tab. 3.1). Es existiert eine enge Kooperation auf diesem Gebiet zwischen Niedersachsen und Nordrhein-Westfalen. Eine Lenkungsgruppe unter Federführung des NLGA und des Landesinstituts für den Öffentlichen Gesundheitsdienst Nordrhein-Westfalen (lögd) wurde mit Beteiligung der zuständigen Ministerien und Vertretern der teilnehmenden Labore eingerichtet. Hier werden fachliche Fragen diskutiert und die Durchführung der Ringversuche entsprechend den Empfehlungen des Umweltbundesamtes (2002) gesichert. Die mikrobiologischen Ringversuche sind Teil eines bundesweiten Gesamtkonzepts aller Ausrichter für Trinkwasserringversuche. Am Ringversuchssystem des NLGA beteiligen sich etwa 500 Labore aus Deutschland und dem europäischen Ausland.

Das Angebot des NLGA richtet sich primär an Labore, die anhand ihrer Teilnahme ihre Verfahren zur Trinkwasseranalytik überprüfen wollen und müssen. Daher hat sich der Schwerpunkt mit der TrinkwV 2001 vom Nachweis der Anwesenheit eines Zielorganismus (qualitativ) auf den Nachweis der genauen Anzahl dieser Mikroorganismen (quantitativ, s. Tab. 3.1) verlagert. Diese quantitative Mikrobiologie stellt eine neue Herausforderung dar. Neben den üblichen laboreigenen Einflüssen auf die Qualität der Ergebnisse wird zunehmend auch die Bedeutung der Qualität der verwendeten Nährmedien und Filtermaterialien deutlich. Zur Testung werden den Laboren wässrige Proben zur Verfügung gestellt, die wie normale Trinkwasserproben im Labortest eingesetzt werden können. Hierin unterscheidet sich dieses System von dem anderer europäischer Anbieter, deren Probenmaterial in der Regel zunächst im Labor in Flüssigkeit

Tabelle 3.1 Parameter und Verfahren der mikrobiologischen Ringversuche seit 1986.

Parameter	Verfahren	1986–1999	2000	2001	2002	2003	Seit 2004
E. coli	P/A-Test	+	+	+	+	(+)	(+)
E. coli	ISO 9308-1	(+)	(+)	(+)	+	+	+
E. coli	Colilert®-18					+	+
Coliforme Bakterien	P/A-Test	+	+	+	+	(+)	(+)
Coliforme Bakterien	ISO 9308-1	(+)	(+)	(+)	+	+	+
Coliforme Bakterien	Colilert®-18					+	+
Koloniezahlen	TrinkwV 1990	+	+	+	+	+	+
Koloniezahlen	EN ISO 6222			+	+	+	+
Enterokokken	ISO 7899-2		(+)	(+)	+	+	+
C. perfringens	mCP/ TrinkwV 2001			(+)	+	+	+
C. perfringens	TSC			(+)	+	+	(+)
P. aeruginosa	EN ISO 12780				+	+	+
Legionella	Bundes-gesundhBl					+	+
Fäkalcoliforme Bakterien Gesamtcoliforme Bakterien	EU-Badegewässerrichtlinie/ Bundesgesundheitsblatt		+	+	+	+	+
E. coli	ISO 9308-3						(++)
Enterokokken	ISO 7899-1						(++)

+ angebotener Parameter; (+) kein zulässiges Verfahren im Rahmen der gesetzlichen Vorgaben; (++) ab 2007

Tabelle 3.2 Mikrobiologische Ringversuche der NLGA Außenstelle Aurich.

Parameter	Untersuchungsverfahren	Anzahl Ringversuche pro Jahr
E. coli/coliforme Bakterien	a) ISO 9308-1 b) Colilert®-18/IDEXX	4
Enterokokken	ISO 7899-2	4
Koloniezahlen bei zwei Temperaturen	a) EN ISO 6222 b) TrinkwV 1990	4
Clostridium perfringens	TrinkwV 2001, Anl. 5	2
Pseudomonas aeruginosa	DIN EN 12780	2
Legionellen	Bundesgesundheitsblatt	2

gelöst und eventuell verdünnt werden muss, bevor es mit der Routinemethode untersucht werden kann.

Um den Informationsaustausch über die Ringversuchsproben während eines laufenden Ringversuchs zu erschweren, werden die Proben gleichartig beschriftet, sind aber bei gleicher Matrix in Konzentration und Zusammensetzung unterschiedlich. Für jeden Parameter werden entsprechend der Teilnehmerzahl mehrere Gruppen gebildet. Für die verschiedenen Messparameter kann ein Labor unterschiedlichen Gruppen angehören.

Wie aus der Tab. 3.2 ersichtlich ist, werden die Parameter *E. coli*/coliforme Bakterien, Enterokokken und Koloniezahlen viermal pro Jahr und die übrigen Parameter *C. perfringens, P. aeruginosa* und Legionellen zweimal pro Jahr angeboten. Das System berücksichtigt damit die Empfehlung des Umweltbundesamtes zu mikrobiologischen Ringversuchen. Alle Parameter werden doppelt so oft angeboten, wie ein Labor es gemäß dieser Empfehlung pro Jahr benötigt. Labore können so im Falle des Nichtbestehens einzelne Parameter in einem der folgenden Ringversuche wiederholen. Die Auswertung eines Ringversuchs kann sich allerdings in die Anmeldefristen des Folgeringversuchs verschieben. Das sollte bei der Anmeldung beachtet werden.

Die angebotenen Proben können natürlich auch zur externen Qualitätskontrolle für Wasseruntersuchungen verwendet werden, die nicht der Trinkwasserverordnung unterliegen wie z. B. die Untersuchung von Beckenbädern.

3.2.2
Qualität der Präparation im Vergleich

Nachdem sich durch die Novellierung der Europäischen Trinkwasserrahmenrichtlinie (1998) abzeichnete, dass in Zukunft quantitative Verfahren für die Mikrobiologie eingesetzt werden müssen, ergab sich die Möglichkeit die Präparation des NLGA mit der Präparation des Public Health Laboratory Service (PHLS) in

Newcastle upon Tyne zu vergleichen. Hierfür sei Dr. Nigel Lightfoot ausdrücklich gedankt. Bei der Präparation des PHLS handelt es sich um Linsen, also nichtwässrige Proben.

Im Vergleich ergab sich eine sehr homogene Verteilung der Bakterien in beiden Präparationen (s. Abb. 3.2). Die geringfügig stärkere Steigung der sortierten Teilnehmerergebnisse bei der PHLS-Präparation (s. Tab. 3.3) lässt auf eine etwas ungleichmäßigere Verteilung schließen, die vermutlich auf den zusätzlichen

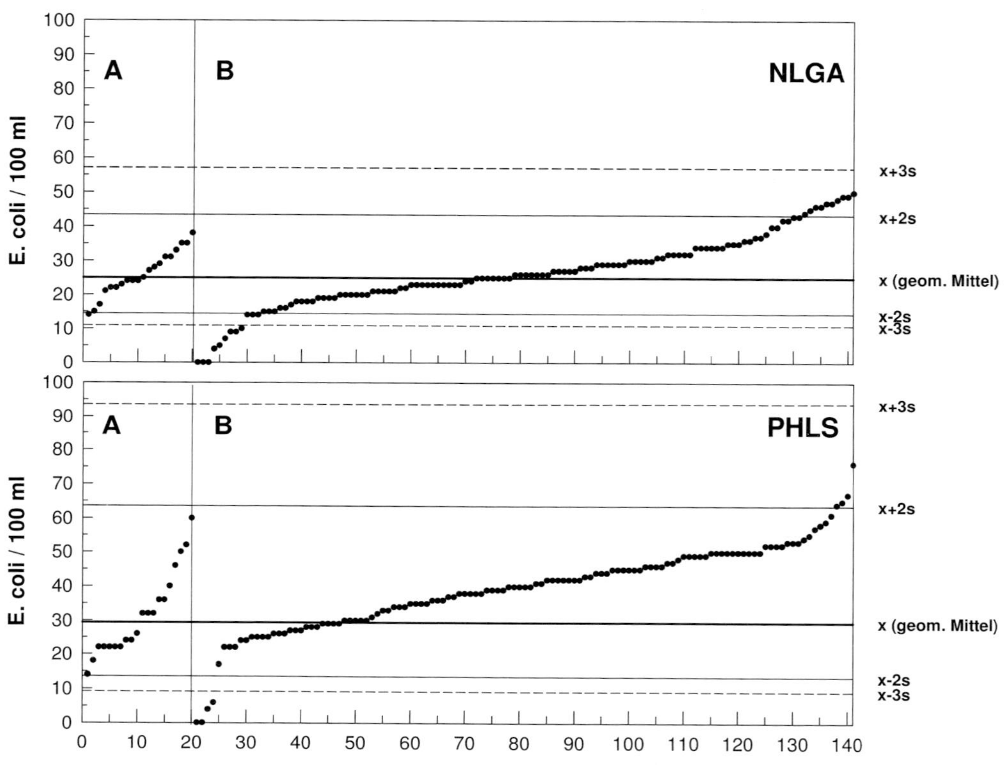

Abb. 3.2 Vergleichsringversuch 1999 NLGA-PHLS. (A) Ergebnisse aus 20 Rückstellproben und (B) Teilnehmerergebnisse.

Tabelle 3.3 Vergleich der Ringversuchspräparationen des PHLS (Linsen) und des NLGA (wässrige Proben).

Parameter	Präparation	Anzahl der Teilnehmer	Medianwert	Standard-abweichung	Steigung
Coliforme	PHLS	102	20	5,8	0,24
Bakterien	NLGA	101	15	3,3	0,15
E. coli	PHLS	111	40	9,5	0,35
	NLGA	113	27	8,9	0,23

Lösungsschritt in der Laborverarbeitung zurückzuführen ist. Die Stärke der Präparation des PHLS liegt vor allem in einer längeren Stabilität, die eine tiefgekühlte Aufbewahrung und ihre Verwendung für interne Qualitätskontrolle ermöglicht. Die in Abb. 3.2 eingezeichneten Sollbereiche wurden aus den dargestellten 20 Rückstellproben berechnet.

3.2.3
Präparation der Proben, Versendung, Auswertung

Zur Präparation der Ringversuchsproben werden die ausgewählten Stämme mit nur einer Vorkultur aus der Stammsammlung in Flüssigmedium kultiviert und in einer genau definierten Wachstumsphase geerntet. Es finden sowohl gut charakterisierte Wildstämme als auch Stämme aus anerkannten Stammsammlungen wie der Deutschen Sammlung für Mikroorganismen und Zellkultur (DSMZ) oder der American Type Culture Collection (ATCC) Verwendung. Die für die Medien eingesetzten Substanzen werden auf toxische Eigenschaften untersucht, ehe mit der Hauptpräparation begonnen wird.

Die Präparation der einzelnen Gruppen erfolgt in Einheiten von 20 Litern, die über eine Reihe von Tagen unter Kühlung homogenisiert werden. Die Qualität wird vor und während des Ringversuchs kontinuierlich im Ringversuchslabor geprüft. Alle Proben werden am Tag vor der Versendung unter kontinuierlicher Durchmischung in gamma-sterile Polyethylenflaschen abgefüllt. Die korrekte Untersuchungsmenge muss im Labor abgemessen werden.

Aus jeder Parametergruppe werden 28 Rückstellproben (14%) aufbewahrt. Am Tag nach der Aussendung – also zu dem Zeitpunkt, an dem die Teilnehmer die Proben bearbeiten – werden hieraus 20 Proben parallel bearbeitet. Die übrigen Rückstellproben werden im Laufe der Ringversuchswoche täglich analysiert, um die Stabilität der Präparation zu prüfen. Die Ergebnisse dieser 20er-Tests stellen die Kenndaten des Ringversuchs dar. Als Untersuchungs- und Kontrollmethoden des Ringversuchslabors werden ausschließlich nach TrinkwV 2001 zugelassene Verfahren verwendet, für die das NLGA Außenstelle Aurich bei der AKS Hannover akkreditiert ist (Register-Nr. AKS-P-20318-EU). Die Rückstellproben werden mit dem Shapiro-Wilks-Test (2005) auf Normalverteilung geprüft.

Durch den Versand über einen Paketdienst ist die Lieferung der Proben innerhalb von 24 h gekühlt zu fast 100% gesichert. Die Auswirkung ggf. längerer Transporte und ungewöhnlicher Temperaturen auf die Proben wird regelmäßig geprüft und die Ergebnisse den Teilnehmern mitgeteilt. Bei Versuchen im Ringversuchslabor zur Stabilität der Präparationen zeigten sich bislang keine erkennbaren Beeinträchtigungen der Wiederfindungsraten durch extreme Umgebungstemperaturen, bis hin zu Eisbildung in den Proben. Eine gewisse Ausnahme bildet *P. aeruginosa*. Dieser Parameter wird nur im Winterhalbjahr angeboten, da schon ab 11 °C in den Probenflaschen Vermehrungen beobachtet wurden.

Die Auswertung der Teilnehmerergebnisse erfolgt mit einem eigens im NLGA Aurich entwickelten Computerprogramm. Die berechneten Z(u)-Scores wurden mehrfach mit den vergleichbaren Programmen der Analytischen Qualitätssicherung (AQS) Baden-Württemberg und des lögd in Nordrhein-Westfalen abgeglichen und das Programm so abgesichert. Entsprechend den Forderungen der DIN 38402-45 (2003) errechnet das Programm Z- und Z(u)-Scores für jeden Messwert, sowie Sollbereiche, Mittelwert und die Vergleichsstandardabweichung der einzelnen Parametergruppen. Es handelt sich dabei um ein so genanntes robustes Auswerteverfahren (Q-Methode mit Hampel-Schätzer).

3.2.4
Ergebnisse der teilnehmenden Labore

Die Labore wenden in der Regel bei der Untersuchung der Ringversuchsproben die Verfahren an, die durch die Trinkwasserverordnung vorgeschrieben sind. Zertifizierte Kontrollstandards für die interne Laborprüfung mit bekannten Bakterienkonzentrationen sind bislang wenig verbreitet. Die mikrobiologischen Ringversuche bieten damit den Laboren die Möglichkeit, die Richtigkeit der eigenen Untersuchungen im Verhältnis zu anderen Laboren zu überprüfen und zu dokumentieren. Üblicherweise liegen die Fehlbestimmungsraten zwischen 3% und 10% (s. Tab. 3.4). Aus den Teilnehmerergebnissen werden die Sollberei-

Tabelle 3.4 Anteil der Fehlbestimmungen bei den mikrobiologischen Ringversuchen.

Parameter	Anzahl teilnehmender Labore (T) u. Anteil Fehlbestimmungen (F)							
	RV I-2005		RV II-2005		RV III-2005		RV IV-2005	
	T [n]	F [%]	T [n]	F [%]	T [n]	F [%]	T [n]	F [%]
Koloniezahlen TrinkwV 1990	251	7,2	286	5,6	169	3,3	227	4,2
Koloniezahlen ISO 6222	130	6,9	164	9,5	94	3,7	151	4,6
E. coli	336	5,7	390	1,8	232	3,1	324	3,7
Coliforme Bakterien	336	3,9	390	4,4	232	3,1	324	3,4
Enterokokken	301	5,0	351	4,8	208	6,3	293	3,4
Legionellen			279	6,6			203	10,3
Pseudomonas aeruginosa	270	8,2					270	5,9
Clostridium perfringens			303	ohne Bew.	171	9,9		
EU-Badegewässer	113	12,4						

che für die einzelnen Parametergruppen bestimmt, solange der Vergleich mit den Ringversuchskenndaten keine starken Abweichungen zeigt. Liegen starke Abweichungen vor, so muss im Einzelfall geprüft werden, ob und wie eine Auswertung sinnvoll vorgenommen werden kann. Für den Parameter *C. perfringens* führte dies bereits zu Ringversuchen, in denen keine Zertifikate ausgestellt werden konnten.

3.2.5
Probleme

Im Ringversuch untersuchen eine große Anzahl Labore (ca. 80–100) einen Teil der gleichen Wasserprobe mit demselben Verfahren. Bei der Auswertung der Teilnehmerergebnisse werden dann möglicherweise systematisch-methodische Probleme des Verfahrens auffällig, die in einem einzelnen Labor kaum erkannt werden können. Bislang wurde eine Reihe von Problemen deutlich, bei denen die Hersteller von Filtermaterialien und Nährböden aufgefordert sind, Qualitätsverbesserungen an ihren Produkten vorzunehmen. Die weiter unten aufgeführten Beispiele zeigen, dass eingekauftes Material vor der Verwendung auf Tauglichkeit geprüft werden muss.

Es spielen neben Materialproblemen natürlich auch methodische Fehler in der Laboranalytik eine Rolle. Eine Liste möglicher Fehlerquellen, die aufgrund von regem Erfahrungsaustausch mit den Teilnehmern erstellt werden konnte, findet sich in Tab. 3.5.

3.2.6
Coliforme Bakterien und *E. coli*

Neben der Methode nach DIN ISO 9308-1 (Laktose-TTC) ist als gleichwertig anerkanntes Verfahren das Colilert®-18 Quantitray-System (Fa. IDEXX) zulässig. Die beiden Verfahren nutzen verschiedene biochemische Reaktionen zur Definition von coliformen Bakterien und *E. coli*. Das DIN-Verfahren fordert den Nachweis der Säureproduktion aus Laktose, d.h. den kompletten Stoffwechselweg. Das Colilert®-18-Verfahren hingegen beruht auf dem Nachweis von β-Galaktosidaseaktivität, dem ersten Schritt in der Laktoseverwertung. Bei Farmer (1995) sind insgesamt 121 Enterobakterienspezies aufgeführt. Vorausgesetzt, dass mindestens 50% der Stämme einer Spezies das betrachtete Merkmal besitzen, gibt es 38 Spezies, die Laktose vergären können und 80 Spezies, die über eine β-Galaktosidase verfügen. Das Spektrum der als coliforme Bakterien nachgewiesenen Bakterienspezies ist also beim Colilert®-18 sehr viel größer als mit dem ISO-Verfahren. Das kann bei der Auswertung eines Ringversuchs zu Problemen führen. So kommt es, dass in der gleichen Gruppe je nach eingesetztem Stamm ein Labor mit dem DIN-Verfahren zu einem negativen Ergebnis kommt, ein anderes Labor mit dem alternativen Verfahren jedoch coliforme Bakterien nachweist. Beide Labore haben korrekt gearbeitet und beide Ergebnisse sind gemäß TrinkwV 2001 richtig.

Tabelle 3.5 Mögliche Fehlerquellen der einzelnen Analyseverfahren.

Koloniezahlen
- Gießtemperatur des Agars: selbst geringe Temperaturerhöhungen können zu starken Minderbefunden führen, da die Bakterien abgetötet werden; zu kalter Agar verhindert die gleichmäßige Verteilung der Probe und neigt zur Verklumpung
- Kontamination der Probe oder des verflüssigten Agars
- Unzureichende Menge an Flüssigagar

Enterokokken
- Selten sternförmige Morphologie der Kolonien auf dem Filter, evtl. begünstigt durch stark salzhaltiges Transportmedium

***E. coli*/coliforme Bakterien**
- Formale Fehler bei der Ergebnisangabe: *E. coli* ist nach Vorgabe (DIN, ISO, gesetzl.) immer Teil der coliformen Bakterien (keine rein naturwissenschaftliche Definition!)
- Käufliche Identifizierungssysteme können dem Ergebnis des vorgeschriebenen Verfahrens widersprechen (nicht zulässig)
- ISO 9803-1: 44 °C Indoltest bei falscher oder abweichender Temperatur durchgeführt (exakte Temperierung im Wasserbad erforderlich)
- Colilert®-18: falsche Anregungswellenlänge, ungenau gefüllte Kavitäten

Pseudomonas aeruginosa
- Ungenaue Anwendung der DIN EN 12780 bei der Differenzierung

Legionellen
- Unterschiedliche Qualität der Nährböden (Hersteller)
- Wechselwirkungen zwischen Membranfilter und Nährboden
- Verpilzung der feuchten Kammer
- Unzureichende Entfernung eines verwendeten Reinigungsmittels aus der feuchten Kammer

Clostridium perfringens
- Fehlende Qualitätsprüfung der Kombination Membranfilter-Agar
- Sporen neigen zu Wandadsorption. Abhilfe: gutes Schütteln (30 s)

Allgemeine Probleme für alle Verfahren
- Unzureichend geschüttelte Proben (Absetzen und Wandadsorption der Bakterien)
- Angleichung der Probe an Raumtemperatur notwendig
- Bebrütungstemperaturen und -dauer werden nicht genau eingehalten
- Zu lange Standzeit der Probe vor der Verarbeitung
- Einsatz zu frischer/feuchter selbst hergestellter Platten: „Verschwimmen“ der Kolonien; ca. 24 h Lagerung empfohlen
- Flüssigkeitsüberschuss auf dem Filter
- Kondenswasserbildung muss verhindert werden (zu kalte Nährböden)
- Prüfung der biochemischen Eigenschaften an nicht reinen Subkulturen
- Abgelaufene Reagenzien
- Entmischte Trockenmedien
- Unzureichend kalibrierte Pipetten
- Fehlende Qualitätskontrolle der Filter und Nährböden und deren Kombinationen
- Qualitätsunterschiede der Medien (Hersteller)
- Qualitätsunterschiede der Membranfilter auch zwischen Chargen
- Ungünstige Wechselwirkungen zwischen Filter und Nährboden

E. coli ist per Definition sowohl nach ISO- als auch nach Colilert®-18-Verfahren eine Teilmenge der coliformen Bakterien. Bei der Verwendung von Reinkulturen im Ringversuch muss man erwarten, dass diese sicher erkannt werden. Es kann aber auch hier weitere Ausrichtungs- und Auswerteprobleme geben. Während beim DIN-Verfahren durch Prüfung repräsentativer Stämme weitgehend sichergestellt werden kann, dass die Bakterien durchweg als *E. coli* erkannt werden, ist eine weitere Prüfung der Bakterien beim Colilert®-18-Verfahren nicht vorgesehen. Hierdurch kann es zu Abweichungen im Ergebnis kommen. So ermittelten im Rahmen des RV IV-2004 beim DIN-Verfahren fälschlicherweise 2,4% (6 von 246) und beim Colilert®-18 18,8% (15 von 80) der Teilnehmer coliforme Bakterien, die nicht *E. coli* waren, obwohl diese nicht in den Proben enthalten waren. Neben Laborfehlern (s. Tab. 3.5) ist die Ursache beim Colilert®-18-Verfahren möglicherweise eine verzögerte oder nicht ausreichende Enzymbildung der eingesetzten Stämme. Die als minimale Bebrütungszeit vorgegebenen 18 h reichen nicht immer für eine ausreichende Enzymbildung aus. Dieses Problem wird nur offensichtlich, wenn mit Reinkulturen gearbeitet wird. Werden Mischkulturen aus *E. coli* und weiteren coliformen Bakterien eingesetzt, wird das Problem maskiert.

Negative Einflüsse durch Wechselwirkungen zwischen Membranfiltern und Nährböden wurden bei diesem Parameter bisher nicht offensichtlich.

3.2.7
Clostridium perfringens

Bei keinem Organismus zeigen sich spezifische und teilweise unverstandene Wechselwirkungen zwischen den Nährmedien (mCP-Agar) und den Membranfiltern so ausgeprägt, wie bisher bei *C. perfringens* (Abb. 3.4). Bei bestimmten Nährboden-Membranfilterkombinationen kommt es zu teilweise deutlicher Hemmung des Bakterienwachstums durch die Filter (s. Abb. 3.3).

Wie am Beispiel aus Abb. 3.4 deutlich wird, fanden über 80% der Labore die teilweise in großer Anzahl eingesetzten Clostridien nicht oder nur sehr unzureichend. Die Wiederfindungsrate bei den Rückstellproben gegenüber Columbia Blut-Nährboden betrug etwa 45% (Daten nicht dargestellt).

Auch eine Prüfung des Filtermaterials nach ISO 7704 (1985) half hier nicht mehr weiter. So berichteten eine Reihe von Laboren davon, dass bei ihnen geprüfte und für funktionsfähig befundene Membranfilter bei späteren Tests wieder versagten. Spezielle Ringanalysen bestätigten eine fehlerfreie Präparation der Ringtestproben, da diese Minderbefunde z. B. bei parallel auf Columbia-Blut-Nährboden getesteten Proben der gleichen Ringversuchspräparation nicht auftraten.

Die Verwendung eines weiteren Stammes, der uns freundlicherweise vom Sanitätsdienst der Bundeswehr zur Verfügung gestellt wurde, erbrachte deutlich verbesserte Nachweisraten (s. Abb. 3.5). Dieser Stamm scheint durch die Membranfilter im Wachstum nicht gehemmt. Die Wiederfindungsrate betrug hier etwa 100% (Daten nicht dargestellt).

Abb. 3.3 Wachstum von *C. perfringens* auf mCP-Nährboden mit unterschiedlichen Filtern. Eine Sporensuspension wurde mit einem Tupfer über die gesamte Platte und den Filter ausgestrichen: (li) normales Wachstum, (re) Hemmung des Wachstums im Bereich des Membranfilters.

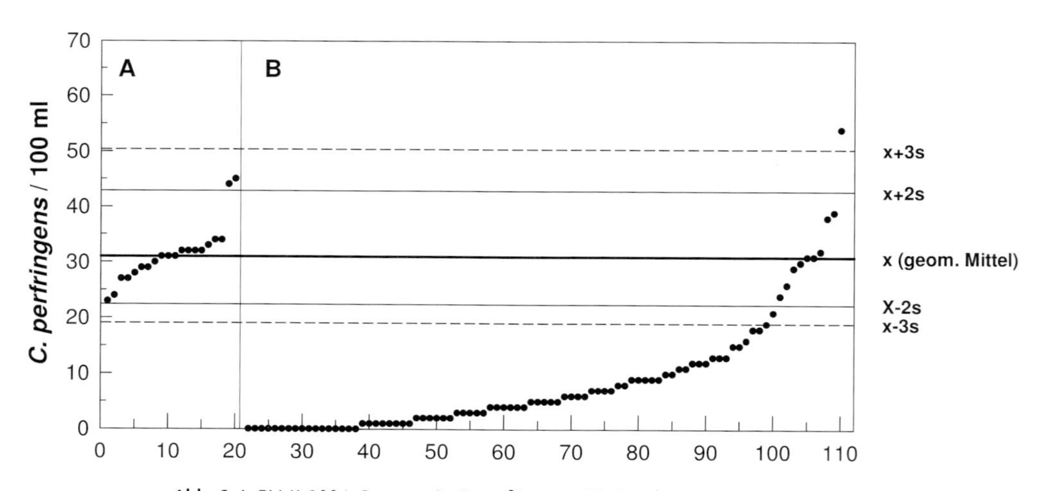

Abb. 3.4 RV II-2004 Gruppe C, *C. perfringens:* (A) Ergebnisse von 20 Rückstellproben und (B) Teilnehmerergebnisse.

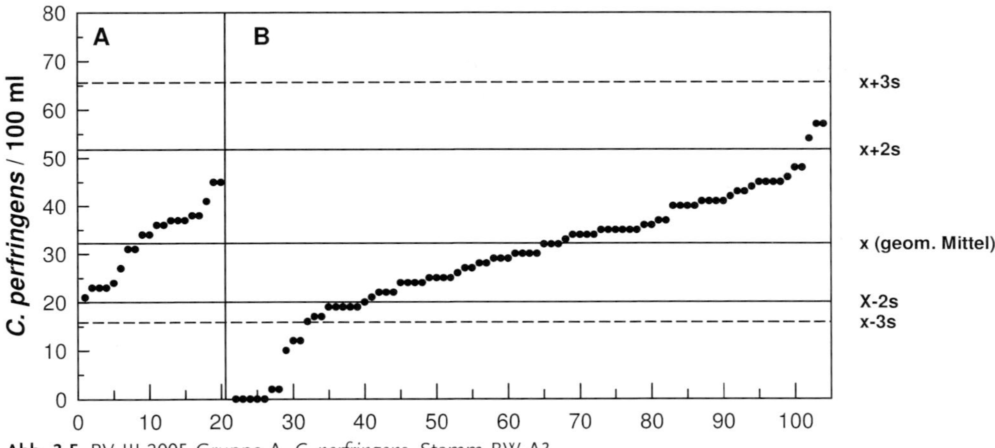

Abb. 3.5 RV III-2005 Gruppe A, *C. perfringens*, Stamm BW A3. Ergebnisse von 20 Rückstellproben und (B) Teilnehmerergebnisse.

Es handelt sich folglich um methodische Probleme, die bei einem sensiblen Clostridienstamm sichtbar werden, bei der Verwendung eines robusteren Stammes hingegen nicht.

3.2.8
Legionella

Die Ergebnisse der Legionellenuntersuchungen weisen in aller Regel sehr große Standardabweichungen auf. Dabei ist die Standardabweichung für das Membranfiltrationsverfahren größer als beim Direktansatz. Dies weist auf erhebliche methodische Probleme hin. Verschiedene Membranfilter können bei gleichem Nährboden zu einer auf 50% verminderten Wiederfindung führen (s. Abb. 3.6). Eigene Untersuchungen zeigten darüber hinaus, dass bei Verwendung gleicher Filter aus derselben Herstellungscharge in Verbindung mit GVPC-Agar verschiedener Hersteller Minderbefunde auftreten, die systematisch dem Agar zugeordnet werden konnten.

In der Empfehlung des Umweltbundesamtes (2002) wird empfohlen, die GVPC-Platten nach dem Herstellungsprozess abtrocknen zu lassen und dann luftdicht verpackt bei etwa 5 °C zu lagern. In unserem Labor wurden gute Erfahrungen damit gemacht, Platten, die zur Aufnahme von 0,5 ml Wasserprobe vorgesehen sind, einem 24-stündigen Vortrocknungsprozess (Brutraum 36 °C, geschlossener Deckel) zu unterziehen. Dies gilt auch für Fertigplatten. Die Nährböden werden dadurch für das Wasservolumen aufnahmefähiger und die Kolonien bleiben voneinander gut getrennt. Minderbefunde wurden hierdurch nicht beobachtet.

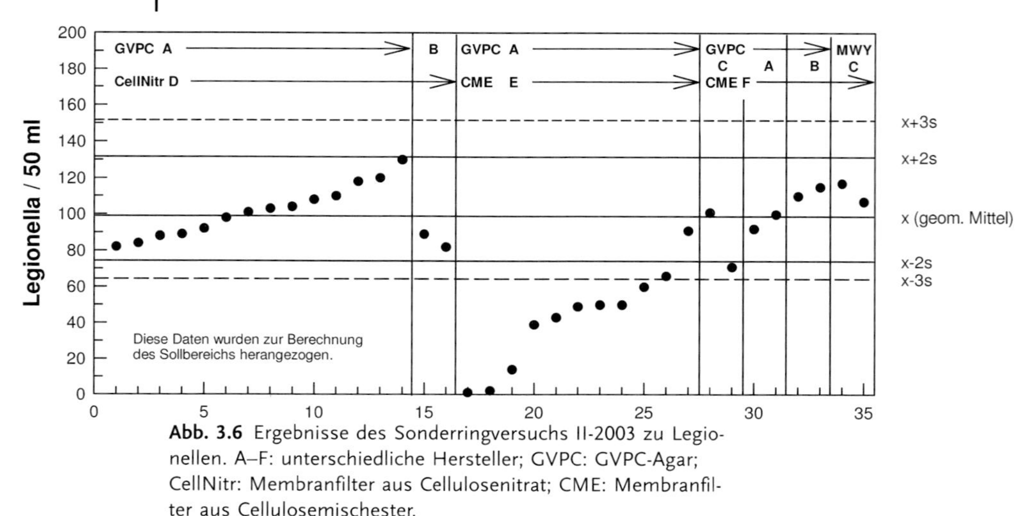

Abb. 3.6 Ergebnisse des Sonderringversuchs II-2003 zu Legionellen. A–F: unterschiedliche Hersteller; GVPC: GVPC-Agar; CellNitr: Membranfilter aus Cellulosenitrat; CME: Membranfilter aus Cellulosemischester.

Umfangreiche Kontrollen im Ringversuchslabor haben keine Minderbefunde durch die Verwendung von PE Flaschen, auch bei niedrigen Temperaturen, anstelle von Glasflaschen ergeben. Dieser Befund wurde auch von anderer Stelle bestätigt (Pleischl, pers. Mitteilung).

3.2.9 Diskussion

Die oben aufgeführten Beispiele zeigen, dass es keine so scharfe Trennung zwischen Ringversuchen zur Prüfung von Laboratorien (nach DIN 38402-45, 2003) und einem Validierungsringversuch zur Überprüfung einer Methode (nach DIN 38402-41, 1984 und DIN 38402-42, 2005) gibt, wie die Definitionen es erwarten lassen. Sobald eine große Anzahl an Laboratorien mit einer bestimmten Methode dasselbe Referenzmaterial untersucht, können eben auch Erkenntnisse über die Methode gewonnen werden. Es steht eine Datenmenge zur Verfügung, die in einem einzelnen Labor nur durch ganz erheblichen Aufwand zu erarbeiten wäre. Betrachtet man zunächst die Parameter Legionellen und *C. perfringens,* so treten dort starke Probleme mit den Filtern und Nährböden bzw. deren Zusammenspiel auf. Die Labore sind hier eindeutig gefordert, die Qualität ihrer verwendeten Materialien in geeigneter Weise auf Tauglichkeit zu prüfen.

Der Einsatz von robusten Stämmen im Ringversuch würde möglicherweise zu besseren Ergebnissen bei den Teilnehmern führen. Dies ist aber nur eine Scheinlösung, denn das Problem ungeeigneter Materialien ist damit ja nicht behoben, sondern nur ausgeblendet. Ob empfindliche oder robuste Stämme die Realität besser abbilden, ist schwer zu beurteilen. Allerdings ist eine Vorschädigung durch ungünstige Lebensbedingungen wie nährstoffarmes Milieu oder durch Aufbereitungsmethoden wie der Chlorung denkbar. Im Sinne der landesweiten Qualitätssicherung in der Laboranalytik ist es daher wünschenswert eine breite Palette an Stämmen einzusetzen, um möglichst viele verschiedene Variationsmöglichkeiten einzubeziehen und den realen Bedingungen nahe zu kommen. Es ist aber auch nicht Sinn und Zweck von Ringversuchen, permanent solche systematischen Fehler öffentlich zu machen, zumal die Auswertung solcher Ergebniskollektive immer Probleme aufwirft.

Eine weitere Problematik ergibt sich durch die Zulassung von alternativen Methoden nach der Trinkwasserverordnung. Die zugelassenen Methoden für den Nachweis von *E. coli*/coliformen Bakterien sind zwar statistisch gesehen gleichwertig, beruhen aber auf unterschiedlichen Nachweisprinzipien (s. o.). Auch hier gibt es die Scheinlösung, nur Stämme einzusetzen, die nach beiden Verfahren sicher nachzuweisen sind. Damit wäre dem Ringversuchssystem aber eine Zwangsjacke angelegt. Es ist damit zu rechnen, dass weitere alternative Verfahren zugelassen werden und damit wäre eine allmähliche Einschränkung des Spektrums der zum Einsatz im Ringversuch geeigneten Stämme absehbar. Hinzu kommt, dass nicht jeder beliebige Stamm für die Präparation von stabilen Proben geeignet ist. Aus Sicht des Ringversuchsveranstalters müssen vielmehr alle alternativen Verfahren den Anforderungen standhalten können, die für das Referenzverfahren gelten. Ist dies nicht der Fall, so muss schon bei der Durchführung und Beurteilung der Gleichwertigkeitsstudien diskutiert werden, ob es sich tatsächlich um vergleichbare Verfahren handelt.

Der Forderung nach der Verwendung „geeigneter" Stämme ist die Frage entgegen zu stellen, ob es nicht vielmehr von wichtiger Bedeutung ist, dass durch Ringversuche Materialprobleme aufgedeckt werden können. Muss nicht in erster Linie die Nachweismethode robust genug sein, damit die gesetzlichen Anforderungen befriedigend erfüllt werden?

Das Risiko, dass ein Labor im Ringversuch einmal nicht besteht, ist bei der hier geforderten Vorgehensweise natürlich etwas höher. Die Ursache liegt unter Umständen nicht bei dem einzelnen Labor und ist möglicherweise nicht immer sicher identifizierbar.

3.2.10
Ringversuche und Messunsicherheit

Gemäß DIN ISO 17025 (2005) zur Akkreditierung von Prüflaboratorien müssen diese über ein Verfahren zur Abschätzung ihrer Messunsicherheit (MU) verfügen und dem Auftraggeber auf dessen Wunsch hin bzw. bei Infragestellung einer Grenzwertüberschreitung diese mit angeben. Es stellt sich die Frage, ob Ringversuche einen Beitrag zur Abschätzung der Messunsicherheit liefern können.

Im Folgenden werden einige Lösungsansätze – ohne Anspruch auf Vollständigkeit – aufgezeigt, wie Labore ihre Messunsicherheit für die mikrobiologischen Parameter abschätzen könnten. Es handelt sich immer um die aus Richtigkeit und Präzision abgeschätzte „kombinierte Messunsicherheit". Die Einflüsse bei der Probenahme bleiben hierbei außer Betracht und müssen getrennt gesehen werden. Zur Abschätzung der Messunsicherheit werden Daten aus den Ringversuchen herangezogen, die jedem teilnehmenden Labor zur Verfügung stehen. Vorweg sei gesagt, dass es nicht die eine, richtige Methode zur Bestimmung der Messunsicherheit gibt. Es sind verschiedene Ansätze möglich, weitere denkbar und mit keinem erreicht man die absolute, wahre Messunsicherheit für sein Labor. Auf jeden Fall ist es anstrebenswert, die Messunsicherheit individuell für das eigene Labor zu ermitteln. Es sollte auch angestrebt werden, möglichst auf Daten zurückzugreifen, die im Labor vorhanden sind und die nicht speziell für die Messunsicherheitsbetrachtung produziert werden müssen. Eine grundlegende Abhandlung für mikrobiologische Messunsicherheiten ist bei Niemelä (2003) zu finden.

Im Prinzip gibt es zwei Grundansätze für die Messunsicherheitsbetrachtung. Diese der chemischen Analytik entstammenden Ansätze (Funk, 2005) a) Bottom-up oder „individueller Absatz" nach GUM, Eurachem/Citac-Guide, b) Topdown oder „globaler Ansatz" nach VAM, NORDTEST werden von uns im Folgenden direkt auf quantitative mikrobiologische Wasseranalysen aus Trinkwasserringversuchen angewendet. Dann wird noch ein dritter Ansatz (EUROLAB) vorgestellt, falls der Ansatz nach a) oder b) nicht möglich ist.

3.2.11
Bottom-up-Ansatz (Beispiel: Nachweis von Legionella)

Die Ermittlung der Messunsicherheit nach GUM ist ein mehrstufiges Verfahren:

Stufe 1: Festlegung der Messgröße: hier Legionella in Trinkwasser gem. Empfehlung des UBA (2002).

Stufe 2: Identifizierung der Unsicherheitsquellen x_i
(Tab. 3.6 zeigt eine Reihe von Unsicherheitsquellen, wie z. B. Wandabsorption, Pipettierfehler, Säurevorbehandlung, Medien, Bebrütungsbedingungen etc.)

Stufe 3: Quantifizierung der Unsicherheitskomponenten $u(x_i)$

Stufe 4: Berechnung der kombinierten Unsicherheit $u_c(y)$

$$u_c(y) = \sqrt{u_{x1}^2 + u_{x2}^2 + u_{x3}^2 + \cdots + u_{xn}^2} \tag{11}$$

Aus Stufe 2 (s. Tab. 3.6) lässt sich ableiten, dass Abschätzungen nur in sehr begrenztem Umfang möglich sind (z. B. Pipettierfehler, evtl. auch Wandabsorption). Andere Komponenten wie die Güte des Hefeextrakts, die Schichtdicke und der Trocknungsgrad des Nährbodens, Bakteriensynergismus und Antagonismus usw. sind dagegen mathematisch nicht oder nur unter sehr großem Aufwand zugänglich. Eine Berechnung der kombinierten Unsicherheit nach diesem Verfahren wird daher nicht vorgeschlagen.

Sinnvoll ist jedoch, für alle angewendeten Untersuchungsverfahren eine Analyse derjenigen Faktoren vorzunehmen, von denen anzunehmen ist, dass sie die Messunsicherheit (relevant) beeinflussen (s. Tab. 3.6). Das gilt insbesondere dann, wenn eine mathematische Bestimmung der Messunsicherheit nicht erreichbar erscheint. Hierdurch können Schwachstellen des Verfahrens im eigenen Labor identifiziert werden.

Tabelle 3.6 Identifizierung der Unsicherheitsquellen x_i: Legionella (Direktansatz).

Arbeitsschritt	x_i	„Relevanter" Faktor
Probenahme	x_1	Wie repräsentativ ist die Probe für das Untersuchungsziel (z. B. Hausinstallation oder Netzprobe sicher getroffen?)
Probentransport	$x_{2,3}$	Temperatur, Licht
	x_4	Dauer
	x_5	Interaktion mit anderen Mikroorganismen
	x_6	Wandabsorption
Laborverfahren – Handhabung	x_7	Pipettierfehler (100 ml, 2×0,5 ml)
	x_8	Homogenisierung
	x_9	Wandabsorption an Pipette
	x_{10}	Adsorptionseffekte an den Drigalski-Spatel
	x_{11}	Verteilung der Probe auf dem Nährboden
Laborverfahren – Medien	x_{12}	Ungleiche Qualität der Naturstoffe
	x_{13}	Agar-Agar
	x_{14}	Hefeextrakt
	x_{15}	Schichtdicke des Nährbodens
	x_{16}	Alter und Trocknungsgrad des Nährbodens
	x_{17}	Wechselwirkung des Nährbodens mit dem Membranfilter
	x_{18}	Eignung des Membranfilters
	x_{19}	Reaktion der Isolate auf Säurebehandlung immer gleich?
Laborverfahren – Bebrütung	x_{20}	Temperaturschwankungen während 7–10 Tage
	x_{21}	Bebrütung
	x_{22}	Luftfeuchtigkeit
	x_{23}	Veränderungen im Nährboden
	x_{24}	Bakteriensynergismus
		Bakterienantagonismus
Laborverfahren – Auswertung	x_{25}	Zählfehler
	x_{26}	Auswahl repräsentativer Kolonien
	x_{27}	Identifikation repräsentativer Kolonien
	x_{28}	Rückschluss auf die Gesamtzahl
Kontrolle gegen Referenzmaterial	x_{29}	Referenzmaterial oft nicht vorhanden
		Güte des Referenzmaterials

3.2.12
Top-down Ansatz – Messunsicherheit nach VAM

Aus Richtigkeit und Präzision kombinierte Messunsicherheitsschätzung: Beim Verfahren nach VAM werden die Richtigkeit aus zertifiziertem Referenzmaterial und Wiederholmessungen am selben Referenzmaterial zugrunde gelegt. Das ist begrenzt im Rahmen der Teilnahme an den Ringversuchen ohne weiteren Messaufwand möglich. Dabei wird unterstellt, dass die teilnehmenden Labore auch jetzt schon Wiederholmessungen an Proben zur Bestimmung der Koloniezahl bzw. der Legionellenanzahl (Direktansatz) durchführen und in der Regel Mittelwerte aus diesen Messungen abgeben. Dem Grunde nach wird das Ringversuchsmaterial durch die Messungen während des Ringversuchs durch die teilnehmenden Labore zertifiziert. Die **Konzentration des Analyten** (Mittelwert der Teilnehmerergebnisse mit dem Verfahren nach Hampel) und die **Vergleichsstandardabweichung** (auch als Standardunsicherheit bezeichnet) wird allen Laboren bei der Ergebnisbekanntgabe mitgeteilt. Das Labor kann dann auf der Basis der Angaben aus dem Ringversuch (Richtigkeit) und den eigenen Wiederholmessungen eine eigene Messunsicherheit berechnen. In Tab. 3.7 finden sich weitere Angaben zur Messunsicherheit nach diesem Verfahren für *E. coli*, *P. aeruginosa*, intestinale

Tabelle 3.7 Messunsicherheiten aus Ringversuchsdaten nach VAM und EUROLAB.

Ringversuch	Parameter	C^{TN}	S^{TN}	CRV^{-20}	SRV^{-20}	MU nach VAM [%]	MU nach EUROLAB [%]
II-2004 Gr. B	KBE-20 °C	84	10,1	102	8,4	34	24
I-2005 Gr. A	KBE-20 °C	12	2,5	13	3,2	68	42
III-2005 Gr. A	KBE-20 °C	8	2,2	7	2,9	97	55
I-2004 Gr. B	KBE-36 °C	79	8,5	94	11,5	35	22
IV-2005 Gr. A	Leg. 1 ml	14	10,3	16	3,2	175	147
IV-2005 Gr. B	Leg. 1 ml	22	13,8	22	4,7	137	126
IV-2005 Gr. A	*E. coli* (DIN)	7	3,4	9	3,3	165	107
IV-2005 Gr. A	*P. aeruginosa*	19	5,7	18	4,4	76	60
IV-2005 Gr. A	Enterokokken	30	7,0	28	8,2	74	47
III-2005 Gr. A	*C. perfringens*	30	13,1	33	7,4	107	87

C^{TN} Konzentration (robuster Mittelwert) des Analyten ermittelt aus den Teilnehmerergebnissen
S^{TN} Vergleichsstandardabweichung des Analyten ermittelt aus den Teilnehmerergebnissen
SRV^{20} Standardabweichung des Analyten ermittelt aus 20 Rückstellproben im Ringversuchslabor
CRV^{20} Konzentration (Mittelwert) des Analyten ermittelt aus 20 Rückstellproben im Ringversuchslabor (eigene Wiederholmessungen)
MU kombinierte, erweiterte Messunsicherheit
KBE koloniebildende Einheiten
Leg. Legionellen

Enterokokken und *C. perfringens*, die aus je 20 Wiederholmessungen im Ringversuchslabor an den Ringversuchsproben ermittelt wurden. Die angegebenen Messunsicherheiten sind alle aus Daten auf der Basis einer Leitlinie (2005) zur Umsetzung der Berechnung nach VAM im Ringversuchslabor abgeleitet. Ein Computerprogramm auf Excel-Basis zur einfachen Ermittlung der eigenen laborspezifischen Messunsicherheit nach dem hier vorgestellten Verfahren wurde freundlicherweise von Michael Gluschke (Umweltbundesamt, Berlin) zur Verfügung gestellt.

Bei Verwendung von zertifiziertem Referenzmaterial mit definierter Bakterienanzahl, wie es mittlerweile auf dem freien Markt erhältlich ist, wäre dieser Berechnungsmodus nach VAM ebenfalls möglich und angebracht, falls Matrixeffekte kompensiert werden. Damit wäre dann nicht nur die Abschätzung einer individuellen Messunsicherheit möglich, sondern auch das Führen von Kontrollkarten im Rahmen der **internen** Qualitätssicherung.

3.2.13 Messunsicherheit nach EUROLAB

Dieses Verfahren stellt eine starke Vereinfachung dar und soll eine Aussage zur Messunsicherheit wie bei der Methode nach VAM aus der Vergleichsstandardabweichung (s_r) und Konzentrationsangabe eines Ringversuchs ermöglichen. Die individuelle Betrachtung des eigenen Labors tritt hierbei jedoch deutlich in den Hintergrund. Unserer Auffassung nach ist auf jeden Fall das Konzept nach VAM vorzuziehen, sofern dieses möglich ist. Das im Folgenden beschriebene Verfahren kann aber als orientierendes Verfahren hilfreich sein, wenn Labore keine Wiederholmessungen am RV Material durchführen können, wie bei den Parametern *E. coli*, coliforme Bakterien, *P. aeruginosa*, Legionella (Membranfiltration) und *C. perfringens*. Um so vorgehen zu dürfen, müssen jedoch vom Labor einige Voraussetzungen erfüllt werden (aus Funk, 2005):

a) Es muss erfolgreich an dem Ringversuch teilgenommen haben, auf den es sich bezieht.
b) Die laborinterne Standardabweichung darf nicht signifikant größer sein als s_r.
c) Es muss über ein gutes QM-System verfügen (es muss alle Unsicherheitsquellen berücksichtigen können) und
d) mit Hilfe der Mittelwert- bzw. Range- und der WFR-Regelkarte nachweisen, dass diese Qualität zuverlässig gehalten wird.

Die Positionen a)–c) sind durch Teilnahme am Ringversuch, entsprechende Genauigkeitsprüfung durch Wiederholmessungen bzw. die eigene Standardabweichung beim entsprechenden Ringversuch und Akkreditierung zu erfüllen. Der Punkt d) dagegen bereitet Probleme. Hier bietet die regelmäßige Teilnahme am Ringversuchssystem unserer Auffassung nach die Lösung an. Die zuverlässige Sicherstellung der Qualität kann nachgewiesen werden, wenn ein Labor z. B. in einer „Kontrollkarte" dokumentiert (s. Abb. 3.7), dass die in den Ringversuchen

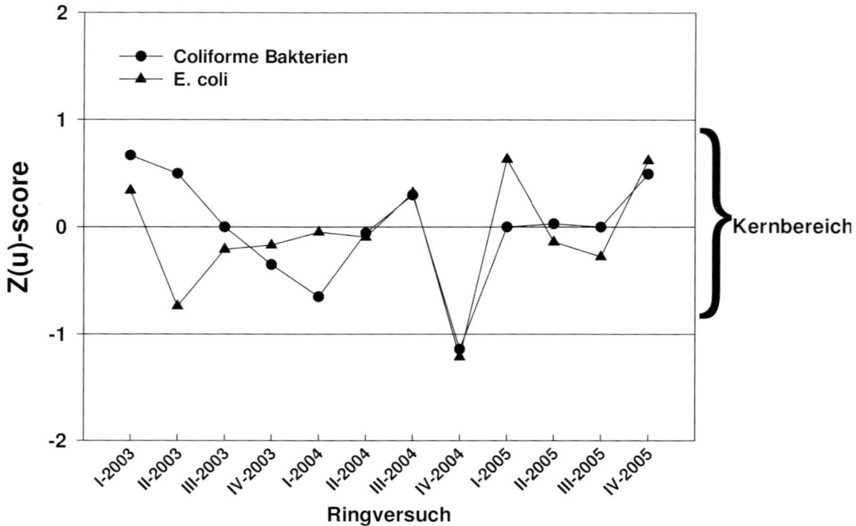

Abb. 3.7 Z(u)-Scores des Routinelabors der NLGA Außenstelle Aurich 2003–2005.

erreichten Z(u)-Scores in einer Folge von 2–3 Jahren üblicherweise innerhalb $|Z(u)| \leq 1$ beim entsprechenden Parameter liegen.

In Tab. 3.7 sind die Verfahren nach VAM und EUROLAB für eine Reihe von Ringversuchen angewendet worden.

3.2.14
Folgerungen

Betrachtet man die Messunsicherheit für die Koloniezahlen im Bereich des Grenzwertes von ca. 100 ml^{-1} so liegt die ermittelte „erweiterte Messunsicherheit" nach VAM bei 38% und nach EUROLAB bei 24% (Ringversuch II-2004 Gr. B, Tab. 3.7). Der fragliche Bewertungsbereich läge dann zwischen 62 KBE ml^{-1} und 138 KBE ml^{-1}. Erst jenseits der Grenze von 138 KBE ml^{-1} kann man sich somit sicher sein, den Grenzwert tatsächlich überschritten zu haben. Nehmen wir dagegen beim Parameter Legionellen die Messunsicherheit für den Wert von 22 Legionellen ml^{-1} (Tab. 3.7, IV-2005 Gr. B) in Höhe von 137% (VAM) bzw. von 127% (EUROLAB), so würde damit jeder Stufenwert nach DVGW Arbeitsblatt W551 (2004) ausgehebelt und nahezu uninterpretierbar. Im Ringversuch IV-2005 Gr. A wurde von den Teilnehmern ein mittlerer Gehalt von 7 *E. coli* 100 ml^{-1} gefunden. Die zugehörige Messunsicherheit in unserem Ringversuchslabor wurde mit 179% (VAM) bzw. 107% (EUROLAB) ermittelt. Wenn ein Labor diesen Wert von 7 *E. coli* 100 ml^{-1} ermittelt hat, stellt sich nun die Frage, ob der Grenzwert von 0/100 ml wirklich überschritten wurde? Der tatsächliche Wert läge damit im Bereich von –5 bis +19. An diesem Beispiel wird deutlich, dass diese Messunsicherheitsbetrachtungen aus der Chemie nicht ohne Einschränkungen auf die Mikrobiologie übertragen werden können. Vor allem bei Parametern mit einem Grenzwert von 0/100 ml laufen sie der bewährten und seit Jahrzehnten erfolgreichen hygienischen Denkweise zuwider. Der Nachweis *einer* Kolonie *E. coli* bleibt immer hygienisch bedeutsam. Die hier vorgestellten und aus Ringversuchen ermittelten Messunsicherheiten sind zudem unter Idealbedingungen ermittelt worden. Bei natürlichen Proben wird man in aller Regel keine Normalverteilungen annehmen können. Die Messunsicherheiten werden entsprechend noch größer sein. Insofern erscheint die Bedeutung der Messunsicherheit und deren Berücksichtigung bei der Ergebnisangabe noch ungelöst. Sie wird ein wichtiges Diskussionsthema bleiben.

Literatur

DIN 17025 (2000, 2005): Allgemeine Anforderungen an die Kompetenz von Prüf- und Kalibrierlaboratorien.

DIN 38402-41 (1984): Ringversuche, Planung und Organisation.

DIN 38402-42 (2005): Ringversuche zur Verfahrensvalidierung, Auswertung.

DIN 38402-45 (2003): Ringversuche zur externen Qualitätskontrolle.

DVGW Arbeitsblatt W 551 (2004): (Legionella).

Empfehlung des Umweltbundesamtes zu mikrobiologischen Ringversuchen: Bundesgesundheitsblatt (2002): 905.

Funk, W.; Dammann, V. und Donnevert, G. (2005): Qualitätssicherung in der Analytischen Chemie, Wiley-VCH, Weinheim, ISBN-10: 3-527-31112-2.

Farmer, III J. J. (1995): Enterobacteriaceae: Introduction and Identification. In: Manual of Clinical Microbiology, 6. Ed. Edit. Patrick R. Murray. ASM Press, 438–449.

Gluschke, M.; Wellmitz, J. und Lepom, P. (2005): A case study in the practical estimation of measurement uncertainty. Accred Qual Assur, 10, 107–111.

ISO 7704 (1985): Water quality – Evaluation of membrane filters used for microbiological analysis.

Nachweis von Legionellen in Trinkwasser und Badebeckenwasser (2000): Empfehlung des Umweltbundesamtes, Bundesgesundheitsblatt, 43, 911–915.

Niemelä Seppo, I. (2003): Uncertainty of quantitative determinations derived by cultivation of microorganisms: Advisory commission for metrology, Helsinky MIKES Publication J 4/2003.

Schweizerisches Lebensmittelbuch Mikrobiologie (2005): Kapitel 56 aus: Leitfaden zur Validierung mikrobiologischer Prüfverfahren und zur Abschätzung der Messunsicherheit im Bereich Lebensmittel- und Umweltmikrobiologie. Schweizerische Akkreditierungsgesellschaft (SAS), Dokument Nr. 328.dw.

Weiterführende Literatur

EG-Richtlinie 98/83/EG (1998): des Rates vom 3. November 1998 über die Qualität von Wasser für den menschlichen Gebrauch. Amtsblatt der Europ. Gemeinschaften vom 5. 12. 1998, L330/32–54.

Soforthilfe für statistische Tests mit wenigen Messdaten (1983): 2., wesentl. erw. Aufl. – Mannheim [u. a.]: Bibliogr. Inst., 96 S. graph. Darst. – ISBN 3-411-05774-2. (B. I. – Hochschultaschenbücher, 774). – Von R. E. Kaiser u. J. A. Mühlbauer. Verordnung zur Novellierung der Trinkwasserverordnung (2001): Bundesgesetzblatt (Bonn) Teil 1 Nr. 24, 959–980.

4 Bakteriologische Wasseruntersuchung

4.1 Koloniezahl

Irmgard Feuerpfeil

4.1.1 Begriffsbestimmung

Als Koloniezahl wird die Zahl der sichtbaren Kolonien bezeichnet, die sich aus den in 1 ml des zu untersuchenden Wassers befindlichen Mikroorganismen in Plattenkulturen mit nährstoffreichen Nährböden bei festgelegten Bebrütungstemperaturen und innerhalb einer bestimmten Bebrütungszeit entwickeln.

In einer Wasserprobe können Mikroorganismen einzeln, aber auch in Verbänden oder adsorbiert an Partikel vorkommen.

Deshalb muss die Zahl der Kolonien nicht mit der Zahl der entwicklungsfähigen und kultivierbaren Mikroorganismen übereinstimmen. Aus diesem Grund wurde die frühere Bezeichnung „Gesamtkeimzahl" durch den Begriff „Koloniezahl", angegeben in Kolonien bildende Einheiten (KBE), ersetzt. Zudem ist die Bestimmung einer „Gesamtkeimzahl" aller im Trinkwasser enthaltenen Mikroorganismen im hygienischen Sinne nicht zielführend und mit den hier beschriebenen Methoden auch nicht zu erreichen.

4.1.2 Anwendungsbereich

Wasserproben können eine Vielzahl von Mikroorganismen unterschiedlicher Herkunft beinhalten. Die Bestimmung ihrer Zahl bezogen auf ein festgelegtes Wasservolumen und ein bestimmtes Nährmedium sowie bestimmte Kultivierungsbedingungen ergeben wertvolle Informationen zur Beurteilung und Überwachung der Wasserqualität in hygienischer Hinsicht. In größeren durch Wasser übertragbaren Epidemien konnte beobachtet werden, dass keine Seuchengefahr von (durch Abwasser) kontaminiertem Trinkwasser ausging, wenn der Ablauf von Langsamsandfiltern weniger als 100 KBE ml^{-1} Untersuchungsvolumen aufwies (Müller, 1976).

Hygienisch-mikrobiologische Wasseruntersuchung in der Praxis.
Irmgard Feuerpfeil und Konrad Botzenhart (Hrsg.)

ISBN: 978-3-527-31569-7

Die Bestimmung der Koloniezahl hat seit Zeiten Robert Kochs Tradition und ihre Berechtigung als arbeitstechnisch einfaches Verfahren zur Erfassung von bestimmten hygienisch relevanten Mikroorganismen aus Wasserproben bis heute erhalten.

Dies wird durch die Verwendung eines relativ nährstoffreichen Mediums und durch Festlegung von Bebrütungszeit und -temperatur erreicht. Die Wahl des Nährmediums ist entscheidend dafür, welche Mikroorganismen sich unter den definierten Kultivierungsbedingungen nachweisen lassen. Die nachfolgend beschriebenen Methoden der hygienischen Überwachung der Wasserqualität sind z. B. nicht geeignet, typische Mikroorganismen des Wassers wie z. B. Gallionella, Leptothrix oder die in Biofilmen dominierenden Spezies der Gattung Aquabakterium nachzuweisen. Will man ein größeres Spektrum von heterotroph wachsenden Bakterien aus Trinkwasser erfassen, so kann dies z. B. durch den Einsatz des R2A-Agars (niedriger Nährstoffgehalt in Kombination mit langen Bebrütungszeiten und niedrigen Bebrütungstemperaturen) erfolgen.

Mit der hier beschriebenen Methodik zur Bestimmung der Koloniezahl können auch hygienisch relevante Veränderungen bei der Gewinnung und Verteilung des Wassers erfasst werden.

Jeder plötzliche Anstieg der Koloniezahl kann eine frühe Warnung vor bedenklichen Kontaminationen sein. Dies erfordert eine sofortige Untersuchung zur Abklärung.

Die ermittelte Koloniezahl gibt Auskunft über

- den Grad der Verunreinigung einer Wasserprobe mit organischen Stoffen
- die Wirksamkeit der Wasseraufbereitung bzw. einzelner Schritte davon
- die Wirksamkeit der Trinkwasserdesinfektion
- Fremdwassereinbrüche (durch plötzlich erhöhte Koloniezahlen) in Wasserversorgungssystemen
- mikrobiologische Risiken bei Havarien und Rohrbrüchen oder Arbeiten am Leitungsnetz
- zeit- und materialabhängige Einflüsse bei der Verteilung, wie Rohrnetzverkeimungen bzw. Wiederverkeimung durch lange Stagnationszeiten des Wassers oder mikrobiellen Bewuchs.

Die Koloniezahl hat mit Grenz- bzw. Richtwert insbesondere für die Trinkwasseruntersuchung und hygienische Beurteilung Tradition. Ihre Bestimmung wurde deshalb zur Beurteilung der Wasserqualität in internationale und nationale Richtlinien und Verordnungen integriert.

Die Koloniezahlbestimmung als Qualitätskriterium wird in Deutschland vom Gesetzgeber gefordert für Wasser für den menschlichen Gebrauch, insbesondere für Trinkwasser und Mineral- und Tafelwasser.

Im technischen Regelwerk (DIN 19643, 1984) und in Empfehlungen der Badewasserkommission des Bundesministeriums für Gesundheit am Umweltbundesamt sind Angaben zur Bestimmung der Koloniezahl zur Überwachung der Qualität von Schwimm- und Badebeckenwasser zu finden.

Im Nachweisverfahren nach der Trinkwasserverordnung von 1990 (welches auch in der derzeit gültigen Trinkwasserverordnung (TrinkwV 2001) als Untersuchungsverfahren angegeben ist) und in der Mineral- und Tafelwasserverordnung werden nur geringfügig voneinander abweichende Methoden zur Koloniezahlbestimmung angegeben, die sich hauptsächlich durch die Verfestigungsmittel der Nährböden und die Inkubationszeiten unterscheiden.

Untersuchungen haben gezeigt, dass die Art des Verfestigungsmittels der Nährböden keine wesentlichen Unterschiede im Ergebnis der Koloniezahlbestimmung erbrachten (Müller, 1976). Deshalb hat sich in der gegenwärtigen Praxis das Verfahren der Koloniezahlbestimmung auf Agar-Nährböden durchgesetzt.

Die Bebrütungstemperaturen von im Allgemeinen 20 und 37 °C wurden festgelegt, um ein möglichst breites Spektrum an hygienisch relevanten Bakterien anzüchten zu können. Die Inkubationszeiten betragen im Allgemeinen 24 h oder 48 h.

Die Auszählung der Kolonien erfolgt mit 6–8facher Lupenvergrößerung.

Das in der EG-Richtlinie zur „Qualität des Wassers für den menschlichen Gebrauch" angegebene Nachweisverfahren zur Bestimmung der Koloniezahl (DIN EN ISO 6222, 1999) wurde ebenfalls als weiteres Nachweisverfahren in die TrinkwV 2001 (Anlage 5) übernommen, ohne ein Verfahren als verbindlich vorzuschreiben.

Nach diesem Verfahren werden ein anderes (sensitiveres) Nährmedium und 72 h Bebrütungszeit für den 20 °C-Ansatz angegeben.

So sind höhere KBE als Ergebnis vor allem auch durch die längere Bebrütungszeit beim 20 °C-Ansatz im Vergleich zu den Methoden nach Mineral- und Tafelwasserverordnung bzw. Trinkwasserverordnung von 1990 erklärbar.

Die Auswertung hat nach DIN EN ISO 6222 (1999) ohne Lupenvergrößerung zu erfolgen.

Zurzeit wird in Deutschland vorzugsweise nach dem „alten" Verfahren (nach TrinkwV 1990) gearbeitet, welches sich hier in der Praxis der Wasserhygiene bewährt hat und bei dessen Einsatz zur Beurteilung Grenz- bzw. Richtwerte herangezogen werden können.

Die im Folgenden beschriebene Methodik zur Koloniezahlbestimmung kann für Abwasser, Oberflächenwasser, Rohwasser zur Trinkwasseraufbereitung, Badebeckenwasser, Trinkwasser und Mineral- und Tafelwasser eingesetzt werden. Das Untersuchungsvolumen der Wasserprobe beträgt 1 ml bzw. bei verschmutzten Wässern Verdünnungsstufen davon.

4.1.3
Nährböden

Für die Zubereitung der Nährmedien sind Bestandteile von gleich bleibender Qualität und Chemikalien des Reinheitsgrades „zur Analyse" zu verwenden. Alternativ kann ein entsprechendes Fertigmedium, nach den Vorschriften des Herstellers zubereitet, verwendet werden.

Für die Nährmedienzubereitung ist destilliertes oder deionisiertes Wasser zu verwenden, das gemäß ISO 3696 hergestellt wurde und frei von Substanzen ist, die das Wachstum unter den Testbedingungen hemmen können.

4.1.3.1 Nähragar

10,0 g Pepton aus Fleisch, tryptisch verdaut
10,0 g Fleischextrakt
5,0 g Natriumchlorid
15,0 g Agar
1000 ml Wasser

Pepton, Fleischextrakt, Natriumchlorid und Agar (oder das Fertigmedium) werden im Wasser suspendiert und im Dampftopf in Lösung gebracht. Nach Abkühlen wird die Lösung mit Natronlauge auf einen pH-Wert von $7{,}2 \pm 0{,}3$ eingestellt und in Portionen zu 15 ml in sterile Reagenzgläser abgefüllt. Die Sterilisation erfolgt im Autoklav (20 min bei (121 ± 3)°C). Nach Erstarren des Nährbodens werden die Reagenzröhrchen bis zur Verwendung im Kühlschrank aufbewahrt.

4.1.3.2 Hefeextraktagar (nach DIN EN ISO 6222, 1999)

6,0 g Trypton (Pepton aus Casein, pankreatisch verdaut)
3,0 g Hefeextrakt (Pulver)
10,0–20,0 g Agar (abhängig von der Gelierfähigkeit)
1000 ml Wasser

Die Bestandteile (oder das Fertigmedium) werden zum Wasser gegeben und durch Erhitzen gelöst.

Den pH-Wert einstellen, sodass nach dem Sterilisieren ein pH-Wert von $7{,}2 \pm 0{,}2$ bei 25 °C erreicht wird.

Volumina von 15 ml in Reagenzgläser o.ä. abfüllen, im Autoklaven bei (121 ± 3) °C für (15 ± 1) min sterilisieren und nach Erstarren des Nährbodens bis zur Verwendung im Kühlschrank aufbewahren.

4.1.4 Untersuchungsgang

Die Wasserprobe wird – falls sie gekühlt aufbewahrt wurde – durch kurzes Einstellen in den Brutschrank vorgewärmt und gut gemischt. Dann werden je 1,0 ml des Probenwassers in zwei sterile Kulturschalen (90–100 mm Durchmesser) pipettiert, wobei der Deckel der Schale schräg angehoben wird.

Stärker verschmutzte Wässer müssen vorher mit sterilem Leitungswasser (nach DIN EN ISO 6222 (1999) auch wahlweise mit Peptonwasser nach ISO 8199 (2006)) verdünnt werden, z. B. im Volumenverhältnis 1:10, 1:100, 1:1000 usw. Entscheidend ist, dass die Zahl der anwachsenden Kolonien bei der Auswertung zwischen 10 und 150, aber unter 300 liegt (ISO 8199, 2006). Es ist also Sache der Erfahrung, die richtige(n) Verdünnungsstufe(n) auszuwählen. In der Regel werden aus mehreren Verdünnungsstufen Platten angesetzt.

Der in Reagenzröhrchen zu 15 ml abgefüllte Nähragar bzw. der Hefeextraktagar werden im Dampftopf verflüssigt, auf (45 ± 1) °C abgekühlt und im Wasserbad bei (45 ± 1) °C bis zum Probenansatz aufbewahrt. Im Falle des Hefeextraktagars wird empfohlen, das Medium nicht länger als 4 h bei 45 °C aufzubewahren, danach ist das Medium nicht mehr verwendbar und muss verworfen werden.

Der flüssige Nähragar/Hefeextraktagar wird unter sterilen Bedingungen vorsichtig in die Kulturschale zur Wasserprobe gegossen (Gussplattenverfahren nach ISO 8199, 2006).

Die Kulturschale wird bei aufgelegtem Deckel zur guten Durchmischung des Nährbodens mit dem Wasser vorsichtig in Form einer 8 geschwenkt und in waagerechter Lage zur Erstarrung des Gemisches abgestellt.

Die Zeit zwischen der Zugabe der Probe (oder der Verdünnungen) und der Zugabe des geschmolzenen Mediums sollte 15 min nicht überschreiten. Vor dem Bebrüten sind die Platten umzudrehen.

Für die Untersuchung von Mineral- und Tafelwasser wird die 1. Kulturschale (44 ± 4) h bei (20 ± 2) °C und die 2. Kulturschale (44 ± 4) h bei (36 ± 1) °C bebrütet.

Im Falle der Untersuchung von Trinkwasser ist nach dem Verfahren nach Trinkwasserverordnung von 1990 (in TrinkwV 2001 in Anlage 5 angegeben) nach Einsatz von Nähragar als Medium nach dem Erstarren der Inhalt der 1. Kulturschale (44 ± 4) h bei (20 ± 2) °C und die 2. Kulturschale (44 ± 4) h bei (36 ± 1) °C zu bebrüten.

Im Falle der Untersuchung von Trinkwasser nach DIN EN ISO 6222 (1999) ist als Medium Hefeextraktagar einzusetzen. Nach Erstarren des Inhaltes ist die 1. Kulturschale (44 ± 4) h bei (36 ± 2) °C und die 2. Kulturschale für (68 ± 4) h bei (22 ± 2) °C zu bebrüten.

Für die Untersuchung von Abwasser und weiterer Wasserproben im Sinne des Anwendungsbereiches sollten aus fachlichen und praktikablen Gründen die (20 ± 2) °C und (36 ± 1) °C-Ansätze mindestens (44 ± 4) h bebrütet werden.

4.1.5 Störungsquellen

Entscheidend für die ordnungsgemäße Durchführung der Koloniezahlbestimmung ist die Temperatur des Nährmediums beim Gießen der Platten. Sie sollte so niedrig wie möglich beim Einmischen in die Wasserprobe sein, um den Wärmeschock für die nachzuweisenden Mikroorganismen klein zu halten. Ist die Nährbodentemperatur allerdings zu niedrig, besteht die Gefahr, dass kein vollständiges, schlierenfreies Vermischen möglich ist und der Ansatz nicht auswertbar wird.

Durch Vorversuche sollte ermittelt werden, wie lange die Reagenzröhrchen mit dem verflüssigten Nährmedium im Wasserbad temperiert werden müssen, um die optimale Gusstemperatur des Nährbodens zu erhalten.

Die Auswertung der Ansätze sollte sobald als möglich nach dem Herausnehmen aus dem Brutschrank erfolgen, ansonsten sind die Platten bei $(5 \pm 3)\,^{\circ}C$ maximal für 48 h aufzubewahren und dann auszuwerten.

Zu beachten ist auch, dass eine unzureichende Beleuchtung des Arbeitsplatzes das Zählergebnis verfälschen kann.

4.1.6
Auswertung

Platten mit rasenartigem Bewuchs sind zu verwerfen (ISO 8199, 2006).

Im Falle der Koloniezahlbestimmung nach Trinkwasserverordnung von 1990 erfolgt das Auszählen der Kolonien mit 6–8facher Lupenvergrößerung. Die dabei sichtbaren Kolonien sind in der Regel kreis- oder spindelförmig.

Die Bestimmung der Koloniezahl nach DIN EN ISO 6222 (1999) wird mit „bloßem" Auge, ohne Lupenvergrößerung, vorgenommen.

Die Zahl der koloniebildenden Einheiten pro 1 ml Probe wird für beide Nachweisverfahren nach ISO 8199 (2006) unter Berücksichtigung der jeweiligen Verdünnung der Probe berechnet.

Bei Ansätzen mit Verdünnungen der Wasserprobe sollten nur Kulturschalen ausgewertet werden, auf denen die Gesamtzahl der Kolonien nicht über 300 liegt (ISO 8199, 2006).

4.1.7
Angabe der Ergebnisse

Die Koloniezahl wird auf 1 ml des untersuchten Wassers bezogen. Die Angabe erfolgt in koloniebildenden Einheiten je Milliliter (KBE ml^{-1}) einschließlich der Bezeichnung des eingesetzten Nachweisverfahrens, des verwendeten Nährmediums und der entsprechenden Inkubationszeiten und -temperaturen.

Wird kein Wachstum bei der unverdünnten Probe nachgewiesen, ist „nicht nachgewiesen in 1 ml" im Untersuchungsbericht anzugeben.

Werden mehr als 300 Kolonien pro Platte auf den Platten mit der höchsten Verdünnungsstufe gezählt, ist „> 300" oder ein Näherungswert anzugeben.

Beispiel
Koloniezahl (Verfahren nach TrinkwV 1990, Nähragar, (44 ± 4) h, $(20 \pm 2)\,^{\circ}C$ Bebrütung): 120 KBE ml^{-1}

Literatur

DIN 19643 Teil 1 (1984): Aufbereitung von Schwimm- und Badebeckenwasser – Allgemeine Anforderungen, Beuth-Verlag GmbH, 10772 Berlin.
DIN EN ISO 6222 (1999): Quantitative Bestimmung der kultivierbaren Mikroorganismen, Bestimmung der Koloniezahl durch Einimpfen in ein Nähragarmedium, Beuth-Verlag GmbH, 10772 Berlin.
ISO 8199 (2006): Water quality – General guide to the enumeration of micro-organisms by culture, Beuth-Verlag GmbH, 10772 Berlin.
Müller, G. (1976): Die Koloniezahlbestimmung nach der Trinkwasserverordnung, In: Aurand, K. et al. (Hrsg.) Die Trinkwasserverordnung, Erich Schmidt-Verlag, Berlin, 205–211.
TrinkwV (1990): Verordnung über Trinkwasser und Wasser für Lebensmittelbetriebe vom 12. Dez. 1990, BGBl. 2613–2629.
TrinkwV (2001): Verordnung über die Qualität von Wasser für den menschlichen Gebrauch vom 21. Mai 2001, BGBl. I, 959.

Weiterführende Literatur

Bartram, J. et al. (eds.) (2003): Heterotrophic plate counts and drinking water safety: The significance of HPC's for water quality and human health, WHO, Emerging Issues in Water and Infectious Disease Series, London, IWA Publishing.
Empfehlung des Umweltbundesamtes (2006): „Hygieneanforderungen an Bäder und deren Überwachung", Bundesgesundheitsbl-Gesundheitsschutz-Gesundheitsforsch. 9, 926–937.
EG-Richtlinie 98/83/EG (1998): des Rates vom 3. November 1998 über die Qualität von Wasser für den menschlichen Gebrauch. Amtsblatt der Europäischen Gemeinschaft L 330/32–54, 5.12.98.
Mineral- und Tafelwasserverordnung (1984): Verordnung über natürliches Mineralwasser, Quell- und Tafelwasser vom 1. August 1984, BGBl. I, 1036–1045, in der Fassung vom 5. Dezember 1990, BGBl. I, 2610–2611.

4.2
E. coli-coliforme Bakterien (einschließlich pathogener Varianten)

Peter Schindler

4.2.1
Begriffsbestimmung

E. coli und coliforme Bakterien sind gramnegative, unbewegliche oder durch peritriche Begeißelung bewegliche, nicht-sporenbildende, Cytochromoxidase-negative Stäbchenbakterien, die nach neuer Definition das Enzym β-Galactosidase besitzen und zur Familie der Enterobacteriaceae gehören. In vielen nach wie vor gültigen Vorschriften gilt noch die ältere Definition als Enterobakterien, die den Zucker Lactose aerob und anaerob abbauen.

Als *E. coli*, umgangssprachlich auch als „Fäkalcoli" bezeichnet, wird eine definierte Bakterienart nachgewiesen, die in hoher Anzahl spezifisch in Warmblüterfäkalien vorkommt und bei unseren klimatischen Bedingungen in der Umwelt abstirbt.

Bei den coliformen Bakterien, zu denen auch *E. coli* zählt, handelt es sich bereits um viele unterschiedliche Bakterienarten aus den Gattungen *Enterobacter,*

Klebsiella, Citrobacter u. a. m. Ein Teil der Coliformenarten kann aus Warmblüterfäkalien kommen und zudem in der Umwelt beheimatet sein, während ein anderer Teil sogar überwiegend wenn nicht ausschließlich in der Umwelt vorkommt, so beispielsweise Vertreter der Gattungen *Buttiauxella, Pantoea, Rahnella* u. a. m. (ATT, 2006; Leclerc et al., 2001). Für *E. coli* und coliforme Bakterien, auf die weltweit als Hygieneindikatoren bei unterschiedlichen Wasserarten untersucht wird (Exner und Tuschewitzki, 1987; Geldreich, 1978; Schoenen, 1996), existieren zahlreiche kulturelle Nachweisverfahren. Zudem geht der Anspruch des Indikatornachweises, preisgünstig, zuverlässig und schnell zu sein, derzeit eindeutig in Richtung Schnelligkeit. Daher werden *E. coli* und coliforme Bakterien immer öfter mit fluoreszenz- oder farboptischen Testverfahren durch spezifische Enzymaktivitäten definiert (Frampton et al., 1993; Manafi, 1996), die jedoch noch nicht überall Eingang in entsprechende auch gesetzlich vorgeschriebene Untersuchungsvorschriften gefunden haben. Deshalb gibt es auch unterschiedliche Definitionen. Bis Ende 2002 galt nach der alten TrinkwV 1990 und nach wie vor nach der Mineral- und Tafelwasserverordnung (MTVO, 2004), dass coliforme Bakterien als gemeinsames Merkmal die Lactosevergärung zu Säure und Gas innerhalb von (44 ± 4) h bei (36/37) °C haben und Cytochromoxidase-negativ sein müssen, womit sie als sog. „klassische Coliforme" charakterisiert worden sind. Bei der Bestimmung von coliformen Bakterien direkt von Selektivagar-Nährböden (wie beim derzeitigen Trinkwasser-Referenzverfahren mit Lactose-TTC-Agar mit Tergitol 7) spielt für den Lactoseabbau nur die Säurebildung eine Rolle, sodass zusätzlich anaerogene (nichtgasbildende) Stämme miterfasst werden. Nochmals eine Erweiterung ist die Gleichsetzung von β-Galactosidase-positiven Enterobakterien als coliforme Bakterien, wozu neben den ursprünglichen klassischen und den anaerogenen coliformen Bakterien weitere auch Lactose-negative Enterobakterienarten gehören, denen jedoch die Galactosidpermease fehlt. Nichtcoliforme β-Galactosidase-positive Bakterien wie Aeromonaden sowie Vertreter einiger Grampositiver werden üblicherweise in Nachweissystemen mit Hemmstoffen unterdrückt. Nach wie vor gilt, dass der Coliformennachweis abhängig vom verwendeten Testsystem ist, und sich jede Abweichung von den Vorschriften in unterschiedlichen Nachweisraten bezüglich der Bakterienmenge und der Bakterienarten auswirken kann.

Bei Badegewässern wurden bis einschließlich des Jahres 2007 noch „Gesamtcoliforme" erfasst, wobei es sich um Lactose mit Gasbildung vergärende Enterobakterien handelte (Ad hoc-Arbeitsgruppe, 1995). Als Fäkalcoliforme oder thermotolerante Coliforme werden die Coliformen bezeichnet, die im Primäransatz Lactose noch bei 44 °C mit Säure- und Gasbildung vergären können. Auch die *E. coli*-Definition unterliegt dem Wandel. Die Bestimmung als thermotolerantes coliformes Bakterium mit Indolbildung (häufig wurde noch die negative Citratreaktion miteinbezogen) wird heute vielfach durch die Bestimmung der jeweils positiven β-Galactosidase- und β-Glucuronidase-Reaktion bei 36 °C-Bebrütung abgelöst. Im Gegensatz zu den unterschiedlichen Coliformendefinitionen, bei denen es zu deutlichen Verschiebungen des Coliformenspektrums kommt, gibt es bei *E. coli* statistisch nur geringfügige Abweichungen.

Nach wie vor gilt unabhängig vom Testsystem der *E. coli*-Nachweis als definitiver Hinweis für eine Verunreinigung mit Warmblüterfäkalien. Die Erweiterung des Coliformenbegriffs führt dagegen immer mehr zu einer Erfassung von coliformen Bakterien aus der Umwelt, sodass der Hinweis auf ein mögliches Vorliegen einer gesundheitlich relevanten Verunreinigung immer mehr abgeschwächt wird (ATT, 2005; Stevens et al., 2003).

4.2.2 Anwendungsbereich

Im Rahmen hygienisch-mikrobiologischer Wasseruntersuchungen werden *E. coli*, coliforme Bakterien, Fäkalcoliforme und Gesamtcoliforme als Indikatoren für das Vorliegen sowohl von Verunreinigungen mit Warmblüterfäkalien als auch von Verunreinigungen anderer Art über Eigenschaften erfasst, wie sie im jeweiligen Untersuchungsgang abhängig von der Wasserart festgelegt worden sind.

Trinkwasser muss nach Anlage 1 Teil I der TrinkwV 2001 in 100 ml frei sein von *E. coli* und coliformen Bakterien. Nach Anlage 1 Teil II der TrinkwV 2001 muss Wasser zur Abfüllung in Flaschen oder sonstige Behältnisse frei von *E. coli* und coliformen Bakterien in 250 ml sein. Die amtlich vorgeschriebenen Analysen nach der TrinkwV 2001 sind derzeit mit dem schon in der EG-Richtlinie 98/83/EG (1998) festgelegten Referenzverfahren nach der DIN EN ISO 9308-1 (2001) mit Lactose-TTC-Agar mittels Membranfiltration (s. Abschnitt 4.2.4.1) oder mit dem anerkannten Alternativverfahren (UBA, 2002), dem Colilert®-18/Quanti-Tray®-Verfahren, mittels MPN-Flüssiganreicherung durchzuführen (s. Abschnitt 4.2.4.2).

Mineral-, Quell- und Tafelwasserabfüllungen dürfen nach der MTVO in jeweils 250 ml weder *E. coli* noch coliforme Bakterien aufweisen (s. Abschnitt 4.2.4.3).

Schwimmbeckenwasser muss wie Trinkwasser in 100 ml frei von *E. coli* (Grenzwert nach der DIN 19643-1, 1997) sein und wird üblicherweise nach der Untersuchungsvorschrift der TrinkwV 2001 kontrolliert (s. Abschnitt 4.2.4.4).

Oberflächenwasserproben: Hierbei handelt es sich meist um Untersuchungen nach der EG-Richtlinie 2006/7/EG über die Qualität der Badegewässer, wobei quantitativ *E. coli* nach der DIN EN ISO 9308-3 (1999) in 100 ml zu ermitteln ist. Die erhobenen Werte dienen dann erfasst als Perzentilwerte der Daten aus vier Jahren (betreffende Badesaison und die drei vorhergehenden Jahre) zur Einstufung des Badegewässers als „ausgezeichnet", „gut", „ausreichend" oder „mangelhaft". Untersuchungen auf Gesamtcoliforme (coliforme Enterobakterien) sind ab 2008 für Badegewässer nicht mehr vorgesehen.

Die oben genannten Indikatorbakterien werden je nach Fragestellung qualitativ oder quantitativ bestimmt, wobei die Tendenz eindeutig in Richtung der quantitativen Erfassung geht. Beim qualitativen Nachweis, der an sich nur noch bei Mineral-, Quell- und Tafelwasseruntersuchungen nach der MTVO angewandt wird, wird lediglich die Anwesenheit oder die Abwesenheit in einem bestimmten Wasservolumen ermittelt. Derartige Untersuchungen sind durchaus sinnvoll im Rahmen regelmäßig wiederholter Untersuchungen von „nicht verunreinigbarem“ Wasser oder deshalb desinfiziertem Wasser, wobei vorausgesetzt wird, dass auch größere Volumina als das Untersuchungsvolumen frei von zumindest *E. coli* sind. Quantitative Aussagen zum Ausmaß der Verschmutzung sind bei jederzeit verunreinigbaren Wässern wie beispielsweise bei Oberflächengewässern notwendig. Hierzu verwendet man unterschiedliche Verfahren wie das Membranfilterverfahren sowie insbesondere Flüssigkulturverfahren nach der Most Probable Number-Methode.

Membranfilterverfahren haben den Vorteil, dass sie quantitative Aussagen über den (spezifischen) Bakteriengehalt zulassen. Im Wasser eventuell vorhandene inhibitorisch wirkende gelöste Stoffe werden entfernt, und antagonistische Begleitkeime bleiben auf dem Filter an isolierter Position. Demgegenüber sind jedoch schwebstoffhaltige Proben nur erschwert filtrierbar. Bei stärker keimhaltigen Proben müssen unterschiedliche Volumina verarbeitet werden, um eine verwertbare Koloniedichte auf dem Filter zu erhalten. Mikroorganismen einer Art können zudem mit verschieden langen lag-Phasen im Wasser vorhanden sein. Dies kann zu unterschiedlichem Koloniewachstum in Bezug auf Größe und Reaktionsaussehen führen, sodass viele Kolonien für Bestätigungsteste abgeimpft werden müssen.

Die Flüssiganreicherung ist weniger arbeitsaufwändig bei stärker keimhaltigen Proben. Bei der Subkultivierung kommt es zu viel einheitlicher aussehenden Koloniebildern einer Bakterienart. Es zeigte sich zudem, dass insbesondere vorgeschädigte coliforme Bakterien besser über die Flüssiganreicherung als auf Selektivagar anwachsen konnten. Andererseits können sich Mikroorganismen auch gegenseitig in der Flüssiganreicherung unterdrücken. Quantitative Aussagen erfordern MPN-Verfahren, die nur dann vergleichsweise wenig arbeitsaufwändig sind, wenn die Identifizierung im Primäransatz ohne Subkultivierung möglich ist. Mikroorganismen und Substanzen, die das Wachstum der Zielorganismen hemmen können, werden nicht isoliert oder entfernt. Dies kann gelegentlich zu falschnegativen Ergebnissen führen.

4.2.3 Nährböden und Reagenzien

Die Nährböden und Reagenzien sind in der Reihenfolge der Nennung unter Abschnitt 4.2.4 angegeben. In der Regel sind sie kommerziell erhältlich.

4.2.3.1 Nährböden und Reagenzien für Trinkwasser

Lactose-TTC-Agar mit Tergitol 7
10 g Pepton
6 g Hefeextrakt
5 g Fleischextrakt
20 g Lactose

5 ml Bromthymolblaulösung (1 g Bromthymolblau in 100 ml 0,05 M NaOH-Lösung)
15 g Agar
1000 ml A. dest.

Im Dampftopf lösen; auf pH 7,2 ± 0,2 einstellen; 15 min bei (121 ± 3) °C autoklavieren; nach Abkühlen auf 45–55 °C Zugabe von

- 50 ml TTC-Lösung (0,05 g TTC (2,3,5-Triphenyl-tetrazoliumchlorid) in 100 ml A. dest.; sterilfiltriert durch ein 0,2 µm-Filter)
- 50 ml Tergitol 7-Lösung (0,2 g Natriumheptadecylsulfat in 100 ml A. dest.;15 min bei ((121 ± 3) °C autoklavieren).

In Petrischalen zu 5 mm Schichtdicke gießen. Der fertige Lactose-TTC-Agar ist klar und grün gefärbt und bei (5 ± 3) °C im Dunkeln bis zu 10 Tage haltbar.

DEV-Nähragar (nichtselektives Nährmedium)
10 g Pepton aus Fleisch, tryptisch verdaut
10 g Fleischextrakt
5 g Natriumchlorid (NaCl)
18 g Agar
1000 ml A. dest.
Agar 15 min quellen lassen; im Dampftopf lösen; auf pH 7,3 ± 0,2 einstellen; zu etwa 15 ml-Volumina in Reagenzgläser abfüllen und 15 min bei (121 ± 3) °C autoklavieren. Der verflüssigte Nähragar wird bei etwa 48 °C im Brutschrank oder Wasserbad gießbereit vorgehalten. Nach dem Eingießen in eine leere sterile Petrischale ist der erstarrte fertige Nährboden klar und gelblich und kann für den Oxidase-Test verwendet werden.

(Auch ein anderer nichtselektiver Nähragar wie der TSA-Agar ist geeignet).

Oxidasetest
nach DIN EN ISO 9308-1 (2001):
0,1 g Tetramethyl-p-phenylendiamindihydrochlorid
10 ml A. dest
Kommerziell erhältliches Testsystem: z. B. BBL-DrySlide-Oxidase (Becton-Dickinson).
Hierbei handelt es sich um Einweg-Objektträger mit vier Reaktionsflächen aus Filterpapier, die N,N,N′,N′-Tetramethyl-p-Phenylendiamin-Dihydrochlorid als Reduktionssubstrat und Ascorbinsäure als Stabilisator enthalten.

Tryptophan-Bouillon
10 g Pepton aus Fleisch, tryptisch verdaut
1 g L-Tryptophan
5 g Natriumchlorid (NaCl)
1000 ml A. dest.

Im Dampftopf lösen; auf pH 7,2 ± 0,1 einstellen; Volumina von etwa 4 ml in Reagenzröhrchen beziehungsweise Widalröhrchen abfüllen und 15 min bei (121 ± 3) °C autoklavieren.

Die Nährbouillon ist klar und schwach gelb gefärbt.

KOVÁCS-Reagenz (Indol-Reagenz)

5 g 4-Dimethylaminobenzaldehyd
75 ml Isoamylalkohol
Im Wasserbad bei 60 °C etwa 5 min lösen; nach dem Abkühlen tropfenweise Zugabe von 25 ml HCl konz. (32%).

Die anfangs rotgefärbte Lösung wird in braune Flaschen gefüllt und ist nach 6–7 h gebrauchsfertig (Gelbfärbung). Sie ist kühl und dunkel zu lagern.

Colilert®-18/Quanti-Tray®-Verfahren

Geräte, Trinkwasser-Testkits und MPN-Tabellen sind über die Fa. IDEXX GmbH zu beziehen.

Geräte: Quanti-Tray-Sealer mit Gummimatteneinlage zum Verschweißen; UV-Lampe für 366 nm;

Verbrauchsmaterialien: Reaktions-/Wassersammelgefäße mit Antifoam; Quanti-Tray-Folienträger mit 51 Vertiefungen; Colilert 18/100 Blisterpacks mit Nährmediumpulver für 100 ml Wasserprobe;

Positivkontrolle: Comparator mit Vergleichslösungen.

4.2.3.2 Nährböden und Reagenzien zur Untersuchung von Mineral-, Quell- und Tafelwasser

Lactose-Pepton-Bouillon (doppelt konzentriert)

34 g Pepton aus Casein, tryptisch verdaut
6 g Pepton aus Sojamehl, papainisch verdaut
10 g Natriumchlorid (NaCl)
1000 ml A. dest.
Substanzen im Dampftopf lösen; auf pH 7,2 ± 0,1 einstellen; Zugabe von
20 g Lactose und
4 ml Bromkresolpurpur-Lösung (1 g Bromkresolpurpur in 100 ml A. dest.)
250-ml-Portionen werden in graduierte 500 ml – Erlenmeyer-Kolben mit Durham-Röhrchen (16-cm-Reagenzröhrchen) abgefüllt und 15 min bei (121 ± 3) °C autoklaviert.

Die fertige Bouillon ist klar und violett und darf keine Gasbläschen im Durham-Röhrchen aufweisen. Gegebenenfalls muss im Dampftopf aufgekocht werden.

Lactose-Pepton-Bouillon (einfach konzentriert)
Ein Teil doppelt konzentrierte Lactose-Pepton-Bouillon und ein Teil A. dest. werden gemischt, in Portionen mit 50 ml, 10 ml oder 5 ml in geeignete Glasgefäße mit Durham-Röhrchen abgefüllt und autoklaviert.
Oder: Einwaage von 17 g Pepton aus Casein; 3 g Pepton aus Sojamehl; 5 g Natriumchlorid; 10 g Lactose; 2 ml Bromkresolpurpur-Lösung; 1000 ml A. dest.; Herstellung wie oben.

Endo-Agar (Lactose-Fuchsin-Sulfit-Agar)
10 g Pepton aus Fleisch, tryptisch verdaut
10 g Fleischextrakt für die Mikrobiologie
5 g Natriumchlorid (NaCl)
1000 ml A. dest
30 min im Dampftopf erhitzen
20 g Agar
Bestandteile 15 min quellen lassen; zur vollständigen Lösung im Dampftopf aufkochen; den heißen Nährboden mit 1 M NaOH neutralisieren und mit 10%iger Natriumcarbonat (Na_2CO_3)-Lösung auf pH 7,3 ± 0,1 einstellen; 15 min bei (121 ± 3) °C autoklavieren.

Diese Stammlösung ist mehrere Wochen im Kühlschrank haltbar. Ansonsten erfolgt sofortige Zugabe zum heißen Ansatz von
10 g Lactose
5 ml Fuchsinlösung (10 g Fuchsin (Pararosanilin: C.I.42500) in 90 ml Ethanol; durch einen Faltenfilter filtrieren)
2,5 g Natriumsulfit (Na_2SO_3)
Gut mischen und zu etwa 15-ml-Portionen in Petrischalen abfüllen.
Der fertige Endo-Agar ist klar und blassrosa gefärbt. Bei stärkerer Rotfärbung muss frischzubereitete 10%ige Natriumsulfit-Lösung tropfenweise zugegeben werden (zuvor eine Testplatte gießen). Die Platten sind lichtgeschützt im Kühlschrank zu lagern und sind nur wenige Tage haltbar.

Achtung: Fuchsin gilt als karzinogene Substanz. Die Herstellung muss unter Vorsichtsmaßnahmen mit Verwendung von Mundschutz und Einweghandschuhen erfolgen. Auf fertige Trockennährböden aus dem Handel sollte zurückgegriffen werden.

Tryptophan-Bouillon (s. Abschnitt 4.2.3.1)

Ammoniumcitrat-Agar (Simmon's Citratagar)
1 g Ammoniumdihydrogenphosphat ($(NH_4)H_2PO_4$)
1 g Dikaliumhydrogenphosphat (K_2HPO_4)
5 g Natriumchlorid (NaCl)
2 g Trinatriumcitrat-dihydrat ($C_6H_5Na_3O_7 \cdot 2\,H_2O$)
0,2 g Magnesiumsulfat-Heptahydrat ($MgSO_4 \cdot 7\,H_2O$)
8 ml Bromthymolblaulösung (1 g Bromthymolblau in 100 ml 0,05 M NaOH-Lösung)

15 g Agar
1000 ml A. dest.
Bestandteile 15 min quellen lassen; im Dampftopf lösen; auf pH 6,8 ± 0,1 einstellen; 4-ml-Volumina in Reagenzröhrchen abfüllen; 15 min bei (121 ± 3) °C autoklavieren und Röhrchen schräg legen.

Der Schrägagar ist klar und dunkelgrün gefärbt.

Lactose-Bouillon
10 g Pepton aus Fleisch, tryptisch verdaut
3 g Fleischextrakt
5 g Natriumchlorid (NaCl)
1000 ml A. dest.
Bestandteile im Dampftopf lösen; auf pH 7,2 ± 0,1 einstellen;
10 g Lactose
2 ml Bromkresolpurpur-Lösung (1%ige Lösung)
Abfüllung von 4-ml-Volumina in Reagenzgläser mit Durham-Röhrchen; 15 min bei (121 ± 3) °C autoklavieren.

Die fertige Nährlösung ist klar und violett und darf keine Gasbläschen im Durham-Röhrchen haben.

Die einfach konzentrierte Lactose-Pepton-Bouillon kann auch verwendet werden.

Glucose-Bouillon
Die Herstellung erfolgt wie bei der Lactose-Bouillon, doch werden 10 g D-Glucose anstelle der Lactose zugegeben.

Mannit-Bouillon
Die Herstellung erfolgt wie bei der Lactose-Bouillon, doch werden 10 g D-Mannit anstelle der Lactose zugegeben.

Nadi-Reagenz (Cytochromoxidase-Reagenz)
1 g 1-Naphthol in 100 ml Ethanol
1 g N,N-Dimethyl-1,4-phenylendiammoniumdichlorid in 100 ml A. dest.
Beide Lösungen getrennt in dunklen Flaschen im Kühlschrank aufbewahren; bei Verfärbung nach rot beziehungsweise braunviolett unbrauchbar.

Unmittelbar vor dem Test werden gleiche Mengen beider Lösungen gemischt.

KOVÁCS-Reagenz (Indol-Reagenz)
(s. Abschnitt 4.2.3.1)

4.2.3.3 Nährböden und Reagenzien für Schwimmbeckenwasser
Für Schwimmbeckenwasser werden die gleichen Nährböden und Reagenzien verwendet wie für Trinkwasser (s. Abschnitt 4.2.3.1).

4.2.3.4 Nährböden und Reagenzien für Oberflächenwasser

Mikrotiterplattenverfahren für *E. coli* (nach DIN EN ISO 9308-3, 1999),

Bezug über den Handel (z. B. Fa. BIO-RAD); Verwendung gemäß der Firmenvorschrift:

„Gebrauchsfertige, nährbodenbeschichtete 96-Loch-Mikrotiterplatten mit Abdeckfolien; MPN-Tabellen für verschiedene Verdünnungsstufen zur Auswertung; Spezialverdünnungslösung."

4.2.3.5 Nährböden und Reagenzien für sonstige Untersuchungen

Bezug über den Handel; Verwendung gemäß den Vorschriften (ASU/DIN) oder Firmenbroschüren.

4.2.4 Untersuchungsgang

4.2.4.1 Untersuchung von Trinkwasser nach TrinkwV 2001 mit dem Referenzverfahren mit Lactose-TTC-Agar durch Membranfiltration (nach DIN EN ISO 9308-1, 2001)

Die Identifizierung erfolgt mittels Membranfiltration, Bebrütung des Filters auf Lactose-TTC-Agar mit Tergitol 7 und biochemischer Identifizierung verdächtiger Einzelkolonien (Abb. 4.1).

Für die **Primärkultur** mittels Membranfiltration werden 100-ml-Wasserproben durch sterile Bakterienfilter (bevorzugt aus Cellulosenitrat) mit 0,45 µm Porenweite und einem Durchmesser von 47 bis 50 mm filtriert. Bei Wasser nach Anlage I Teil II der TrinkwV 2001, das zur Abfüllung in Flaschen oder sonstige Behältnisse zum Zwecke der Abgabe bestimmt ist, werden 250 ml filtriert. Zuvor werden die Ober- und Unterteile des metallischen Filtergerätes oder der Filterbank in Aluminiumfolie eingehüllt sterilisiert. Anschließend werden die Teile zusammengesetzt, die sterilen Filter mit abgeflammter Pinzette auf die Metallsinterplatte gelegt und die Apparatur mit einer Saugflasche und einer Vakuum- oder Wasserstrahlpumpe verbunden. Nach Abflammen des Flaschenrandes des Entnahmegefäßes wird die Wasserprobe in den Trichter gegossen, ein Deckel mit einer durch sterile Watte verschlossenen Öffnung aufgesetzt und der Absperrhahn nach Anlegen des Vakuums geöffnet. Je nach Schwebstoffgehalt oder Verschmutzungsgrad der Wasserproben können auch entsprechend abgestufte Mengen oder Verdünnungen davon untersucht werden. Nach der Filtration darf sich kein Wasserrest auf dem Filter befinden. Anschließend schließt man den Hahn und nimmt den Trichter ab. Der Filter wird mit einer sterilen Pinzette abgehoben und unter sterilen Kautelen mit der Oberfläche nach oben so auf eine Petrischale mit dem Lactose-TTC-Agar mit Tergitol 7 aufgelegt, dass darunter keine Luftblasen eingeschlossen sind. Vor weiteren Filtrationen müssen die Metallfritte und der Trichter jeweils gründlich abgeflammt werden. Durchspülungen mit sterilem Wasser sind kein Ersatz für eine Hitzesterilisation.

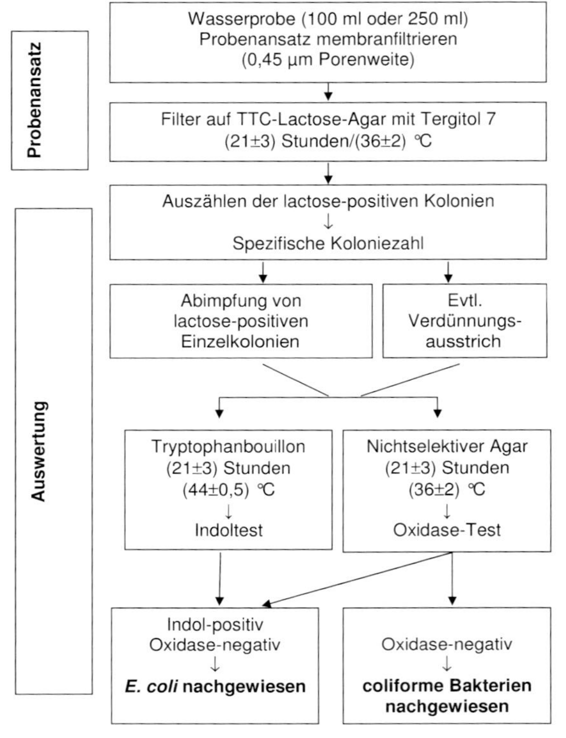

Abb. 4.1 Untersuchung von *E. coli* und von coliformen Bakterien mit dem Membranfilterverfahren nach der DIN EN ISO 9308-1 (2001).

Die Bebrütung erfolgt nach DIN EN ISO 9308-1 (2001) bei (36 ± 2) °C für (21 ± 3) h (s. Abb. 4.2). Wenn Kolonien sichtbar sind, die vermuten lassen, dass sie noch verdächtig werden, kann bis zu (44 ± 4) h bebrütet werden. Dies ist jedoch nicht Bestandteil des normativen Verfahrens. Verdächtige Kolonien bilden Säure aus der Lactose, die durch Umschlag von Bromthymolblau zu einer Gelbfärbung des grünen Mediums darunter führt (s. Abb. 4.3). Gelegentlich können auch Kolonien, die normalerweise aufgrund eines fehlenden Transportsystems die Lactose nicht verwerten können, durch Freisetzung von β-Galactosidase eine externe Lactosespaltung bewirken. Da die dann gebildeten Zucker – Glucose und Galactose – aufgenommen und metabolisiert werden können, kommt es ebenfalls zur Ansäuerung. Bei eintägiger Bebrütung (nach Vorgaben der Norm) wird die grampositive Begleitflora durch Tergitol 7 und durch TTC weitgehend gehemmt. Durch TTC-Reduktion bilden lactosenegative Bakterien Formazan, das die Kolonien ziegel- bis dunkelrot anfärbt. Kolonien von *E. coli* und coliforme Bakterien sind gelb bis orange, da TTC meist nur schwach reduziert wird. Bei zweitägiger Bebrütung (s. o.) können Kolonien mit grampositiven Bakterien (Sporenbildner und Kokken) coliforme Bakterien vortäuschen und können mittels Gram-Färbung ausgeschlossen werden.

Abb. 4.2 *E. coli* Reinkultur auf Lactose-TTC-Agar (nach DIN EN ISO 9308-1). Foto: Dr. Renner, UBA.

Abb. 4.3 *E. coli* Reinkultur auf Lactose-TTC-Agar (nach DIN EN ISO 9308-1). Gelbfärbung des Mediums unter dem Filter durch Laktosespaltung. Foto: Dr. Renner, UBA.

Alle Kolonien, die im Medium unter dem Membranfilter eine Gelbfärbung zeigen, gelten ungeachtet der Größe als lactosepositiv und werden ausgezählt. Zur **biochemischen Identifizierung** von *E. coli* und von coliformen Bakterien (durch Bestimmung von Oxidase und Indol) überprüft man möglichst alle oder eine repräsentative Anzahl (mindestens 10) von verdächtigen Einzelkolonien nach Subkultivierung. Hierbei kann noch die Gesamtzahl gemäß charakteristischer Erscheinungsformen aufgeteilt werden (z. B. Anzahl großer/kleiner/run-

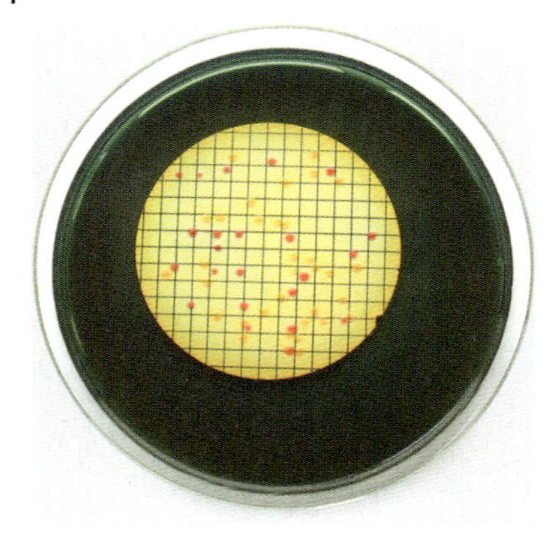

Abb. 4.4 Mischkultur aus Oberflächenwasser auf Lactose-TTC-Agar (nach DIN EN ISO 9308-1). Foto: Dr. Renner, UBA.

der/gefranster Kolonien mit Ansäuerung nur unter der Kolonie oder mit Hof), sodass eine Hochrechnung auf die tatsächlich vorhandene spezifische Anzahl (nach DIN EN ISO 8199, 2007; s. Abschnitt 2.5) möglich ist.

Zur Subkultivierung wird die Kolonie mittels Impföse angetupft und dann auf einem Viertelsektor eines nichtselektiven Nähragars (z. B. DEV-Nähragar) ausgestrichen sowie in ein Röhrchen mit Tryptophan-Bouillon eingeimpft. Jeweils (21 ± 3) h werden die DEV-Nähragarplatte bei (36 ± 2) °C und die Tryptophan-Bouillon bei (44 ± 0,5) °C bebrütet.

Auswertung der biochemischen Identifizierung

Cytochromoxidase-Testung von der Nähragarplatte:
Mit den auf der DEV-Nähragarplatte gewachsenen Bakterien kann der Cytochromoxidase-Test durch Aufbringen eines Ösenabstrichs auf eine Fläche von ca. 3–4 mm Durchmesser des BBL-DrySlide-Oxidase-Objektträgerfeldes durchgeführt werden.

Positive Reaktion: Innerhalb von 20 s tritt eine dunkelviolette Färbung auf.

Negative Reaktion: Es tritt keine oder lediglich eine graue Verfärbung auf.

Indol-Bildung in der Tryptophan-Bouillon:
In das Kulturröhrchen werden mindestens drei Tropfen KOVÁCS-Reagenz getropft. Auf der Bouillon sollte sich eine wenigstens drei Millimeter hohe Überschichtung ausbilden, da bei zu geringer Zugabe sonst selbst im positiven Fall keine Rotfärbung auftritt. Das Röhrchen sollte nur leicht bewegt und nicht aufgeschüttelt werden.

Positive Reaktion: Rosa bis intensiv kirschrote Färbung des Überstandes (Indol-Ring). Die Rotfärbung ist nicht stetig stabil und kann nach wenigen Stunden wieder verschwinden.

Negative Reaktion: Schwach bis stärker gelbliche Verfärbung des Überstandes.

E. coli ist Cytochromoxidase-negativ und Indol-positiv und **coliforme Bakterien** sind Cytochromoxidase-negativ, wobei für alle abgeimpften Kolonien unterstellt wird, dass die Mikroorganismen die Lactose mit oder ohne Gasbildung auf dem Lactose-TTC-Agar aufgrund der Gelbverfärbung vergoren haben.

Die Anzahl der coliformen Bakterien (einschließlich *E. coli*, das auch ein coliformes Bakterium ist!) und die Anzahl von *E. coli* werden im Laborprotokoll angegeben. Wird nur eine repräsentative Anzahl abgeimpft, wird das Ergebnis gemäß des aufgeführten Beispiels analog hochgerechnet, wobei immer ganze Bakterienzahlen angegeben werden.

Beispiel
Auf Lactose-TTC-Agar sind 48 verdächtige Kolonien, die sich morphologisch unterscheiden: 9 große glatte, 11 große gefranste und 28 kleine Kolonien. Bei der Abimpfung von drei von 9 großen glatten Kolonien werden dreimal Coliforme Bakterien, davon zweimal *E. coli*, bei drei von 11 großen gefransten Kolonien zweimal Coliforme Bakterien, davon einmal *E. coli* und bei 4 von 28 kleinen Kolonien zweimal Coliforme Bakterien ohne *E. coli* festgestellt:
9 große glatte Kolonien: 9 Coliforme Bakterien/6 *E. coli*
11 große gefr. Kolonien: 7 Coliforme Bakterien/4 *E. coli*
28 kleine Kolonien: 14 Coliforme Bakterien/0 *E. coli*
sodass als Befund 30 Coliforme Bakterien und 10 *E. coli* in 100 ml (beziehungsweise 250 ml) anzugeben sind.

Achtung: Das Verfahren nach DIN EN ISO 9308-1 (2001) ist nur für saubere Wässer geeignet. Sobald vermehrt mit Begleitflora zu rechnen ist, wie es in der kleinräumigen Wasserversorgung der Fall sein kann, muss vermehrt mit falschpositiven und falschnegativen Ergebnissen gerechnet werden. Bei vielen unterschiedlich auf dem Filter gewachsenen Kolonien ist es nahezu unmöglich, Zielkolonien für eine Abimpfung verlässlich zu markieren. Viele Bakterien mit schwacher Gelbverfärbung meist nur unter der Kolonie können die Lactose nach Abimpfung in Lactosebouillon nicht verwerten, d.h. hier handelt es sich weder um klassische noch um anaerogene coliforme Bakterien. In den Nährboden freigesetzte *β*-Galactosidase dürfte dort die Lactose gespalten haben. Die Spaltprodukte können dann unter Säurebildung abgebaut werden, sodass *β*-Galactosidase-positive, aber Lactose-negative Enterobakterien nachgewiesen werden. Somit gilt für den Lactose-TTC-Agar, dass die weitaus meisten der dort erhaltenen falschpositiven Befunde nur falschpositive Befunde im Sinne der sog. Coliformendefinition für den Lactose-TTC-Agar sind, gemäß der Coliformendefinition als *β*-Galactosidase-positive Enterobakterien aber voll verwertbar sind. Falschpositive Befunde mit Kokken und Sporenbildnern sind demgegenüber viel seltener. Aufgrund der geringen Selektivität des Lactose-TTC-Agars können insbesondere bei zweitägiger Bebrütung auch Kokken und aerobe Sporenbildner als lactoseverwertende Kolonien auftreten, die ebenfalls Oxidase-negativ oder dort so schwach reaktiv sind, dass sie fälschlich als coliforme Bakterien erfasst werden können. Hier ist insbesondere darauf zu achten, ob es sich um verhältnismäßig „trockene“ Kolonien handelt. Im Zweifelsfall können sie durch eine Gram-Färbung ausgeschlossen werden. Falschnegative Befunde sind dann zu erwarten, wenn die Begleitflora die gebildete Säure von wenigen coliformen Bakterien rasch abbaut und dadurch wieder realkalisiert. Ferner ist zu beachten, dass *Klebsiella oxytoca* falschpositiv als *E. coli* bestimmt werden kann.

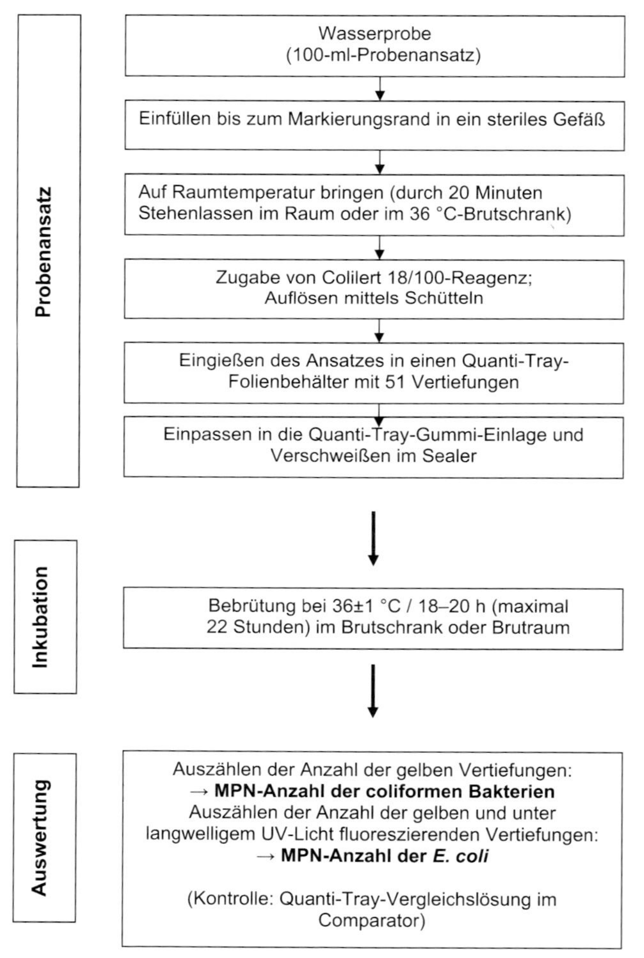

Abb. 4.5 Untersuchung von *E. coli* und von coliformen Bakterien mit dem Colilert®-18/Quanti-Tray®-Verfahren (Fa. Idexx) nach der TrinkwV 2001.

4.2.4.2 Untersuchung von Trinkwasser (TrinkwV 2001) mit dem anerkannten Alternativverfahren Colilert®-18/Quanti-Tray® mittels MPN-Flüssiganreicherung

Die Identifizierung erfolgt mittels farb- und fluoreszenzoptischer Erfassung der Enzymaktivitäten von β-Galactosidase und β-Glucuronidase und MPN-Auswertung in der Flüssiganreicherung (Abb. 4.5).

Für die **Primärkultur** gießt man 100 ml Wasserprobe unter sterilen Kautelen bis zur Ringmarkierung ins vorgesehene geöffnete 120-ml-Plastikgefäß mit Antifoam, setzt den Deckel wieder auf und bringt den Ansatz auf Raumtemperatur (durch etwa 20 min stehen lassen im Labor oder im 36 °C-Brutschrank). Dann wird dazu unter sterilen Kautelen der Inhalt eines Blisterpacks mit Colilert-18-Nährmedium durch Abknicken der Packung an der Sollbruchlinie mit der Öffnung nach unten zugegeben, verschlossen, und durch Schütteln gelöst. Danach (keinesfalls länger als 20 min) wird der mit dem Nährmedium versetzte i. d. R. farblose Probenansatz unter sterilen Kautelen in einen Quanti-Tray-Folienträger mit 51 Vertiefungen gegossen. Hierzu hält man den Folienträger senkrecht mit den Vertiefungen zur Handfläche, drückt ihn oben zusammen, dass er sich in die gekrümmte Handfläche einschmiegt und öffnet ihn durch seitliches Ziehen der Folienlasche. Nach dem Eingießen gibt man den Folienträger mit den Vertiefungen eingepasst in die Gummi-Einlage und diese in den Sealer, wobei die große Vertiefung im Quanti-Tray hinten, d. h. vom Sealer-Einschubfach weg, liegen muss. Der Sealer sollte mindestens 20 min vor Benutzung eingeschaltet werden. Beim Durchgang durch den Sealer wird die Probenmischung gleichmäßig auf die 51 Vertiefungen verteilt und der Folienträger verschweißt.

Zur **Identifizierung** von *E. coli* und von coliformen Bakterien wird (19 ± 1) h bei (36 ± 1) °C mit den Vertiefungen nach unten bebrütet, wobei bis zu 20 Folienträger übereinander gestapelt werden können.

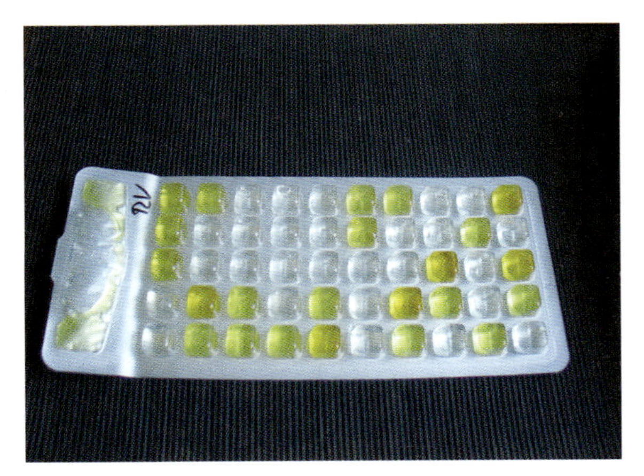

Abb. 4.6 Nachweis von coliformen Bakterien nach Colilert®-18/Quanti-Tray® (gelbe Vertiefungen sind positiv für coliforme Bakterien). Foto: Dr. Schindler, LGL Bayern.

Auswertung

Nachweis der β-Galactosidase:

Durch β-Galactosidase wird der im Nährmedium vorhandene farblose Indikatornährstoff o-Nitrophenol-β-D-Galactopyranosid (ONPG) gespalten und o-Nitrophenol als gelber Farbstoff freigesetzt (s. Abb. 4.6).

Positive Reaktion: Alle gleich oder stärker gelb gefärbten Vertiefungen (verglichen mit einem Folienträger (Comparator) mit gelb gefärbter und fluoreszierender Quanti-Tray-Vergleichslösung) werden als positiv gezählt. Quanti-Trays mit gegenüber der Vergleichslösung grenzwertiger gelber Färbung werden auf Fluoreszenz überprüft und weitere 2–4 h bis zu einer maximalen Inkubationszeit von 22 h inkubiert.

Negative Reaktion: Keine oder schwächere Gelbfärbung verglichen mit der Vergleichslösung.

Nachweis der β-Glucuronidase

Das Enzym β-Glucuronidase setzt das unter langwelligem UV-Licht (366 nm) hellblau fluoreszierende 4-Methylumbelliferon aus dem nichtfluoreszierendem Substrat 4-Methylumbelliferyl-β-D-Glucuronid frei (s. Abb. 4.7).

Positive Reaktion: Hier wird die Anzahl der gelben Ansätze als positiv gewertet, die unter langwelligem UV-Licht mindestens so intensiv wie die Vergleichslösung fluoreszieren.

Negative Reaktion: Keine oder schwächere Fluoreszenz verglichen mit der Vergleichslösung.

Die höchstwahrscheinlichen Anzahlen von *E. coli* und von coliformen Bakterien werden über die Anzahl der positiven Reaktionen in den Vertiefungen aus

Abb. 4.7 Nachweis von *E. coli* nach Colilert®-18/Quanti-Tray® (gelbe und fluoreszierende Vertiefungen sind positiv für *E. coli*. Foto: Dr. Schindler, LGL Bayern.

Tabelle 4.1 Bestimmung der höchstwahrscheinlichen Keimzahlen (ganze Zahlenwerte) mit dem Colilert®-18/Quanti-Tray®-Verfahren (Fa. Idexx) mit 51 Vertiefungen: MPN–(Most Probable Number)-Tabelle.

Anzahl positiver Vertiefungen mit Gelbfärbung oder mit Gelbfärbung und Fluoreszenz	MPN in 100 ml: Befundangabe	Anzahl positiver Vertiefungen mit Gelbfärbung oder mit Gelbfärbung und Fluoreszenz	MPN in 100 ml: Befundangabe
0	0	26	36
1	1	27	38
2	2	28	41
3	3	29	43
4	4	30	45
5	5	31	48
6	6	32	50
7	8	33	53
8	9	34	56
9	10	35	59
10	11	36	62
11	12	37	66
12	14	38	70
13	15	39	74
14	16	40	78
15	18	41	83
16	19	42	89
17	21	43	95
18	22	44	101
19	24	45	109
20	25	46	118
21	27	47	130
22	29	48	145
23	31	49	165
24	32	50	200
25	34	51	>200

der „51-Well-Quanti-Tray-MPN-Tabelle“ (Tab. 4.1) abgelesen und sollten als ganze Zahlen angegeben werden.

E. coli sind durch Gelbfärbung und Fluoreszenz in der Probenvertiefung definiert, da sie die Enzyme β-Galactosidase und β-Glucuronidase besitzen müssen.

Coliforme Bakterien sind durch Gelbfärbung durch das Enzym β-Galactosidase definiert.

Achtung: Wasserproben können aufgrund ihrer Zusammensetzung nicht geeignet sein. Hierzu zählen Proben, die bereits eine störende Gelbfärbung infolge von Huminstoffen oder Eisengehalt aufweisen oder bei denen, falls bekannt, eine Gelbfärbung infolge nachträglicher Eisenausfällung möglich ist. Gemäß Firmenangabe sollen stark chlorhaltige Wässer zu einer blauen Eigenfluoreszenz führen. (Bei eigenen Untersuchungen von über 2000 Schwimmbeckenwasserproben, die bei Entnahme mit Thiosulfat „entchlort" worden sind, trat Eigenfluoreszenz bisher nicht auf.) Ebenfalls ungeeignet sind stark salzhaltige Proben wie Meerwasser oder Solewasser. Die Gelbfärbung ist unmittelbar nach Entnahme aus dem Brutschrank zu bestimmen, da auch Sonnenlicht zu einer Spaltung beitragen kann.

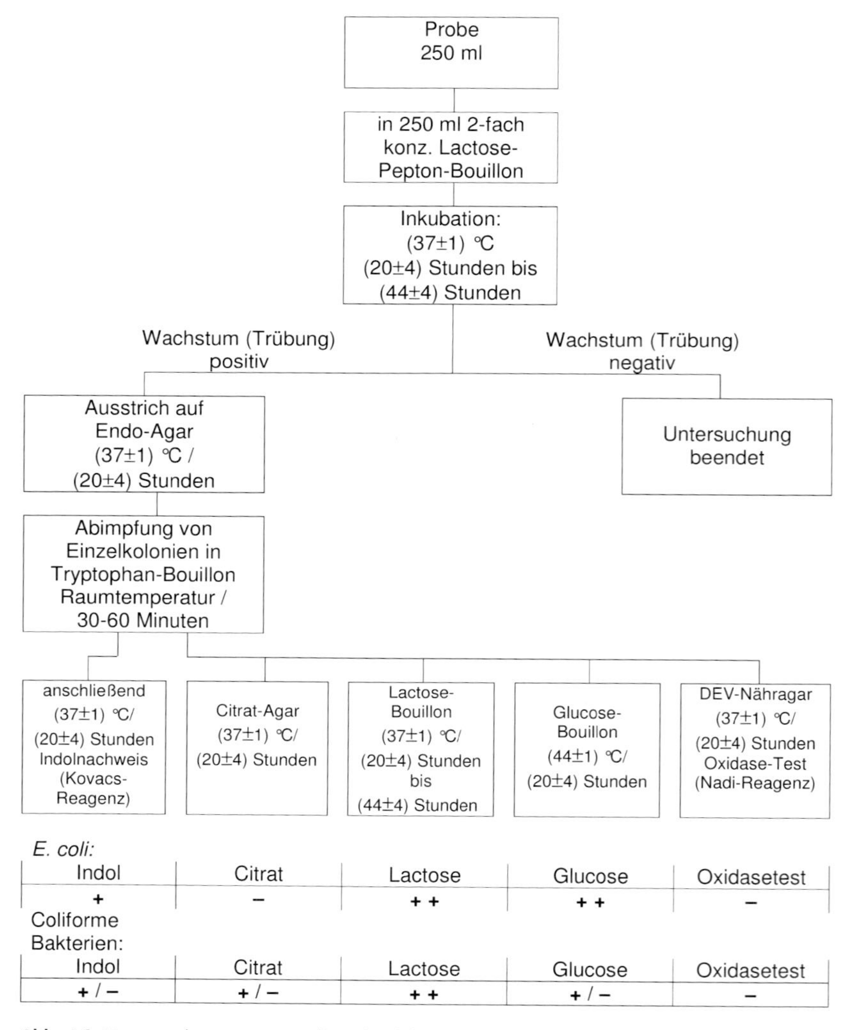

Indol	Citrat	Lactose	Glucose	Oxidasetest
+	–	+ +	+ +	–

Indol	Citrat	Lactose	Glucose	Oxidasetest
+ / –	+ / –	+ +	+ / –	–

Abb. 4.8 Untersuchung von *E. coli* und coliformen Bakterien nach der Mineral- und Tafelwasserverordnung mittels Flüssiganreicherung.

4.2.4.3 Untersuchung von Mineral-, Quell- und Tafelwasser

Die Untersuchung von Mineral-, Quell- und Tafelwasser auf *E. coli* und coliforme Bakterien kann nach Anlage 2 der MTVO mittels Flüssiganreicherung (Abb. 4.8) oder mit dem Membranfilter-Verfahren im Wesentlichen nach den Verfahrensanweisungen in der DIN 38411 T. 6 (1991) erfolgen.

Bei der **Flüssiganreicherung** erfolgt die Identifizierung mittels Primärkultur, Überimpfung auf Endo-Agar und biochemischer Identifizierung verdächtiger Einzelkolonien, bei der **Membranfiltration** wird der Filter direkt auf Endo-Agar gelegt und verdächtige Einzelkolonien werden analog differenziert.

Bei der **Primärkultur** mittels Flüssiganreicherung werden 250 ml Wasserprobe unter sterilen Kautelen zu 250 ml doppelt konzentrierter Lactose-Pepton-Bouillon gegossen. Alternativ kann man den Schritt der Primärkultur nach der ASU (1988), die sich nach den Angaben in der MTVO nicht richtet, auch so variieren, dass 250 ml Wasserprobe membranfiltriert wird, wobei der Filter anschließend in 50 ml einfach konzentrierte Lactose-Pepton-Bouillon unter sterilen Bedingungen eingebracht wird.

Die Flüssigkulturen werden im Brutschrank bei (37 ± 1) °C maximal (44 ± 4) h bebrütet. Nach (20 ± 4) h werden die Ansätze erstmals auf das Vorhandensein von *E. coli* und coliformen Bakterien überprüft. Verdächtige Ansätze vom Brunnenkopf oder von nicht mit Kohlensäure versetztem Wasser sind trüb, durch Säurebildung insgesamt nach Gelb umgeschlagen und weisen Gasbildung auf, sichtbar an einer Gasblase im Durhamröhrchen. Hierbei ist zu beachten, dass neben Ansätzen mit üppiger, lebhafter Gasentwicklung und Schaumschichtbildung auf der Oberfläche auch Ansätze vorkommen, bei denen erst Gasbläschen aufsteigen, wenn vorsichtig an das Kulturgefäß geklopft wird. Verdächtige Ansätze von Kohlensäure enthaltenden Proben weisen i.d.R. erst am 2. Tag Trübung auf und der Gelbumschlag ist nur angedeutet, d.h. meist ist lediglich eine Verfärbung ins Rot- bis Braunstichige eingetreten (Abpufferung durch die „schwache Säure"!). Hier sollten alle trüben Ansätze als prinzipiell verdächtig für *E. coli* und coliforme Bakterien angesehen werden. Zur Gewinnung von Einzelkolonien wird fraktioniert im Dreiösenausstrich auf eine Petrischale mit Endo-Agar ausgestrichen. Mit einiger Übung erreicht man ein vergleichbares Ergebnis mittels eines sterilen Glasspatels. Dessen Stiel wird in der Mitte angefasst und mit dem Stielende in die Bouillon getaucht. Damit wird ein kleiner Tropfen Bakteriensuspension auf den Endo-Agar aufgebracht. Mit den beiden sterilen Spatelenden wird analog wie beim Verdünnungsausstrich nacheinander ausgedünnt.

Die **Subkultur** auf Endo-Agar wird (20 ± 4) h bei (37 ± 1) °C bebrütet. Lactoseverwertende gramnegative Bakterienkolonien sind intensiv rot gefärbt, während die grampositive Begleitflora unterdrückt wird. Bei erhöhter Säurefreisetzung kristallisiert Fuchsin zusätzlich mit metallisch grün-goldenem Glanz (Fuchsinglanz) auf den Kolonien aus. Dies ist meist bei *E. coli* der Fall, kommt aber auch bei einigen Stämmen von *Enterobacter, Klebsiella* und *Citrobacter* vor, sowie bei lactosepositiven Aeromonaden. Bei verzögert lactoseverwertenden coliformen Bakterien und bei zu dichtem Koloniewachstum ist die Rotfärbung geringer ausgeprägt, sodass ein fließender Übergang bis hin zu lactosenegativen nicht oder schwach gefärbten Kolonien auftritt. Daher sollten bei Keimgemischen immer mehrere Einzelkolonien abgeimpft werden, wobei alle morphologisch unterscheidbaren Kolonien mit Fuchsinglanz sowie mit Rot- oder Rosarotfärbung mit zu berücksichtigen sind.

Zur **biochemischen Identifizierung** in einer Bunten Reihe wird von verdächtigen Einzelkolonien mittels abgeflammter Impföse oder Impfnadel zunächst in Tryptophan-Bouillon eingeimpft, suspendiert und drei bis sechs Stunden bei $(37 \pm 1)\,^{\circ}C$ vorbebrütet. Erfahrungsgemäß ist auch eine problemlose Weiterüberimpfung mittels eines sterilen Wattestäbchens möglich, wenn die Tryptophan-Bouillon nur 30 bis 60 min bei Raumtemperatur steht. Der sterile Wattetupfer wird kurz in die Tryptophan-Bouillon eingetaucht und die aufgesogene Flüssigkeit am oberen Innenrand des Röhrchens drehend ausgedrückt. Danach werden nacheinander das Ammoniumcitrat-Schrägagar-Röhrchen durch Ausstrich auf der Oberfläche, die Lactose-Bouillon durch Eintauchen und Ausdrücken an der oberen Innenwandung, die Glucose-Bouillon durch Eintauchen und Ausdrücken an der oberen Innenwandung, ein Viertel Sektor einer Petrischale mit Nähragar durch Ausstrich für die Oxidasetestung und eine Selektivagarplatte durch Ausstrich zur Bestimmung von Reinkulturen beimpft. Die Reaktionsansätze einschließlich der Tryptophan-Bouillon werden im Brutschrank bei $(37 \pm 1)\,^{\circ}C$ für (20 ± 4) h bebrütet, mit Ausnahme der Glucose-Bouillon, die bei $(44 \pm 0{,}5)\,^{\circ}C$ inkubiert wird. Anstelle der Glucose-Bouillon kann auch eine Mannit- oder Lactose-Bouillon für die $(44 \pm 0{,}5)\,^{\circ}C$-Bebrütung eingesetzt werden.

Auswertung der Bunten Reihe nach (20 ± 4) h

Cytochromoxidase-Testung auf der Nähragarplatte:
Es wird ein Tropfen Nadi-Reagenz auf die Bakterienkolonien getropft.

Positive Reaktion: Die gesamten Kolonien oder deren Ränder färben sich innerhalb von zwei Minuten intensiv blau an.

Negative Reaktion: Die Kolonien oder deren Ränder bleiben nahezu farblos. Eine schwache Bläuung, die gelegentlich durch andere Oxidationsprozesse, auch durch die Luft, hervorgerufen wird, ist als negativ zu werten.

Indol-Bildung in der Tryptophan-Bouillon:
In das Röhrchen werden mindestens drei Tropfen KOVÁCS-Reagenz getropft. Auf der Bouillon sollte sich eine wenigstens drei Millimeter hohe Überschichtung ausbilden, da bei zu geringer Zugabe sonst selbst im positiven Fall keine Rotfärbung auftritt. Das Röhrchen sollte nur leicht bewegt und nicht aufgeschüttelt werden.

Positive Reaktion: Rosa bis intensiv kirschrote Färbung des Überstandes (Indol-Ring). Die Rotfärbung ist nicht stetig stabil und kann nach wenigen Stunden wieder verschwinden.

Negative Reaktion: Schwach bis stärker gelbliche Verfärbung des Überstandes.

Citrat-Verwertung
Positive Reaktion: Wachstum und Farbumschlag nach Blau auf der Schrägagarfläche. Gelegentlich kommt eine verzögerte Citratverwertung vor, wobei schwaches Wachstum und noch keine Blauverfärbung auftreten. Eine derartige Reaktion ist bereits als positiv zu werten.

Negative Reaktion: Kein Wachstum und kein Farbumschlag; die Schrägagarfläche ist unverändert grün.

Lactose-Fermentation
Positive Reaktion: Farbumschlag nach Gelb und Gasbildung im Durham-Röhrchen.

Negative Reaktion: Kein Farbumschlag oder Gelbfärbung ohne Gasbildung.

Achtung: Lactose-Röhrchen mit negativen Reaktionen müssen zur Erfassung verzögert lactoseverwertender coliformer Bakterien einen Tag weiterbebrütet werden. Anschließend wird wie oben ausgewertet. Bei Gasübersättigung in der Suspension perlen Gasbläschen erst dann auf, wenn kräftig an das Röhrchen geklopft wird.

Glucose-Fermentation
Positive Reaktion: Farbumschlag nach Gelb und Gasbildung im Durham-Röhrchen.

Negative Reaktion: Kein Farbumschlag oder Gelbfärbung ohne Gasbildung.

Prüfung auf Reinkulturen
Bei einem morphologisch und farblich homogenen Koloniebild ist in der Regel davon auszugehen, dass eine Reinkultur vorliegt. Aufgrund unterschiedlicher lag-Phasen und der Möglichkeit, als Glatt- und Rauform zu wachsen, können jedoch auch bei Reinkulturen unterschiedliche Koloniebilder auftreten, wobei ein fließender Übergang bis hin zum vermeintlichen Vorliegen von verschiedenen Bakterienstämmen auftreten kann. Hierbei kann zusätzlich die Nähragarplatte vom Oxidasetest herangezogen werden. Wachsen dort Kolonien gleicher Konsistenz, so kann bei Zweifelsfällen in der Regel von einer Reinkultur ausgegangen werden.

E. coli ist nach (20 ± 4) h Bebrütung in der Bunten Reihe durch folgende Stoffwechselmerkmale definiert:

Cytochromoxidase-negativ, Indol-positiv, Citrat-negativ, Säure- und Gasbildung in der Lactose-Bouillon, Säure- und Gasbildung in der Glucose-Bouillon.

Coliforme Bakterien sind Cytochromoxidase-negativ und bilden Säure und Gas in der Lactose-Bouillon innerhalb von (44 ± 4) h. Alle anderen Reaktionsausfälle können positiv oder negativ sein.

Beim **Membranfilter-Verfahren** wird der Filter nach der MTVO auf Endo-Agar aufgelegt und (20 ± 4) h bei (37 ± 1) °C bebrütet. Verdächtige Kolonien wachsen nach der MTVO fuchsinrot und werden abgeimpft und weiterdifferenziert wie oben angegeben. Speziell bei karbonisierten Wässern muss berücksichtigt werden, dass Bakterien eine längere lag-Phase aufweisen. Sie wachsen daher innerhalb der vorgeschriebenen Zeit in relativ kleinen Kolonien, und Rotfärbung und Fuchsinglanz sind meist nur andeutungsweise vorhanden. Insofern müssen hier auch alle unterschiedlichen Kolonien abgeimpft und weiterdifferenziert werden.

Achtung: Bei der Beurteilung des Primäransatzes sowohl in der Flüssiganreicherung als auch bei der Membranfiltration muss unbedingt berücksichtigt werden, dass die Kohlensäure die Ausprägung maßgeblicher Schlüsselmerkmale wie Gelb- oder Rotfärbung verhindern kann. Das Kriterium für eine Weiteruntersuchung muss folglich das Auftreten von Trübung beziehungsweise Koloniewachstum sein. Der Cytochromoxidasetest als Vortest auf dem Endo-Agar ist nur für schwach rosagefärbte Kolonien aussagekräftig. Fuchsinglänzende *E. coli*-Kolonien ergeben hier eine falschpositive Bläuung. Lactobakterien können den pH-Wert in der Lactose-Pepton-Bouillon so weit absenken, dass *E. coli* und coliforme Bakterien abgetötet werden. Ferner ist zu berücksichtigen, dass der Coliformenachweis meist eine Folge der Ausschwemmung derartiger Bakterien aus Wuchsbelägen in der Abfüllmaschine ist. Da derartige betriebliche Hygienemängel in der gleichen Größenordnung auch über nichtcoliforme Enterobakterien erhoben werden können (Schindler, 1994), sollten diese miterfasst werden, beispielsweise durch eine positive Glucosevergärung in einem zusätzlich mitgeführten Glucoseröhrchen mit Bebrütung bei 37 °C in der Bunten Reihe.

4.2.4.4 Untersuchung von Schwimmbeckenwasser (nach DIN 19643, 1997)

Der Nachweis von *E. coli* lässt Rückschlüsse auf eine mangelhafte Desinfektion und Wasseraufbereitung zu und muss zusammen mit den chemischen Messwerten interpretiert werden. Üblicherweise kann die Untersuchung nach den für Trinkwasser geltenden Vorschriften entweder mit dem Referenzverfahren nach der DIN EN ISO 9308-1 (2001) oder mit dem anerkannten Alternativverfahren mit Colilert®-18/Quanti-Tray® erfolgen (s. Abschnitt 4.2.4.1 und 4.2.4.2).

4.2.4.5 Untersuchung von Badegewässern auf *E. coli* nach der EG-Richtlinie 2006/7/EG

Nach einem Beschluss der Bund-Länder-Arbeitsgruppe „Badegewässer" finden ab 2008 Untersuchungen zur Qualität von Badegewässern nach der EG-Richtlinie 2006/7/EG statt. *Escherichia coli* wird hierbei nach **DIN EN ISO 9308-3 (1999)** mittels Flüssiganreicherung im **Mikrotiterplattenverfahren** erfasst (s. Abb. 4.9). Zusätzlich ist dieser Testansatz auch für die *E. coli*-Bestimmung in Kleinbadeteichen (UBA, 2003) zu verwenden. Bereits mit dem MUG/EC-Nährmedium beschichtete 96-Loch-Mikrotiterplatten und die spezielle Verdünnungslösung mit synthetischem Meersalz (SMD) sind im Handel erhältlich.

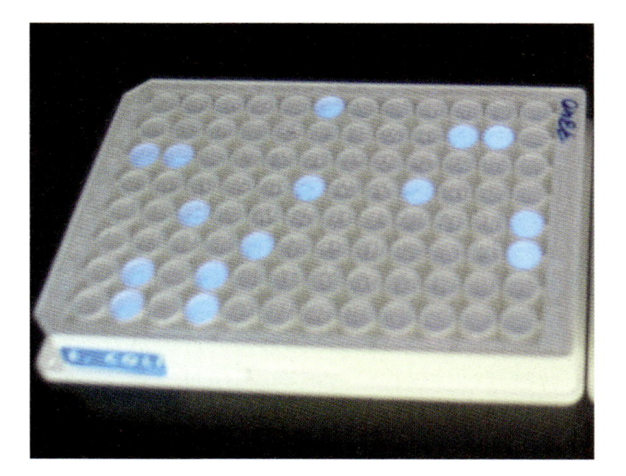

Abb. 4.9 Untersuchungen von Badegewässern mittels Mikrotiterplattenverfahren (nach DIN EN ISO 9308-3), fluoreszierende Vertiefungen sind positiv für *E. coli*. Foto: Dr. Schindler, LGL Bayern.

Für den **Probenansatz für Süß- und Brack- sowie Abwasser** mit einem Salzgehalt unter 3% füllt man in sterile Reagenzgläser je 9 ml sterile SMD, wobei zumindest das 1. Röhrchen so groß sein muss, dass 18 ml Flüssigkeit darin gut durchmischt werden können. Für den **Probenansatz für Meerwasser** ab 3% Salzgehalt und mehr (Bestimmung beispielsweise mit einem Refraktometer) muss das 1. Röhrchen destilliertes Wasser anstatt SMD enthalten. Aus der durch Schütteln homogenisierten Probe pipettiert man sofort 9 ml in das 1. Röhrchen (1:2-Verdünnung), durchmischt und gibt mit einer neuen sterilen Pipette 1 ml in das folgende 9-ml-SDM-Reagenzglas (1:20-Verdünnung). Analog werden, falls erforderlich wie bei Abwasser, weitere 1:10-Verdünnungen hergestellt (entspricht Verdünnungsstufen mit 1:200- bis 1:200000).

Für die Beschickung der Mikrotiterplatte gießt man den Inhalt aus dem ersten Verdünnungsröhrchen in eine sterile Petrischale und pipettiert von da aus mittels einer 8-Kanal-Multipipette mit jeweils 200-µl-Volumina in die hierzu vorgesehenen Vertiefungsreihen. Dieser Vorgang wird analog mit weiteren Verdünnungen fortgesetzt. Bei Badegewässern werden üblicherweise die ersten 8 Reihen (64 Vertiefungen) mit der 1:2-Verdünnung und die folgenden 4 Reihen (32 Vertiefungen) mit der 1:20-Verdünnung beschickt, sodass sich ein Erfassungsbereich von 15 bis $3{,}5 \times 10^4$ *E. coli* 100 ml^{-1} ergibt. Bei Abwasser verwendet man 6 Stufen mit je 2 Reihen von 1:2 bis 1:200 000 und einem Erfassungsbereich von 60 bis $6{,}7 \times 10^8$ Keimen 100 ml^{-1}. Beginnt man mit der größten Verdünnungsstufe, muss der Pipettenspitzensatz in der gleichen Probe nicht ausgetauscht werden. Anschließend wird die Mikrotiterplatte mit der Haftfolie abgedeckt.

Kultur und Auswertung

Nach Bebrütung von 36 bis 72 h bei (44 ± 0,5) °C geschieht die Auswertung unter langwelligem UV-Licht (366 nm) ohne weitere Reagenzzugabe durch Auszählen der Anzahl der blau fluoreszierenden Vertiefungen in der jeweiligen Verdünnungsstufe (s. Abb. 4.9). Die Bakterienzahl wird über die ermittelte Zahlenkombination, bei Badegewässern aus zwei Ziffern bestehend, aus der zu den jeweils verwendeten Verdünnungsstufen zugeordneten MPN-Tabelle abgelesen. Bei drei und mehr Verdünnungen werden drei Ziffern verwendet, wobei die letzte Stufe möglichst mit 0 enden sollte.

E. coli besitzt das Enzym β-Glucuronidase und ist durch die Fluoreszenz aufgrund der MUG-Spaltung (Freisetzung von hellblau fluoreszierendem 4-Methylumbelliferon aus dem nichtfluoreszierendem Substrat 4-Methylumbelliferyl-β-D-Glucuronid) charakterisiert.

Achtung: Der Ansatz kann für Badegewässer auch mit nur einer Verdünnungsstufe (Erfassungsbereich 10–4564 Keime 100 ml^{-1}; andere MPN-Tabelle!) erfolgen, wobei aber 12 ml Probe mit 12 ml SDM oder aqua dest. gemischt werden sollten, um problemlos pipettieren zu können (12 × 8 × 0,2 ml). Abweichend vom Titel der ISO 9308-3 (1999) werden andere Coliforme nicht erfasst.

Obwohl in der EG-Richtlinie 2006/7/EG ein weiteres Verfahren für Badegewässer mit aufgeführt worden ist, nämlich die Untersuchung auf *E. coli* mit Lactose-TTC-Agar durch Membranfiltration nach DIN EN ISO 9308-1 (2001) (s. Abschnitt 4.2.4.1), muss davon abgeraten werden, da diese Methode nur für sauberes „Trinkwasser“ und nicht für Oberflächenwasser geeignet ist und daher auch in Deutschland nicht in Länderverordnungen aufgenommen wurde.

4.2.4.6 **Untersuchung von Oberflächengewässern auf Coliforme**

Derzeit ist die Situation so, dass Untersuchungen auf coliforme Bakterien im Oberflächenwasser aufgrund des Wegfalls bei der Badegewässeruntersuchung nur noch eine untergeordnete Rolle spielen. Will man Coliforme noch als Lactose-vergärende Enterobakterien erfassen, so könnte dies mittels der MUG-Laurylsulfat-Bouillon erfolgen (Methode in: Ad-hoc Arbeitsgruppe 1995).

Da jedoch Coliforme nach heutiger Definition immer häufiger als β-Galactosidase-positive Enterobakterien charakterisiert werden, so insbesondere bereits für Trinkwasser (s. Abschnitt 4.2.4.2), ist es nicht sehr sinnvoll, hier eventuelle Beeinflussungen über „klassische Coliforme“ aufzeigen zu wollen. Diesbezüglich sollte man, obwohl hierfür noch keine Verfahren offiziell anerkannt sind, Coliforme im Oberflächenwasser und Rohwasser auch als β-Galactosidase-positive Enterobakterien bestimmen. Hier könnte auf den Colilert 2000- beziehungsweise Colisure-Test der Fa. IDEXX GmbH Rückgriff genommen werden oder auch auf Membranfiltrationsverfahren beispielsweise mit Chromocult-Coliformen-Agar.

4.2.4.7 Weitere Untersuchungsverfahren

Nachweis von pathogenen *E. coli*, z. B. EHEC
E. coli wird als Bakterium der normalen Darmflora von Warmblütern als Indikatorkeim verwendet und ist in der Regel apathogen. Daneben gibt es aber auch *E. coli*-Stämme, die Pathogenitätsfaktoren wie Toxingene, Adhärenzfaktoren u. a. m. besitzen und diese auch auf weitere apathogene *E. coli*-Serovare übertragen können (Sandkamp et al., 2000). Zu den wichtigen darmpathogenen *E. coli* zählen EHEC (enterohämorrhagische *E. coli*; auch als STEC bezeichnet), EPEC (enteropathogene *E. coli*), ETEC (enterotoxische *E. coli*), EIEC (enteroinvasive *E. coli*), EAEC (enteroaggregative *E. coli*) und DAEC (diffus adhärente *E. coli*). Die erst 1982 entdeckten EHEC können Shiga-Toxine (stx 1 oder stx 2 oder beide), ursprünglich von *Shigella dysenteriae* stammend, produzieren und sind inzwischen weltweit verbreitet. Bei Erkrankungen dominieren wässrige Durchfälle mit Erbrechen, wobei auch Blutbeimengungen im Stuhl und Bauchkrämpfe vorhanden sein können. In bis zu 10% der Fälle kann es zum durch Blutarmut und akutem Nierenversagen gekennzeichneten hämolytisch-urämischen Syndrom (HUS) kommen, das in bis zu 5% der Fälle tödlich verläuft. Früher spielte der hochvirulente Serotyp O157 beim Menschen die Hauptrolle. Da die meisten O157-Isolate im Gegensatz zu den anderen *E. coli*-Stämmen Sorbit nicht verwerten können und keine β-Glucuronidase besitzen, wurden als kulturelle Suchteste Sorbitol-MacConkey-Agar sowie Nährböden zum Nachweis von β-Glucuronidase verwendet. Als Anreicherungsschritt wurde die Immunmagnetische Separation mit magnetischen Kügelchen eingesetzt, die mit Antikörpern gegen O157 beschichtet waren. Heute findet man bei Erkrankungen bereits eine Vielzahl unterschiedlicher Serotypen, die durch Gentransfer derartige Toxine bilden können. Vor allem in Nutztieren konnten sich die verschiedensten Serotypen (welche dort meist keine Symptome hervorrufen), enorm verbreiten, sodass EHEC/STEC derzeit aus etwa jeder 2. Rinderkotprobe nachweisbar sind. Unterschiedlichste Serovare findet man auch in der Umwelt. Aufgrund der geringen Infektionsdosis von 10–100 Erregern stellen auch Trinkwasser und Badewasser mögliche Infektionsquellen dar. Untersuchungen von Trinkwasser ergaben, dass EHEC aus durchschnittlich 3,1% der Proben mit *E. coli*-Nachweis bei Ortswasserversorgungen und aus 7,9% der Proben mit *E. coli*-Nachweis bei Einzelwasserversorgungen isoliert werden konnten (Schindler, 2004). *E. coli* O157 wurde bei nur zwei von 160 Isolaten aus Trink- und Oberflächenwasser gefunden. Deshalb reicht es nicht mehr aus, die Untersuchung auf die Erfassung von *E. coli* O157 zu beschränken, auch wenn es sich hierbei nach wie vor um ein enorm wichtiges Serovar handelt. Da auch in Umweltproben der Anteil pathogener *E. coli* um mehrere Zehnerpotenzen geringer ist als die tatsächliche *E. coli*-Anzahl, ist die primäre Einzelkolonieüberprüfung wenig erfolgversprechend und die Bestimmung der Shigatoxine aus dem Anzuchtgemisch mit der „polymerase chain reaction" (PCR) (Toze, 1999) auf jeden Fall vorzuziehen. Die Anzucht kann dabei in üblichen Primäranzuchtmedien wie in der Flüssiganreicherung mit Lactose-Pepton-Bouillon oder Hajna-Bouillon oder auch nach Ausstrich oder direkt mit der Membranfiltration auf Endo- oder Lactose-

TTC-Agar erfolgen. Shigatoxine können mit einem ELISA-Test und Shigatoxin-Gene mit der PCR nachgewiesen werden. Diese Weiteruntersuchung auf EHEC (ASU, 2002) findet i. d. R. in darauf spezialisierten Laboratorien statt. Für den Gennachweis wird der Bakterienrasen abgeschwemmt, aus einem Teil davon die DNA freigesetzt, mit zwei verschiedenen Primersystemen jeweils ein charakteristisches Fragment der stx 1- und stx 2-Gene mittels PCR amplifiziert und in der Agarose-Gel-Elektrophorese aufgetrennt. Nach Anfärbung erfolgen der Nachweis durch Bandenvergleich mit Positivkontrollen und die Bestätigung mittels Restriktionsverdau oder Real-Time-PCR. Der positive Nachweis wird üblicherweise mit dem Nachweis von EHEC gleichgesetzt. Die Identifizierung und Isolierung Shigatoxin-bildender Mikroorganismen kann dann mit der Kolonieblothybridisierung erfolgen. Hierzu werden aus der ursprünglichen Aufschwemmung Verdünnungen auf Müller-Hinton-Nähragar ausgespatelt, sodass etwa 100–200 Kolonien wachsen. Von dieser Platte wird Koloniematerial auf eine Nylonmembran durch Auflegen übertragen, dort fixiert, lysiert und mit der/den zutreffenden stx-Gensonden markiert. Da die Sonde mit Digoxigenin gekoppelt ist, können markierte Stellen auf der Membran über die Bindung von Anti-Digoxigenin-Antikörpern, die mit einer alkalischen Phosphatase gekoppelt sind, und einer dadurch verursachten Farbreagenzspaltung aufgezeigt werden und entsprechenden Kolonien auf der Müller-Hinton-Platte zugeordnet werden. Die Reinkultur davon wird erneut mittels PCR auf Shigatoxine überprüft und im bestätigten Fall die Art bestimmt. Bei *E. coli*-Nachweis bestimmt man dann zusätzliche Pathogenitätsfaktoren wie Intimin (eaeA) oder Enterohämolysin (hly) und sendet das Bakterium zur Serotypisierung ans Referenzlabor (z. B. RKI).

Weitere Differenzierungsverfahren für coliforme Bakterien (und *E. coli*)
Coliformenbefunde im Trinkwasser können im Rahmen der Einzelfallentscheidung zu unterschiedlichen Maßnahmen führen, die u. a. in den vom Bundesgesundheitsministerium an die Länder verschickten „Leitlinien zum § 9 der TrinkwV 2001: Maßnahmen im Fall nicht eingehaltener Grenzwerte und Anforderungen. Stand vom 22. Dezember 2004“ aufgeführt sind. Kann man Coliforme als Anzeiger einer Warmblüterfäkalienverunreinigung interpretieren, ist wie beim *E. coli*-Nachweis eine Gefährdung der menschlichen Gesundheit zu besorgen, und es muss unmittelbar gehandelt werden. Steht dagegen der Nachweis nicht in Zusammenhang mit einer Fäkalverunreinigung, ist kein akuter Handlungsbedarf gegeben und man kann auf die „30-Tage-Regel“ in der TrinkwV 2001 Bezug nehmen. In oben angegebener Leitlinie wird eine Artdifferenzierung zur Feststellung der möglichen Herkunft empfohlen.

Hierzu werden Reinkulturen i. d. R. mit Hilfe von kommerziellen Identifizierungssystemen differenziert. Bewährt hat sich hier das API 20E-System (bioMerieux).

Achtung: Diesen Differenzierungsergebnissen sollte man nicht „blind“ vertrauen, da unterschiedliche Systeme unterschiedliche Artbestimmungen haben können und meist für Fragen der medizinischen Mikrobiologie entwickelt worden sind, wobei Umweltkeime unterrepräsentiert erfasst werden. Zudem bekommt man häufig als mögliches Ergebnis nicht nur eine sondern mehrere Keimarten, sodass aufwändige Zusatzreaktionen erforderlich sind.

Weiterhin existieren zahlreiche kulturelle und molekularbiologische Verfahren mit dem Ziel, rasche und zuverlässige Nachweise zu ermöglichen. Obwohl derzeit nur zusätzlich zu gesetzlich vorgeschriebenen Untersuchungsgängen anzuwenden, können sie dennoch bei davon unabhängigen Eigenkontrollen eingesetzt werden. Hierzu zählen zahlreiche Kulturverfahren mit der Bestimmung von β-Galactosidase und β-Glucuronidase mittels verschiedener fluoreszenz- und farboptisch nachzuweisender Substrate in unterschiedlichen Selektiv-Nährböden wie beispielsweise der Chromocult-Coliformen-Agar (Merck) und molekularbiologische Verfahren zur Bestimmung des gemeinsamen Enterobakterien-Antigens sowie der Einsatz spezifischer Gensonden.

Chromocult®-Coliformen-Agar (Merck)

Der für gramnegative Bakterien selektive Nährboden ermöglicht über die Spaltung zweier chromogener Substrate durch zwei Bakterienenzyme eine Koloniendifferenzierung. Durch β-D-Galactosidase wird hierbei ein rötlicher, durch β-D-Glucuronidase ein blauer Farbstoff freigesetzt, wodurch die Kolonien entsprechend angefärbt werden. Beim Vorliegen beider Enzyme ergibt sich eine blau-violette Anfärbung. Der Agar kann sowohl für den Oberflächenausstrich, im Plattengussverfahren oder für die Membranfiltermethode verwendet werden und wird bis zu (21 ± 3) h bei (36 ± 2) °C bebrütet.

E. coli-Kolonien wachsen dunkelblau bis violett, Kolonien coliformer Bakterien rosa bis rot, Glucuronidase-positive Salmonella-Kolonien hellblau bis türkis und Kolonien anderer Enterobakterien farblos. Vergleichsuntersuchungen ergaben, dass violette Kolonien in guter Übereinstimmung als *E. coli* nachweisbar waren. Rosa und rot wuchsen nicht nur β-Galactosidase-positive Enterobakterien sondern auch Aeromonaden. Hellblaue Kolonien waren meist lactosenegative *E. coli*, wobei nach zweitägiger Bebrütung auch Staphylokokkenkolonien so wuchsen.

Enterobacterial Common Antigen (ECA)-Bestimmung (nach DIN 38411 T. 9, 2001)

Alle Enterobakterien mit Ausnahme von *Erwinia chrysanthemii* besitzen ein Glycophospholipid in der äußeren Zellmembran, das aus sich wiederholenden Trisacchariden besteht und mit dem Lipidteil verankert ist. Es wird als ECA bezeichnet und kann im Sandwich-ELISA (Enzyme-linked Immunosorbent Assay) mit einem spezifischen monoklonalen Antikörper nachgewiesen werden. Da zum Nachweis rund 10^6 Zellen pro Milliliter erforderlich sind, wird die Wasserprobe (24 ± 4) h, bei desinfiziertem oder kohlensäurehaltigem Wasser besser (44 ± 4) h, in Lactose-Pepton-Bouillon angereichert.

Alle Ansätze mit Wachstum (nichtcoliforme Enterobakterien führen nicht zu Säure- und Gasbildung, wachsen aber zu erfassbaren Keimdichten heran) werden gemäß der DIN-Norm 38411 T.9 (2001) getestet.

Bestimmung von coliformen Bakterien mit Gensonden
Die Fa. Vermicon vertreibt ein Analysekit mit spezifischen fluoreszenzfarbstoff-gekoppelten Gensonden zum Coliformennachweis. Bei der „Vermicon identification technology-(VIT)-Methode" wird die Bakterienkultur entsprechend der Firmenvorschrift auf dem mitgelieferten Objektträger mit Lösungen aus dem VIT-Kit fixiert und die Reagenzien werden auf die Probe getropft. Anschließend inkubiert man im handgroßen, im Kit enthaltenen Reaktor und entfernt danach durch einen Waschschritt alle ungebundenen Gensonden aus den Bakterienzellen. Etwa drei Stunden nach Testansatz kann die endgültige Auswertung fluoreszenzmikroskopisch erfolgen, wobei die mit den Sonden markierten Bakterien typisch aufleuchten.

4.2.4.8 Untersuchung sonstiger Proben
Proben von Brauchwasser, Abwasser, Gülle, Klärschlamm, Spielsand, Bademoor u. ä. können vergleichbar untersucht werden (s. Abschnitte 4.2.4.1 bis 4.2.4.6). Wesentlich ist, in einem angemessenen Verdünnungsbereich zu arbeiten. Die Untersuchung fester oder halbfester Proben setzt eine gute Suspendierung voraus. Hierzu können geeignete Mixgeräte (Stomacher, Ultra-Turrax, Whirlimix u. a. m.) verwendet werden. Bei Direkteinwaagen, z. B. von 1 : 10-Verdünnungen mit 5 g Probe und 45 ml steriler Verdünnungslösung, sind kleinere volumenbezogene Abweichungen vernachlässigbar. Zu berücksichtigen ist jedoch, ob sich das Befundergebnis bei Fest/Flüssig-Gemischen auf das Nassgewicht oder aber auf das Trockengewicht des Probenmaterials beziehen soll.

4.2.5 Störungsquellen

Störungsquellen infolge von Abweichungen von der Testvorschrift, von mangelhaften Nährmedien oder von gegenseitigen Keimbeeinflussungen können immer wieder auftreten. Unterschiedlichste Fehlermöglichkeiten müssen durch Qualitätssicherungsmaßnahmen minimiert werden. Hierzu zählen die Ausarbeitung klarer Arbeitsanweisungen, laufende Fortbildungen für das Personal sowie wiederholte Überprüfungen der Arbeitsabläufe, der Gerätefunktionalität und der Brauchbarkeit der Nährmedien sowie die Teilnahme an Ringversuchen und Validierungen. Dazu gehört die arbeitstägliche Temperaturüberprüfung der Brutschränke, wobei es durchaus wichtig sein kann, hier die Temperatur im Innern bei unterschiedlicher Beschickung und an unterschiedlichen Stellen zu messen. Bei Überhitzung des Brutschranks/-raumes sind bis zu einer Temperatur von 45 °C Kulturen von *E. coli* noch auswertbar, Tests auf coliforme Bakterien jedoch nicht mehr bei mehr als 38 °C. Als unerlässlich für die Aufdeckung pauschaler Fehlerquellen hat sich die Mitführung von Teststämmen herausgestellt. Hierzu sollte man definierte Bakterien aus Stammsammlungen (DSM, ATCC) verwenden, auch wenn isolierte Wildtypstämme genauso gute Ergebnisse liefern. Trotzdem gibt es im Bereich der Fluoreszenz- und Farbintensitätsbewertung sowie der Gasbildung auch fragliche Ergebnisse. Diesen Graubereich kann man durch wiederholte gemeinsame Diskussion über und anhand derartiger Befunde einschränken. Mitarbeiter können zur Ergebnisabsicherung und zur eigenen Sicherheit in Abstimmung mit dem Laborleiter zusätzliche Untersuchungen durchführen. Verbliebene strittige Fälle sind dann mit Benachrichtigung des Einsenders über die dennoch bestehende Verdachtssituation mit einwandfreiem Ergebnis zu befunden.

4.2.6 Auswertung

Definierte Angaben zur Auswertung sind in den für die Mikroorganismen spezifischen Normen und Vorschriften sowie in der DIN EN ISO 8199 angegeben. Dies betrifft auch die Anwendung der unterschiedlichen MPN-Tabellen.

4.2.7 Angabe der Ergebnisse

Aus dem Untersuchungsbefund muss hervorgehen, in welchen Wasservolumina und mit welchen Verfahren *E. coli* und coliforme Bakterien nachgewiesen oder nicht nachgewiesen worden sind, bzw. in welcher Anzahl derartige Bakterien vorhanden waren.

Beispiele
In 100 ml wurden 10 KBE *E. coli* und 30 KBE coliforme Bakterien nachgewiesen (Untersuchung nach Anlage 5 der TrinkwV 2001 mit der Methode nach DIN EN ISO 9308-1, 2001).

In 100 ml wurden 0 *E. coli* und 3 coliforme Bakterien nachgewiesen (Untersuchung nach Anlage 5 der TrinkwV 2001 mit dem Colilert®-18/Quanti-Tray®-Verfahren).

Untersuchung auf EHEC in 100 ml: Nachweis genotypischer Merkmale mittels PCR: stx-1 positiv; stx-2 negativ.

In 250 ml wurde *E. coli* nicht nachgewiesen (Flüssiganreicherung nach Anlage 2 der MTVO, 2004).

E. coli: 232 in 100 ml (Mikrotiterplattenverfahren nach DIN EN ISO 9308-3, 1999; EG-Richtlinie 2006/7/EG).

Da *E. coli* auch ein coliformer Keim ist, wird üblicherweise beim *E. coli*-Nachweis auch der Coliformen-Nachweis positiv benachrichtigt. Analog zählen Fäkalcoliforme zu den Gesamtcoliformen. Der mitgeteilte Coliformenwert kann somit nicht kleiner als der *E. coli*-Wert sein. Weiterhin sollte eine Bewertung auch auf die entsprechenden Zuordnungskriterien der in Frage kommenden Verordnungen oder Richtlinien eingehen: (bakteriologisch einwandfrei – Richtwertüberschreitung – Grenzwertüberschreitung).

4.2.8
Künftige Methoden

Einerseits besteht vielfach der Trend in der gesamten Lebensmittelmikrobiologie, Kulturverfahren durch molekularbiologische Nachweismethoden zu ersetzen oder zumindest zu ergänzen. Andererseits sind bereits Untersuchungen mittels Kulturmethoden über Enzymaktivitätsbestimmungen (so speziell für Trinkwasser) auf *E. coli* und coliforme Bakterien definitiv am Folgetag auszuwerten. Insofern ist in der nächsten Zeit weniger mit völlig neuen Verfahrensschritten zu rechnen. Dagegen kann es durchaus der Fall sein, dass vermehrt kulturelle Methoden als anerkannte Alternativverfahren in der EU zugelassen werden. So besteht auch Bedarf, ein zusätzliches ISO-Membranfiltrationsverfahren für belastete Wasserproben parallel zur DIN EN ISO 9308-1 (2001) zu etablieren, wobei coliforme Bakterien und E. coli über β-D-Galactosidase und β-D-Glucuronidase bestimmt werden.

Literatur

Ad hoc-Arbeitsgruppe (1995): Mikrobiologische Untersuchungsverfahren von Badegewässern nach Badegewässerrichtlinie 76/160/EWG. Bundesgesundhbl. 38, 385–396.

ASU (1988): Amtliche Sammlung von Untersuchungsverfahren nach § 35 LMBG: ASU L 59.00-1: Nachweis von *E. coli* und coliformen Keimen in natürlichem Mineralwasser, Quell- und Tafelwasser (Ausgabe: 1988-05).

ASU (2002): Amtliche Sammlung von Untersuchungsverfahren nach § 35 LMBG: ASU L 07.18-1: Untersuchung von Lebensmitteln – Nachweis, Isolierung und Charakterisierung Verotoxin-bildender *E. coli* (VTEC) in Hackfleisch mittels PCR und DNA-Hybridisierungstechnik (Ausgabe: 2002-05).

ATT (2005): Arbeitsgemeinschaft Trinkwassertalsperren e.V.: Coliformen-Befunde gemäß Trinkwasserverordnung 2001 – Bewertung und Maßnahmen. ATT-Schriftenreihe Band 5, 1–156.

ATT (2006): Arbeitsgemeinschaft Trinkwassertalsperren e.V.: Leitfaden zur Beurteilung der mikrobiologischen Analyseverfahren für den Nachweis coliformer Bakterien im Wasser. ATT Technische Informationen Nr. 12, 1–30.

DIN 19643-1 (1997): Aufbereitung von Schwimm- und Badebeckenwasser – Teil 1: Allgemeine Anforderungen.

DIN 38411 T. 6 (1991): Nachweis von *E. coli* und coliformen Keimen.

DIN 38411 T. 9 (2001): Bestimmung von Enterobacterial Common Antigen (ECA) zum Nachweis von Lactose-fermentierenden Enterobacteriaceae.

DIN EN ISO 8199 (2007): Wasserbeschaffenheit – Allgemeine Anleitung zur Zählung von Mikroorganismen durch Kulturverfahren (ISO 8199: 2005) Beuth Verlag GmbH, Berlin.

DIN EN ISO 9308-1 (2001): Wasserbeschaffenheit – Nachweis und Zählung von *E. coli* und coliformen Bakterien – Teil 1: Membranfiltrationsverfahren.

DIN EN ISO 9308-3 (1999): Wasserbeschaffenheit – Nachweis und Zählung von *E. coli* und coliformen Bakterien in Oberflächenwasser und Abwasser – Teil 3: Miniaturisiertes Verfahren durch Animpfen in Flüssigmedium (MPN-Verfahren).

EG-Richtlinie 98/83/EG des Rates vom 3. November 1998 über die Qualität von Wasser für den menschlichen Gebrauch. Amtsbl. EG v. 5. 12. 1998 L 330/32–54.

EG-Richtlinie 2006/7/EG des Europäischen Parlaments und des Rates vom 15. Februar 2006 über die Qualität der Badegewässer und deren Bewirtschaftung und zur Aufhebung der Richtlinie 76/160/EWG. DE Amtsbl. EU vom 4. 3. 2006 L64/37–51.

Exner, M., Tuschewitzki, G.-J. (1987): Indikatorbakterien und fakultativ-pathogene Mikroorganismen im Trinkwasser. Hyg.+ Med. 12, 514–521.

Geldreich, E. E. (1978): Bacterial populations and indicator concepts in feces, sewage, stormwater and solid wastes. In: Berg, G. (ed.), Indicators of viruses in water and food. Ann Arbor Science, Ann Arbor, Mich. 51–97.

Frampton, E.W., Restaino, L. (1993): Methods for *E. coli* identification in food, water and clinical samples based on beta-glucuronidase detection. A review. J. Appl. Bacteriol. 74, 223–233.

Leclerc, H., Mossel, A.A., Edberg, S.C., Struijk, C.B. (2001): Advances in the bacteriology of the coliform group: their suitability as markers of microbial water safety. Annu Rev Microbiol 55, 201–234.

Manafi, M. (1996): Fluorogenic and chromogenic substrates in culture media and identification tests. International Journal of Food Microbiology 31, 45–58.

MTVO (2004): Verordnung über natürliches Mineralwasser, Quellwasser und Tafelwasser (Mineral- und Tafelwasser-Verordnung) vom 1. 8. 1974. *BGBl.* I, 1036–1046; i.d.F. v. 24. Mai 2004, *BGBl.* I, 1030–1034.

Sandkamp, M., Köster, B., Hiller, R. (2000): Enterohämorrhagische *E. coli* (EHEC) und andere Pathovare von *E. coli* beim Menschen. *http://www.lanisa.de/molekularmedizin/enteroh.htm*

Schindler, P.R.G. (1994): Enterobakterien in Mineral-, Quell- und Tafelwässern. Gesundh.-Wes. 56, 690–693.

Schindler, P. (2004): Fäkale Verunreinigungen im Trinkwasser. In: G. Behling (Red.) Wasser – Reservoir des Lebens. Aktuelle Fragen zu Wasserversorgung und -hygiene. Seminarband FLUGS/GSF-Bericht 01, 17–26.

Schoenen, D. (1996): Die hygienisch-mikrobiologische Beurteilung von Trinkwasser. Gwf Wasser/ Abwasser 137, 72–82.

Stevens, M., Ashbolt, N., Cunliffe, D. (2003): Review of Coliforms as Microbial Indicators of Drinking Water Quality. Recommendations to Change the Use of Coliforms as Microbial Indicators of Drinking Water Quality. National Health and Medical Research Council, Canberra, Australia. *http://www.nhmrc.gov.au/publications/*

Toze, S. (1999): PCR and the Detection of Microbial Pathogens in Water and Wastewater. Water Research 33, 3545–3556.

Verordnung über Trinkwasser und Wasser für Lebensmittelbetriebe (Trinkwasserverordnung, TrinkwV) vom 12. Dez. 1990, BGBl (1990): 2613–2629.

Verordnung über die Qualität von Wasser für den menschlichen Gebrauch (Trinkwasserverordnung – TrinkwV) vom 21. Mai 2001, BGBl. I, 959.

UBA (2002): Mikrobiologische Nachweisverfahren nach TrinkwV 2001. Liste alternativer Verfahren gemäß § 15 Abs. 1 TrinkwV 2001. Mitteilung des Umweltbundesamtes. Bundesgesundheitsbl – Gesundheitsforsch – Gesundheitsschutz 45, 1018.

UBA (2003): Hygienische Anforderungen an Kleinbadeteiche (künstliche Schwimm- und Badeteichanlagen). Bundesgesundhbl-Gesundheitsforsch-Gesundheitsschutz 46, 527–529.

4.3
Weitere Enterobakterien

4.3.1
Salmonellen
Peter Schindler

4.3.1.1 Begriffsbestimmung
Salmonellen sind oxidase-negative, fakultativ anaerobe, nichtsporenbildende gramnegative Stäbchenbakterien aus der Familie der Enterobacteriaceae, die in unterschiedlichem Maße für Mensch und Tier pathogen sind. Das Genus *Salmonella* besteht nur aus den beiden Spezies *Salmonella enterica* und *Salmonella bongori* (Popoff et al. 1994; Tinall et al. 2005).

S. enterica kann aufgrund unterschiedlicher biochemischer Reaktionen in die sechs Subspezies I, II, IIIa, IIIb, IV und VI aufgespalten werden. Die Subspezies kann man mit ihrer römischen Nummer oder den Subspeciesnamen bezeichnen: I (*enterica*), II (*salamae*), IIIa (arizonae), IIIb (*diarizonae*), IV (*houtenae*) und VI (*indica*). Nach dem Kauffmann-White-Schema (Behring Diagnostika, 1992; Popoff, 2001) können derzeit über 2500 verschiedene Serovare mittels verschiedener Körperantigene (O-Antigene), Geißelantigene (H-Antigene) und dem Hüllantigen (Vi-Antigen) differenziert werden.

Die Subspezies V mit 21 Serovaren wurde als eigene Art zu *S. bongori* erhoben.

Korrekt heißt der Typhuserreger *Salmonella enterica* subsp. *enterica* serovar *typhi*. Einfacher war zwar die ehemals übliche Bezeichnung *Salmonella typhi*, doch hätte der Keim dadurch den Rang einer eigenen Art erhalten, was taxonomisch nicht stimmt. Daher wurde vorgeschlagen, die Serovare von Salmonellen mit großem Anfangsbuchstaben und nicht kursiv zu schreiben, also *Salmonella* Typhi. Diese Schreibweise wird aus Praktikabilitätsgründen auf die Serovare der Subspezies I angewandt, zu der mehr als die Hälfte der bekannten Serovare und mehr als 99,5% der isolierten Salmonella-Stämme gehören. Für die restlichen Subspezies wurde vorgeschlagen, diese mit der oft recht komplexen Antigenformel anzugeben, so z. B. *Salmonella* Houten als *Salmonella* IV 43: z_4, z_{23}: –. Für die praktischen Belange der Befundübermittlung ist es aber auch hier weiterhin üblich, sich auf die Serovarangabe (großer Anfangsbuchstaben, nicht kursiv geschrieben) zu beziehen.

Die meisten Salmonellenstämme vergären Glucose unter Gasbildung, sind lactose-und saccharose-negativ, bilden kein Indol, decarboxylieren Lysin, spalten keinen Harnstoff und reduzieren Sulfit zu Sulfid. Wichtige Ausnahmen hiervon sind die fehlende Gasbildung und eine nur geringe Sulfidproduktion bei *S.* Typhi sowie die Lactosevergärung bei etwa Zweidrittel der früher als *Arizona* bekannten Stämme der Subgruppen IIIa und IIIb.

4.3.1.2 **Anwendungsbereich**

Trinkwasserbedingte Seuchenausbrüche mit Typhus und Paratyphus treten heutzutage in Industrieländern aufgrund des hohen Sicherheitsstandards bei den Versorgungsanlagen nur noch selten auf. Schätzungen seitens der WHO gehen für Entwicklungsländer von einem Rückgang in der Morbidität von Durchfallserkrankungen um 40–50% und von Typhus sogar um 80–100% aus, sofern dort hygienisch einwandfreies Wasser in ausreichender Menge erhältlich wäre (WHO, 1992). In fäkal verunreinigten Trinkwässern können Salmonellen immer wieder gefunden werden (Müller, 1979; Schindler et al., 1991). Auch über durch Enteritis-Salmonellen ausgelöste Wasserepidemien wurde berichtet. Darüber hinaus lässt ihr Vorkommen in Oberflächengewässern, Abwasser und Klärschlamm auch Rückschlüsse auf die momentane Seuchenlage bei Mensch und Tier zu (Popp, 1974; Edel et al., 1976). Da aber Salmonellen nicht zu den häufigen Erregern wasserbedingter Erkrankungen zählen, wird sich trotz der vergleichsweise leichten Nachweisbarkeit die Untersuchung eher in Richtung auf die Erfassung von Campylobacter oder von pathogenen *E. coli*-Stämmen verschieben. So sind Salmonellen auch nicht mehr als Parameter bei Badegewässern vorgesehen. Salmonellen dürfen derzeit im Rahmen offizieller Vorschriften z. B. nicht nachweisbar sein in fünf Liter Oberflächenwasser zur Trinkwassergewinnung für Wasser der Kategorie A1 nach der EG-Richtlinie 75/440/EWG; in 1 g Klärschlamm nach Hygienisierung gemäß der DIN 38414 S 13 (1992); in 50 g Kompost oder Gärrückstand nach Bioabfallverordnung und in 1 l Bewässerungswasser nach der DIN 19560.

Das Arbeiten mit Salmonellen ist nach dem Infektionsschutzgesetz erlaubnispflichtig.

4.3.1.3 **Nährmedien und Reagenzien**

Die Nährböden sind in der Reihenfolge ihrer Nennung in Abschnitt 4.3.1.4 angegeben. In der Regel sind sie kommerziell als Fertigprodukte oder Trockennährböden erhältlich.

Gepuffertes Peptonwasser

10 g Pepton aus Casein
5 g Natriumchlorid (NaCl)
9 g Di-Natriumhydrogenphosphat-Dodekahydrat ($Na_2HPO_4 \cdot 12\,H_2O$)
1,5 g Kaliumdihydrogenphosphat (KH_2PO_4)
1000 ml Aqua dest.
Im Dampftopf lösen; auf pH $7{,}2 \pm 0{,}2$ einstellen; zu 10-, 50- und 100-ml-Portionen abfüllen und 15 min bei $(121 \pm 3)\,^\circ C$ autoklavieren.

Doppelt konzentriert: jeweils die doppelte Menge zu 1000 ml Wasser geben.

Die fertige Lösung ist klar und schwach gelblich und bis zu 3 Monate bei $(5 \pm 3)\,^\circ C$ haltbar.

Physiologische Kochsalzlösung

9 g Natriumchlorid (NaCl)
1000 ml Aqua dest.
15 min bei (121 ± 3) °C autoklavieren.

Medium nach Rappaport-Vassiliadis (RVS-Bouillon) nach DIN EN ISO 19250 (2003)

Grundmedium:
5 g enzymatisch verdautes Soja
8 g Natriumchlorid (NaCl)
0,2 g Di-Kaliumhydrogenphosphat (K_2HPO_4)
1,4 g Kaliumdihydrogenphosphat (KH_2PO_4)
1000 ml Aqua dest.
Im Dampftopf lösen und 15 min bei (121 ± 3) °C autoklavieren.
Der Ansatz muss am Tag der Herstellung des RVS-Mediums erfolgen.

Lösung A:
31,7 g Magnesiumchlorid-Hexahydrat ($MgCl_2 \cdot 6\,H_2O$) in Aqua dest. zu 100 ml lösen.

Da Magnesiumchlorid stark hygroskopisch ist, empfiehlt es sich, eine frische Packung nach dem Öffnen sofort vollständig zu lösen und entsprechend aufzufüllen, z. B. 250 g auf ca. 790 ml, was einer Zugabe von 625 ml Aqua dest. entspricht. Die Lösung ist verschlossen mindestens zwei Jahre bei Zimmertemperatur haltbar.

Lösung B:
0,4 g Malachitgrün-Oxalat in 100 ml Aqua dest. lösen.

Die Lösung ist in einer braunen Glasflasche mindestens acht Monate bei Zimmertemperatur haltbar.

Für die fertige RVS-Bouillon werden 1000 ml Grundmedium mit 100 ml Lösung A und 10 ml Lösung B gemischt. Der pH-Wert wird mit NaOH oder HCl auf 5,2 ± 0,2 eingestellt und in 10-, 50- und 100 ml-Portionen in die sterilen Kulturgefäße abgefüllt und 15 min bei (115 ± 3) °C autoklaviert.

Die Rezeptur nach DIN 38414 S 13 (1992) ist stärker hyperton: Das Grundmedium wird in 900 ml Aqua dest. gelöst und in weiteren 100 ml 36 g $MgCl_2 \cdot 6\,H_2O$. Diese Bouillon enthält 35,8 g l^{-1} $MgCl_2 \times 6\,H_2O$, die DIN EN ISO-Rezeptur 28,6 g l^{-1}.

Die fertige Bouillon ist klar und blaugrünlich gefärbt. Sie ist gekühlt und verschlossen über 4 Monate haltbar. Zur Herstellung der sechsfach konzentrierten Bouillon empfiehlt es sich, ein kommerziell erhältliches Trockennährmedium zu verwenden, die sechsfache Menge abzuwiegen, in einem Liter Aqua dest. zu lösen und 15 min bei (115 ± 3) °C zu autoklavieren. Diese Stammlösung ist ebenfalls lange haltbar und kann auch bei Bedarf durch Zugabe von zwei Teilen beziehungsweise von fünf Teilen sterilen Aqua dest. als doppelt bzw. einfach konzentrierte RV-Bouillon eingesetzt werden.

Selenit-Cystin-Bouillon
5 g Pepton aus Casein
0,01 g L-Cystin-Hydrochlorid
4 g Lactose
10 g Di-Natriumhydrogenphosphat (Na_2HPO_4)
4 g Natriumhydrogenselenit ($NaHSeO_3$)
1000 ml Aqua dest.
Bei Raumtemperatur lösen; falls erforderlich auf maximal 60 °C kurzfristig erwärmen; mit 0,1 N NaOH auf pH 7,0 ± 0,2 einstellen; nicht autoklavieren sondern sterilfiltrieren; zu 10-ml-Portionen abfüllen.

Die Bouillon ist klar und leicht gelblich. Beim Auftreten eines ziegelroten Niederschlags ist sie unbrauchbar.

Der Ansatz muss mit Handschuhen und Mundmaske möglichst im Abzug erfolgen.

Xylose-Lysin-Desoxycholat-Agar (XLD-Agar)

Grundmedium:
3 g Hefeextrakt
5 g Natriumchlorid (NaCl)
5 g L-Lysinmonohydrochlorid
7,5 g Lactose
7,5 g Saccharose
3,5 g D-Xylose
2,5 g Natriumdesoxycholat
6,8 g Natriumthiosulfat, wasserfrei ($Na_2S_2O_3$)
0,8 g Ammoniumeisen (III)-citrat
12,5 g Agar
1000 ml Aqua dest.

Lösung A:
0,4 g Phenolrot
100 ml Aqua dest.

Alle Bestandteile des Grundmediums werden unter Erhitzen bis zum Kochen gelöst, 20 ml Lösung A zugesetzt, auf pH 7,4 ± 0,2 eingestellt und im Wasserbad auf 50 °C abgekühlt. Nach Erreichen der Temperatur sofort zu 15-ml-Portionen in Platten gießen. Um Überhitzung zu vermeiden, nie mehr als einen Liter auf einmal ansetzen; nicht im Autoklav sterilisieren.

Der fertige Nährboden ist klar und rot gefärbt und bis zu 14 Tagen bei (5 ± 3) °C haltbar.

Brillantgrün-Phenolrot-Lactose-Saccharose-Agar (BPLS-Agar)

Grundmedium:
5 g Fleischextrakt
10 g Pepton aus Fleisch
3 g Hefeextrakt
1,0 g Di-Natriumhydrogenphosphat (Na_2HPO_4)
0,6 g Natriumdihydrogenphosphat (NaH_2PO_4)
12 g Agar
mit Aqua dest. zu 900 ml lösen und bei (121 ± 3) °C für 15 min autoklavieren.

Lösung A:
10 g Lactose
10 g Saccharose
0,09 g Phenolrot
mit sterilem Aqua dest. zu 100 ml lösen. Die Lösung wird im Wasserbad für 20 min auf 70 °C erhitzt, dann auf 55 °C abgekühlt und sofort verbraucht.

Lösung B:
0,5 g Brillantgrün
100 ml Aqua dest.
Die fertige Lösung wird wenigstens einen Tag im Dunkeln gelagert zwecks Autosterilisation.

Das verflüssigte Grundmedium (900 ml) wird mit Lösung A (100 ml) und 1 ml Lösung B unter sterilen Bedingungen gemischt, auf pH 7,0 ± 0,1 eingestellt und in 15-ml-Portionen in Petrischalen gegossen.

Der fertige Nährboden ist klar und rotbraun-orange gefärbt.

Bismutsulfit-Agar nach Wilson-Blair

Grundmedium:
5 g Fleischextrakt
10 g Pepton aus Fleisch
5 g D-Glucose
4 g Di-Natriumhydrogenphosphat (Na_2HPO_4)
0,3 g Eisen (II)-sulfat-Heptahydrat ($FeSO_4 \cdot 7\,H_2O$)
3 g Natriumsulfit, wasserfrei (Na_2SO_3)
5 g Bismutammoniumcitrat
15 g Agar
1000 ml Aqua dest.

Lösung A:
0,5 g Brillantgrün
100 ml Aqua dest.
Grundmedium vorsichtig unter Rühren bis zum Sieden erhitzen, 5 ml Lösung A zusetzen und etwa 30 s leicht kochen; auf pH 7,6 ± 0,2 einstellen; auf 50 °C abkühlen und unter leichtem Schwenken zu 20 ml in Petrischalen gießen und bei offenem Deckel erstarren lassen.

Während des Lösens und Erhitzens bildet sich Bismutsulfit als Präzipitat, das gleichmäßig verteilt bleiben muss. Vor der Verwendung sollte der Nährboden 2 bis 4 Tage im Kühlschrank gelagert werden.

Der Nährboden ist leicht trüb und von fahler, blassgrüner Farbe.

Nähragar
3 g Fleischextrakt
5 g Pepton aus Fleisch
5 g Natriumchlorid (NaCl)
15 g Agar
1000 ml Aqua dest.
Im Dampftopf lösen; auf pH 7,0 ± 0,2 einstellen; 15 min bei (121 ± 3) °C autoklavieren; zu 12-ml-Portionen in Petrischalen abfüllen.

Der Nährboden ist klar und schwach gelblich und bis zu 2 Monate bei (5 ± 3) °C haltbar.

Endo-Agar
s. Abschnitt 4.2.3

Eisen-Dreizucker-Agar (TSI-Agar)

Grundmedium:
3 g Fleischextrakt
3 g Hefeextrakt
20 g Pepton aus Fleisch
10 g Lactose
10 g Saccharose
1 g D-Glucose
0,3 g Eisen (III)-citrat
5 g Natriumchlorid (NaCl)
0,3 g Natriumthiosulfat, wasserfrei ($Na_2S_2O_3$)
12 g Agar
1000 ml Aqua dest.

Lösung A:
0,4 g Phenolrot
100 ml Aqua dest.
Die Bestandteile des Grundmediums im Dampftopf in Lösung bringen, 6 ml Lösung A zugeben, auf pH 7,4 ± 0,2 einstellen und 15 min bei (121 ± 3) °C autoklavieren. Das heiße Medium in 6-ml-Portionen in sterile Reagenzröhrchen abfüllen und in Schräglage erstarren lassen, sodass sich etwa 2,5 cm Hochschicht und 4 cm Schrägfläche ergeben.

Der Nährboden ist klar und rot und bis zu 1 Monat bei (5 ± 3) °C haltbar.

Ohne Saccharosezusatz ist dieser Nährboden als Eisen-Zweizucker-Agar oder Kligler-Agar bekannt.

Harnstoffagar

Grundmedium:
1 g Pepton aus Fleisch
1 g D-Glucose
5 g Natriumchlorid (NaCl)
2 g Kaliumdihydrogenphosphat (KH_2PO_4)
15 g Agar
1000 ml Aqua dest.

Lösung A:
0,4 g Phenolrot
100 ml Aqua dest.

Lösung B:
40 g Harnstoff
in Aqua dest. zu 100 ml lösen und sterilfiltrieren.
Die Bestandteile des Grundmediums werden im Dampftopf gelöst, auf pH 6,8 ± 0,2 eingestellt, 3 ml Lösung A zugegeben und 15 min bei (121 ± 3) °C autoklaviert. Nach Abkühlen auf etwa 50 °C werden 950 ml abgemessen und 50 ml Lösung B unter sterilen Bedingungen zugegeben. Das heiße Medium wird in 6-ml-Portionen in sterile Reagenzröhrchen abgefüllt und zum Erstarren wie beim Eisen-Dreizucker-Agar beschrieben gelagert.

Der Nährboden ist klar und gelborange gefärbt und bis zu 7 Tage bei (5 ± 3) °C haltbar.

Lysin-Decarboxylations-Medium (nach Falkow)

Basismedium:
5 g L-Lysinmonohydrochlorid
3 g Hefeextrakt
5 g Pepton aus Fleisch
1 g D-Glucose
1000 ml Aqua dest.

Lösung A:
0,5 g Bromkresolpurpur
100 ml Aqua dest.
Alle Bestandteile einschließlich 3 ml Lösung A im Dampftopf lösen, auf pH 6,8 ± 0,2 einstellen; zu 5-ml-Portionen in Reagenzröhrchen abfüllen; 15 min bei (121 ± 3) °C autoklavieren.

Das Nährmedium ist klar und purpurfarben und bis zu 3 Monate bei (5 ± 3) °C haltbar.

Nach dem Beimpfen wird das Röhrchen etwa 4 mm hoch mit sterilem Paraffinöl überschichtet. Es empfiehlt sich, ein Kontrollröhrchen mitlaufen zu lassen. Es enthält das Falkow-Medium ohne Lysin.

Weichagar nach Gard
5 g Pepton aus Fleisch
3 g Fleischextrakt
1 g Kaliumnitrat (KNO_3)
0,3 g Natriumdesoxycholat
8 g Agar
1000 ml Aqua dest.
Im Dampftopf lösen; auf pH 7,4 ± 0,2 einstellen; 15 min bei (121 ± 3) °C autoklavieren; abkühlen auf 50 °C und zu 20-ml-Portionen in (Glas-) Petrischalen gießen.

Der Nährboden ist klar und leicht weißlich-gelb.

Salmonella-Antiseren
Diese sind kommerziell erhältlich, u. a. BD Difco; Sifin.

4.3.1.4 Untersuchungsgang

Eine Vielzahl von Anreicherungsverfahren und Nährmedien wurde für den Salmonellennachweis entwickelt (Abb. 4.10; Bockemühl, 1992). Enteritis-Salmonellen und *S.* Typhi müssen aufgrund unterschiedlicher Beeinflussung in verschiedenen Selektivmedien nachgewiesen werden. Obwohl *S.* Typhi in industrialisierten Ländern nur mehr extrem selten in Wasserproben vorhanden ist, ist dies zumindest bei epidemiologischen Verdachtssituationen mit zu berücksichtigen.

Für die Isolierung von Salmonellen aus Wasserproben und Schlämmen sind akzeptable Untersuchungsvorschriften für Wasser (DIN EN ISO 19250, 2003-Entwurf als Revision der ISO 6340, 1995) sowie für Klärschlamm (DIN 38414 S 13, 1992) aufgezeigt. Die Bestimmungen können sowohl qualitativ als auch quantitativ mit einem MPN-Verfahren durchgeführt werden (Schulze et al., 1980).

Voranreicherung
Die Wasserprobe wird zum gleichen Volumen von doppelt konzentriertem oder zum zehnfachen Volumen von einfach konzentriertem gepufferten Peptonwasser zugesetzt. Alternativ kann durch ein 0,45 µm-Membranfilter filtriert werden, das in 50 ml einfach konzentriertes gepuffertes Peptonwasser eingebracht wird. Bei Schlamm- oder Spielsandproben werden 10 g mit 90 ml physiologischer Kochsalzlösung homogenisiert und anschließend 10 ml zu 100 ml einfach konz. gepufferten Peptonwasser gegeben. Die Bebrütung erfolgt (18 ± 2) h bei (36 ± 2) °C.

Die Voranreicherung dient vor allem der Wiederbelebung vorgeschädigter Salmonellen in insgesamt keimarmen Substraten. Bei keimreichen Ausgangsmaterialien wie Oberflächenwasser, Schlämme u. a. m. kann es durch Überwuchern durch andere Keime sogar zu einem gegenteiligen Effekt kommen. Erfahrungsgemäß sollte hier die Bebrütungzeit auf 6 bis 8 h reduziert werden. Anderenfalls ist eine Direktanreicherung im Selektivmedium erfolgversprechender (z. B. bei frischem Abwasser oder frisch kontaminiertem Oberflächenwasser).

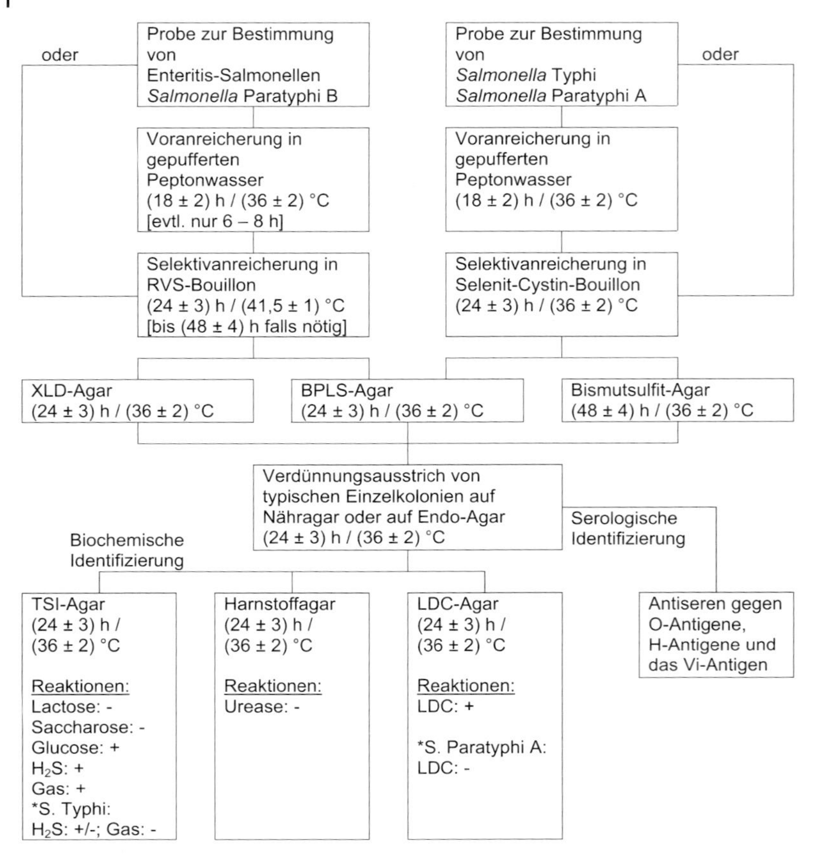

Abb. 4.10 Nachweis von Salmonellen.

Selektivanreicherung

Das Anreicherungsmedium der Wahl ist das Rappaport-Medium in einer seiner Variationen (Peterz et al., 1989). Da Salmonellen ein kurzzeitiges Austrocknen überleben, wird in diesem Medium diese Situation durch eine hypertone Magnesiumchloridlösung künstlich erzeugt. Allerdings wird diese Behandlung nur von frischen, voll lebensfähigen Salmonellen überstanden.

Enteritis-Salmonellen und *S.* Paratyphi B werden selektiv im Medium nach Rappaport-Vassiliadis (RV-Bouillon oder – mit Soja – RVS-Bouillon) angereichert. Aus der Voranreicherung wird 1 ml in 100 ml einfach konzentrierte RVS-Bouillon einpipettiert.

Beim Direktansatz werden 1 ml Wasser oder 1 g Schlamm ebenfalls zu 100 ml einfach konzentrierter RVS-Bouillon gegeben. Größere Volumina sind bei Möglichkeit durch ein 0,45 µm-Filter zu filtrieren. Bei schwerfiltrierbaren Wässern können gleiche Anteile mit doppelt konzentrierter und fünffache Mengen mit sechsfach konzentrierter RVS-Bouillon versetzt werden. Die Bebrütung findet (24 ± 3) h bei (41,5 ± 1) °C statt, wobei dieser Zeitraum für langsam wachsende Salmonellen noch verdoppelt werden kann.

Salmonella Typhi und *Salmonella* Paratyphi A lassen sich so nicht anzüchten. Dies gelingt nur in der Selenit-Cystin-Bouillon. Von der Voranreicherung oder beim Direktansatz kann ein Teil Probenvolumen mit 10 Teilen der einfach konzentrierten Bouillon vermengt werden. Für Direktansätze sollte nicht höher als doppelt konzentrierte Selenit-Cystin-Bouillon angewandt werden, sodass bei großen Volumina möglichst das Membranfilterverfahren zu verwenden ist. Die Bebrütung findet (24 ± 3) h bei (36 ± 2) °C statt.

Selektion auf Agarnährböden

Aus der Selektivanreicherung wird zur Gewinnung von Einzelkolonien auf wenigstens zwei verschiedene Selektivagarplatten ausgestrichen, wobei die Regel gilt, dass von einem stärker hemmenden Anreicherungsmittel auf weniger hemmende Selektivplatten und umgekehrt abzuimpfen ist. So impft man z. B. aus dem Rappaport-Medium auf XLD-Agar und BPLS-Agar ab, aus der Selenit-Anreicherung auf Bismutsulfit-Agar.

Von der bebrüteten RVS-Bouillon erfolgt ein fraktionierter Dreiösenausstrich auf XLD-Agar und auf BPLS-Agar, die (24 ± 3) h bei (36 ± 2) °C bebrütet werden. Von der bebrüteten Selenit-Cystin-Bouillon wird auf BPLS-Agar und auf Bismutsulfit-Agar ausgestrichen und (24 ± 3) h (beim Bismutsulfit-Agar 48 ± 4 h) bei (36 ± 2) °C bebrütet.

Salmonella-verdächtige Kolonien wachsen mit folgendem Aussehen auf den Selektivplatten:

Auf XLD-Agar: farblos, rosa bis rot; häufig zentral oder gänzlich geschwärzt (s. Abb. 4.11); gelegentlich wird die Ansäuerung durch den Xylose-Abbau nicht

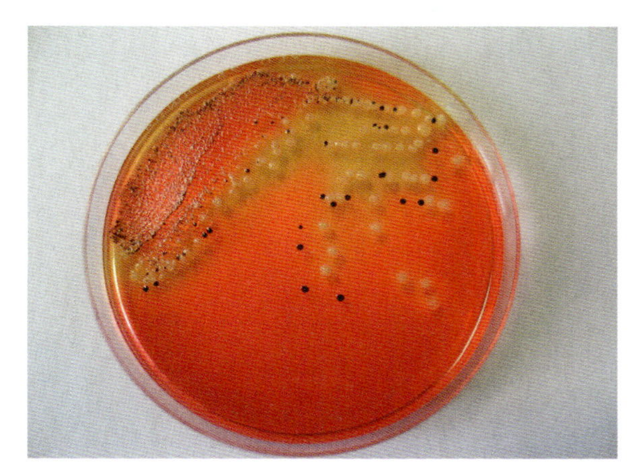

Abb. 4.11 Mischkultur mit Salmonellen auf Xylose-Lysin-Desoxycholat-Agar (XLD-Agar). Salmonellen wachsen mit transparenten, meist hellrosa Kolonien mit schwarzem Zentrum. Foto: Dr. Schindler, LGL.

ganz durch die Lysindecarboxylierung aufgehoben, sodass geschwärzte Kolonien mit gelblichem Rand auftreten, die jedoch keinen durch Gallesalzausfällung trüben Hof aufweisen.

Auf BPLS-Agar: rosaweißlich bis rot; meist mit rotem Hof; transparent bis mäßig opak (s. Abb. 4.12); in der Nachbarschaft von zuckerverwertenden (gelben) Kolonien ebenfalls gelblich, doch transparenter.

Auf Bismutsulfit-Agar: grau bis schwarz, mit einer metallisch glänzenden bräunlich bis schwärzlichen Zone umgeben (Kolonien vom Aussehen eines „Kaninchenauges"); aber auch grünlich bis bräunlichgrün mit mehr oder weniger Metallglanz (s. Abb. 4.13).

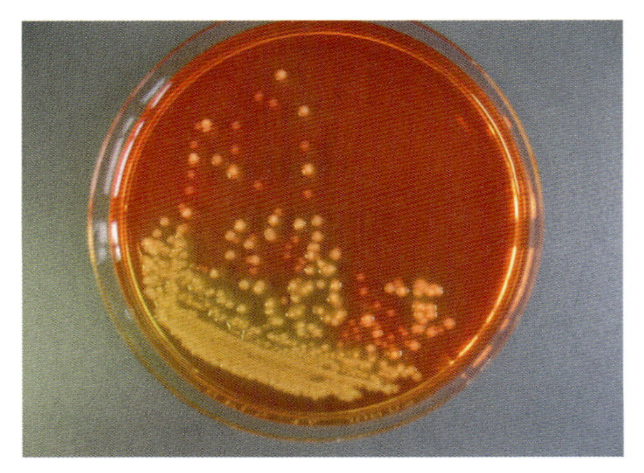

a

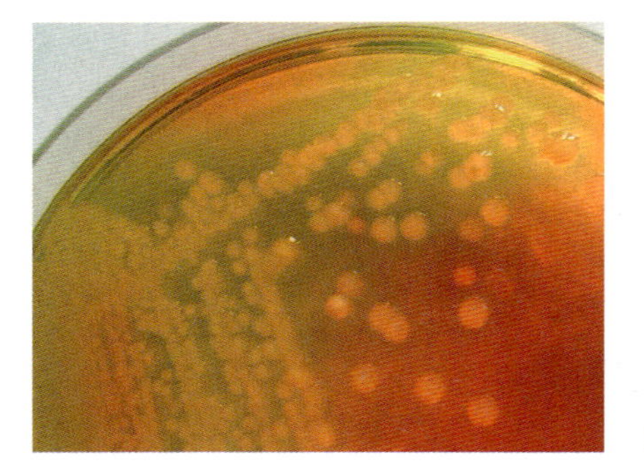

b

Abb. 4.12 a, b Mischkultur mit Salmonellen auf Brillantgrün-Phenolrot-Lactose-Saccharose-Agar (BPLS-Agar). Salmonellen wachsen mit transparenten rosa bis rötlichen Kolonien. Foto: Dr. Schindler, LGL.

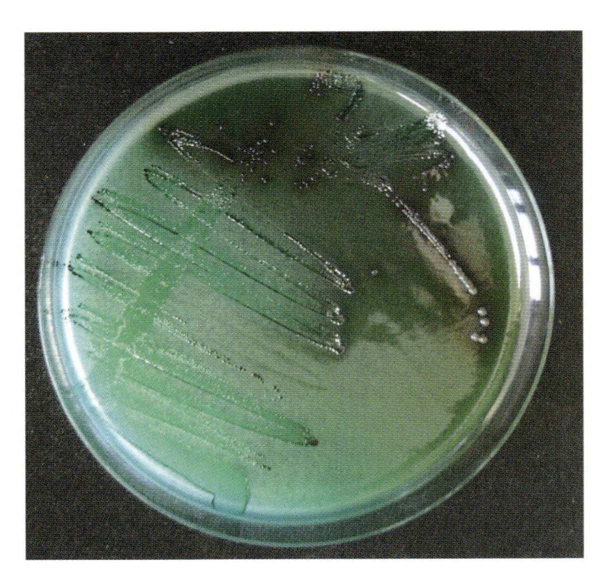

Abb. 4.13 Wachstum von Salmonellen auf Bismutsulfit-Agar nach Wilson Blair. Foto: Dr. Schindler, LGL.

Biochemische Identifizierung

Mehrere verdächtige Einzelkolonien von den Selektivnährböden werden fraktioniert auf Nähragar ausgestrichen und (24 ± 3) h bei (36 ± 2) °C bebrütet. Dieser Schritt dient auch zur Erkennung von Reinkulturen, wobei sich in der Praxis ein Verdünnungsausstrich auf Endo-Agar als effizienter erwies.

Mit Material aus Einzelkolonien vom Nähragar (oder Endo-Agar) werden ein TSI-Agarröhrchen durch Ausstrich auf der Schrägfläche und Einstich in die Hochschicht, ein Harnstoff-Agarröhrchen massiv durch Ausstrich auf der Schrägfläche sowie das Lysin-Decarboxylations-Medium beimpft und (24 ± 3) h bei (36 ± 2) °C bebrütet.

Typisches Salmonellenwachstum, wobei die Anzahl der Stämme mit entsprechenden Reaktionen in Prozent in Klammern angegeben ist, ist *im TSI-Agarröhrchen* durch Rotfärbung der Schrägfläche (keine Lactose- (99,2%) und keine Saccharoseverwertung (99,5%)), durch Gelbfärbung (100%) und Gasbildung (91,9%) in der Hochschicht (Glucosefermentation) und durch Schwärzung (91,6%; Sulfidproduktion) charakterisiert (s. Abb. 4.14). Der Eisensulfidniederschlag kann sowohl als schmaler schwarzer Ring im oberen Teil der Hochschicht vorhanden sein als auch zu einer Totalschwärzung derselben führen. (*S.* Typhi dagegen bildet kein Gas und kaum H_2S, sodass eine Schwärzung ebenfalls nur schmal ringartig auftritt oder fehlt).

Das *Harnstoffagar-Röhrchen* ist nicht nach rosa oder rot umgeschlagen (99,0%; Urease-negativ).

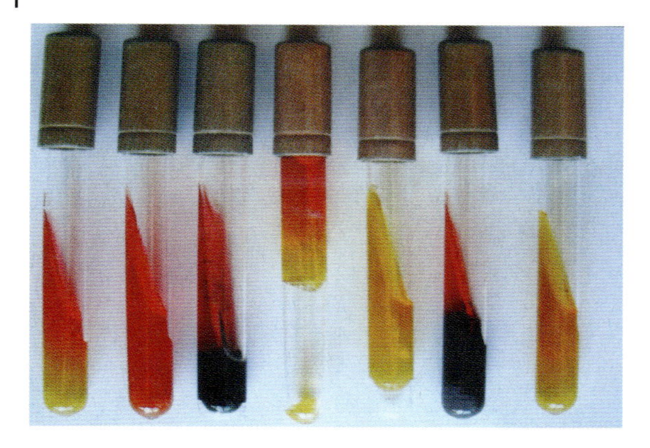

Abb. 4.14 Unterschiedliches Reaktionsverhalten verschiedener Bakterienstämme im Eisen-Dreizucker-Agar (TSI-Agar). Bei den Röhrchen Nr. 3 (mit Gasbildung) und Nr. 6 (ohne Gasbildung) kann es sich um Salmonellen handeln. Bei starker Schwärzung kann die Gelbfärbung durch die Glucoseverwertung in der Hochschicht überdeckt werden. Foto: Dr. Kugler, LGL.

Das *LDC-Röhrchen* ist trüb und, nach kurzfristigem Gelbumschlag, wieder purpurfarben (94,6%; Lysindecarboxylase-positiv). *S.* Paratyphi A ist hier negativ.

Serologische Identifizierung

Die *serologische Bestimmung* der Antigene mithilfe des Kauffmann-White-Schemas findet mittels polyvalenter Salmonella-Seren sowie mit O-, H- und Vi-Faktorenseren mit dem Objektträger-Agglutinationstest statt. Hierzu verwendet man Koloniematerial vom Nähragar, vom TSI- oder Kligler-Agar oder einem nur schwach hemmenden Selektivagar, wie dem Endo-Agar. Stärker hemmende Selektivnährböden sind aufgrund eingeschränkter Antigenproduktion meist nicht geeignet.

Antigene können nur bei in der Glattform wachsenden Kolonien bestimmt werden, da jene in der Rauform meist autoagglutinieren.

Vor der Testung mit Seren müssen autoagglutinierende Stämme ausgesondert werden. Hierzu wird Koloniematerial in einen Tropfen physiologischer Kochsalzlösung auf dem Objektträger eingerieben, wobei im positiven Fall eine Verklumpung eintritt. Analog erfolgt die serologische Testung, wobei ebenfalls Material aus Einzelkolonien in Tropfen mit den entsprechenden polyvalenten *Salmonella*-Seren sowie den O- und H-Faktorenseren eingerieben wird. Anschließend wird der Objektträger 30–60 s hin und her geschwenkt und mit einer Lupe gegenüber einem dunklen Hintergrund betrachtet. Im positiven Fall tritt eine körnige bis flockige Agglutination auf, während im negativen Fall die Suspension unverändert homogen milchig-trüb bleibt. O-Antigene sind nicht artspezifisch und kommen daher gelegentlich auch bei anderen Enterobakterien vor. Im Gegensatz dazu sind H-Antigene speziesspezifisch, sodass bei deren Nachweis eindeutig auf das Vorliegen von Salmonellen zu schließen ist.

Manchmal können O-Antigene auf Salmonellen durch eine starke Fimbrienbildung maskiert sein, die zuvor durch ein einstündiges Kochen zerstört werden muss. H-Antigene sind auf normalkonsistenten Nährböden oft nur schwach und in einer Phase vorliegend ausgeprägt. Nach punktförmiger Beimpfung eines Weichagars nach Gard können H-Antigene nach 16 bis 20 h bei $(36 \pm 2)\,^{\circ}C$ erleichtert aus der Schwärmzone agglutiniert werden. Die zweite H-Phase wird häufig erst dann ausgebildet, wenn die vorliegende mit dem entsprechenden Antiserum abgebunden wird. Hierzu kann man 1 Tropfen dieses Antiserums mit 5 bis 7 ml Weichagar bei 50 °C vermischen, in eine Petrischale mit 6 cm Durchmesser geben, erstarren lassen und analog punktförmig beimpfen. Beim Auftreten der 2. Phase bildet sich wiederum eine Schwärmzone aus.

4.3.1.5 **Weitere Methoden**

Im Rahmen epidemiologischer Fragestellungen können erweiterte Bestimmungen über die Feststellung des Serovars hinaus von Interesse sein. Hierzu zählen Antibiogramme, die Lysotypie mit spezifischen Phagensätzen, gelelektrophoretische Membranprotein- und Lipopolysaccharid-Auftrennungen sowie Genom- und Plasmidprofilanalysen (Helmuth et al., 1990). Mittels ELISA-Testen wären Schnellbestimmungen möglich. Über die PCR sind ebenfalls zuverlässige Ergebnisse mit meist höheren Ausbeuten als über die Kultivierung zu erwarten (Feder et al., 2001). Ebenfalls könnte man den Selektivanreicherungsschritt durch immunomagnetische Abtrennung aus der Voranreicherung einsparen.

4.3.1.6 **Störungsquellen**

Magnesiumchlorid-Hexahydrat ist stark hygroskopisch. Da die Magnesiumchlorid-Lösung gekühlt sehr lange haltbar ist, ist der gesamte Gefäßinhalt unmittelbar in der entsprechenden Wassermenge zu lösen.

Brilliantgrün-enthaltende Nährböden dürfen nicht überhitzt werden. Malachitgrün kann je nach Herkunft unterschiedlich hemmend wirken, sodass bei jeder Charge die geeignete Konzentration zu ermitteln wäre. Hier empfiehlt sich die Verwendung kommerziell erhältlicher Trockennährböden, bei denen entsprechende Testungen seitens des Herstellers erfolgen.

Auf allen Selektivagarnährböden können auch andere Keime in verdächtigen Koloniebildern wachsen, so *Pseudomonas*-Arten, *Proteus* spec., lactosenegative *Citrobacter*, lactosepositive *Citrobacter* bei verlängerter Bebrütung (Säureabbau!) u. a. m. Im Wachstum unterdrückte Keimarten werden meist nicht abgetötet und können so anschließende Differenzierungen von vermeintlichen Einzelkolonien verfälschen.

4.3.1.7 **Auswertung**

Salmonellen sind dann nachgewiesen, wenn das Isolat biochemisch typische Reaktionen aufweist und serologisch bis zum Serovar bestimmt worden ist. Eindeutig sind auch gelegentlich vorkommende, unbewegliche Mutanten, die als *Salmonella* der jeweiligen O-Gruppe bezeichnet werden können.

Isolate, die biochemisch anders reagieren und nicht agglutinieren, sind keine Salmonellen.

Keine eindeutigen Aussagen lassen sich in den Fällen treffen, bei denen entweder typische biochemische Reaktionen bei fehlender oder nur bei in Teilkomponenten vorhandener Agglutination vorliegen oder bei denen nichttypische biochemische Reaktionen bei positiver Agglutination vorkommen.

Derart reagierende Stämme sollten weiter untersucht werden, beispielsweise mit dem API20E-System der Fa. Biomerieux oder durch Subgruppenbestimmung (s. Behring-Broschüre).

Bleibt der Verdacht bestehen, können derartige Stämme zur Differenzierung an die Nationale Salmonella-Zentrale geschickt werden. Bei quantitativen Untersuchungen zählen alle Ansätze als positiv, aus denen mindestens ein Salmonellenserovar isoliert worden ist. Der zugehörige MPN-Index ist aus entsprechenden Tabellen zu entnehmen.

4.3.1.8 **Angabe der Ergebnisse**

Aus dem Untersuchungsbefund muss hervorgehen, in welchen Wasservolumina und mit welcher Methodik Salmonellen nachgewiesen oder nicht nachgewiesen worden sind.

Beispiel

In 1 l wurden Salmonellen nach dem DIN EN ISO-Entwurf 19250: 2003 nachgewiesen (Isolierte Serovare: *S.* Enteritidis und *S.* Paratyphi B).

Bei quantitativen Bestimmungen wird der MPN-Index ohne Vertrauensgrenzen angegeben.

Beispiel

MPN-Index für Salmonellen: 23 pro l; hierbei wurden qualitativ folgende Serovare bestimmt: *S.* Typhimurium.

Literatur

Behring Diagnostika (1992): Kauffmann-White-Schema. Firmenbroschüre der Behringwerke AG.

Bockemühl, J (1992): Enterobacteriaceae, Gattung *Salmonella*. In: Burkhardt, F. (Hrsg.): Mikrobiologische Diagnostik. Georg-Thieme-Verlag, Stuttgart, 138–141.

DIN 38414 S 13 (1992): Nachweis von Salmonellen in entseuchten Klärschlämmen.

DIN EN ISO 19250 (2003): Wasserbeschaffenheit: Bestimmung von Salmonellen, ISO DIS 19250.

Edel, W., van Schothorst, M., Kampelmacher, E.H. (1976): Epidemiological studies on *Salmonella* in a certain area („Walcheren Project"). Zbl. Bakt. Hyg. I. Abt. Orig. A 325, 476–484.

Feder, I., Nietfeld, J.C., Galland, J., Yeary, T., Sargeant, J.M., Oberst, R., Tamplin, M.L., Luchansy, J.B. (2001): Comparison of cultivation and PCR-Hybridization for detection of *Salmonella* in porcine fecal and water samples. J. Clin. Microbiol. 39, 2477–2484.

Helmuth, R., Montenegro, M.A., Steinbeck, A., Seiler, A., Pietzsch, O. (1990): Molekularbiologische Methoden zur epidemiologischen Feincharakterisierung von Krankheitserregern am Beispiel von *Salmonella enteritidis* aus Geflügel. Berl. Münch. Tierärztl. Wschr. 103, 416–421.

Müller, H.E. (1979): Über das Vorkommen von Salmonellen im Trinkwasser. Zbl. Bakt. Hyg., I. Abt. Orig. B 169, 551–559.

Peterz, M., Wiberg, C., Norberg, P. (1989): The effect of incubation temperature and magnesium chloride concentration on growth of Salmonella in home-made and in commercially available dehydrated Rappaport-Vassiliadis broths. J Appl. Bact. 66, 523–528.

Popoff, M.Y. (2001): Antigenic formulas of the Salmonella serovars. WHO Colloborating Centre for Reference and Research on Salmonella. 8th edition, 1–150.

Popoff, M.Y., Bockemühl, J., McWorter-Murlin, A. (1994): Supplement 1993 (no. 37) to the Kauffmann-White scheme. Res. Microbiol. 145, 711–716.

Popp, L. (1974): Salmonellen und natürliche Selbstreinigung der Gewässer. Zbl. Bakt. Hyg., I. Abt. Orig. B 158, 432–445.

Schindler, P.R.G., Gerson, D., Vogt, H., Metz, H. (1991): Über das Vorkommen von Salmonellen in Seen und Flüssen und im Trinkwasser aus Südbayern. Öff. Gesundh.-Wes. 53, 333–337.

Schulze, E., Stelzer, W., Dobberkau, H.-J., Ziegert, E., Nagel, M. (1980): Quantitative Untersuchungen über das Vorkommen von Salmonellen in Fließgewässern. Wasser u. Abwasser, Beiträge zur Gewässerforschung Wien 23, 44–60.

Tinall, B.J., Grimont, P.A.D., Garrity, G.M., Euzéby, J.P. (2005): Nomenclature and taxonomy of the genus *Salmonella*. Int. J. Syst. Evol. Microbiol. 55, 521–524.

WHO (1992): Our planet, our health. Report of the WHO commission on health and environment. World Health Organization, Genf, 106–144.

4.3.2 Yersinia

Irmgard Feuerpfeil

4.3.2.1 Begriffsbestimmung

Yersinien sind gramnegative ovoide, sporenlose Stäbchenbakterien von 0,5 bis 0,8 µm Durchmesser und 1 bis 3 µm Länge. Sie sind oxidasenegativ, katalasepositiv, reduzieren Nitrat zu Nitrit und können fakultativ anaerob wachsen. Durch peritriche Begeißelung sind Yersinien bei Temperaturen unter 30 °C beweglich; bei 37 °C kann man keine oder kaum Beweglichkeit feststellen. Lediglich *Yersinia (Y.) pestis* ist stets unbeweglich. Die Fähigkeit der Yersinien, sich in der Kälte (bis 0 °C) zu vermehren, wird zu ihrem Nachweis ausgenutzt.

4.3.2.2 Anwendungsbereich

Der Gattung Yersinia, die zu den Enterobacteriaceae gehört, werden zur Zeit 10 Spezies zugeordnet. Der taxonomische Status einer weiteren Art, der fischpathogenen *Y. ruckeri*, ist unklar.

Y. pestis, Y. pseudotuberculosis und bestimmte Serovare von *Y. enterocolitica* haben als Krankheitserreger Bedeutung. Erstere ist Erreger der Beulenpest, die hier außer Betracht bleiben soll. Während *Y. pseudotuberculosis* primär tierpathogen ist und nur selten beim Menschen nachgewiesen wurde, ist *Y. enterocolitica* ein häufiger Krankheitserreger des Menschen.

Die als Yersiniose bezeichnete Krankheit äußert sich hauptsächlich als Enteritis, akuten Bauchschmerzen und als Enterocolitis.

Wässrige, selten blutige Stühle sind typisch für *Y. enterocolitica*-Infektionen. Die blutige Diarrhoe tritt eher bei älteren Menschen auf und ist mit Fieber, Erbrechen und Bauchschmerz verbunden.

Als Folgeerkrankung einer intestinalen Infektion mit *Y. enterocolitica* und bei Manifestation außerhalb des Darmes und des Mesenteriums kann es zu späteren Komplikationen, wie Erythema nodosum und Arthritis, kommen.

Während alle Serovare von *Y. pseudotuberculosis* pathogen sind, kommen bei *Y. enterocolitica* pathogene Stämme vorwiegend bei den Serogruppen O:3, O:9, O:5,27 und O:8 (vorwiegend in den USA) vor.

Hierbei ist auch zu berücksichtigen, dass nur Stämme von *Y. enterocolitica* Biovar 1B (Serogruppen O:8, O:13a, 13b, O:18, O:20, O:21; vorwiegend in den USA), Biovar 2 (Serogruppen O:9, O:5,27), Biovar 3 (Serogruppen O:1, 2a, 3, O:9, O:5,27), Biovar 4 (Serogruppe O:3) und Biovar 5 (Serogruppe O:2a, 2b, 3) ein Virulenzplasmid besitzen und obligat pathogen sind. Stämme des Biovars 1A (Virulenzplasmid negativ) werden im Allgemeinen als apathogen angesehen, die Pathogenese hier nur sporadisch nachgewiesener Infektionen bedarf der Klärung (Bockemühl et. al. 2004).

Die Erreger sind weit verbreitet vor allem in den gemäßigten Zonen. Sie kommen vorzugsweise im Darm des Menschen und im Darm (und Rachen) von warmblütigen Wild- und Nutztieren vor, wurden aber auch bei Fischen,

Schalentieren und Reptilien und häufig in Lebensmitteln (Fleisch, Rohmilch, Eiscreme) nachgewiesen.

Sie gelangen vorwiegend mit den Ausscheidungen in die Umwelt und werden so zur Kontaminationsquelle für Abwasser, Oberflächenwasser, Boden und Pflanzen. Vor allem Biovar 1 A-Stämme von *Y. enterocolitica* sind in Oberflächenwasser, Boden, Schlamm und in der Vegetation weit verbreitet.

Auch apathogene Yersinia-Arten, wie *Y. mollaretii*, *Y. intermedia*, *Y. frederiksenii* und *Y. bercovieri* sind an Oberflächenwasser adaptiert.

Während apathogene Sero- und Biovare von *Y. enterocolitica* und weitere apathogene *Yersinia*-Arten primär Umweltkeime sind und sich in der Außenwelt sogar vermehren können, scheinen humanpathogene Serovare offenbar nicht dazu fähig zu sein, wohl aber dazu, in der Umwelt zu überleben. Über Nachweise pathogener Serovare von *Y. enterocolitica* vor allem in Abwasser liegen Literaturangaben vor (Ziegert, 1990). Sogar im Trinkwasser wurde *Y. enterocolitica* nachgewiesen und mit trinkwasserbedingten Erkrankungen in Verbindung gebracht (Schulze, 1994). Eigene Untersuchungen ergaben, dass bei der Trinkwasseraufbereitung gefundene Yersinien apathogen und den sogenannten „Umweltyersinien“ zuzuordnen waren (Schneider et. al., 2001). Die im Folgenden beschriebene Methodik eignet sich zum Nachweis von Yersinien aus Abwasser-, Oberflächenwasser- und Trinkwasserproben.

4.3.2.3 Nährböden und Reagenzien

0,5%ige Kaliumhydroxidlösung
5,6 g KOH
5,0 g NaCl
werden in ca. 100 ml Aqua dest. gelöst, dann auf 1 l aufgefüllt.

Phosphatpufferlösung
a) 11,8 g $Na_2HPO_4 \cdot 2\,H_20$
werden in 1000 ml Aqua dest. gelöst
b) 9,1 g KH_2PO_4
werden in 1000 ml Aqua dest. gelöst.
Für den Ansatz werden von a) 868 ml und von b) 132 ml gemischt, der pH-Wert beträgt 7,6.

Yersinia-Bouillon (mod. nach Schiemann)

Grundmedium:
10,0 g Pepton aus Casein
10,0 g Pepton aus Fleisch
2,0 g Hefeextrakt
20,0 g D-Mannit
2,0 g Natriumpyruvat
1,0 g Natriumchlorid

0,01 g Magnesiumsulfat
1,0 g Gallesalzmischung
0,03 g Neutralrot
0,001 g Kristallviolett
1000 ml Aqua dest.

CIN-Agar (Cefsulfodin-Irgasan-Novobiocin)
Durch Zugabe von 12,5 g Agar und des Yersinia-Selektivsupplements zur Yersinia-Bouillon erhält man ein festes Selektivmedium, das als CIN-Agar bekannt ist.

Yersinia-Selektivsupplement (CIN):
7,5 mg Cefsulfodin
2,0 g Irgasan
1,25 mg Novobiocin
Die Bestandteile des Grundmediums werden in 1000 ml Aqua dest. gelöst, der Agar zugegeben und 15 min bei 121 °C autoklaviert. Der pH-Wert soll 7,4 ± 0,2 betragen. Nach Abkühlen des Mediums wird das Selektivsupplement zugegeben.

Bei Verwendung des fertigen, kommerziell erhältlichen Supplements wird pro 500 ml Grundmedium der Inhalt eines Fläschchens Supplementlösung eingemischt. Werden die Antibiotika einzeln zugegeben, müssen sie vorher mit je 2 ml sterilem Aqua dest. und 1 ml Ethanol gelöst werden. Die Zugabe erfolgt dann in den oben angegebenen Konzentrationen ebenfalls zu 500 ml Grundmedium. Der fertige CIN-Agar hat eine leicht rosa Färbung. Er wird zu 100 ml in Erlenmeyerkolben abgefüllt und gekühlt aufbewahrt (4 bis 6 °C) bis zur Verwendung.

Desoxycholat-Citrat-Agar (mod. nach Leifson)
10,0 g Pankreatisches Pepton (aus Fleisch)
10,0 g Lactose
10,0 g Saccharose
1,0 g Ammoniumeisen(III)-Citrat
2,5 g Natriumdesoxycholat
5,0 g Natriumthiosulfat
5,0 g Natriumcitrat
0,02 g Neutralrot
10,0 g Agar
Die Bestandteile werden in ca. 100 ml Aqua dest. im Dampftopf gelöst und auf 1000 ml mit Aqua dest. aufgefüllt (gut schütteln). Die fertige Lösung wird 50 min im Dampftopf sterilisiert (nicht autoklavieren). Nach Abkühlen der Lösung und Einstellen des pH-Wertes auf 7,5 ± 0,3 werden Platten gegossen. Das Medium ist klar und rosa/rötlich gefärbt.

Cytochromoxidase-Reagenz (Nadi-Reagenz)

Lösung A:
1 g 1-Naphthol in 100 ml Ethanol

Lösung B:
1 g N,N-Dimethyl-1,4-phenylendiammoniumdichlorid in
100 ml Aqua dest.
Beide Lösungen getrennt in dunklen Flaschen im Kühlschrank aufbewahren. Unmittelbar vor dem Test werden gleiche Mengen beider Lösungen gemischt.

Kligler mit Harnstoff

Bestandteil 1:
0,5 g Dextrose
1 ml Bromthymolblaulösung (1,5%)
100 g Nähragar
Bestandteile lösen, im Dampftopf 20 min sterilisieren, Abkühlen des Mediums auf ca. 50 °C, Zugabe von 1 g Harnstoff. Das Medium wird zu je 1 ml in sterile Röhrchen abgefüllt und nochmals 5 min im Dampftopf übersterilisiert.

Bestandteil 2: Kligler-Zweizucker-Eisen-Agar

Grundmedium:
3 g Fleischextrakt
3 g Hefeextrakt
20 g Pepton aus Fleisch
10 g Lactose
1 g D-Glucose
0,5 g Eisen(III)-citrat
5 g Natriumchlorid (NaCl)
0,3 g Natriumthiosulfat, wasserfrei ($Na_2S_2O_3$)
12 g Agar
1000 ml Aqua dest.

Phenolrotlösung:
0,4 g Phenolrot
100 ml Aqua dest.
Die Bestandteile des Grundmediums im Dampftopf in Lösung bringen, 6 ml Phenolrotlösung zugeben, auf pH 7,4 ± 0,1 einstellen und 15 min bei 121 °C autoklavieren.

5 ml des sterilen, flüssigen, auf ca. 50 °C abgekühlten Mediums werden auf den erstarrten Harnstoffagar (Bestandteil 1) gegeben. Mit Schrägschicht erstarren lassen.

Beweglichkeitsagar
0,3 g Agar
100 ml Nährbouillon
Im Dampftopf lösen, zu 4 ml in Röhrchen abfüllen, bei 121 °C für 15 min autoklavieren. In Hochschicht erstarren lassen. Das Medium ist durchsichtig und klar.

Mucat-Bouillon
2,5 g Schleimsäure (mucic-acid)
2,5 g Bacto-Pepton
1,2 ml 10 N NaOH
3,0 ml Bromthymolblaulösung (0,2%)
250 ml Aqua dest.
2,5 g Schleimsäure in 250 ml Aqua dest. aufkochen, 1,2 ml 10 N NaOH dazugeben und unter Rühren vollständig lösen. Die Lösung abkühlen lassen. 2,5 g Bacto-Pepton und 3,0 ml Bromthymolblaulösung zugeben, 25 min autoklavieren (121 ± 3) °C. Nach Abkühlen den pH auf 7,4–7,8 einstellen (die Lösung muss blau gefärbt bleiben), 20 min im Dampftopf übersterilisieren. Zu je 4 ml in sterile Kulturröhrchen abfüllen. Die Lösung ist im Kühlschrank mindestens 4 Wochen haltbar.

4.3.2.4 Untersuchungsgang

Bei der Anzüchtung von Yersinien aus Wasserproben ist es notwendig, zur Hemmung der Begleitflora Anreicherungs- und Selektionsverfahren einzusetzen.

Dabei wird die Fähigkeit der Yersinien, sich bei niedrigen Temperaturen vermehren zu können, zu ihrem Nachweis mittels Kälteanreicherung (Inkubation bei 4 °C) ausgenutzt. Zur Hemmung der Begleitflora können weiterhin Medien mit Gallesalzen oder Farbstoffen bzw. mit Antibiotikazusätzen eingesetzt werden, die kommerziell erhältlich sind. Bei stark kontaminierten Abwasserproben kann ein Ausschalten der Begleitflora durch Kalilaugenbehandlung erreicht werden.

Die im Folgenden beschriebenen Untersuchungsverfahren sind für Abwasserproben und für Oberflächenwasser- und Trinkwasserproben einsetzbar (s. Abb. 4.15).

Flüssigkeitsanreicherung; Alkali-Methode

Zur Untersuchung von Abwasserproben wird eine modifizierte Technik der „Alkali-Methode“ nach Ziegert (1988) eingesetzt. Die Wasserproben (100 ml) werden papierfiltriert, 20 min bei 3–4000 g zentrifugiert und das Sediment 2 min mit 0,5%iger KOH (Mischungsverhältnis 1:1) behandelt. Anschließend wird das Sediment in 100 ml Phosphatpufferlösung bei 4 bis 6 °C bis zu 5 Tage inkubiert und täglich nach einer weiteren Behandlung mit Kalilauge (1 ml Anreicherungsgemisch + 0,5%ige KOH (1:1), 2 min Einwirkung) auf Desoxycholat-Citrat-Agar nach Leifson ausgeimpft. Die Auswertung suspekter Kolonien erfolgt nach 48-stündiger Bebrütung (36 °C für 24 h, 28 °C für weitere 24 h).

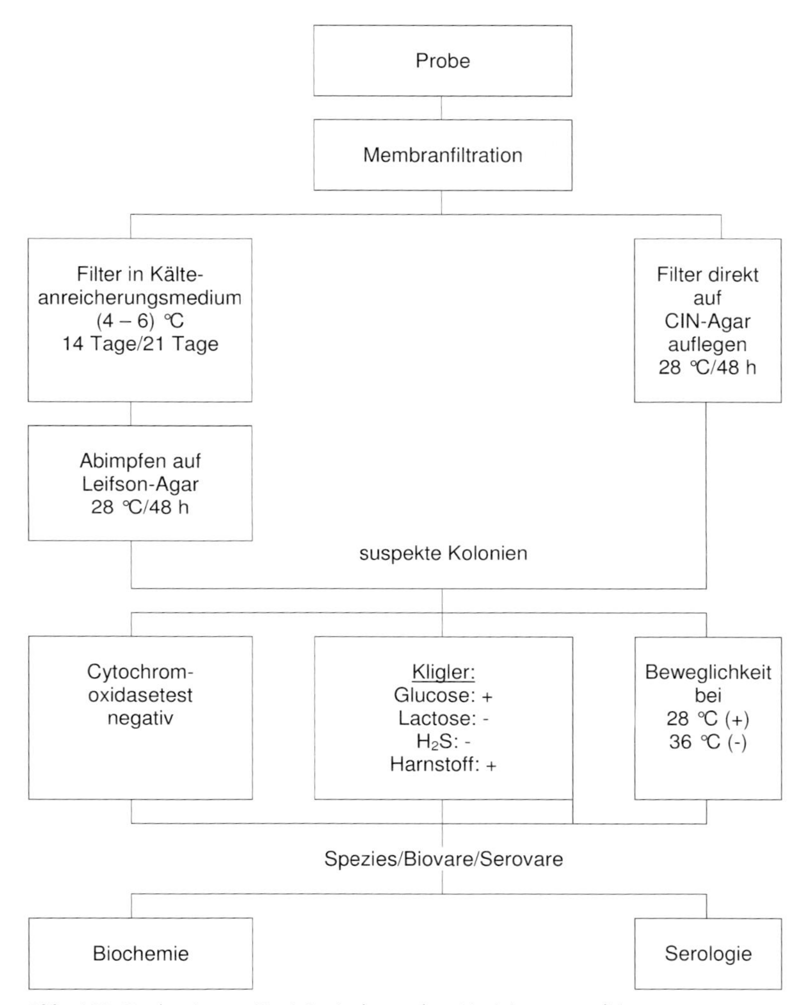

Abb. 4.15 Nachweis von Yersinia, insbesondere *Yersinia enterocolitica.*

Membranfilterverfahren

Zum Nachweis von Yersinien aus geringer kontaminiertem Untersuchungswasser (große Probevolumina, 1 l, 500 ml) empfiehlt sich die Technik der Membranfiltration. Dazu werden die Wasserproben durch Membranfilter mit einem Durchmesser von ca. 50 mm und einer Porenweite von 0,45 µm filtriert.

Die Filter können direkt auf feste Selektivmedien (CIN-Agar und andere kommerziell erhältliche Nährmedien) aufgelegt werden, und nach entsprechender Inkubationszeit (48 h bei 28 °C) sind die suspekten Kolonien auszuzählen. Mit dieser Methodik ist eine direkte quantitative Bestimmung der Yersinien möglich.

Flüssigkeitsanreicherung mit Membranfilter

Höhere Nachweisraten können beim Einsatz von Anreicherungsverfahren erreicht werden. Hierfür werden die Membranfilter nach der Filtration in die entsprechenden Anreicherungsmedien eingebracht und bis 21 Tage bei 4 bis 6 °C kälteangereichert. Die Weiterbearbeitung erfolgt jeweils nach 14 Tagen und 21 Tagen. Durch MPN-Ansätze wird auch hier eine quantitative Auswertung möglich.

Nach der Kälteanreicherung wird auf Leifson-Agar abgeimpft (Drei-Ösen-Verdünnung), unter Umständen muss das Anreicherungsmedium verdünnt werden. Weitere 48 h Bebrütung bei 28 °C schließen sich an.

Yersinia-verdächtig sind kleine, korallenrot bis himbeerfarbene, halbkugelig trockene bis matt glänzende Kolonien. Bei Inkubation von 48 h und länger können sich in Abhängigkeit von der Nährbodenzusammensetzung kleine und größere Kolonieformen („Ochsenauge", zentraler dunkelroter Punkt mit hellem Rand) ausbilden (s. Abb. 4.16).

Bei *Y. enterocolitica* ist es außerdem möglich, dass verschiedene Serogruppen unterschiedliche Kolonieformen oder -morphologien ausbilden können. Möglich ist auch, dass bei Reinkulturen von *Y. enterocolitica* unterschiedliche Kolonieformen durch Plasmidgehalt einiger Zellen auftreten (kleine Kolonien mit Plasmid, große Kolonien ohne Plasmid). Yersinia-verdächtige Kolonien werden zur weiteren Typisierung biochemischen und serologischen Tests unterzogen.

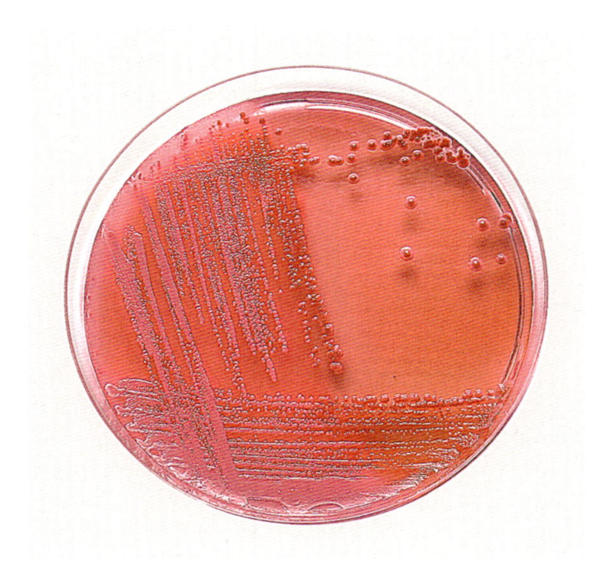

Abb. 4.16 *Y. enterocolitica* auf Leifson-Agar (Ochsenauge).

Bestätigungstests

Sind die verdächtigen Kulturen cytochromoxidasenegativ, nach Inkubation bei 28 °C beweglich, bei 36 °C unbeweglich, und zeigen sie einen typischen „Yersinien-Kligler“ (Glucose positiv, Lactose negativ, H_2S negativ, Harnstoff positiv), so ist die Diagnose *Yersinia* bestätigt. Durch weitere biochemische Tests sind die *Yersinia-Arten* voneinander abzugrenzen.

Für die Biotypisierung von *Y. enterocolitica*-Stämmen kann ein Schema nach Wauters (1987) verwendet werden. Durch serologische Tests und die Biovarbestimmung ist eine weitere Klassifizierung und Zuordnung der isolierten Yersinien zu pathogenen oder potentiell pathogenen Stämmen möglich.

4.3.2.5 **Störungsquellen**

Die Ausbildung der biochemischen Leistungen sowie die Wuchsform der Yersinien auf den verschiedenen Nachweismedien sind stark temperaturabhängig (Bottone, 1977). Die Bebrütungstemperaturen müssen deshalb exakt eingehalten werden. Bei längeren Bebrütungszeiten als 48 h können auch stark abweichende Kolonieformen auftreten. Beachtet werden sollte, dass bei Kultivierung um 36 °C das Virulenzplasmid leicht verloren geht. Yersinia-Kulturen sollten deshalb stets bei Temperaturen unter 30 °C gezüchtet werden.

Serologische Tests sollten nach Subkultivierung auf unselektiven Medien erfolgen. Bei der serologischen Abgrenzung pathogener Serogruppen von nicht pathogenen Stämmen ist zu beachten, dass *Y. intermedia*- und *Y. frederiksenii-Stämme* O:3 und O:9 Antigene besitzen können. Der Einsatz biochemischer Tests einschließlich zur Verwertung von Sucrose, Rhamnose und Melibiose ist zur Abgrenzung von pathogenen *Y. enterocolitica* zu empfehlen (Aleksić und Bockemühl, 1988, 1990).

Beachtet werden sollte außerdem, dass fertig zu beziehende kommerzielle biochemische Testsysteme zur Typisierung von Yersinien aus medizinischen Proben entwickelt wurden und zur Bestimmung von Yersinien aus der Umwelt nur bedingt Aussagen ermöglichen.

Möglich sind z. B. falsch-positive *Y. enterocolitica*-Befunde durch *Y. mollaretii* und *Y. bercovieri*. *Y. mollaretii* ist außerdem fähig, in O:3-Seren zu agglutinieren, was unter Umständen den falsch-positiven *Y. enterocolitica*-Befund noch dramatisieren kann (s. Abb. 4.17).

Die Agglutination von *Y. mollaretii* in O:3 Serum verläuft allerdings schneller (aber keine Spontanagglutination!) als bei „echten“ *Y. enterocolitica*.

Eine eindeutige Artzuordnung ist hier durch den zusätzlichen Nachweis der Mucatbildung (*Y. mollaretii*/*Y. bercovieri*: positiv, *Y. enterocolitica*: negativ) und der Verwertung von Sorbose (*Y. mollaretii*: positiv, *Y. bercovierie*: negativ) möglich.

Die Isolierung und Typisierung von Yersinien aus Wasserproben sollte aus oben genannten Gründen in Speziallaboratorien mit dafür geschultem Personal durchgeführt werden.

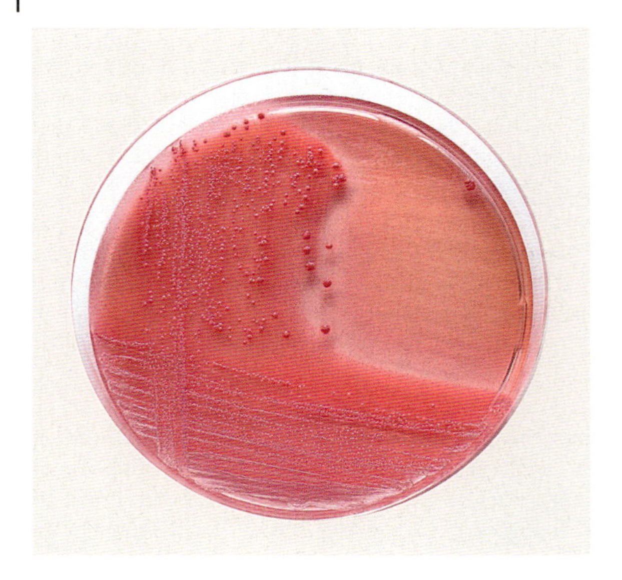

Abb. 4.17 *Y. mollaretii* auf Leifson-Agar.

4.3.2.6 **Auswertung**

Zur Angabe des Ergebnisses werden alle durch die oben genannten Anreicherungs-, Selektions- und Bestätigungstests gefundenen Yersinia-Kolonien mit typischem Wachstum berücksichtigt.

4.3.2.7 **Angabe der Ergebnisse**

Bei der Untersuchung nur eines Wasservolumens (qualitativer Nachweis) wird angegeben, ob Yersinien im untersuchten Volumen nachgewiesen werden konnten oder nicht.

Beispiel
Yersinien in 100 ml nachweisbar (nicht nachweisbar).

Bei quantitativen Angaben, die mittels Flüssigkeitsanreicherungsverfahren erzielt wurden, wird die Auswertung über den Code nach einer entsprechenden MPN-Tabelle vorgenommen. Die Angabe des Ergebnisses erfolgt dazu als MPN-Indexwert.

Beispiel
11 MPN 100 ml^{-1}

Beim Einsatz des Membranfilterverfahrens mit direktem Auflegen des Filters auf die Agaroberfläche erfolgt die Angabe des Ergebnisses pro filtriertem Volumen. ISO 8199 (2005) ist zu beachten.

Beispiel
Yersinien (Membranfilterverfahren): 80 KBE 100 ml^{-1}.

Literatur

Aleksić, S., Bockemühl, J. (1988): Serologische Eigenschaften von 416 Yersinia-Stämmen aus Brunnenwasser und Trinkwasseranlagen in der BRD: Fehlen von Hinweisen, dass diese Stämme für die Volksgesundheit von Bedeutung sind. Zbl. Bakt. Hyg. B, 185, 527–533.

Aleksić, S., Bockemühl, J. (1990): Mikrobiologie und Epidemiologie der Yersinosen. Immun. Infekt., 18, 178–185.

Bockemühl, J., Roggentin, P. (2004): Enterale Yersiniosen. Bundesgesundheitsbl-Gesundheitsforsch-Gesundheitsschutz, 47, 685–691.

Bottone, E. J. (1977): *Yersinia enterocolitica:* a panoramic view of a charismatic microorganism. Crit. Rev. Microbiol., 5, 211–241.

ISO 8199 (2005): Water quality – General guide to the enumeration of micro-organisms by culture, Beuth-Verlag GmbH, 10772 Berlin.

Schneider, E., Heinze, R., Hummel A., Feuerpfeil I. (2001): Nachweis von Pathogenitätskriterien bei bakteriellen Isolaten aus der Trinkwasseraufbereitung und aus Umweltproben, Abschlussbericht, gefördert vom Bundesministerium für Gesundheit.

Schulze, E. (1994): Verhalten von Mikroorganismen und Viren bei der Trinkwasseraufbereitung – *Campylobacter* und *Yersinia*. DVGW-Schriftenreihe Wasser, 110, 179–190.

Wauters, G., Kandolo, K., Janssens, M. (1987): Revised biogrouping scheme of yersinia enterocolitica. Contrib. Microbiol. Immunol., 9, 14–21.

WHO (2004): Guidelines for drinking-water quality. 3 ed., Vol. 1, Recommendations, Geneva.

Ziegert, E. (1988): Vorkommen, Nachweis und Antibiotikaresistenz von *Yersinia enterocolitica* im Wasser. Schriftenreihe „Gesundheit und Umwelt" des Forschungsinstitutes für Hygiene und Mikrobiologie, Bad Elster, 4, 32–59.

Ziegert, E. and Diesterweg, I. (1990): The occurrence of Yersinia enterocolitica in sewage. Zentralblatt für Mikrobiologie, 45, 367–375.

Weiterführende Literatur

Burkhardt (Hrsg.) (1992): Mikrobiologische Diagnostik, G.-Thieme-Verlag, Stuttgart, New York.

DVGW-Schriftenreihe Wasser (1997): BMBF-Statusseminar „Vorkommen und Verhalten von Mikroorganismen und Viren im Trinkwasser", Teil „Campylobacter und Yersinia-Vorkommen im Rohwasser und Verhalten in der Trinkwasseraufbereitung", Nr. 91, 63–91.

Pullen, R., Schoenen, D. (1986): Zur Frage des Vorkommens humanpathogener Y. enterocolitica Stämme im Trinkwasser. Öff. Gesundh.-Wesen, 136–144.

4.4 Enterokokken

Irmgard Feuerpfeil

4.4.1 Begriffsbestimmung

Mit dem Begriff „Fäkalstreptokokken" aus der Trinkwasserverordnung von 1990 wurde eine Vielzahl verschiedener Streptokokkenarten, die sich durch den Besitz des sogenannten Lancefield-Gruppen-Antigens D auszeichnen (sogenannte D-Streptokokken) erfasst. Fäkalstreptokokken können sowohl aus dem Darm des Menschen und von Tieren, aber auch von Pflanzen oder Pflanzenteilen stammen.

Die Taxonomie der Fäkalstreptokokkenarten ist wechselnd. Gegenwärtig werden zum Genus Streptococcus die intestinalen Enterokokken als Subgruppe der Fäkalstreptokokken gezählt. Zu dieser Subgruppe gehören die Spezies *Enterococcus (E.) faecalis, E. faecium, E. durans* und *E. hirae.* Zwei weitere bekannte Arten, *S. bovis* und *S. equinus,* werden weiterhin zum Genus Streptococcus zugeordnet.

Einige Enterokokken-Arten kommen vorzugsweise auf pflanzlichem Material, z. B. nicht sterilisierten Hanfstricken vor, die bei der Verschraubung von Rohrleitungen als Dichtungsmaterial eingesetzt werden. Da Enterokokken auch sehr resistent gegen Austrocknung sind, kann man sie deshalb häufig in frisch verlegten oder reparierten Trinkwasserleitungen nachweisen.

Als Fäkalindikatoren sollten streng genommen nur die Arten, die aus dem Darm von Mensch oder Tier stammen, herangezogen werden. Dies sind im Wesentlichen die bereits genannten Arten *E. faecalis, E. faecium, E. durans* und *E. hirae,* die jetzt in der Regel als Fäkalindikatoren zur hygienischen Überwachung der Wasserqualität herangezogen werden. Mit dem Referenzverfahren der Trinkwasserverordnung (TrinkwV 2001) und weiteren neuen Nachweisverfahren werden hauptsächlich diese Arten nachgewiesen. Deshalb wird auch der Parameter in neueren Verordnungen, Richtlinien und dem Technischen Regelwerk „Enterokokken" und nicht mehr „Fäkalstreptokokken" bezeichnet. In älteren Richtlinien und der Mineral- und Tafelwasserverordnung heißt der Parameter noch „Fäkalstreptokokken", weil durch das hier genannte Nachweisverfahren noch die größere physiologische Gruppe erfasst werden kann.

Enterokokken sind grampositiv, katalasenegativ, resistent gegen Natriumchlorid (6,5%) und Rindergalle (40%) und wachsen im Temperaturbereich von 10 bis 45 °C und bis zu einem pH-Wert von 9,6. Die Hydrolyse von Aesculin wird bevorzugt zu ihrem Nachweis eingesetzt.

4.4.2 Anwendungsbereich

Der Nachweis von Enterokokken zeigt mit hoher Wahrscheinlichkeit eine fäkale Verunreinigung des Wassers an.

Enterokokken sind durch ihren Zellwandaufbau widerstandsfähiger gegen chemische Desinfektionsmittel als *E. coli* und coliforme Bakterien und können auch länger in der Umwelt überleben. Dadurch kann ihr Nachweis ein Indiz für eine länger zurückliegende Kontamination sein.

In stark verunreinigten Rohwässern sowie bei fehlender Desinfektion, speziell auch bei Kleinanlagen nach § 3 Satz 2 b TrinkwV 2001, ist es deshalb sinnvoll den Parameter „Enterokokken" als bakteriellen Indikator mit zu bestimmen. Die Untersuchung auf Enterokokken zur Beurteilung der Effektivität der Aufbereitung im Sinne eines „water safety plans" (WHO, 2004) ist ebenfalls in diesem Zusammenhang zu empfehlen.

Enterokokken sind als Parameter zur Überwachung der Wasserqualität in die EG-Richtlinie „Qualität des Wassers für den menschlichen Gebrauch" (1998), in die Trinkwasserverordnung (TrinkwV 2001) und in die EG-Richtlinie über die „Qualität der Badegewässer und deren Bewirtschaftung" (2006) aufgenommen worden.

In der Mineral- und Tafelwasserverordnung ist noch die Untersuchung auf Fäkalstreptokokken vorgeschrieben.

Der Nachweis von Fäkalstreptokokken zur Beurteilung der Qualität von Oberflächengewässern zur Trinkwasseraufbereitung (EG-Richtlinie, 1975) wurde in ähnlicher Form für eine technische Regel des DVGW (W 251 – Eignung von Fließgewässern zur Trinkwassergewinnung, 1996) berücksichtigt.

Die Untersuchung auf Enterokokken ist zur Beurteilung der Qualität des Wassers in Kleinbadeteichen in die UBA-Empfehlung „Hygienische Anforderungen an Kleinbadeteiche (künstliche Schwimm- und Badeteichanlagen)" aufgenommen worden.

Die hier beschriebenen Methoden zur Bestimmung von Fäkalstreptokokken/Enterokokken aus Wasserproben sind anwendbar zur Untersuchung von Abwasser, Oberflächenwasser, Badegewässern, Beckenwasser von Kleinbadeteichen, Trinkwasser und Mineral- und Tafelwasser.

4.4.3 Nährböden

Einige der im Folgenden beschriebenen Selektivnährböden enthalten Natriumazid, eine stark giftige und mutagene Substanz. Um den Kontakt damit zu vermeiden, sind Vorsichtsmaßnahmen zu treffen.

Dies gilt insbesondere für das Einatmen des feinen Staubes während der Zubereitung des Nährbodens, welches auch bei kommerziell erhältlichen Fertigmedien zu beachten ist.

Thalliumacetat und N,N-Dimethylformamid sind ebenfalls toxisch. Arbeiten mit diesen Substanzen sind nur unter dem Abzug oder in einer Sicherheitswerkbank durchzuführen.

Zur Sicherstellung einheitlicher Ergebnisse sind bei der Zubereitung der Medien entweder ein dehydriertes Fertigmedium oder Komponenten von gleich bleibender Qualität sowie Chemikalien des Reinheitsgrades zur Analyse (oder ähnlicher Qualität) zu verwenden.

Zur Zubereitung der Nährmedien ist destilliertes Wasser oder Wasser von gleichwertiger Reinheit, frei von Mikroorganismenwachstum hemmenden Zusätzen, welches den Anforderungen nach ISO 3696 genügt, einzusetzen.

Azid-Glucose-Bouillon

15 g tryptisches Pepton aus Kasein
4,5 g Fleischextrakt
7,5 g D-Glucose
7,5 g Nariumchlorid (NaCl)
0,2 g Natriumazid, rein (NaN_3)
1 ml alkoholische Lösung von Bromkresolpurpur (1,5%ig)
1000 ml Aqua dest.
Nährbodenbestandteile im Dampftopf lösen (30 min), auf pH-Wert $7{,}2 \pm 0{,}2$ einstellen, in Röhrchen zu 10 ml abfüllen und autoklavieren (15 min, 121 °C). Für die Herstellung von doppelt konzentrierter Azid-Glucose-Bouillon sind die zweifachen Mengen der angegebenen Substanzen einzuwägen.

Tetrazolium-Azid-Agar (Slanetz und Bartley)

20 g tryptisches Pepton aus Kasein
5 g Hefeextrakt
2 g D-Glucose
4 g Dikaliumhydrogenphosphat (K_2HPO_4)
0,4 g Natriumazid, rein (NaN_3)
0,1 g 2,3,5-Triphenyl-2H-tetrazoliumchlorid (TTC)
8–18 g Agar (in Abhängigkeit von der Gelierfähigkeit des Agars)
1000 ml Aqua dest.
Das TTC als 1%ige sterilfiltrierte Lösung ansetzen. Die übrigen Substanzen im Dampftopf lösen, auf 50 °C abkühlen, pH-Wert auf $7{,}2 \pm 0{,}1$ bei 25 °C einstellen, 10 ml 1%ige TTC-Lösung zugeben und Platten gießen.

Die Platten können im Dunkeln bis zu 2 Wochen bei (5 ± 3) °C gelagert werden.

Galle-Äsculin-Azid-Agar

17 g Trypton
3 g Pepton
5 g Hefeextrakt
10 g dehydrierte Ochsengalle
5 g Natriumchlorid (NaCl)
1,0 g Äsculin
0,5 g Ammoniumeisen(III-)citrat
0,15 g Natriumazid, rein (NaN_3)
5 g Agar
1000 m Aqua dest.

Substanzen im Dampftopf lösen, den pH-Wert so einstellen, dass er nach dem Sterilisieren 7,1 ± 0,1 bei 25 °C beträgt, 15 min bei (121 ± 3) °C autoklavieren, das Agarmedium auf 50 °C abkühlen und in Petrischalen, 3–5 mm hoch, gießen.

Chromocult®-Enterokokken-Agar

10,0 g Pepton
5,0 g NaCl
0,2 g Natriumazid, rein (NaN_3)
3,4 g K_2HPO_4
1,6 g KH_2PO_4
0,5 g Ochsengalle
1,0 g Tween® 80
0,25 g chromogenes Substrat
11,0 g Agar
33 g des Mediums werden in 1000 ml demineralisiertem Wasser durch Erhitzen im Wasserbad oder Dampftopf gelöst. Nicht autoklavieren!

Das Medium abkühlen lassen auf 40–50 °C und Platten gießen. Der pH-Wert des Mediums ist vorher auf 7 ± 0,2 bei 25 °C einzustellen. Der Nährboden ist klar und leicht gelblich.

Bei (4 ± 2) °C und Aufbewahrung im Dunklen sind die Platten für 2 Wochen haltbar.

Das Nährmedium ist kommerziell als dehydriertes Pulvermedium erhältlich.

MUD/SF-Medium (miniaturisiertes Verfahren zur Flüssiganreicherung mit Mikrotiterplatten)

Lösung A

40 g Tryptose
10 g KH_2PO_4
2 g D(+)-Galactose
1,5 ml Tween®80
900 ml Aqua dest.
Tryptose, KH_2PO_4, Galactose und Tween®80 unter mäßiger Erwärmung und ständigem Rühren zu 900 ml Wasser geben, unter Kochen vollständig lösen, abkühlen lassen.

Lösung B

4 g $NaHCO_3$
250 mg Nalidixinsäure
50 ml Aqua dest.
Substanzen unter mäßiger Erwärmung und ständigem Rühren lösen, abkühlen lassen.

Lösung C
2 g Thallium(I)-acetat
0,1 g 2,3,5-Triphenyl-2 H-tetrazoliumchlorid (TTC)
50 ml Aqua dest.
Substanzen unter mäßiger Erwärmung und ständigem Rühren lösen, abkühlen lassen.

Lösung D
150 mg MUD (4-Methylumbelliferyl-β-D-glucosid)
2 ml N,N-Dimethylformamid
Lösungen A, B, C und D vereinigen, den pH-Wert auf 7,5 ± 0,2 einstellen und sterilfiltrieren (Membranfilter, Porenweite 0,2 µm).

Das Medium ist in Mikrotiterplatten mit 96 Vertiefungen zu verteilen (100 µl Medium je Vertiefung) und sofort in einer Sicherheitswerkbank zu trocknen.

Im Handel sind fertige Mikrotiterplatten mit getrocknetem Kulturmedium in den Vertiefungen erhältlich.

Verdünnungslösungen
Zur Herstellung der Verdünnungen der Proben für das Mikrotiterplattenverfahren werden folgende Verdünnungslösungen verwendet:
SD (spezielle Lösung, siehe Norm)
22,5 g synthetisches Meersalz
10 ml Bromphenolblau-Lösung
1000 ml Aqua dest.
Bromphenolblaulösung: 0,04 g zu 100 ml 50%igen Ethanol geben;
Meersalz (Angaben dazu in DIN EN ISO 7899-1, Anhang C (1999)) ist zu verwenden, da reine NaCl-Lösungen zu deutlicher Hemmung führen;
demineralisiertes oder destilliertes Wasser.

Beide Verdünnungslösungen sind im Autoklav bei (121 ± 3) °C 15 min zu sterilisieren.

4.4.4 Untersuchungsgang

Für die Bestimmung des Parameters Fäkalstreptokokken gibt es methodische Vorgaben in der Mineral- und Tafelwasserverordnung, die den Nachweis von Fäkalstreptokokken aus Wasserproben mittels Flüssiganreicherung und Membranfiltration beschreiben.

Für die Untersuchung der Enterokokken aus Trinkwasser wird in der EG-Richtlinie „Qualität des Wassers für den menschlichen Gebrauch" (1998) als Referenzverfahren die DIN EN ISO 7899-2 (2000) genannt, die das Spektrum der Fäkalstreptokokken als „Zielorganismen" im Wesentlichen auf die Enterokokkenarten *E. faecalis, E. faecium, E. durans* und *E. hirae* begrenzt. Dieses Nachweisverfahren (Membranfiltrationsverfahren) wurde auch in die Trinkwasserverordnung 2001 (TrinkwV 2001) als Referenzverfahren übernommen. Als alternatives Nachweisverfahren zur Bestimmung der Enterokokken aus Trinkwasser ist der Nachweis von Enterokokken mit Chromocult®-Enterokokken-Agar in die Liste des Umweltbundesamtes nach § 15 Abs. 1 TrinkwV 2001 aufgenommen worden.

Diese Nachweisverfahren für Trinkwasser können auch für die Untersuchung von Badebeckenwasser eingesetzt werden.

Die neue EG-Badegewässerrichtlinie benennt neben der ISO 7899-2 (2000) auch die ISO 7899-1 (1999) als Referenzverfahren zur Untersuchung von Badegewässerproben.

Untersuchungen haben gezeigt, dass die Ergebnisse beider Nachweisverfahren vergleichbar sind.

4.4.4.1 Nachweisverfahren nach Mineral- und Tafelwasserverordnung

Das Nachweisverfahren ist als Verfahrenstext in der Verordnung beschrieben. Es kann ein Flüssigkeitsanreicherungs- oder ein Membranfiltrationsverfahren eingesetzt werden.

Die Untersuchung auf Fäkalstreptokokken kann durch

a) Flüssigkeitsanreicherung in doppelt konzentrierter Azid-Dextrose-Bouillon (Bebrütungstemperatur $(37 \pm 1)\,°C$, Bebrütungszeit (20 ± 4) h (kann auf (44 ± 4) h ausgedehnt werden), oder
b) Membranfiltration und Bebrütung des Membranfilters entweder auf Tetrazolium-Natriumazid-Agar (Bebrütungstemperatur $(37 \pm 1)\,°C$, Bebrütungszeit (20 ± 4) h) oder in einfach konzentrierter Azid-Dextrose-Bouillon (Bebrütungstemperatur $(37 \pm 1)\,°C$, Bebrütungszeit (20 ± 4) h (kann auf (44 ± 4) h ausgedehnt werden)).

erfolgen (s. Abb. 4.18)

Tritt eine Trübung der Azid-Glucose-Bouillon auf (im gesamten Röhrchen oder nur im unteren Teil), wird die Anwesenheit von Fäkalstreptokokken vermutet.

Der Nachweis von Fäkalstreptokokken wird ebenso vermutet, wenn rote, braune oder rosa Kolonien auf Tetrazolium-Natriumazid-Agar gewachsen sind.

Eine endgültige Diagnose ist durch Wachstum in Azid-Dextrose-Bouillon oder auf Tetrazolium-Natriumazid-Agar nicht möglich, sodass zusätzlich nach Sub- und Reinkultur (nichtselektives Medium, hier Blutagar genannt) folgende Bestätigungstests geprüft werden müssen:

- Äsculinabbau
  positiv nach Verimpfen in Äsculinbouillon, Bebrütungstemperatur $(37 \pm 1)\,°C$, Bebrütungszeit mindestens (40 ± 4) h, Farbreaktion mit frischer 7%iger wässriger Lösung von Eisen-II-chlorid
- Wachstum bei pH-Wert 9,6
  positiv nach Verimpfen in Nährbouillon (pH-Wert 9,6), Bebrütungstemperatur $(37 \pm 1)\,°C$, Bebrütungszeit (20 ± 4) h

- Wachstum bei 6,5%igem Kochsalzzusatz
  positiv nach Verimpfen in Nährbouillon mit 6,5% Kochsalzzusatz, Bebrütungstemperatur (37 ± 1) °C, Bebrütungszeit (20 ± 4) h.

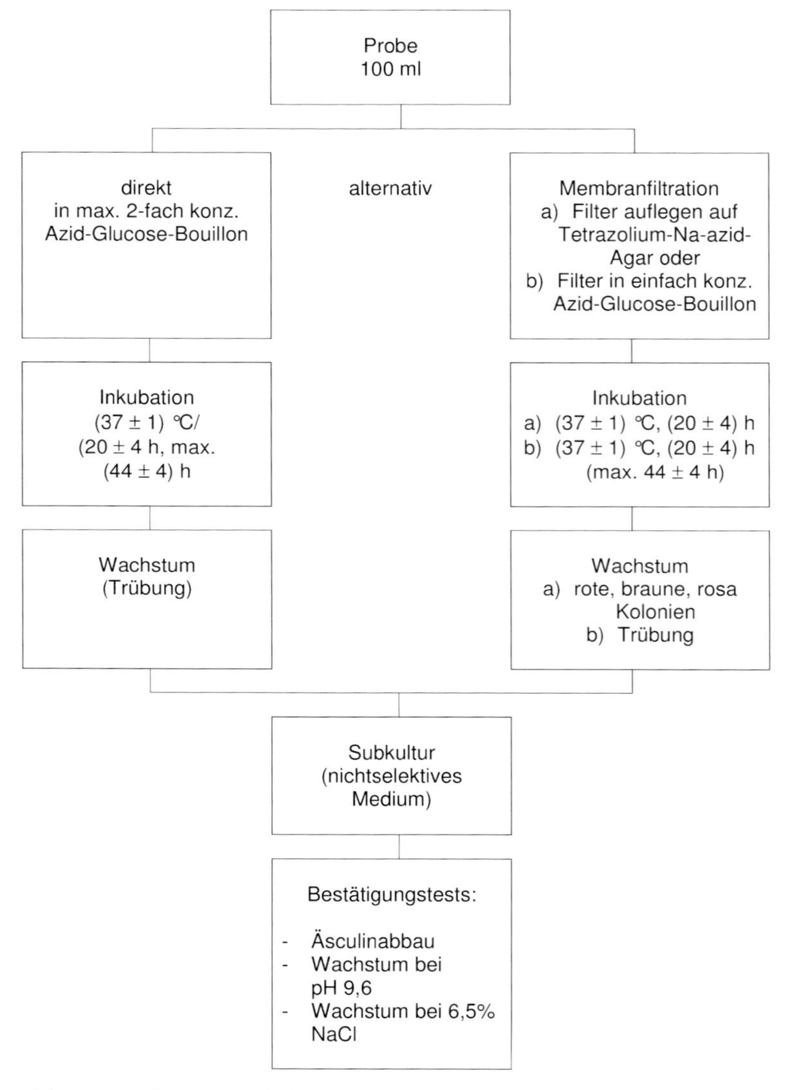

Abb. 4.18 Nachweis von Fäkalstreptokokken aus Mineral- und Tafelwasser.

4.4.4.2 **Membranfiltration (Untersuchung von Trinkwasser)**

DIN EN ISO 7899-2 (2000)
Nach Membranfiltration eines bestimmten Wasservolumens, für Trinkwasser und desinfizierte Wässer in der Regel 100 ml, wird der Filter (Porengröße 0,45 µm) luftblasenfrei auf das Selektivmedium Tetrazolium-azid-Agar aufgelegt.

Das im Nährboden enthaltene Natriumazid soll das Wachstum der gramnegativen Begleitflora unterdrücken, das TTC (farblos) wird bei Wachstum von Enterokokken zu rotem Formazan reduziert (s. Abb. 4.19).

Nach Bebrütung der Platten bei (36 ± 2) °C für (44 ± 4) h werden die Filter auf das Vorhandensein charakteristischer Kolonien begutachtet.

Typische Kolonien sind erhaben und haben eine rosa, rote oder kastanienbraune Färbung, entweder durchgehend oder im Koloniezentrum (s. Abb. 4.20).

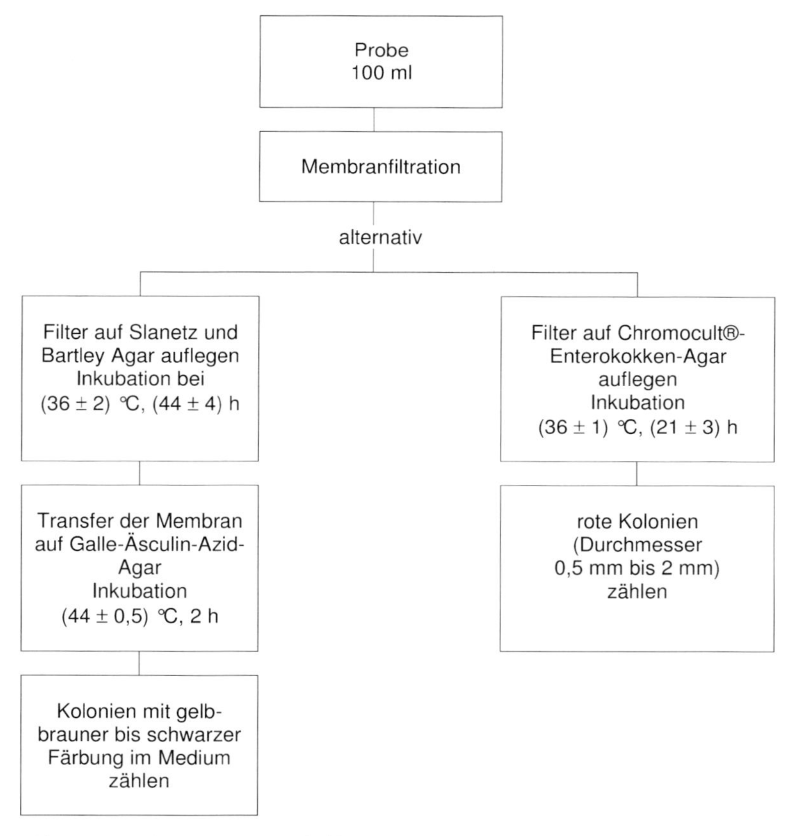

Abb. 4.19 Nachweis von Enterokokken aus Trinkwasser (nach DIN EN ISO 7899-2 (2000) und alternatives Verfahren nach TrinkwV 2001).

Sind solche typischen Kolonien erkennbar, wird der Membranfilter auf eine Platte mit vorgewärmten (ca. 44 °C) Galle-Äsculin-azid-Agar zur Bestätigung übertragen und weitere 2 h bei (44 ± 0,5) °C bebrütet.

Intestinale Enterokokken können auf diesem Medium Äsculin innerhalb von 2 h hydrolysieren. Das dabei entstehende Cumarin verbindet sich mit im Nährboden ebenfalls enthaltenen Eisenionen zu einer grünlich-schwarzen Verbindung, die in das Medium diffundiert (s. Abb. 4.21).

Zur Auswertung wird diese Farbentwicklung der Kolonien unter der Membran als positiv für Enterokokken bewertet. Typische Kolonien werden gezählt und die Auswertung nach ISO 8199 (2005) vorgenommen. Der Untersuchungsgang nach der Norm ist hier beendet.

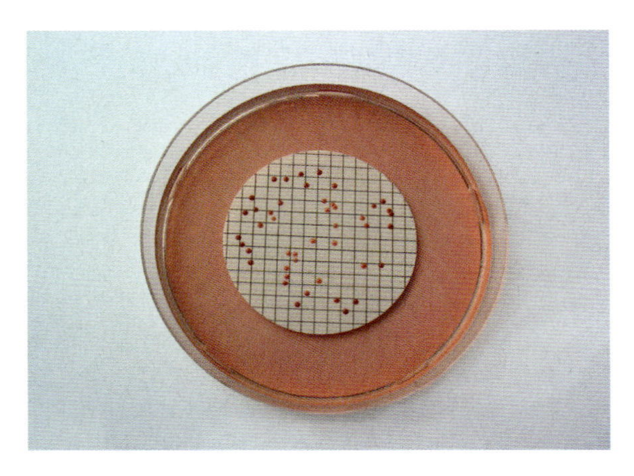

Abb. 4.20 Enterokokken auf Slanetz-Bartley-Agar.

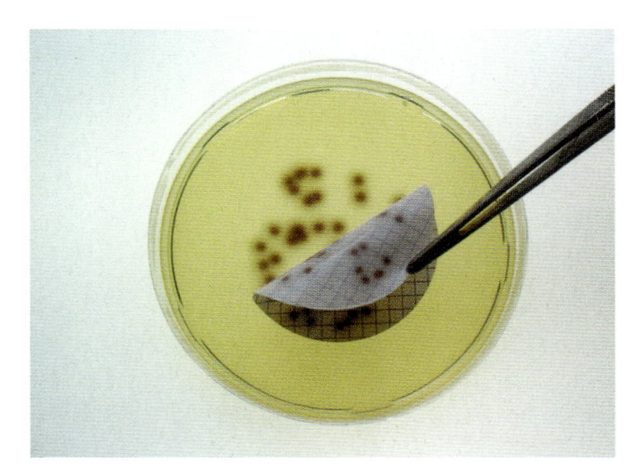

Abb. 4.21 Enterokokken auf Galle-Äsculin-Agar.

Im Zweifelsfall und für weitere Fragestellungen kann eine Gramfärbung durchgeführt werden. Enterokokken sind grampositive Diplokokken, die in kürzeren Ketten als grampositive Streptokokken (längere Ketten, rundlichere Form, kommen auch einzeln vor) vorliegen.

Chromocult®-Enterokokken-Agar

Nach Membranfiltration der Probe, für Trinkwasser und desinfizierte Wässer in der Regel 100 ml, wird der Membranfilter (Porengröße 0,45 µm) luftblasenfrei auf den Chromocult®-Enterokokken-Agar aufgelegt.

Nach Bebrütung bei $(36 \pm 1)\,^{\circ}C$ für (24 ± 4) h wird die Zahl der roten, manchmal auch pink bis hell-violett erscheinenden Kolonien mit einem Durchmesser von 0,5 bis 2 mm als Enterokokken ermittelt (s. Abb. 4.22). Als farblose oder blaue Kolonien wachsen Aerokokken, manche Streptokokken erscheinen als Kolonien mit türkiser Farbbildung.

Die Auswertung und Angabe der Zahl der Zielorganismen wird nach ISO 8199 (2005) durchgeführt.

Miniaturisiertes Verfahren zur Flüssiganreicherung in Mikrotiterplatten (Untersuchung von Oberflächenwasser, Abwasser)

Nach DIN EN ISO 7899-1 (1999) sind intestinale Enterokokken Mikroorganismen, die fähig sind, aerob bei 44 °C zu wachsen und 4-Methylumbelliferyl-β-D-Glucosid (MUD) in Anwesenheit von Thalliumacetat, Nalidixinsäure und

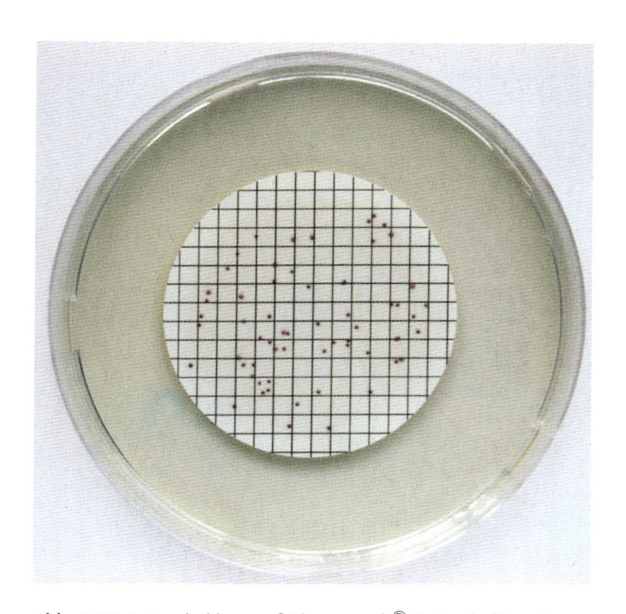

Abb. 4.22 Enterokokken auf Chromocult®-Enterokokken-Agar.

TTC im angegebenen Flüssigmedium (s. Abschnitt 4.4.3, MUD/SF-Medium) zu hydrolysieren.

Das im Folgenden beschriebene Verfahren ist geeignet zum Nachweis und zur Zählung von intestinalen Enterokokken aus Oberflächenwasser und Abwasser (s. Abb. 4.23). In der neuen EG-Richtlinie (2006) zur Qualität der Badegewässer ist es als Referenzverfahren zitiert und soll ab 2008 in Deutschland verbindlich zur Untersuchung von Badegewässerproben, neben dem Verfahren nach DIN EN ISO 7899-2 (2000), eingesetzt werden.

Zur Untersuchung werden verdünnte Wasserproben (s. Abschnitt 4.4.3, Verdünnungslösungen) in Mikrotiterplatten-Vertiefungen eingeimpft, die getrocknetes Kulturmedium enthalten. Die Wahl der Verdünnungsstufen erfolgt

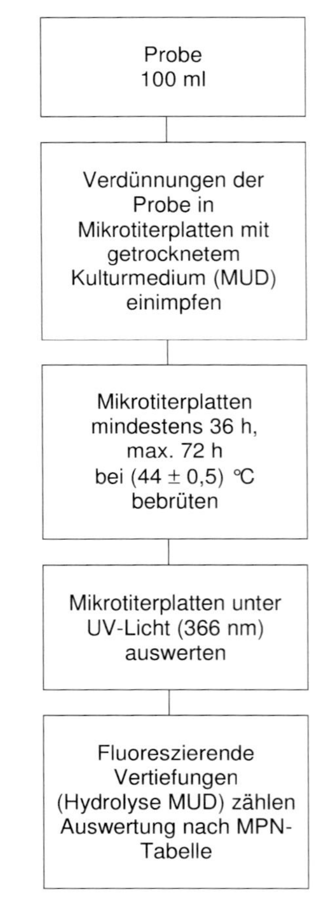

Abb. 4.23 Nachweis und Zählung von intestinalen Enterokokken im Oberflächenwasser und Abwasser (nach DIN EN ISO 7899-1, 1999).

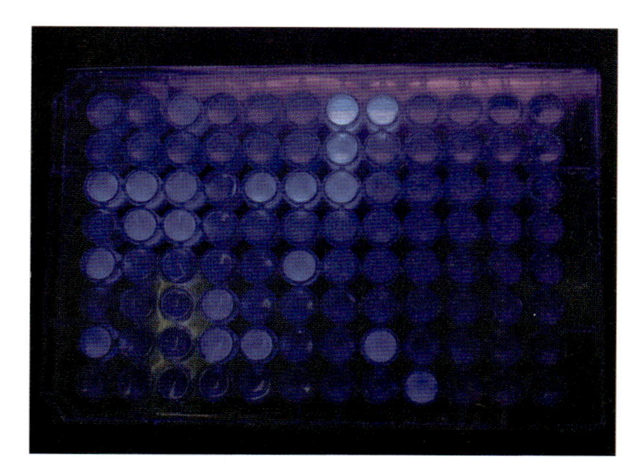

Abb. 4.24 Enterokokkennachweis (fluoreszierende Vertiefungen) in Mikrotiterplatte (nach ISO 7899-1, 1999).

nach Art des Wassers und des vermuteten Verschmutzungsgrades. In DIN EN ISO 7899-1 (1999) sind dafür Beispiele angegeben.

Jeweils 200 µl der verdünnten Proben werden mittels Mehrkanalpipette in die Vertiefungen der Mikrotiterplatte eingeimpft. Dabei ist darauf zu achten, dass es nicht durch Überlaufen aus einer Vertiefung in eine andere zur Kontamination kommt. Nach Beimpfen der Mikrotiterplatten sind diese sofort mit sterilem Haftstreifen abzudecken und vorsichtig, ohne sie zu kippen, in den Brutschrank zu bringen. Die Mikrotiterplatten werden dann bei (44 ± 0,5) °C für (36–72) h inkubiert.

Zum Ablesen der Ergebnisse werden alle Mikrotiterplatten unter UV-Licht (366 nm) begutachtet. (Es ist zu beachten, dass UV-Licht Augen und Haut schädigen kann. Deshalb sollten Schutzbrille und Handschuhe getragen werden.)

Alle Vertiefungen mit blauer Fluoreszenz sind als positiv (Enterokokken in der Probe) zu betrachten (s. Abb. 4.24).

Die Angabe der Ergebnisse ist nach ISO 8199 (2005) bzw. nach den Vorgaben in DIN EN ISO 7899-1 (1999) vorzunehmen.

4.4.5 Störungsquellen

Bei Verwendung des Tetrazolium-azid-Agars erfolgt die Farbreaktion bei 44 °C-Bebrütung (häufig auch schon bei 36 °C-Bebrütung) während der ersten 24 h verzögert. Deshalb ist die Einhaltung der Bebrütungszeit von mindestens 44 h zu gewährleisten.

Gute Farbstoffbildung zeigen *Enterococcus-faecalis*-Stämme, weniger gute *Enterococcus-faecium*-Stämme.

Zu beachten ist außerdem, dass TTC-haltige Nährböden generell störanfällig sind. Es wird empfohlen, das TTC erst nach dem Autoklavieren des Agar-

Grundmediums dem auf 50 °C abgekühlten Medium zuzusetzen (vgl. Tetrazolium-azid-Agar).

Kommerziell erhältliche Fertigmedien, die bereits TTC enthalten, sind deshalb auch nur im Dampftopf zu sterilisieren.

Für die Nachweisverfahren mittels Membranfiltration ist zu beachten, dass die Qualität der Membranfilter von Hersteller zu Hersteller und von Charge zu Charge variieren kann. Die Qualität der Filter sollte deshalb (generell für Membranfilterverfahren) regelmäßig nach ISO 7704 (1985) überprüft werden.

4.4.6 Auswertung

Zur Angabe des Ergebnisses werden alle auf den angegebenen Nährmedien und nach den angegebenen Untersuchungsverfahren typisch gewachsenen beziehungsweise durch Bestätigungstests als Fäkalstreptokokken/Enterokokken ermittelten Kolonien berücksichtigt. Dabei sind die Vorgaben der ISO 8199 (2005) zu beachten.

4.4.7 Angabe der Ergebnisse

Bei der Untersuchung nur eines Wasservolumens (qualitativer Nachweis) wird angegeben, ob Fäkalstreptokokken im untersuchten Volumen nachgewiesen werden konnten oder nicht (presence/absence-Test).

Beispiel
Fäkalstreptokokken/Enterokokken in 100 ml nachweisbar (nicht nachweisbar).

Bei quantitativen Angaben, die mittels Verdünnungs- bzw. Flüssigkeitsanreicherungsverfahren erzielt wurden, wird die Auswertung über den Code nach einer entsprechenden MPN-Tabelle vorgenommen. Die Angabe des Ergebnisses erfolgt dann als MPN-Index.

Beispiel
MPN-Index für Fäkalstreptokokken/Enterokokken: 11 in 100 ml.
Beim Einsatz des Membranfilterverfahrens mit direktem Auflegen des Filters auf die Agaroberfläche erfolgt die Angabe des Ergebnisses pro filtriertem Volumen. ISO 8199 (2005) ist zu beachten.

Beispiel
90 KBE/100 ml

Das eingesetzte Verfahren bzw. die Norm sind im Untersuchungsbericht in jedem Fall anzugeben.

Literatur

DIN EN ISO 7899-1 (1999): Nachweis und Zählung von intestinalen Enterokokken im Oberflächenwasser und Abwasser, Teil 1: Miniaturisiertes Verfahren durch Animpfen in Flüssigmedium (MPN-Verfahren), Beuth-Verlag GmbH, 10772 Berlin.
DIN EN ISO 7899-2 (2000): Nachweis und Zählung von intestinalen Enterokokken, Teil 2: Verfahren durch Membranfiltration, Beuth-Verlag GmbH, 10772 Berlin.
DIN ISO 3696 (1991): Wasser für analytische Zwecke, Beuth-Verlag GmbH, 10772 Berlin.
DVGW-Arbeitsblatt W 251 (1996): „Eignung von Wasser aus Fließgewässern als Rohstoff für die Trinkwasserversorgung".
EG-Richtlinie (1975) des Rates vom 16. Juni 1975 über die Qualitätsanforderungen an Oberflächenwasser für die Trinkwassergewinnung in den Mitgliedsstaaten (75/440/EWG), Amtsblatt der EG Nr. L. 194/34.
EG-Richtlinie (2006/7/EG) des Europäischen Parlaments und des Rates vom 15. Februar 2006 über die Qualität der Badegewässer und deren Bewirtschaftung und zur Aufhebung der Richtlinie 76/160/EWG, Amtsblatt der EG Nr. L. 64/37 vom 4. 3. 2006.
ISO 7704 (1985): Water quality – Evaluation of membrane filters used for microbiological analysis, Beuth-Verlag GmbH, 10774 Berlin.
ISO 8199 (2005): Water quality – General guide to the enumeration of micro-organisms by culture, Beuth-Verlag GmbH, 10772 Berlin.
TrinkwV (2001): Verordnung über die Qualität von Wasser für den menschlichen Gebrauch (Trinkwasserverordnung) vom 21. Mai 2001, BGBl. I, 959–981.
WHO (2004): Guidelines for drinking-water quality, 3rd ed., Vol. 1 Recommendations, WHO, Geneva.

Weiterführende Literatur

Althaus, H., Dott, W., Havemeister, G., Müller, H., Sacré, C. (1982): Fäkalstreptokokken als Indikatorkeime des Trinkwassers, Zbl. Bakt. Hyg., 1. Abt. Orig. A, 252, 154–165.
DVGW (1991): Erläuterung des DVGW-Fachausschusses „Mikrobiologie des Trinkwassers" zur Untersuchung auf Fäkalstreptokokken und ihre Bedeutung für die hygienische Beurteilung von Trinkwasser, Öffentl. Gesundh.-Wes., 53, 29–31.
EG-Richtlinie (1998) des Rates vom 3. November 1998 über die Qualität von Wasser für den menschlichen Gebrauch (98/83/EG), Amtsblatt der EG Nr. L. 33 vom 5. 12. 1998, 32–54.
Heiber, I., Frahm, C., Obst, U. (1998): Vergleich von vier Nachweismethoden für Fäkalstreptokokken im Wasser, Zentralbl. Umweltmed., 201, 357–369.
Manafi, M. (2000): New developments in chromogenic and fluorogenic culture media, Int. J. Food Microbiol., 60, 205–218.
Mineral- und Tafelwasser-Verordnung (1984, 1990): Verordnung über natürliches Mineralwasser, Quellwasser und Tafelwasser vom 1. 8. 1984, BGBl. I, 1036–1046. Änderung vom 5. 12. 1990, BGBl. I (1990), 2610–2611.
Mitteilung des Umweltbundesamtes (2006): Mikrobiologische Nachweisverfahren nach TrinkwV 2001, Liste alternativer Verfahren gemäß § 15 Abs. 1 TrinkwV 2001 – 1. Änderungsmitteilung, Bundesgesundheitsbl – Gesundheitsforsch – Gesundheitsschutz, 49, 1071–1072.

4.5
Clostridien
Annette Hummel

4.5.1
Begriffsbestimmung

Clostridien sind anaerobe, stäbchenförmige Bakterien, welche die Fähigkeit besitzen, Sporen als Dauerformen auszubilden. Zur Gattung der Clostridien zählen bekannte Krankheitserreger wie *Clostridium (C.) tetani, C. difficile, C. botulinum* und *C. perfringens*. Die Mehrzahl der Clostridien ist jedoch apathogen.

Die Sporen von Clostridien sind in der Umwelt z. B. im Boden, in Gewässersedimenten und im Abwasser weit verbreitet, kommen aber auch in menschlichen und tierischen Fäkalien vor. Der Nachweis von Clostridiensporen im Wasser zeigt daher Verunreinigungen an, welche fäkaler Herkunft sein können. Aufgrund ihrer Fähigkeit, Sporen auszubilden, die gegen chemische und physikalische Faktoren widerstandsfähiger sind als vegetative Formen von Bakterien, können sie in der Umwelt länger überleben als zum Beispiel *E. coli* und coliforme Bakterien. Daher sind sie als Parameter für die Überwachung der Trinkwasseraufbereitung geeignet. Der Nachweis im Wasser kann auch ein Hinweis auf eine länger zurückliegende Kontamination sein.

4.5.2
Anwendungsbereich

Die Methoden zum Nachweis von Clostridien im Wasser sind abhängig vom Ziel der Untersuchung. Soll die physiologische Gruppe der „sulfitreduzierenden sporenbildenden Anaerobier" erfasst werden, so sind die Methoden nach DIN EN 26461-1 (1993) bzw. ISO 6461-1 (1986) oder nach DIN EN 26461-2 (1993) bzw. ISO 6461-2 (1986) anzuwenden. Mit diesen Verfahren werden sowohl humanmedizinisch bedeutsame Arten wie z. B. der Gasbranderreger *C. perfringens* als auch apathogene Clostridien nachgewiesen. Neben fäkalen Vertretern werden auch Bakterien nicht fäkaler Herkunft erfasst. Die sulfitreduzierenden Sporenbildner wurden als Parameter zur Überwachung der Trinkwasserqualität in die erste europäische Richtlinie 80/778/EWG des Rates vom 15. Juli 1980 über die „Qualität von Wasser für den menschlichen Gebrauch" aufgenommen (diese wurde durch die EG-Richtlinie 98/83/EG des Rates vom 3. November 1998 abgelöst). In der deutschen Trinkwasserverordnung von 1990 hatten sie gleichfalls den Stellenwert eines Parameters, auf den allerdings nur in bestimmten Situationen, das heißt auf Anordnung der Behörde nach § 13, zu untersuchen war. Ein Nachweis ausschließlich pathogener Arten ist nicht möglich, war aber auch im Sinne der Überwachung der Trinkwasseraufbereitung nicht gefordert.

Besteht das Ziel der Untersuchung darin, Trinkwasser gemäß der derzeit gültigen Trinkwasserverordnung 2001 auf den Indikatorparameter *C. perfringens* zu untersuchen, so ist ein in der Verordnung beschriebenes Membranfiltrationsverfahren anzuwenden. Anstelle der Gruppe der sulfitreduzierenden sporenbildenden Anaerobier wird hierbei nur die Art *C. perfringens*, das heißt ein fäkaler Vertreter, erfasst. Diese Anforderung leitet sich aus der EG-Richtlinie 98/83/EG des Rates vom 3. November 1998 über die „Qualität von Wasser für den menschlichen Gebrauch" ab, nach welcher *C. perfringens* als Indikatorparameter in die Untersuchung einzubeziehen ist. Bis zu diesem Zeitpunkt galt Trinkwasser allgemein als seuchenhygienisch unbedenklich, wenn es nach der Desinfektion frei von einer nachweisbaren fäkalen Kontamination ist, das heißt, wenn in 100 ml weder *E. coli* noch coliforme Bakterien nachgewiesen wurden. Diese mikrobiologischen Parameter sind chlorsensitiv. Nachdem aber chlorresistente Organismen wie die Parasitendauerformen bekannt geworden sind, mussten diese Anforderungen neu überprüft und überdacht werden, da das bisherige Indikatorsystem im Falle der Anwesenheit chlorresistenter Organismen und bei Desinfektion ohne vorherige effektive Partikelentfernung versagen würde. Unter diesen Umständen, das heißt Auftreten chlorresistenter Parasitendauerformen und Desinfektion als einzige Aufbereitungsstufe, würde dann bei Anwendung der bisherigen Überwachungsparameter eine hygienische Sicherheit vorgetäuscht werden, die nicht gegeben ist. Der Nachweis der resistenten Parasitendauerformen selbst ist aufwendig und auch kostenintensiv (s. Kapitel 5.3). Daher wurde nach möglichen Indikatorparametern gesucht. Sporen von *C. perfringens* werden als ähnlich resistent gegen Desinfektionsmaßnahmen (z. B. der Chlorung) angesehen wie die Dauerformen der o. g. Parasiten. Aus diesem Grund wurde *C. perfringens* durch die EU-Kommission, wenn auch mit gewissen Einschränkungen, als brauchbarer Indikatorparameter für Parasitendauerformen betrachtet.

Nach Trinkwasserverordnung 2001 ist Wasser, welches aus Oberflächenwasser stammt oder von Oberflächenwasser beeinflusst ist, routinemäßig auf *C. perfringens* zu untersuchen; der Grenzwert beträgt 0 in 100 ml. Dabei wird davon ausgegangen, dass keine Parasitendauerformen enthalten sind, wenn in 100 ml Trinkwasser *C. perfringens* nicht nachgewiesen wurde. Eine Untersuchung in nicht oberflächenwasserbeeinflusstem Grundwasser innerhalb der periodischen Überwachung nach Trinkwasserverordnung 2001 ist aus fachlicher Sicht nicht sinnvoll. Die zuständigen Gesundheitsämter können in diesen Fällen entsprechend der Empfehlung der Trinkwasserkommission (2002) im Rahmen der periodischen Überwachung auf die Untersuchung von *C. perfringens* verzichten.

Sowohl in der EG-Richtlinie 98/83/EG als auch in der Trinkwasserverordnung 2001 ist ein Verfahren zum Nachweis von *C. perfringens* auf Grundlage des m-CP-Agars (modified-Clostridium-perfringens-Agar) angegeben. Derzeit gibt es keine Norm zum Nachweis von *C. perfringens* aus Wasserproben. Daher wird auch in absehbarer Zeit mit dem m-CP-Agar gearbeitet werden müssen, obwohl sich in Bereichen wie z. B. der Lebensmittelmikrobiologie andere Medien wie der Tryptose-Sulfit-Cycloserin-Agar (TSC-Agar) etabliert haben.

Im Folgenden werden die Nährmedien und Herstellungsverfahren zum Nachweis von Clostridien bzw. von *C. perfringens* gemäß den Vorschriften der Normen bzw. der Trinkwasserverordnung 2001 beschrieben. Alternativ können auch kommerziell verfügbare Medien gleicher Zusammensetzung verwendet werden. In diesen Fällen ist dann den Angaben des Herstellers zu folgen.

4.5.3
Nährmedien und Reagenzien

Clostridien benötigen zum Wachstum ein sauerstofffreies Milieu. Dieses kann in einem Anaerobier-Brutschrank erzeugt werden. Die Inkubation kann aber auch in Brutschränken mit normaler Atmosphäre unter Verwendung von Anaerobiertöpfen und Gasentwicklungspäckchen, wie z. B. Anaerocult A, erfolgen. Diese enthalten Komponenten, welche nach Zugabe von Wasser innerhalb kurzer Zeit Sauerstoff chemisch vollständig binden und ein sauerstofffreies Milieu einschließlich einer Kohlendioxid-Atmosphäre erzeugen. Zur Kontrolle der Anaerobiose können spezielle Teststreifen (z. B. „Anaerotest") verwendet werden, welche nach Befeuchten in den Anaerobiertopf eingebracht werden und durch einen Farbwechsel die anaeroben Verhältnisse anzeigen.

Clostridien-Differential-Bouillon (DRCM, Differential Reinforced Clostridial Medium)

Grundmedium
10,0 g Pepton, aus Fleisch, tryptisch verdaut
10,0 g Fleischextrakt
1,5 g Hefeextrakt
1,0 g Stärke
5,0 g Natriumacetat-Hydrat
1,0 g Glucose
0,5 g L-Cystein-Hydrochlorid
1000 ml Aqua dest.
Die Bestandteile Pepton, Fleischextrakt, Hefeextrakt, Stärke und Natriumacetat-Hydrat werden in Aqua dest. suspendiert und im Dampftopf vollständig gelöst. Im Anschluss werden Glucose und L-Cystein-Hydrochlorid zugesetzt und in Lösung gebracht. Der pH-Wert wird mit 1 N NaOH-Lösung auf 7,1 bis 7,2 eingestellt. Volumina von je 25 ml werden in 25-ml-Schraubdeckelflaschen abgefüllt und 15 min bei (121 ± 1) °C autoklaviert.

Das doppelt konzentrierte Grundmedium wird wie oben beschrieben hergestellt, jedoch werden die gleichen Substanzmengen in der Hälfte des Volumens Aqua dest., das heißt in 500 ml, gelöst. Mit diesem doppelt konzentrierten Medium werden die Kulturflaschen jeweils zur Hälfte gefüllt, das heißt es werden z. B. 10 ml Grundmedium in eine 25-ml-Flasche zur Untersuchung einer 10-ml-Wasserprobe gegeben, 20 ml Medium in eine 50-ml-Flasche zur Untersuchung von 20 ml Probe, 50 ml Medium in eine 100-ml-Flasche oder 100 ml in eine 200-ml-Flasche überführt. Das Medium ist nach dem Autoklavieren im Kühlschrank aufzubewahren.

Natriumsulfit-Lösung
4,0 g Na_2SO_3 (wasserfrei)
Die angegebene Menge Natriumsulfit wird in 100 ml Aqua dest. gelöst und anschließend sterilfiltriert. Die Lösung ist maximal 14 Tage im Kühlschrank haltbar.

Eisen(III)-citrat-Lösung
7,0 g Eisen(III)-citrat ($C_6H_5O_7Fe$)
Die angegebene Menge Eisen(III)-citrat wird in 100 ml Aqua dest. gelöst und anschließend sterilfiltriert. Die Lösung kann 14 Tage im Kühlschrank aufbewahrt werden.

Vollständiges Nährmedium
Am Tage der Untersuchung werden gleiche Volumina der Natriumsulfit-Lösung und der Eisen(III)-citrat-Lösung gemischt. Von dieser Lösung werden 0,5 ml zu je 25 ml einfach konzentriertem Grundmedium zugesetzt. Bei doppelt konzentriertem Grundmedium werden 0,4 ml der gemischten Lösung zu je 10 ml Medium, 0,8 ml Lösung zu je 20 ml Nährmedium, 2 ml zu je 50 ml des Nährmediums und so weiter, gegeben.

Die DRCM-Bouillon kann, so wie oben beschrieben, selbst hergestellt werden. Es können auch Fertigprodukte gleicher Zusammensetzung verwendet werden.

Sulfit-Eisen-Agar

Grundmedium
3,0 g Fleischextrakt
10,0 g Pepton
5,0 g Natriumchlorid (NaCl)
15,0 g Agar
1000 ml Aqua dest.
Die Komponenten werden im Dampftopf gelöst. Der pH-Wert wird mit 1 N Natriumhydroxid-Lösung auf $7{,}6 \pm 0{,}1$ eingestellt. Im Anschluss wird das Medium autoklaviert. Das Grundmedium ist nach dem Erstarren im Kühlschrank aufzubewahren.

Natriumsulfit-Lösung
10,0 g Na_2SO_3 (wasserfrei)
Die angegebene Menge Natriumsulfit wird in 100 ml Aqua dest. gelöst. Die Lösung ist im Kühlschrank 14 Tage haltbar.

Eisen(III)-sulfat-Lösung
8,0 g Eisen(III)-sulfat ($FeSO_4$)
Die angegebene Menge Eisen(III)-sulfat wird in 100 ml Aqua dest. gelöst.

Vollständiges Nährmedium
Zur Herstellung des fertigen Mediums werden unmittelbar vor dem Gebrauch je 18 ml verflüssigtes Grundmedium mit 1 ml Natriumsulfit-Lösung und 5 Tropfen Eisen(III)-sulfat-Lösung versetzt und in Platten gegossen.

Tryptose-Sulfit-Agar (alternatives Medium nach DIN EN 26461-2 (1993) bzw. ISO 6461-2 (1986))

15,0 g Tryptose
5,0 g Pepton aus Soja
5,0 g Hefeextrakt
1,0 g Natriummetabisulfit
1,0 g Ammoniumeisen(III)-citrat
12,0 g Agar
1000 ml Aqua dest.

Die Bestandteile werden im Dampftopf gelöst. Der pH-Wert wird auf 7,6 ± 0,1 eingestellt, das Medium autoklaviert und in Platten gegossen. Die Platten können im Kühlschrank 14 Tage gelagert werden.

m-CP-Agar

Basismedium
30,0 g Tryptose
20,0 g Hefeextrakt
5,0 g Saccharose
1,0 g L-Cysteinhydrochlorid
0,1 g $MgSO_4 \cdot 7\,H_2O$
0,04 g Bromkresolpurpur
15,0 g Agar
1000 ml Aqua dest.

Die Bestandteile des Basismediums werden aufgelöst und auf einen pH-Wert von 7,6 eingestellt. Das Medium wird bei (121 ± 1) °C für 15 min autoklaviert. Nach Abkühlen des Mediums werden folgende Substanzen hinzugefügt:
0,4 g D-Cycloserin
0,025 g Polymyxin-B-Sulfat
0,06 g Indoxyl-β-D-Glucosid (aufgelöst in 8 ml sterilem Wasser)
20 ml sterilfiltrierte 0,5%ige Phenolphthalein-Diphosphat-Lösung
2 ml sterilfiltrierte 4,5%ige Lösung von $FeCl_3 \cdot 6\,H_2O$

Der m-CP-Agar kann so wie oben beschrieben selbst hergestellt werden. Es können auch kommerzielle Fertigprodukte, wie z. B. m-CP-Agar (Basis) mit m-CP-Selektiv-Supplement, oder Fertigplatten entsprechender Zusammensetzung verwendet werden.

Reagenz zur Alkalisierung

Ammonium-Hydroxid-Lösung zum Bedampfen (32%ig)

4.5.4 Nachweismethode

4.5.4.1 Nachweisverfahren für sulfitreduzierende sporenbildende Anaerobier: Flüssigkeitsanreicherung und Membranfiltration

Die im Nachfolgenden beschriebenen Verfahren dienen dem Nachweis von Sporen sulfitreduzierender Anaerobier. Es werden sowohl ein Flüssigkeitsanreicherungs- als auch ein Membranfiltrationsverfahren beschrieben. Die Flüssigkeitsanreicherung entspricht der DIN EN 26461-1 (1993) bzw. ISO 6461-1 (1986) und die Membranfiltrationsmethode der DIN EN 26461-2 (1993) bzw. ISO 6461-2 (1986). Mit der Anreicherungsmethode können Wasserarten wie Trinkwasser, Mineralwasser, Oberflächenwasser und Abwasser untersucht werden. Das Membranfiltrationsverfahren kann ebenfalls für o.g. Wasserarten angewendet werden, sofern nicht große Mengen von Feststoffen auf der Membran zurückgehalten werden.

Zum Nachweis wird die Fähigkeit der Bakterien genutzt, Sulfit zu Sulfid zu reduzieren, welches als Eisen(II)-sulfid zu einer Schwarzfärbung des flüssigen Nährmediums bzw. der Kolonien führt. Da auch andere Bakterien Sulfid bilden können, sollte das Untersuchungsmaterial durch Pasteurisieren bei (75 ± 5) °C für 15 min vorbehandelt werden. Dadurch werden auch die vegetativen Formen der Clostridien abgetötet, sodass entsprechend der Norm dann nur die Sporen nachgewiesen werden.

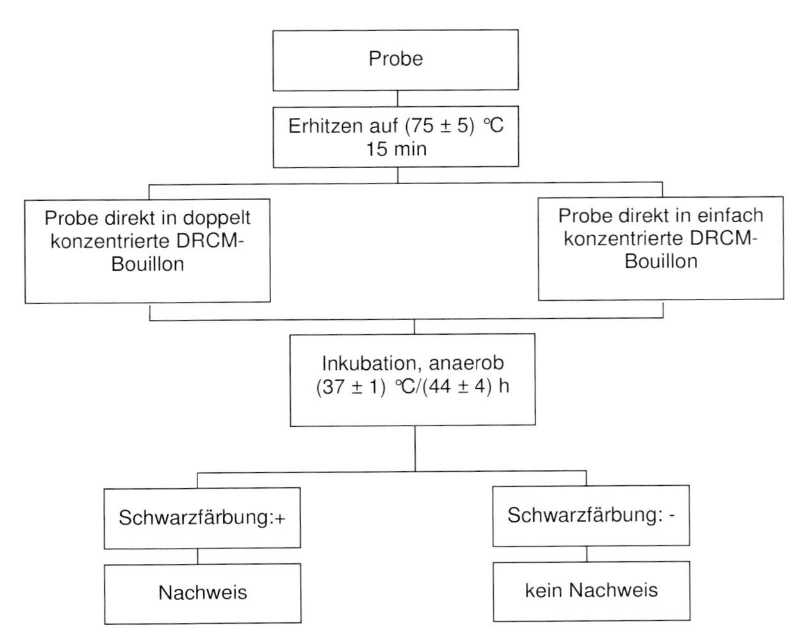

Abb. 4.25 Nachweis der Sporen sulfitreduzierender Anaerobier (Clostridien) nach DIN EN 26461-1 bzw. ISO 6461-1 (Flüssigkeitsanreicherung).

Flüssigkeitsanreicherungsverfahren (s. Abb. 4.25)
In Abhängigkeit vom Untersuchungszweck werden unterschiedliche Volumina der Wasserprobe zu einfach bzw. doppelt konzentrierter DRCM-Bouillon gegeben. Für qualitative Untersuchungen von z. B. sauberen Wässern werden 10 ml, 20 ml, 50 ml oder 100 ml Probe mit gleichen Volumenteilen doppelt konzentrierter DRCM-Bouillon versetzt. Bei belasteten Wässern werden kleinere Volumina, wie z. B. 1 ml Probe oder 1 ml einer 1:10 Verdünnung der Probe, zu 25 ml einfach konzentrierter DRCM-Bouillon gegeben. Sind quantitative Untersuchungen notwendig, so sind Parallelproben nach einem MPN-Schema anzusetzen.

Die nur lose verschlossenen Flaschen werden unter anaeroben Bedingungen bei $(37 \pm 1)\,^{\circ}C$ für (44 ± 4) h bebrütet.

Auswertung
Als positive Reaktion wird die Schwarzfärbung der DRCM-Bouillon infolge Fällung von Eisen(II)-sulfid gewertet.

Angabe der Ergebnisse
Bei einem qualitativen Ergebnis wird angegeben, ob in dem untersuchten Volumen sulfitreduzierende sporenbildende Anaerobier nachweisbar waren. Bei MPN-Verfahren wird mittels einer MPN-Tabelle ein Indexwert ermittelt.

Untersuchungsbericht
Der Untersuchungsbericht sollte folgende Punkte beinhalten:
- einen Bezug zu diesem Verfahren;
- das Untersuchungsergebnis;
- Einzelheiten der Durchführung, die nicht in der Norm festgelegt sind, oder die als fakultativ betrachtet werden;
- Auffälligkeiten während der Untersuchung, die Einfluss auf das Ergebnis haben könnten;
- alle Details, welche zur vollständigen Identifizierung der Probe erforderlich sind.

Membranfiltrationsverfahren
Die Wasserprobe wird durch ein Membranfilter der nominellen Porengröße 0,2 µm filtriert. Das Volumen der zu untersuchenden Wasserprobe ist abhängig von der Belastung des Wassers. So sind bei Trink-, Quell-, Brunnen-, Mineral- und Oberflächenwasser mit vermutlich geringer Belastung mit Clostridien 100 ml zu filtrieren. Bei stark belastetem Wasser oder Abwasser sind kleinere Volumina zu wählen. Dabei sollten Volumina kleiner 10 ml mit 10 bis 100 ml sterilem Wasser gemischt werden. Die Anzahl typischer Kolonien auf einem Membranfilter mit einem Durchmesser von 47 bis 50 mm sollte nach ISO 8199 (2005) zwischen 10 und 100 Kolonien pro Filter betragen.

Der Filter wird auf eine Platte mit Agar (Sulfit-Eisen-Agar bzw. Tryptose-Sulfit-Agar) übertragen und unter anaeroben Bedingungen bei $(37 \pm 1)\,^{\circ}C$ für

(20 ± 4) h bzw. (44 ± 4) h bebrütet. Anaerobe Verhältnisse können wie oben beschrieben hergestellt werden. Alternativ kann der Filter mit der Oberseite nach unten auf den selektiven Agar aufgelegt werden, wobei darauf zu achten ist, dass unter dem Filter keine Luftblasen eingeschlossen sind. Anschließend wird verflüssigtes Nährmedium (18 ml), das vorher auf ca. 50 °C abgekühlt worden ist, vorsichtig über den Membranfilter gegossen. Nach dem Erstarren des Nährmediums wird die Platte bei (37 ± 1) °C für (20 ± 4) h bzw. (44 ± 4) h inkubiert.

Auswertung
Alle schwarzen Kolonien werden gezählt.

Angabe der Ergebnisse
Es wird die Anzahl der typischen Kolonien im untersuchten Volumen angegeben.

Untersuchungsbericht
Der Untersuchungsbericht sollte folgende Punkte beinhalten:
- einen Bezug zu diesem Verfahren;
- das Untersuchungsergebnis;
- Einzelheiten der Durchführung, die nicht in der Norm festgelegt sind, oder die als fakultativ betrachtet werden;
- Auffälligkeiten während der Untersuchung, die Einfluss auf das Ergebnis haben könnten;
- alle Details, welche zur vollständigen Identifizierung der Probe erforderlich sind.

Qualitätskontrolle
Zur Qualitätskontrolle wird empfohlen, bei allen Untersuchungsschritten eine Positivkontrolle durch Animpfen von Probenmaterial oder von sterilem Wasser mitzuführen.

Störungsquellen
In den Methoden nach DIN EN 26461 Teil 1 und 2 können falsch-positive Ergebnisse durch sulfitreduzierende Enterokokken oder aerobe Sporenbildner auftreten. Die Enterokokken sind durch eine weniger intensive Schwarzfärbung des Flüssigmediums bzw. kleinere Kolonien auf dem festen Medium zu erkennen. Aerobe Sporenbildner können ausgeschlossen werden, indem Flüssigmedium bzw. verdächtige Kolonien zusätzlich zur Norm auf Blut-Glucose-Agar überimpft und bei (37 ± 1) °C für (20 ± 4) h anaerob bebrütet werden. Bei Wachstum ist eine Subkultur unter aeroben Bedingungen durchzuführen, die im Falle fakultativ aerober Sporenbildner positiv ist.

4.5.4.2 Nachweisverfahren für *C. perfringens* nach Trinkwasserverordnung 2001 (m-CP-Agar)

Die Methode (s. Abb. 4.26) dient dem Nachweis von *C. perfringens* einschließlich Sporen. Zur Untersuchung von Trinkwasser werden 100 ml Wasserprobe filtriert. In der Trinkwasserverordnung 2001 erfolgen keine Angaben zu Material und Porendurchmesser der Filter. Daher sollte jedes Labor für sich verschiedene Filter testen und den geeignetsten auswählen. Eine Anleitung zur Prüfung von Filtern liefert hierbei die Norm ISO 7704 (1983), die derzeit überarbeitet wird. Der Filter wird auf m-CP-Agar aufgelegt und anaerob bei $(44 \pm 1)\,^{\circ}C$ für (21 ± 3) h inkubiert.

Zur Differenzierung und Abgrenzung von *C. perfringens* gegenüber anderen Clostridienarten werden die Fähigkeit zum Abbau von Saccharose, das Fehlen der β-D-Glucosidase-Aktivität sowie die Produktion des Enzyms saure Phosphatase durch *C. perfringens* genutzt. Der Agar enthält deshalb sowohl Saccharose als auch Indoxyl-β-D-Glucosid. Aufgrund des Fehlens der β-D-Glucosidase-Aktivität kann das chromogene Substrat Indoxyl-β-D-Glucosid nicht abgebaut werden. Saccharose wird von *C. perfringens* unter Säurebildung verwertet. Der Abbau von Saccharose bewirkt eine Reduktion des pH-Wertes und einen Farbumschlag des Indikators Bromkresolpurpur von rot nach gelb. Dies führt zu einer charakteristischen Gelbfärbung von *C. perfringens*-Kolonien (s. Abb. 4.27 und Abb. 4.28). Kolonien von anderen Arten, welche neben Saccharose auch Indoxyl-β-D-Glucosid verwerten, verfärben sich nach blau bzw. grün (gelbgrün) (s. Abb. 4.28) und diejenigen, die Saccharose nicht abbauen, nach rot. Die Merkmale Verwertung von

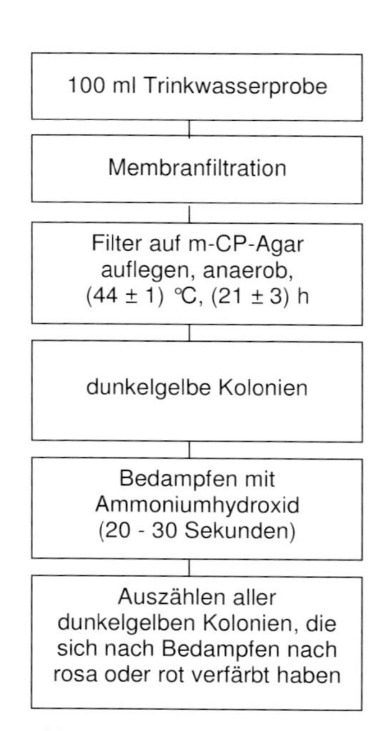

Abb. 4.26 Nachweis von *Clostridium perfringens* nach Trinkwasserverordnung 2001.

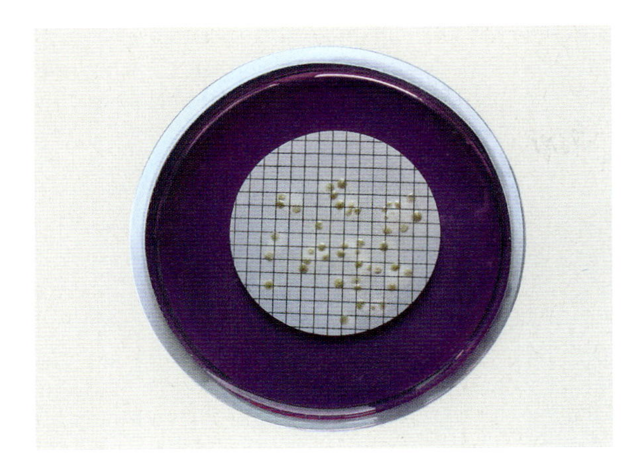

Abb. 4.27 *Clostridium perfringens* (Wildstamm) auf m-CP-Agar.

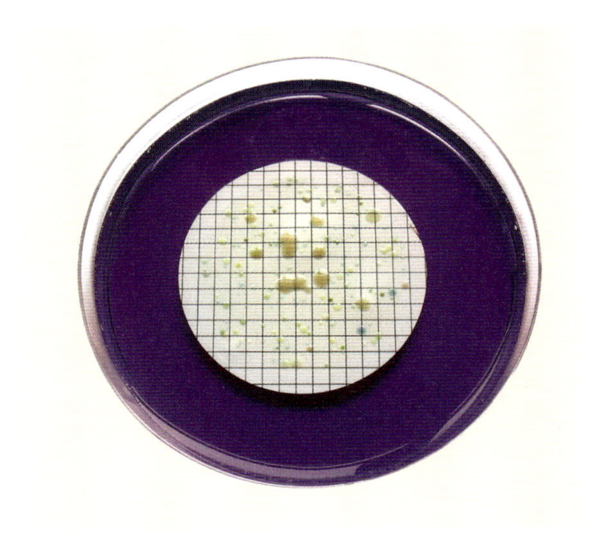

Abb. 4.28 Mischkultur mit *Clostridium perfringens* (Oberflächenwasser) auf m-CP-Agar.

Saccharose und fehlender Abbau von Indoxyl-β-D-Glucosid weisen neben *C. perfringens* nur noch wenige Arten von Clostridien auf, sodass durch diese Charakteristika bereits eine Eingrenzung erfolgt.

Ein weiteres spezifisches Merkmal für *C. perfringens* ist der Besitz des Enzyms saure Phosphatase. Neben *C. perfringens* gibt es nur noch eine geringe Zahl weiterer Clostridienarten, die auf m-CP gelb wachsen können, aber keine saure Phosphatase besitzen. Als Substrat für die saure Phosphatase wird dem Medium Phenolphthaleindiphosphat zugegeben. Bei Anwesenheit des Enzyms wird

Diphosphat abgespalten und es entsteht Phenolphthalein, welches im basischen Bereich (pH 8,3–10) nach rot umschlägt, das heißt Kolonien von *C. perfringens* erscheinen nach Alkalisierung rot (bis rosa) (s. Abb. 4.29 und Abb. 4.30). Bei

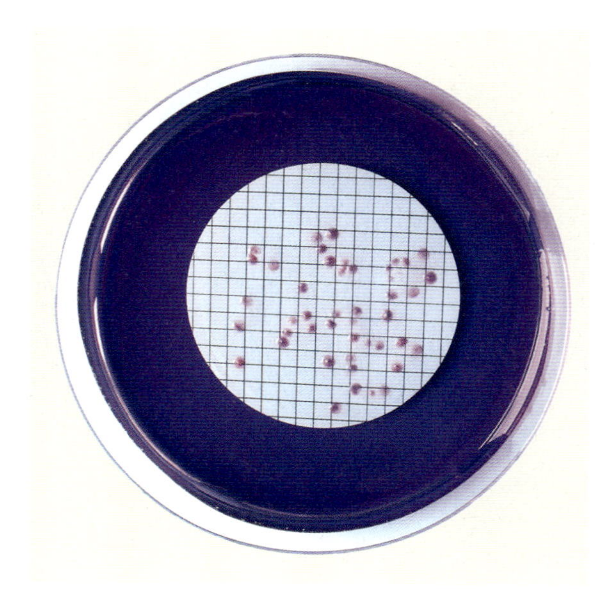

Abb. 4.29 *Clostridium perfringens* (Wildstamm) auf m-CP-Agar nach Alkalisierung.

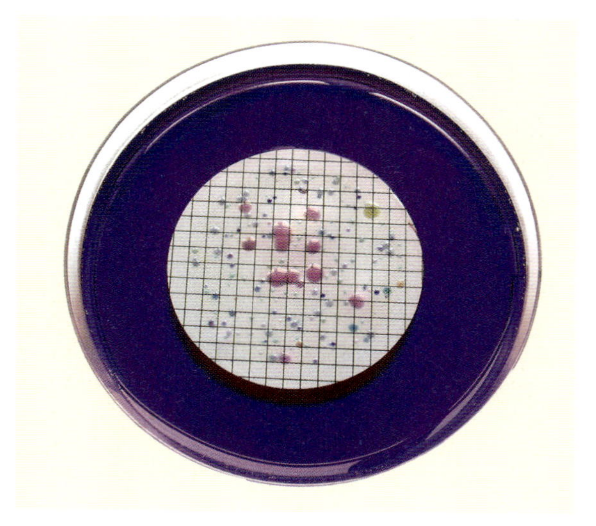

Abb. 4.30 Mischkultur mit *Clostridium perfringens* (Oberflächenwasser) auf m-CP-Agar nach Alkalisierung.

Bakterien, welche die saure Phosphatase nicht besitzen, ist keine Änderung der Koloniefarbe zu beobachten. Die Alkalisierung erfolgt mittels Ammoniakdampf innerhalb von 20 bis 30 s, wobei verschiedene Methoden angewendet werden können. So kann über eine geöffnete Flasche mit konzentriertem Ammoniak (25–33% gelöstem Ammoniak) ein Pulvertrichter gehalten werden, in welchem sich die Platte mit der Oberseite nach unten befindet. Dieser Vorgang sollte unter einer Sicherheitswerkbank erfolgen. Der entweichende Ammoniak führt binnen weniger Sekunden zu einer Verschiebung des pH-Wertes in den gewünschten alkalischen Bereich. Alternativ kann auch ein mit Ammoniak getränktes Filterpapier in eine Petrischale gegeben werden, über welches die Platte mit dem Filter gehalten wird. Unmittelbar nach dem Bedampfen sollte sogleich ausgewertet werden, da die Alkalisierung reversibel ist.

Weitere Bestandteile wie Eisen- und Magnesium-Ionen dienen der Förderung des Wachstums von *C. perfringens*. Das im Medium enthaltene Cystein bindet Luft-Sauerstoff. Die beiden Antibiotika D-Cycloserin und Polymyxin-B-Sulfat und die erhöhte Bebrütungstemperatur hemmen die Begleitflora (gramnegative Bakterien, *Staphylococcus*-Species), ohne das Wachstum der Zielorganismen zu unterdrücken.

Auswertung

Nach Trinkwasserverordnung 2001 gelten als *C. perfringens* alle dunkelgelben Kolonien, welche nach Bedampfen mit Ammoniumhydroxid für 20 bis 30 s rosafarben oder rot werden.

Angabe der Ergebnisse

Die Anzahl der typischen *C. perfringens*-Kolonien auf m-CP-Agar wird erfasst und bezogen auf 100 ml Wasserprobe im Untersuchungsbericht angegeben. Nach ISO 8199 (2005) sollten auf dem Membranfilter zwischen 10 und 100 typische Kolonien nachweisbar sein, da außerhalb dieses Zählbereiches der statistische Fehler zu groß wird. Sind weniger als 10 typische Kolonien nachweisbar, so nimmt die Präzision des Ergebnisses stark ab. Sind mehr als 100 Kolonien auf dem Filter vorhanden, so kann aufgrund der Größe der *C. perfringens*-Kolonien eine Zählung einzelner Kolonien unter Umständen nicht mehr möglich sein.

Literatur

DIN EN 26461 Teil 1 (1993): Wasserbeschaffenheit: Nachweis und Zählung der Sporen sulfitreduzierender Anaerobier (Clostridien), Teil 1: Flüssigkeitsanreicherung.

DIN EN 26461 Teil 2 (1993): Wasserbeschaffenheit: Nachweis und Zählung der Sporen sulfitreduzierender Anaerobier (Clostridien), Teil 2: Membranfiltrationsverfahren.

ISO 8199 (2005): Water quality – General guide on the enumeration of micro-organisms by culture.

Weiterführende Literatur

Armon, R., Payment, P. (1988): A modification of m-CP medium for enumerating

Clostridium perfringens from water samples. C. J. Microbiol., 34, 78–79.
Bisson, J. W., Cabelli, V. J. (1979): Membrane filter enumeration method for *Clostridium perfringens*. Appl. Environ. Microbiol., 37, 55–66.
EG-Richtlinie des Rates vom 15. Juli 1980 über die Qualität von Wasser für den menschlichen Gebrauch (80/778/EWG), Amtsblatt der EG Nr. L. 229 vom 30. 8. 1980, 11–29.
EG-Richtlinie des Rates vom 3. November 1998 über die Qualität von Wasser für den menschlichen Gebrauch (98/83/EG), Amtsblatt der EG Nr. L. 33 vom 5. 12. 1998, 32–54.
Mitteilung der Trinkwasserkommission beim Umweltbundesamt, *Clostridium perfringens* (2002): Umfang der Untersuchungen nach Anlage 4 (zu § 14, Abs. 1), TrinkwV 2001, Bundesgesundheitbl – Gesundheitsschutz – Gesundheitsforsch, 45, 1115.
Verordnung über die Qualität von Wasser für den menschlichen Gebrauch (Trinkwasserverordnung – TrinkwV 2001) vom 21. Mai 2001, BGBl. I, 959–981.

4.6 Pseudomonas aeruginosa

Konrad Botzenhart

4.6.1 Begriffsbestimmung

Pseudomonas (P.) aeruginosa ist ein gramnegatives, unipolar begeißeltes, stäbchenförmiges Bakterium ohne Sporenbildung. *P. aeruginosa* wächst vorzugsweise aerob, kann aber auch Nitrat als Elektronenakzeptor verwenden. Die Kolonien zeigen auf festen Medien zunächst eine feuchte, gewölbte Oberfläche, später werden sie größer, häufig flach, zeigen einen metallischen Glanz und einen welligen Rand (s. Abb. 4.31). Gelegentlich werden auch stark schleimbildende (mucoide) Stämme beobachtet. Auf Blutagar zeigt sich ein Hämolysehof, Gelati-

Abb. 4.31 Kolonien von *Pseudomonas aeruginosa* nach 2–3-tägiger Bebrütung. Foto: Dr. A. Wiedenmann.

ne wird verflüssigt. In flüssigen Nährböden bildet *P. aeruginosa* eine am Rand aufsteigende Kahmhaut. *P. aeruginosa* wächst im Unterschied zu *P. fluorescens* bei 42 °C, aber nicht bei 4 °C. *P. aeruginosa* bildet meistens einen wasserlöslichen blaugrünen (Pyocyanin, s. Abb. 4.32) und einen gelblichen fluoreszierenden Farbstoff (Fluorescein, s. Abb. 4.33). Es treten aber auch gelegentlich Stämme mit rötlichen Pigmenten (Pyorubrin) auf (s. Abb. 4.34), selten (weniger als 1% der Stämme) auch mit bräunlich-schwärzlichen Pigmenten. Ältere Kulturen verbreiten einen charakteristischen süßlichen Geruch. Glukose wird nicht gespalten, sondern oxidativ über Gluconsäure ohne Gasbildung abgebaut („Nonfermenter"). *P. aeruginosa* kann Acetamid unter Bildung von Ammoniak verwer-

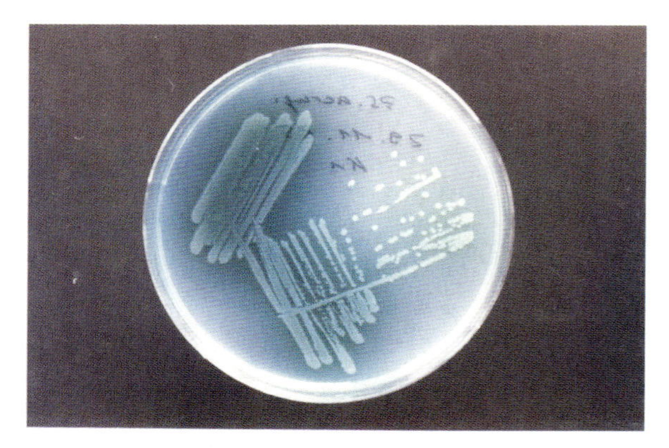

Abb. 4.32 Kultur von *Pseudomonas aeruginosa* auf CN-Agar. Foto: Dr. A. Wiedenmann.

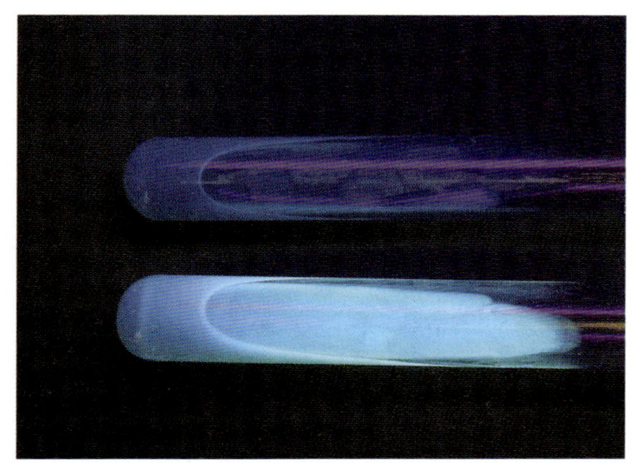

Abb. 4.33 Bildung von Fluorescein auf King's B-Agar. Foto: Dr. Renner.

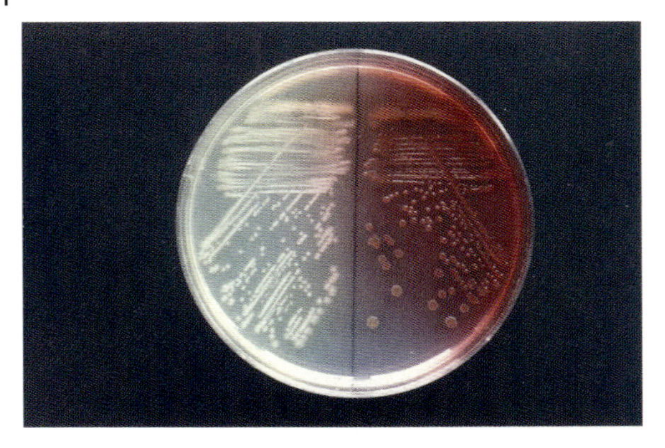

Abb. 4.34 Mehrtägige Kultur von *Pseudomonas aeruginosa* auf CN-Agar. Foto: Dr. A. Wiedenmann.

ten und mit Citrat als einziger Kohlenstoffquelle wachsen. Diagnostisch von Bedeutung ist ferner die Bildung von Katalase und Cytochromoxidase.

4.6.2 **Anwendungsbereich**

P. aeruginosa ist in der Umwelt weit verbreitet, besonders im wässrigen Milieu. Die Bakterienspezies kann sehr geringe Nährstoffkonzentrationen verwerten und sich sogar in destilliertem Wasser vermehren. Sie ist bei ca. 5% der Proben in Rachenabstrichen und im Stuhl von Menschen zu finden, ohne Krankheitszeichen zu verursachen. Aus Abwasser kann *P. aeruginosa* regelmäßig isoliert werden. In Entnahmestellen von oberflächennahem Grundwasser oder Uferfiltrationsfeldern kann *P. aeruginosa* ebenfalls zu finden sein, zeigt aber keine mengenmäßige Korrelation zu *E. coli* oder Enterokokken. *P. aeruginosa* ist im Stande, sich in jeder Art von wasserführenden Systemen zu vermehren, namentlich auch an Auslaufarmaturen, im Ausguss von Waschbecken, in Filtern und in den Spalträumen von Dichtungen und ist häufig an der Biofilmbildung beteiligt, wobei die Befähigung zur Bildung von extrazellulären Polysacchariden („Schleim") von Bedeutung ist. *P. aeruginosa* ist gegen viele Antibiotika und auch gegen einige Desinfektionswirkstoffe resistent, namentlich gegen quartäre Ammoniumverbindungen und Amphotenside. *P. aeruginosa* verursacht bei gesunden Personen nur sehr selten Erkrankungen (evtl. bei Kleinkindern Enteritis), dagegen bei Personen mit lokaler oder genereller Schädigung des Abwehrsystems hartnäckige und nicht selten lebensbedrohliche Erkrankungen. Bei Schwimmern kann es zu einer Dermatitis oder zu einer Otitis externa kommen, bei Verbrennungen kommt es zu Hautinfektionen, Patienten mit cystischer Fibrose haben häufig eine chronische Lungeninfektion mit *P. aeruginosa*, bei Intensivpflegepatienten sind Harnwegsinfektionen und Infektionen der Lunge und der Atemwege eine gefürchtete Komplikation.

Aufgrund seiner physiologischen Eigenschaften ist mit dem Auftreten von *P. aeruginosa* vor allem im Badewasser und in der Hausinstallation von Krankenhäusern zu rechnen. Der Nachweis ist kein Indikator für fäkale Verunreinigungen, sondern in der Regel das Ergebnis der Vermehrung dieses Keimes im Bereich der Nachweisstelle. Unter den Bedingungen eines sauberen, geschützten Grundwassers wird *P. aeruginosa* vermutlich durch eher psychrophile Bakterien, namentlich *P. fluorescens* verdrängt. Die Untersuchung auf *P. aeruginosa* ist nach DIN 19643 (1997) im Schwimm- und Badebeckenwasser erforderlich und wird nach der Empfehlung der Schwimm- und Badebeckenwasserkommission des BMG/des Umweltbundesamtes (2003) auch zur Überwachung des Beckenwassers in Kleinbadeteichen empfohlen. Nach der Mineral- und Tafelwasserverordnung von 1984 wird die Untersuchung für natürliches Mineral-, Quell- und Tafelwasser gefordert und kann von der zuständigen Behörde auch für Trinkwasser angeordnet werden. Laut TrinkwV 2001 ist *P. aeruginosa* auch im Falle abgepackten Trinkwassers zu bestimmen. Das Verfahren nach DIN EN 12780 (2002): „Wasserbeschaffenheit – Nachweis und Zählung von *Pseudomonas aeruginosa* durch Membranfiltration“ ist nach TrinkwV 2001 als Referenzmethode anzuwenden (die Norm wird in Kürze aus normungsrechtlichen Gründen inhaltsgleich als DIN EN ISO 16266 veröffentlicht werden, DIN EN 12780 wird dann zurückgezogen). Die früher als Standard geltenden Anreicherungsverfahren (z.B. DIN 38411 T. 8, 1982) liefern ebenfalls zuverlässige, aber nur qualitative Ergebnisse. Dagegen ist für die Untersuchung von Mineral-, Quell- und Tafelwasser weiterhin die in der Verordnung von 1984 angegebene Methode amtlich vorgeschrieben. Es können also zwei Verfahren zur Anwendung kommen, nämlich das in der genannten Verordnung beschriebene und das nach DIN EN 12780 (2002).

4.6.3 Nachweisverfahren nach DIN EN 12780 (2002)

4.6.3.1 Grundlagen

Als *P. aeruginosa* gelten Mikroorganismen, welche auf selektiven, cetrimidhaltigen Medien wachsen und Pyocyanin bilden, oder solche, die auf selektiven, cetrimidhaltigen Medien wachsen, eine positive Oxidasereaktion zeigen, unter UV-Licht (360 ± 20) nm fluoreszieren und aus Acetamid Ammoniak bilden können. Die Wasserprobe wird durch ein Membranfilter mit 0,45 µm Porenweite filtriert, das Filter bei (36 ± 2) °C auf dem Selektivmedium (CN-Agar) bebrütet und nach einem sowie nach zwei Tagen ausgewertet. Kolonien, welche auf dem Membranfilter blaugrün gefärbt sind, werden als *P. aeruginosa* gezählt. Andere Kolonien, die aber fluoreszieren oder rotbraun gefärbt sind, müssen weiter analysiert werden. Dazu werden sie zunächst auf Nähragar überimpft und daraus resultierende Einzelkolonien weiter untersucht. Im Falle von auf dem Membranfilter fluoreszierenden Stämmen wird nur das Merkmal Ammoniakbildung aus Acetamid geprüft, im Falle von rotbraunen, ursprünglich nicht fluoreszierenden Stämmen wird zunächst die Oxidasereaktion durchgeführt und bei positivem Ausfall die Fluoreszenz auf King's B Medium und die Ammoniakbildung aus Acetamid festgestellt.

4.6.3.2 Nährmedien und Reagenzien

Pseudomonas Selektivagar (CN-Agar)

Zusammensetzung:
16,0 g Pepton aus Gelatine
10,0 g Caseinhydrolysat
10,0 g Kaliumsulfat (wasserfrei, K_2SO_4)
1,4 g Magnesiumchlorid (wasserfrei, $MgCl_2$)
10 ml Glycerin
11,0 bis 18,0 g Agar (je nach Gelierfähigkeit)
1000 ml Wasser (destilliert oder Wasser gleichen Reinheitsgrades)

CN-Zusatz:
0,2 g Hexadecyltrimethylammoniumbromid (Cetrimid)
0,015 g Nalidixinsäure

Zubereitung:
Pepton, Caseinhydrolysat, Kaliumsulfat und Magnesiumchlorid in 1000 ml Wasser suspendieren. 10 ml Glycerin zugeben. Zum vollständigen Lösen zum Kochen bringen und durch Autoklavieren bei $(121 \pm 3)\,^{\circ}C$ 15 min sterilisieren. Das Medium auf 45 bis 50 °C abkühlen lassen. Den CN-Zusatz, der in 2 ml sterilem destilliertem Wasser gelöst und gut gemischt wurde, zu dem sterilen noch flüssigen Basismedium hinzufügen. Gut mischen und in sterile Petrischalen gießen, sodass eine 5 mm dicke Agarschicht entsteht. Der pH-Wert des erstarrten Mediums sollte $7{,}1 \pm 0{,}2$ bei 25 °C entsprechen. Die fertigen Platten bei $(5 \pm 3)\,^{\circ}C$ aufbewahren und innerhalb von einem Monat verbrauchen. Das verflüssigte Agarmedium nicht länger als 4 h aufbewahren. Das Agarmedium nicht mehrmals verflüssigen.

Bestätigungsmedien und -reagenzien
King's B Medium

Zusammensetzung
20,0 g Pepton
10,0 ml Glycerin
1,5 g di-Kaliumhydrogenphosphat ($K_2 \cdot HPO_4$)
1,5 g Magnesiumsulfatheptahydrat ($MgSO_4 \cdot 7\,H_2O$)
15,0 g Agar
Wasser (destilliert oder Wasser gleichen Reinheitsgrades) 1000 ml

Zubereitung
Die Bestandteile in dem Wasser durch Erhitzen lösen. Auf 45 bis 50 °C abkühlen lassen und den pH-Wert durch Zugabe von Salzsäure oder Natrium-

hydroxid so einstellen, dass er pH-Wert 7,2 ± 0,2 bei 25 °C entspricht. In Portionen zu je 5 ml in Röhrchen abfüllen, mit Kappen verschließen und bei (121 ± 3) °C 15 min autoklavieren. Die Röhrchen in Schräglage abkühlen lassen (Schrägagarröhrchen). Im Dunkeln bei (5 ± 3) °C aufbewahren und innerhalb von 3 Monaten verbrauchen.

Acetamid-Nährlösung

Zusammensetzung

Lösung A
1,0 g Kaliumdihydrogenphosphat (KH_2PO_4)
0,2 g Magnesiumsulfat (wasserfrei, $MgSO_4$)
2,0 g Acetamid
0,2 g Natriumchlorid (NaCl)
900 ml Wasser (wie oben, frei von Ammoniak)
Die Bestandteile im Wasser lösen und dann den pH-Wert mit Salzsäure oder Natronhydroxid so einstellen, dass der pH-Wert 7,0 ± 0,5 bei 25 °C entspricht.

WARNUNG – Acetamid (Essigsäureamid) ist karzinogen und reizend

Lösung B
0,5 g Natriummolybdat ($Na_2MoO_4 \cdot 2\,H_2O$)
0,05 g Eisensulfat ($FeSO_4 \cdot 7\,H_2O$)
100 ml Wasser (wie oben)

Zubereitung
Zur Herstellung der Acetamid-Nährlösung 1 ml der Lösung B zu 900 ml frisch zubereiteter Lösung A geben. Unter ständigem Rühren Wasser bis zu einem Gesamtvolumen von 1000 ml zugeben. Diese Mischung in 5 ml-Portionen in Röhrchen abfüllen und in einem Autoklaven bei (121 ± 3) °C 15 min sterilisieren. Im Dunkeln bei (5 ± 3) °C aufbewahren und innerhalb von 3 Monaten verbrauchen.

Nähragar

Zusammensetzung
5,0 g Pepton
1,0 g Fleischextrakt
2,0 g Hefeextrakt
5,0 g Natriumchlorid (NaCl)
15,0 g Agar
1000 ml Wasser (wie oben)

Zubereitung
Die Bestandteile im Wasser durch Erhitzen lösen. Durch Autoklavieren bei (121 ± 3) °C 15 min sterilisieren. Der pH-Wert des fertigen, erstarrten Mediums sollte 7,4 ± 0,2 bei 25 °C entsprechen. Die Platten vor der Anwendung trocknen, um überflüssige Feuchtigkeit auf der Oberfläche zu entfernen. Fertige Platten

vor Austrocknung geschützt im Dunkeln bei (5 ± 3) °C aufbewahren und innerhalb eines Monats verbrauchen.

Oxidase-Reagenz

Zusammensetzung
0,1 g Tetramethyl-p-phenylendiamindihydrochlorid
10 ml Wasser (wie oben)

Zubereitung
Tetramethyl-p-phenylendiamindihydrochlorid kurz vor der Anwendung im Wasser lösen und vor Licht schützen. Dieses Reagenz ist nicht haltbar und muss deshalb vor jedem Gebrauch in kleinen Mengen frisch hergestellt werden.

Alternativ können kommerziell erhältliche Oxidasetests verwendet werden.

Nesslers Reagenz für den Nachweis von Ammoniak
10,0 g Quecksilber(II)-chlorid ($HgCl_2$)
7,0 g Kaliumjodid (KI)
16,0 g Natriumhydroxid (NaOH)
bis 100 ml Wasser (frei von Ammoniak)
10 g $HgCl_2$ und 7 g KI in einer kleinen Menge Wasser lösen und diese Mischung langsam, unter Rühren, zu einer abgekühlten Lösung von 16 g NaOH in 50 ml Wasser geben. Auf 100 ml mit Wasser auffüllen. In mit Plastikstopfen verschlossenen Borsilikatglasbehältern vor Sonnenlicht geschützt für maximal ein Jahr aufbewahren.

WARNUNG – $HgCl_2$ ist giftig – nicht verschlucken.

4.6.3.3 **Untersuchungsgang**

Die Membranfiltration ist nach ISO 8199 (2005) durchzuführen. Stark kontaminierte Proben sind zweckmäßigerweise vor der Filtration zu verdünnen (ISO 8199). Die Membranfilter werden auf CN-Agar (Luftblasen unter dem Filter vermeiden!) aufgelegt und bei (36 ± 2) °C bebrütet. Nach (22 ± 2) h und (44 ± 4) h wird abgelesen: Alle Kolonien, die blaugrünes Pigment bilden, werden als *P. aeruginosa* gezählt. Kolonien ohne Pyocyaninbildung, die unter UV-Licht (360 ± 20) nm fluoreszieren, werden als mögliche *P. aeruginosa* gezählt und alle oder ein bestimmter Anteil davon (s. Abschnitt 4.6.3.5) in Acetamid-Bouillon überimpft, wie unten beschrieben, und bei Ammoniakbildung als *P. aeruginosa* gezählt. Nicht fluoreszierende rötlich braun pigmentierte Kolonien werden ebenfalls gezählt und nach Subkultur auf Nähragar durch den Oxidasetest sowie die Reaktion in Acetamidbouillon und auf King's B Medium geprüft und bei positiven Reaktionsausfällen als *P. aeruginosa* gezählt. Die Betrachtung unter UV-Licht sollte nur kurz dauern, um die Kolonien nicht abzutöten, außerdem müssen die Augen geschützt werden.

Durchführung der Bestätigungsreaktionen (Subkultur auf Nähragar, Oxidasetest, Fluoreszenz auf King's B, Bildung von Ammoniak aus Acetamid).

Alle oder, falls nicht durchführbar, so viele als möglich (s. ISO 8199, 2005) von denjenigen Kolonien, deren Bestätigung erforderlich ist, vom Membranfilter auf Nähragar subkultivieren und für (22 ± 2) h bei (36 ± 2) °C bebrüten. Die Subkulturen auf Reinheit prüfen. Diejenigen Kulturen, die von rotbraunen Kolonien stammen, auf Oxidase prüfen (s. Abb. 4.35).

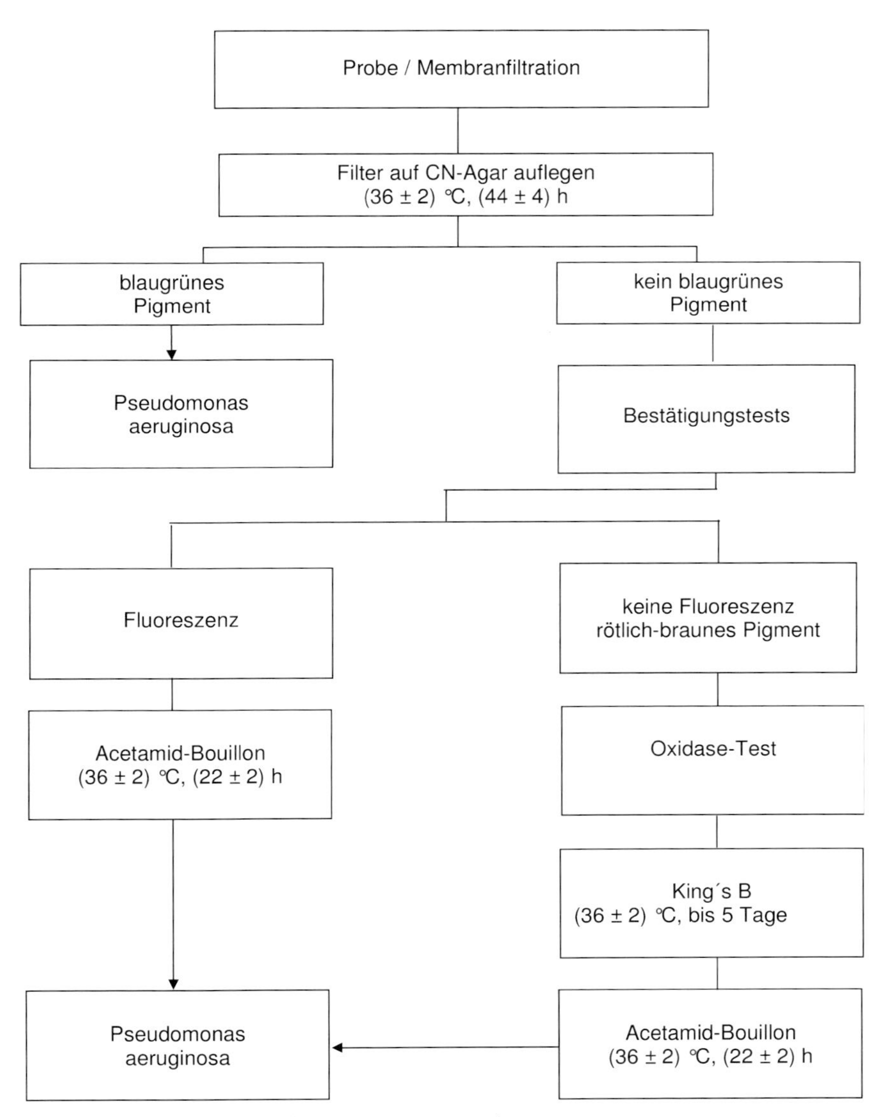

Abb. 4.35 Nachweis von *Pseudomonas aeruginosa* nach DIN EN 12780 (2002).

Dafür 2 bis 3 Tropfen frisch hergestelltes Oxidase-Reagenz (s. Abschnitt 4.6.3.2) auf ein Filterpapier in einer Petrischale geben. Mit einer Platinöse (kein eisenhaltiges Material!), Plastiköse, einem Holzstäbchen oder Glasstab etwas von der gewachsenen Kultur auf dem vorbereiteten Filterpapier zerreiben. Das Auftreten einer tiefblauen bis purpurnen Farbe innerhalb 10 s als positive Reaktion werten. Alternativ kommerziell erhältliches Oxidase-Reagenz verwenden und den Angaben des Herstellers folgen.

Oxidase-positive rötlich braune Kolonien von Nähragar auf King's B Medium subkultivieren und bei $(36 \pm 2)\,^{\circ}C$ für bis zu 5 Tage bebrüten. Unter UV-Licht untersuchen und das Auftreten jeglicher Fluoreszenz festhalten. Das Auftreten jeglicher Fluoreszenz innerhalb von 5 Tagen als positiv werten.

Zur Prüfung der Ammoniakbildung je ein Röhrchen mit Acetamid-Nährlösung mit (Einzel-) Koloniematerial beimpfen und bei $(36 \pm 2)\,^{\circ}C$ für (22 ± 2) h bebrüten. 1 bis 2 Tropfen Nessler Reagenz zugeben und die Röhrchen auf die Bildung von Ammoniak prüfen, die sich, je nach Konzentration, durch die Produktion eines gelben bis ziegelroten Farbstoffes zeigt.

4.6.3.4 Zählung

Alle Kolonien, die Pyocyanin (blaugrünes Pigment) bilden oder die Oxidase-positiv sind und unter UV-Licht fluoreszieren (auf CN-Agar oder auf King's B Agar) und aus Acetamid Ammoniak bilden können, als bestätigte *P. aeruginosa* zählen.
Anmerkung: Kolonien, die auf dem ursprünglichen Membranfilter fluoreszieren, sind immer Oxidase-positiv, daher brauchen sie nicht auf dieses Merkmal hin untersucht zu werden (s. Tabelle 4.2).

4.6.3.5 Angabe der Ergebnisse und Untersuchungsbericht

Ausgehend von der Anzahl charakteristischer Kolonien auf den Membranfiltern und unter Berücksichtigung des Anteils bestätigter Kolonien wird die Anzahl

Tabelle 4.2 Kriterien für die Zählung als *Pseudomonas aeruginosa* nach DIN EN 12780 (2002).

Beschreibung der Kolonie auf dem CN-Agar	Ammoniakbildung aus Acetamid	Oxidase-positiv	Fluoreszenz auf King's B-Agar	Bestätigt als *Pseudomonas aeruginosa*
Blaugrün	NB	NB	NB	Ja
Fluoreszierend (nicht blaugrün)	+	NB	NB	Ja
Rötlich braun	+	+	+	Ja
Andersfarben	NB	NB	NB	Nein

NB: nicht bestimmt

der *P. aeruginosa,* die in einem bestimmten Volumen des Wassers vorhanden sind, berechnet. Für Mineral-, Quell- und Tafelwasser und anderes abgepacktes Wasser (nach TrinkwV 2001) ist das Volumen 250 ml. Für andere Wässer (z. B. Trinkwasser, Badebeckenwasser) werden gewöhnlich 100 ml untersucht.

Beispiel
Wenn:
P = Anzahl der blaugrünen Kolonien; werden alle als Zielorganismen gezählt;
F = Anzahl der fluoreszierenden Kolonien;
R = Anzahl der rotbraunen Kolonien;
nF = Anzahl der fluoreszierenden Kolonien, die auf Acetamidproduktion geprüft wurden;
cF = Anzahl der fluoreszierenden Kolonien, die positiv in der Acetamidproduktion sind;
nR = Anzahl der rotbraunen Kolonien, die auf Acetamid- und Oxidaseproduktion sowie auf Fluoreszenz in King's B Medium geprüft wurden;
cR = Anzahl der rotbraunen Kolonien, die positiv in der Acetamid- und Oxidaseproduktion sind sowie in King's B Medium fluoreszieren;
dann ist die Anzahl von *P. aeruginosa* = P + F(cF/nF) + R(cR/nR) im untersuchten Probenvolumen.

Alternativ werden die Ergebnisse qualitativ ausgedrückt und angegeben, dass *P. aeruginosa* in dem untersuchten Wasservolumen nachgewiesen wurde oder nicht nachgewiesen wurde.

Der **Untersuchungsbericht** muss die folgenden Informationen enthalten:
a) den Bezug auf die DIN EN 12780 (2002);
b) alle für die vollständige Identifikation der Probe wichtigen Einzelheiten;
c) die Ergebnisse der Auszählung, entsprechend Abschnitt 4.6.3.4;
d) jedes besondere Vorkommnis, das während der Durchführung der Untersuchung beobachtet wurde, und jeder in dem Verfahren nicht genau angegebene oder als fakultativ betrachtete Untersuchungsschritt, der das Ergebnis beeinflusst haben könnte.

4.6.4 Nachweisverfahren nach Mineral- und Tafelwasserverordnung

4.6.4.1 Grundlagen

Die zur Zeit gültige Mineral- und Tafelwasserverordnung von 1984 schreibt dagegen folgendes Untersuchungsverfahren vor:

„Die Untersuchung auf *Pseudomonas aeruginosa* kann durch:
a) Flüssiganreicherung in doppelt konzentrierter Malachitgrünbouillon, Bebrütungstemperatur (37 ± 1) °C, Bebrütungszeit (20 ± 4) h (Beobachtungszeit und Bebrütungszeit bis (44 ± 4) h) oder

b) Membranfiltration und Bebrütung des Membranfilters in einfach konzentrierter Malachitgrünbouillon, Bebrütungstemperatur (37 ± 1) °C, Bebrütungszeit (20 ± 4) h (Beobachtungszeit und Bebrütungszeit bis (44 ± 4) h erfolgen.

Die endgültige Diagnose ist durch Wachstum in Malachitgrünbouillon nicht möglich, sodass zusätzlich nach Sub- und Reinkultur auf Laktose-Fuchsin-Sulfitagar (Endoagar) oder einem anderen geeigneten Selektivagar mindestens folgende Stoffwechselmerkmale geprüft werden müssen:

Bildung von Fluorescein: positiv nach Verimpfen auf das Medium nach King (B) F, Bebrütungstemperatur (37 ± 1) °C, Bebrütungszeit (44 ± 4) h und: Bildung von Pyocyanin: positiv nach Verimpfen auf das Medium King (A) P, Bebrütungstemperatur (37 ± 1) °C, Bebrütungszeit (44 ± 4) h oder Bildung von Ammoniak aus Acetamid: positiv nach Verimpfen auf (ammoniumfreie) Acetamid-Standard-Mineralsalzlösung, Bebrütungstemperatur (37 ± 1) °C, Bebrütungszeit (20 ± 4) h, positive Reaktion mit Nessler's Reagenz."

4.6.4.2 **Nährböden und Reagenzien**

Malachitgrün-Pepton-Bouillon (konzentriert)

15,0 g Pepton, aus Fleisch, tryptisch verdaut
9,0 g Fleischextrakt, pulverförmig, für die Mikrobiologie
4 ml 0,75%ige wässrige Malachitgrün (Oxalat)-Lösung
1000 ml Aqua dest.

Malachitgrün-Pepton-Bouillon (einfach)

Ein Teil Malachitgrün-Pepton-Bouillon (konz.) wird mit 2 Teilen Aqua dest. gemischt und die Lösung zu je 10 ml in Kulturröhrchen abgefüllt. Diese werden bei 100 °C für 10 min nachsterilisiert.

King P-Nährboden (King A-Nährboden)

20,0 g Pepton, aus Fleisch, tryptisch verdaut
10,0 g K_2SO_4
1,4 g $MgSO_4 \cdot 7\,H_2O$
15,0 g Agar
10 ml Glycerin, bidestilliert
1000 ml Aqua dest.

Die Bestandteile lässt man ca. 15 min in dem Aqua dest. quellen, setzt dann 10 ml Glycerin, bidestilliert zu und erhitzt die Suspension unter häufigem Schwenken bis zum Sieden. Nach leichtem Abkühlen wird der pH-Wert auf 7,1–7,3 eingestellt und die warme Lösung in Portionen zu je 5 ml im Röhrchen abgefüllt. Diese werden autoklaviert und zum Erstarren des Nährbodens schräg gelegt (King et al. 1954 haben den Nährboden für den Pyocyaninnachweis mit „A" bezeichnet, den für den Fluoresceinnachweis mit „B").

Die Zusammensetzung der weiteren Nährböden und Reagenzien entspricht den oben angegebenen Rezepten.

4.6.4.3 Untersuchungsgang

Primärkultur
Es handelt sich um ein Anreicherungsverfahren, welches zunächst nur die Aussage erlaubt: nachgewiesen oder: nicht nachgewiesen. Da nach der Mineral- und Tafelwasserverordnung in 250 ml keine *P. aeruginosa* nachweisbar sein dürfen, ist die Membranfiltration mit anschließender Bebrütung in einfach konzentrierter Malachitgrünbouillon zu empfehlen. Durch Inkubation kleinerer Volumina, z.B. 100 ml in 50 ml doppelt konzentrierter oder 1 ml in 9 ml einfach konzentrierter Malachitgrünbouillon kann eine halbquantitative Aussage erfolgen. Die Ansätze werden nach (20 ± 4) h Bebrütungszeit bei (37 ± 1) °C auf Trübung hin untersucht, bei fehlender Trübung bis zu (44 ± 4) h bebrütet.

Isolierung und Identifizierung
Material aus bewachsenen Bouillonkulturen wird zur Gewinnung von Einzelkolonien auf Cetrimidagar ausgestrichen. Nach der Mineral- und Tafelwasserverordnung müssen die Einzelkolonien entweder das Merkmal: Bildung von Fluorescein und von Pyocyanin auf King A- bzw. King B-Medium aufweisen oder, falls kein Pyocyanin gebildet wurde, das Merkmal: Bildung von Ammoniak aus Acetamidbouillon nach eintägiger Bebrütung bei (37 ± 1) °C. Das Vorgehen fordert zusätzlich, dass auf jeden Fall die Oxidasereaktion geprüft wird und bei den Stämmen, welche kein Pyocyanin bilden, das Merkmal: Wachstum bei (41 ± 1) °C positiv sein muss. Die Oxidasereaktion, die Bildung von Pyocyanin und die von Fluorescein können direkt auf der Cetrimidagarplatte geprüft werden, sodass die weiteren Untersuchungsschritte nur für wenige Fälle, d.h. wenn auf der Cetrimidplatte nur Kolonien ohne Pyocyaninbildung wachsen, erforderlich werden.

Angabe der Ergebnisse
Entsprechend den Anforderungen der Mineral- und Tafelwasserverordnung ist anzugeben: *P. aeruginosa* in 250 ml nachgewiesen/nicht nachgewiesen.

Wenn z.B. bei einer Nachuntersuchung eine Quantifizierung gewünscht wird, können zusätzlich kleinere Volumina untersucht werden oder eine MPN-Reihe (ISO 8199, 2005) angelegt und das Ergebnis entsprechend angegeben werden. Das genaueste Ergebnis wird aber vermutlich mit dem Membranfilterverfahren nach DIN EN 12780 (2002) erzielt.

4.6.5 Störungsquellen, zusätzliche Hinweise

P. aeruginosa wächst im Allgemeinen gut auf den verschiedensten Nährmedien und ist leicht zu erkennen, wenn die Kolonien auf festen Medien blaugrünen Farbstoff bilden. Die Angaben über die Farbstoffbildung schwanken aber erheblich. Im Gegensatz zu den Angaben im Anhang A der DIN EN 12780 (2002) bilden nach Pitt (1990) nur 80% (anstatt über 90%) der Stämme auf King A-Medium Pyocyanin, und nur ca. 70% der Stämme (anstelle von 98%) bilden auf King B-Medium Fluorescein. Da alle Pseudomonaden oxidasepositiv sind, ist die Identifizierung als *P. aeruginosa* nach DIN EN 12780 (2002) dann nur durch das Merkmal der Acetamidspaltung möglich. Eine Sicherung der Identifizierung und zusätzliche Abgrenzung von *P. fluorescens* wäre durch die Prüfung des Wachstums bei 42 °C bzw. bei (41 ± 1) °C entsprechend dem Vorgehen von Naglitsch (1996) gegeben. Das Merkmal wird auch in der DIN EN 12780 (2002) als entscheidender Unterschied erwähnt, aber nur im informativen Anhang A. Bei der Untersuchung stärker belasteter Wasserproben, z. B. aus Kleinbadeteichen, sollte ebenfalls das Wachstum bei 42 °C mit überprüft werden, um *P. aeruginosa* von *P. fluorescens* zu unterscheiden. Hierzu gibt die Badewasserkommission ebenso Empfehlungen (Bundesgesundheitsblatt 2007). Die Prüfung erfordert die Beimpfung und Bebrütung eines zusätzlichen Röhrchens mit Nährbouillon, aber keinen zusätzlichen Zeitaufwand.

Die Verwechslung mit *P. fluorescens* ist vermutlich die häufigste Fehldiagnose bei dieser Untersuchung. Es ist daher wichtig, die geforderten Bebrütungstemperaturen von Anfang an einzuhalten, also keine gekühlten Nährmedien zu beimpfen, sondern feste und flüssige Medien vorzuwärmen und sofort nach der Beimpfung in kleinen Stapeln in den Brutschrank zu stellen oder im Wasserbad zu bebrüten.

P. aeruginosa wird gelegentlich in Trinkwasserproben gefunden, ohne dass danach gefragt wurde. Diese Befunde sind dem Auftraggeber mitzuteilen und eine Nachuntersuchung und bei deren positivem Ausfall Sanierungsmaßnahmen zu empfehlen (Bundesgesundheitsblatt 2002). Die Aufnahme von *P. aeruginosa* über das Trinkwasser gilt nicht als bedeutender Infektionsweg. In der Trinkwasserversorgung wird *P. aeruginosa* nur in solchen Einrichtungen als relevant angesehen, in denen Patienten oder bettlägerige Personen medizinisch behandelt, untersucht und gepflegt bzw. Kleinstkinder betreut werden. Dort darf *P. aeruginosa* in 100 ml nicht nachweisbar sein (Umweltbundesamt 2006). Im Badebeckenwasser darf dagegen *P. aeruginosa* in 100 ml nicht nachweisbar sein, da es beim Kontakt mit Haut und Schleimhäuten auch bei Gesunden zu Infektionen kommen kann. Erschwerend wirkt sich im Bäderbereich die Eigenschaft von *P. aeruginosa* aus, sich in den Aufbereitungsanlagen erheblich vermehren zu können (DIN 19643, 1997).

Literatur

DIN 38411 T. 8 (1982): Mikrobiologische Verfahren – Nachweis von *P. aeruginosa.*

DIN 19643 (1997): Aufbereitung von Schwimm- und Badebeckenwasser. Deutsche Norm.

DIN EN 12780 (2002): Nachweis und Zählung von Pseudomonas aeruginosa durch Membranfiltration, Beuth-Verlag GmbH, 10772 Berlin.

ISO 8199 (2005): Water quality – General guide to the enumeration of microorganisms by culture, Beuth-Verlag GmbH, 10772 Berlin.

King, E.O., Ward, M.K., Raney, D.E. (1954): Two simple media for the demonstration of pyocyanin and fluorescin. J. Lab. Clin. Med., 44, 301–307.

Mineral- und Tafelwasser-Verordnung (1984, 1990): Verordnung über natürliches Mineralwasser, Quellwasser und Tafelwasser vom 1. 8. 1984 BGBl. I, 1036–1046. Änderung vom 5. 12. 1990, BGBl. I, 1990, 2610–2611.

Naglitsch, F. (1996): Pseudomonas aeruginosa. In: Schulze, E. (Hrsg.): Hygienisch-mikrobiologische Wasseruntersuchungen, Jena, 65–71.

Pitt, T.L. (1990): Pseudomonas. In: Parker, M.D. und Duerden, B.L.: Topley & Wilsons principles of bacteriology, virology and immunity, Vol. II: Systematic Bacteriology, London, 255–273.

TrinkwV (2001): Verordnung über die Qualität von Wasser für den menschlichen Gebrauch (Trinkwasserverordnung) vom 21. Mai 2001, BGBl. I, 959–981.

Weiterführende Literatur

Umweltbundesamt (2002): Empfehlung der Trinkwasserkommission zur Risikoeinschätzung, zum Vorkommen und zu Maßnahmen beim Nachweis von Pseudomonas aeruginosa in Trinkwassersystemen. Bundesgesundhbl., 45, 187–188.

Umweltbundesamt (2003): Hygienische Anforderungen an Kleinbadeteiche (künstliche Schwimm- und Badeteichanlagen). Bundesgesundhbl., 46, 527–529.

Umweltbundesamt (2006): Hygienisch-mikrobiologische Untersuchung im Kaltwasser von Wasserversorgungsanlagen nach § 3 Nr. 2 Buchstabe c TrinkwV 2001, aus denen Wasser für die Öffentlichkeit im Sinne des § 18 Abs. 1 TrinkwV 2001 bereitgestellt wird. Bundesgesundhbl., 49, 693–696.

Umweltbundesamt (2007): Nachweisverfahren für *P. aeruginosa* nach DIN EN 12780 (2002) zur Überwachung des Beckenwassers von Kleinbadeteichen. Bundesgesundhbl., 50, 987–988.

4.7 Aeromonas

Irmgard Feuerpfeil

4.7.1 Begriffsbestimmung

Die Gattung Aeromonas wurde früher den Vibrionaceae zugeordnet. Heute gehören Aeromonaden einer eigenen Familie, den Aeromonadaceae, an.

Aeromonaden sind gramnegative, sporenlose fakultativ anaerobe Kurzstäbchen, die mit geringen Nährstoffansprüchen und bei niedrigen Temperaturen (optimale Wachstumstemperatur 15 bis 30 °C) wachsen.

Die Bakterien bilden Oxidase und Katalase und sind sowohl zum Atmungs- als auch zum Gärungsstoffwechsel befähigt.

Aeromonaden sind resistent gegen das vibriostatische Agens O/129 (2,4-Diamino-6,7-diisopropylpteridine-phosphat) und dadurch gut gegen Vibrionen und Plesiomonas abgrenzbar, die sensitiv gegen O/129, aber zu ähnlichen biochemischen Leistungen wie Aeromonaden fähig sind.

Innerhalb der Gattung Aeromonas haben die mesophilen, beweglichen Aeromonaden potentiell pathogene Bedeutung. Dazu gehören *Aeromonas (A.) hydrophila, A. caviae* (manchmal *A. punktata* „vom caviae"-Typ bezeichnet), *A. veronii subsp. sobria, A. jandaei, A. veronii subsp. veronii* und *A. schubertii* (WHO, 2004).

Seit bekannt ist, dass Aeromonaden Durchfallerkrankungen, Wundinfektionen und Septikämien vor allem bei Kindern und immunsupprimierten Personen hervorrufen können, werden sie als enteropathogene Bakterien angesehen. Ihrer Verbreitung in der Umwelt und möglichen Übertragungswegen auf den Menschen kommt deshalb besondere Bedeutung zu.

Die meisten *A. hydrophila*- und *A. sobria*-Stämme können ein Enterotoxin bilden, als ein weiteres Pathogenitätsmerkmal von Aeromonaden wird die Adhäsion an Zellen diskutiert. Der Mechanismus der Pathogenese ist komplex, die Virulenz der Aeromonaden scheint von vielen Faktoren abhängig zu sein und kann derzeit nicht abschließend beurteilt werden.

4.7.2 Anwendungsbereich

Aeromonaden sind ubiquitär im Wasser verbreitet.

Reservoire der Aeromonaden sind vor allem Oberflächen- und Abwasser, wo sie in relativ hohen Konzentrationen (bis 10^6 100 ml^{-1}) vorkommen können.

Während die klassischen mit dem Trinkwasser übertragbaren Krankheitserreger aus menschlichen oder tierischen Ausscheidungen stammen und so in die Oberflächengewässer gelangen, gehören die Aeromonaden zu der Gruppe von potentiellen Krankheitserregern, die ihren Ursprung in der aquatischen Umwelt selbst haben und im Oberflächenwasser immer vorhanden sind.

Wissenschaftliche Studien haben gezeigt, dass *A. hydrophila* in „sauberen" Wässern häufiger nachzuweisen ist, während *A. caviae* in fäkal kontaminierten Wässern und Abwasser häufiger vorkommt.

Die Anwesenheit von Aeromonaden im aufbereiteten Trinkwasser weist auf eine nicht ausreichende Desinfektionswirkung oder auf das Vorhandensein von durch diese Bakterien assimilierbare Wasserinhaltsstoffe hin. In diesem Sinne ist der Nachweis von Aeromonaden auch als Hinweis auf die Wiederverkeimungsneigung eines Wassers zu sehen.

Die Gesundheitsbehörden der Niederlande haben aufgrund von Untersuchungen über das Vorkommen von Aeromonaden im Trinkwasser bereits 1988 so genannte „indikative" Werte (Richtwerte) für Aeromonaden festgelegt: 20 KBE 100 ml^{-1} am Ausgang des Wasserwerkes und 200 KBE 100 ml^{-1} im Leitungsnetz (Havelaar, 1990).

Auch in Kanada und Italien wurden Standards für das Vorkommen von Aeromonaden im Trinkwasser und natürlichen Mineralwässern herausgegeben (Villari et al. 2003).

In Deutschland besteht keine Pflicht zur Untersuchung. Grenz- oder Richtwerte für das Trinkwasser wurden nicht vorgegeben.

Eigene Untersuchungen (Stelzer et al. 1992) ergaben, dass bei zu niedrigem bzw. fehlendem Restchlorgehalt im Trinkwasser eines Trinkwasserversorgungssystems Aeromonaden nachgewiesen werden konnten, bevor ein Ansteigen der Koloniezahlen eine Wiederverkeimung des Wassers nach längerer Fließstrecke vermuten ließ.

Der hier beschriebene Untersuchungsgang eignet sich zum Nachweis von Bakterien der Gattung Aeromonas aus Trinkwasser, Mineral- und Tafelwasser, Oberflächenwasser, Abwasser und aus Biofilmen.

4.7.3
Nährböden und Reagenzien

Bromthymolblaulösung

1,0 g Bromthymolblau in ca. 8 ml 5 N NaOH auflösen und auf 250 ml mit Aqua dest. auffüllen

Ampicillinlösung

100 mg Ampicillin werden in 10 ml Aqua dest. gelöst, anschließend wird 1 g Natrium-Dodecylsulfat (SDS) zugesetzt

Ampicillin-Dextrin-Medium

(Anreicherungsmedium, 10fach konzentriert)

50 g Tryptose

20 g Hefeextrakt

50 g Stärke

30 g NaCl

20 g KCl

2 mg $MgSO_4 \cdot 7\,H_2O$
1 g $FeCl_3 \cdot 6\,H_2O$
80 ml Bromthymolblaulösung
1000 ml Aqua dest.
Die Substanzen werden im Dampftopf gelöst und der pH-Wert auf 8,0 eingestellt. Danach wird autoklaviert (15 min bei $(121 \pm 3)\,^{\circ}C$) und der pH-Wert erneut kontrolliert.

Nach dem Abkühlen auf 45 bis 50 °C werden pro Liter Medium 10 ml Ampicillinlösung zugegeben.

Ampicillin-Dextrin-Agar (Selektivmedium)
5 g Tryptose
2 g Hefeextrakt
10 g Stärke
3 g NaCl
2 g KCl
0,2 g $MgSO_4 \cdot 7\,H_2O$
0,1 g $FeCl_3 \cdot 6\,H_2O$
8 ml Bromthymolblaulösung
15 g Agar
1000 ml Aqua dest.
Die Substanzen werden im Dampftopf gelöst und der pH-Wert auf 8,0 eingestellt. Danach wird autoklaviert (15 min bei $(121 \pm 3)\,^{\circ}C$) und der pH-Wert erneut kontrolliert. Nach dem Abkühlen auf 45 bis 50 °C wird pro Liter Medium 1 ml Ampicillinlösung zugesetzt.

Der fertige Nährboden ist dunkelgrün.

Stärke-Glutamat-Ampicillin-Phenolrot (SGAP)-Agar
10 g Glutamat
20 g Stärke
2 g KH_2PO_4
0,5 g $MgSO_4 \cdot 7\,H_2O$
0,36 g Phenolrot
20 mg Ampicillin
100 000 IU Penicillin G
15 g Agar
1000 ml Aqua dest.
Das Ampicillin (20 mg) und Penicillin G (100 000 IU) werden in Aqua dest. gelöst und dem fertigen Nährboden (nach entsprechender Abkühlung auf 45 bis 50 °C), wie für den Ampicillin-Dextrin-Agar beschrieben, zugesetzt.

Der SGAP-Agar ist opaleszent-klar und rot. Nach Bebrüten bei 25 °C (Raumtemperatur) für bis zu 3 Tage erscheinen Pseudomonas-Kolonien blauviolett und Aeromonaden gelb.

Der Nährboden ist auch kommerziell erhältlich (Pseudomonaden-Aeromonaden-Selektivagar nach Kielwein), die Rezeptur ist nur geringfügig abgeändert.

Cytochromoxidase-Reagenz (Nadi-Reagenz)
1 g 1-Naphthol in 100 ml Ethanol
1 g N,N-Dimethyl-1,4-phenylendiammoniumdichlorid in 100 ml Aqua dest.
Beide Lösungen sind getrennt in dunklen Flaschen im Kühlschrank aufzubewahren; bei Verfärbung nach rot bzw. braunviolett ist die Lösung nicht mehr brauchbar.

Unmittelbar vor dem Test werden beide Lösungen (gleiche Mengen) gemischt. Auch hier wird auf kommerzielle Testsysteme verwiesen. Deren Eignung muss aber mit Referenzstämmen überprüft und dokumentiert werden.

Vibriostaticum 0/129 (2,4-Diamino-6,7-diisopropylpteridin-phosphat)
Blättchentest mit 150 µg Beschickung

4.7.4 Untersuchungsgang

Zum Nachweis von Aeromonaden aus Wasserproben wird in der Literatur hauptsächlich über Nährmedien mit Ampicillin und Dextrin als wesentliche Bestandteile berichtet (Havelaar et al. 1988). Dies wird sowohl als flüssiges Medium zur Anreicherung als auch als Selektivmedium für Membranfiltrationsverfahren eingesetzt (s. Abb. 4.36).

Als Anreicherungsmedium kann auch alkalisches Peptonwasser (10,0 g Pepton, 10,0 g NaCl, 1 l Aqua dest., pH 8,6) verwendet werden (Villarruel-Lopez et al. 2005).

Dem Nährboden kann auch Vancomycin zur Hemmung der Begleitflora zugesetzt werden (Havelaar et al. 1987).

Zur Durchführung des Oxidasetests bzw. für weitere biochemische Untersuchungen zur Artbestimmung wird TSA-Agar (Tryptose-Soja-Agar) oder Nähragar als hemmstofffreies Medium eingesetzt.

Der im Folgenden beschriebene Untersuchungsgang hat sich bei eigenen Laboruntersuchungen insbesondere zum Nachweis von Aeromonaden aus Oberflächenwässern und Trinkwasser bewährt.

4.7.4.1 Flüssigkeitsanreicherungsverfahren

Zur Untersuchung von Trinkwasser werden unter sterilen Bedingungen 100 ml des zu untersuchenden Wassers zu 10 ml 10fach konzentriertem Ampicillin-Dextrin-Anreicherungsmedium sowie 10 ml der Wasserprobe zu 1 ml 10fach konzentriertem Anreicherungsmedium und 1 ml Wasserprobe ebenfalls zu 1 ml 10fach konzentriertem Anreicherungsmedium, dem aber vorher 9 ml steriles Leitungswasser zugesetzt worden war, gegeben.

Im Falle von Oberflächenwasser- oder Abwasseruntersuchungen werden jeweils 1 ml Wasserprobe plus 9 ml steriles Leitungswasser in 1 ml 10fach konzentriertem Anreicherungsmedium angesetzt, unter Umständen sollte die Wasserprobe bei der Untersuchung von Abwasser vor dem Ansatz verdünnt werden.

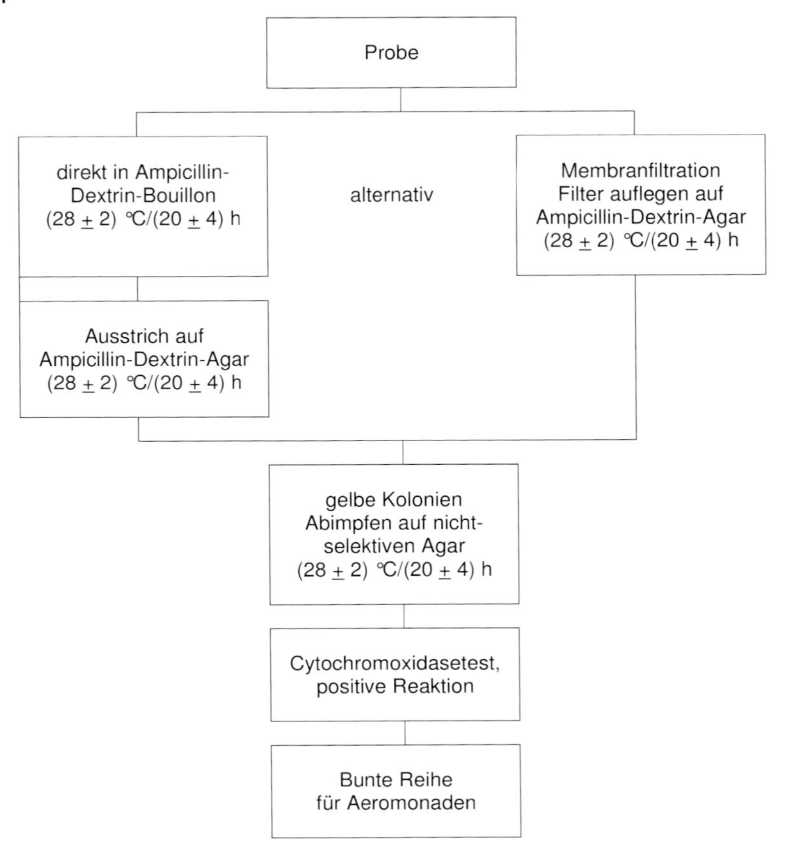

Abb. 4.36 Nachweis von Aeromonaden.

Die Proben werden bei (28 ± 2) °C für (20 ± 4) h aerob bebrütet. Im Falle der Gelbfärbung des Mediums wird zur Isolierung von Einzelkolonien und zur Bestätigung auf Ampicillin-Dextrin-Agar ausgestrichen und nochmals bei (28 ± 2) °C für (20 ± 4) h bebrütet.

Danach werden die Ansätze auf das Auftreten von gelben Kolonien, die 2 bis 3 mm Durchmesser aufweisen und auch das umgebende Nährmedium gelb färben, inspiziert. Diese Kolonien, die Stärke unter Säurebildung verwerten, sind als „*Aeromonas*-verdächtig" zu bewerten (s. Abb. 4.37).

Nach Subkultivierung auf einem hemmstofffreien Medium (z. B. TSA-Agar oder Nähragar) wird der Cytochromoxidasetest durchgeführt und Oxidase-positive Kolonien einer speziellen „Bunten Reihe" für Aeromonaden zugeführt (Burkhardt, 1992).

Auch kommerzielle Testsysteme können zur Typisierung eingesetzt werden (z. B. API 20 E, API 20 NE).

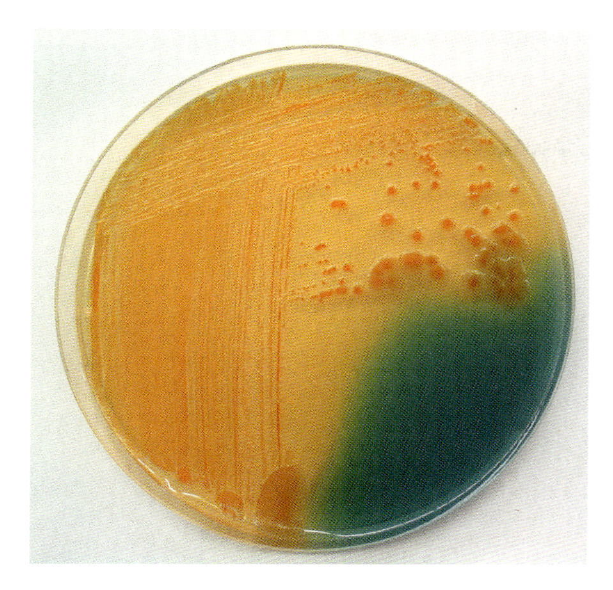

Abb. 4.37 *A. hydrophila* auf Ampicillin-Dextrin-Agar.

4.7.4.2 **Membranfiltrationsverfahren**
Im Zuge des Membranfiltrationsverfahrens werden entsprechende Wasservolumen, für Trinkwasser z. B. 100 ml, durch Zellulosenitratfilter (Porengröße 0,45 µm) filtriert. Die Membranfilter werden auf einen in Abschnitt 4.7.3 beschriebenen Selektivagar aufgelegt und für (20 ± 4) h bei (28 ± 2) °C bebrütet. Gelbe Kolonien werden auch hier als *Aeromonas* betrachtet, auf hemmstofffreies Nährmedium abgeimpft und nach positivem Cytochromoxidasetest der weiteren Typisierung zur Artbestimmung mittels „Bunter Reihe" zugeführt (s. Abb. 4.36).

4.7.5
Störungsquellen

Die größte Fehlerquelle der hier beschriebenen Methoden ist im häufigen Wachstum von Pseudomonaden auf den hier aufgeführten Selektivmedien zu sehen. Allerdings sind Pseudomonaden auf dem Ampicillin-Dextrin-Medium relativ leicht zu erkennen, da sie Stärke nicht unter Säurebildung spalten. Auf dem Phenolrot enthaltenden Nährboden sind sie als Kolonien mit blau-violetter Färbung ebenfalls leicht zu erkennen (s. Abb. 4.38).

Ein zusätzliches Hilfsmittel zur Unterscheidung zwischen Aeromonaden und Pseudomonaden kann durch Flutung der bewachsenen Platte mit Lugolscher Lösung herangezogen werden. Amylasepositive Kolonien (Aeromonaden) weisen als Folge der Stärkeverwertung eine klare Zone um die Kolonie auf.

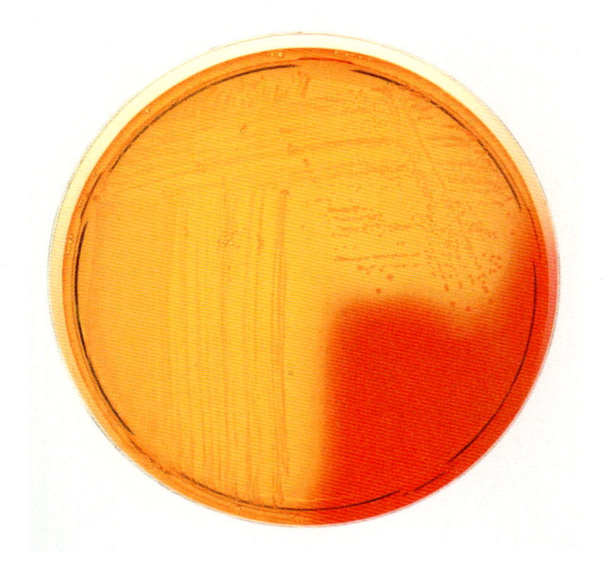

Abb. 4.38 *A. hydrophila* auf Stärke-Glutamat-Ampicillin-Phenolrot-Agar (SGAP-Agar).

Beim Ansatz von Abwasser ist bereits nach dem Zusatz des Abwassers zur Flüssigkeitsanreicherung eine grünlich-gelbe Verfärbung der blauen Anreicherungsbouillon möglich. Nach der Bebrütung tritt dann jedoch eine eindeutige Gelbfärbung bei Anwesenheit von Aeromonaden auf.

Bei Umweltisolaten ist es möglich, dass es bei der biochemischen Typisierung zur Artbestimmung durch Ausfall bestimmter typischer Reaktionen (z. B. fehlende Gasbildung aus Glucose) zu unklaren Befunden oder Fehlbestimmungen kommen kann. In solchen Fällen sollte auf biochemisch-molekularbiologische Verfahren wie z. B. Bestimmung der Gesamtzellproteine oder Pulsfeld-Gelelektrophorese zurückgegriffen werden.

4.7.6
Auswertung

Zur quantitativen Bestimmung der Aeromonaden kann sowohl das Titerverfahren wie auch das MPN-Verfahren angewendet werden. Im Falle des MPN-Verfahrens sind verschiedene Wasservolumina in mehreren Parallelen zu untersuchen und entsprechend einer MPN-Tabelle auszuwerten.

Die Auswertung mittels MPN-Tabellen und die Bewertung nach Membranfiltration werden nach ISO 8199 (2005) vorgenommen.

In der Regel kann man im Trinkwasser von 10^1–10^2 Aeromonaden in 100 ml und bei Oberflächenwasser von Keimgehalten von bis zu 10^6 Aeromonaden in 100 ml ausgehen.

4.7.7 Angabe der Ergebnisse

Nach Flüssiganreicherung werden die Ergebnisse in MPN-Indizes pro 100 ml (z. B. 4,3 MPN 100 ml^{-1}) oder nach dem Titerverfahren als das kleinste Wasservolumen, in welchem die Bakterien noch nachweisbar waren (z. B. positiv in 100 ml), angegeben.

Nach Membranfiltrationsverfahren wird die Auswertung nach ISO 8199 (2005) vorgenommen.

Das Ergebnis wird in KBE pro Probenvolumen angegeben.

Beispiel
60 KBE 100 ml^{-1}

Literatur

Burkhardt, F. (Hrsg.) (1992): Mikrobiologische Diagnostik, G.-Thieme-Verlag Stuttgart, New York.

Havelaar, A. H., During, M., Versteegh, J. F. M. (1987): Ampicillin-dextrin-agarmedium for the enumeration of Aeromonas species in water by membrane filtration, J. Appl. Bacteriol., 62, 279–287.

Havelaar, A. H., Vonk, M. (1988): The preparation of Ampicillin dextrin agar for the enumeration of Aeromonas in water, Lett. Appl. Microbiol., 7, 169–171.

Havelaar, A. H., Versteegh, J. F., During, M. (1990): The presence of Aeromonas in drinking water supplies in the Netherlands, Zentralbl. Hyg. Umweltmedizin, 190, 236–256.

ISO 8199 (2005): Water quality – General guide for the enumeration of micro-organisms by culture, Beuth-Verlag GmbH, 10772 Berlin.

Stelzer, W., Jacob J., Feuerpfeil, I., Schulze, E. (1992): The occurrence of Aeromonads in drinking water supply system, Zentralbl. Microbiol., 147, 231–235.

Villari, P., Crispino, M., Montuori, P., Boccia, S. (2003): Molecular typing of Aeromonas isolates in natural mineral waters, Appl. Environ. Microbiol., 69, 697–701.

Villarruel-Lopez, A., Fernandez-Rendon, E., Mota-de-la-Garca, L., Ortigoza-Ferado, J. (2005): Presence of Aeromonas spp. in water from drinking-water- and wastewater-treatment plants in Mexiko City, Water Environmental Research, 77, 3074–3078.

WHO (2004): Aeromonas. In: Guidelines for drinking water quality, 3rd ed., Microbial fact sheets, Geneva.

Weiterführende Literatur

Chauret, C., Volk, C., Creason, R., Jarosh, J., Robinson, J., Warner, C. (2001): Detection of *Aeromonas hydrophila* in a drinking-water distribution system: a field and pilot study, Can. J. Microbiol., 47, 782–786.

Feuerpfeil, I., Jacob, J., Schulze, E. (1992): Untersuchungen zum Vorkommen von Aeromonaden in einer Trinkwassertalsperre, Bundesgesundheitsbl., 2, 55–61.

Hugueat, J. M., Ribas, F. (1991): SGAP – 10 C agar for the isolation and quantification of Aeromonas from water, J. Appl. Bacteriol., 70, 81–88.

Popoff, M. (1994): Genuss III. Aeromonas. In: Bergey's Manual of Systematic Bacteriology, Vol. 1. Krieg, N.R. and Holt, J.G. (eds.) The Williams and Wilkins Co.: Baltimore, Maryland, 345–349.

Rippex, S.R., Cabelli, V.J. (1979): Membrane filter procedure for enumeration of *Aeromonas hydrophila* in fresh waters, Appl. Env. Microbiol., 38, 108–113.

USEPA Method 1605 (2001): Aeromonas in finished water by membrane filtration using ampicillin-dextrin agar with vancomycin (ADA-V), EPA-821/R-01-034, USEPA, Washington, DC.

Van der Kooij, D. (1988): Properties of Aeromonads and their occurrence and hygienic significance in drinking water, Zbl. Bakt. Hyg. B, 187, 1–17.

4.8 Campylobacter

Annette Hummel

4.8.1 Begriffsbestimmung

Die Gattung Campylobacter gehört zur Familie der Campylobacteriaceae, die auch die Gattungen Arcobacter und Sulfurospirillum sowie die Spezies *Bacteroides ureolyticus* umfasst. Die Zuordnung zu dieser Familie basiert primär auf phylogenetischen Kriterien, weniger auf biochemischen oder chemotaxonomischen Charakteristika. Die phylogenetisch nächsten Gattungen sind Helicobacter und Wolinella. Die Familie Campylobacteriaceae wiederum gehört in die Ordnung der Campylobacterales und diese in die Klasse der Epsilonproteobacteria.

Innerhalb der Familie der Campylobacteriaceae können die Gattungen anhand biochemischer Merkmale differenziert werden. So unterscheiden sich Campylobacter und Arcobacter durch unterschiedliche Temperatur- und Sauerstofftoleranzen. Die optimalen Wachstumstemperaturen für Campylobacter liegen zwischen 30 und 42 °C, währenddessen Arcobacter bei niedrigeren Temperaturen, im Bereich von 25 bis 30 °C, wachsen. Campylobacter benötigen mikroaerophile Kultivierungsbedingungen, das heißt eine sauerstoffreduzierte (etwa 5 Vol.%) und kohlendioxidangereicherte (etwa 10 Vol.%) Gasatmosphäre, demgegenüber sind Arcobacter weniger empfindlich gegenüber Sauerstoff. Die Gattung Sulfurospirillum unterscheidet sich von Campylobacter und Arcobacter dadurch, dass sie Schwefel zur Atmungsaktivität und ein sauerstoffreduziertes Milieu von weniger als 4% Sauerstoff benötigt.

Innerhalb der Gattung Campylobacter sind die thermotoleranten Arten *Campylobacter (C.) jejuni, C. coli, C. lari, C. upsaliensis* und *C. helveticus* phylogenetisch einem gemeinsamen Cluster zuzuordnen.

Thermotolerante Campylobacterarten sind insbesondere als Erreger von Gastroenteritiden, aber auch von extraintestinalen Erkrankungen wie Endokarditis, Meningitis, Pankreatitis oder von chronischen Erkrankungen wie dem Guillain-Barré-Syndrom beim Menschen bekannt. In Deutschland waren Campylobacter im Jahr 2006 mit 51764 Meldungen die zweithäufigsten bakteriellen, meldepflichtigen Erreger von Darmerkrankungen hinter Salmonellen mit 52 319 gemeldeten Fällen. Von humanmedizinischer Bedeutung sind *C. jejuni subsp. jejuni* (hier bezeichnet als *C. jejuni*) und *C. coli*. Die Art *C. fetus*, die ebenfalls von humanmedizinischer Bedeutung ist, wird aus Umweltproben selten isoliert und mit der hier angegebenen Methode nicht erfasst. Das gleiche gilt für *Arcobacter butzleri*, der allerdings häufiger in der Umwelt nachgewiesen werden kann als *C. fetus*. Weniger bedeutsam in der Humanmedizin ist *C. lari*; die Relevanz von *C. upsaliensis* ist noch unklar.

Reservoir für thermotolerante Campylobacter sind neben dem Darmtrakt von Mensch und warmblütigen Tieren auch viele Vogelarten, wobei letztere häufig nur symptomlose Ausscheider sind. Neben Geflügelfleisch und nicht pasteurisierter Milch als Hauptinfektionsquelle stellt das Trinkwasser eine weitere Infektionsquelle dar. Dabei wurde international hauptsächlich der Konsum von ungenügend aufbereitetem Trinkwasser als Krankheitsursache beschrieben.

Thermotolerante Campylobacter sind ubiquitär in der Umwelt, insbesondere auch im Wasser verbreitet, da Campylobacter auch bei niedrigen Temperaturen von 3 bis 10 °C überlebensfähig sind. Der Nachweis von Campylobacter im Wasser zeigt Verunreinigungen an, welche fäkaler Herkunft sein können.

4.8.2 Anwendungsbereich

Mit dem hier beschriebenen Verfahren nach der internationalen Norm ISO 17995 (2005) werden thermotolerante Arten wie *C. jejuni*, *C. coli* und *C. lari* erfasst. *C. upsaliensis* kann unter den hier genannten Bedingungen nicht kultiviert werden.

Definition thermotoleranter Campylobacterarten nach ISO 17995 (2005)
Nach ISO 17995 werden thermotolerante Campylobacterarten als Bakterien definiert, welche:
- auf Membranfiltern durch entsprechende Filtrationsverfahren zurückgehalten werden;
- sich in den selektiven Anreicherungsmedien unter den angegebenen Bedingungen vermehren können;
- auf einem selektiven agarhaltigen Medium bei höheren Temperaturen typische Kolonien ausbilden;
- unter aeroben Bedingungen keine sichtbaren Kolonien bilden;
- sich sehr schnell und mit zum Teil korkenzieherartigen Bewegungen fortbewegen;
- schlanke Stäbchen mit spiralförmiger Morphologie ausbilden.

Thermotolerante Campylobacter sind gramnegativ, oxidase-positiv und katalase-positiv (Stämme von *C. upsaliensis* können katalase-negativ oder schwach positiv sein).

Im mikroskopischen Präparat erscheinen sie als gekrümmte oder spiralförmige Stäbchen mit einer bis mehreren korkenzieherartig erscheinenden Windungen, die Längen bis zu 10 μm erreichen können. Die Bewegungen sind mitunter sehr schnell, oftmals auch rotierend. In älteren Kulturen erscheinen häufig kokkoide Formen.

4.8.3 Nährmedien und Reagenzien

Thermotolerante Campylobacterarten benötigen für ein optimales Wachstum spezielle Medien, da sie sehr empfindlich gegen toxische Sauerstoffderivate wie Peroxide und Superoxidanionen sind. Toxische Sauerstoffderivate können dann entstehen, wenn die Kulturmedien Sauerstoff und Licht ausgesetzt werden. Zur Neutralisation dieser toxischen Verbindungen sind in den Medien Komponenten wie Blut, Aktivkohle, Natriumpyruvat, Natriumbisulfit und Eisen(II)-sulfat enthalten.

Thermotolerante Campylobacter sind mikroaerophil, das heißt sie benötigen eine Atmosphäre mit einem Sauerstoffanteil von etwa 5 Vol.% und einem Kohlendioxidanteil von ca. 10 Vol.%. Zur Generierung des mikroaerophilen Milieus gibt es unterschiedliche Verfahren. Eine Möglichkeit besteht in der Verwendung spezieller Inkubatoren, welche mit entsprechenden Gasen zur Erzeugung mikroaerophiler Bedingungen befüllt werden. Eine einfachere Methode ist die Herstellung der mikroaerophilen Atmosphäre mittels kommerziell erhältlicher Gasentwicklungspäckchen wie z. B. Anaerocult C in verschließbaren Gefäßen (Anaerobiertöpfe). Diese Päckchen entwickeln nach Zusatz von Wasser ein mikroaerophiles Milieu, in dem Luftsauerstoff durch Oxidation von Eisen gebunden und Kohlendioxid aus Karbonaten gebildet wird. Die Inkubation kann dann in Brutschränken mit aeroben Verhältnissen erfolgen. Um einen optimalen Gasaustausch in den Kulturgefäßen zu gewährleisten, sind die Gefäße in den Anaerobiertöpfen nur lose zu verschließen. Auch in den Nährmedien selbst sind Bestandteile enthalten, welche die Erzeugung der mikroaerophilen Atmosphäre begünstigen. So erhöhen Natriumpyruvat, Natriumbisulfit und Eisen(II)-sulfat die Sauerstofftoleranz verschiedener Campylobacterarten.

Zur Hemmung der Begleitflora und Erhöhung der Selektivität sind in den Medien verschiedene Antibiotika enthalten. Das Glykopeptid Vancomycin wirkt z. B. gegen viele grampositive Bakterien. Cefoperazon, ein breit wirksames Cephalosporin, hemmt hauptsächlich gramnegative Mikroorganismen, vor allem Enterobacteriaceae. Trimethoprim unterdrückt eine Vielzahl grampositiver und gramnegativer Bakterien und Amphotericin B hemmt das Wachstum von Pilzen.

Im Folgenden werden die Nährmedien zum Nachweis thermotoleranter Campylobacter gemäß ISO 17995 (2005) Anhang C genannt.

Prestonbouillon

Zusammensetzung
10,0 g Fleischextrakt
10,0 g Pepton

5,0 g Natriumchlorid
5000 U Polymyxin B
10,0 mg Rifampicin
10,0 mg Trimethoprim
10,0 mg Amphotericin B
0,25 g Natriumpyruvat
0,25 g Natriummetabisulfit
0,25 g Eisen-III-Sulfat, $FeSO_4 \cdot 7\,H_2O$
50,0 ml lysiertes Blut
950,0 ml Aqua dest.
Die Bouillon kann aus oben genannten Einzelbestandteilen gemäß der Beschreibung in der Norm selbst hergestellt werden.

Es gibt auch kommerzielle Fertigprodukte, die dieser Zusammensetzung entsprechen. So kann die Prestonbouillon z. B. aus den Teilprodukten Basismedium (z. B. Nährbouillon Nr. 2), Selektivsupplement (Modified Preston Campylobacter Selective Supplement), Wachstumssupplement (Campylobacter Growth Supplement) und lysiertem Blut hergestellt werden. Das Basismedium enthält die Bestandteile Fleischextrakt, Pepton, Natriumchlorid und Aqua dest. Das Selektivsupplement besteht aus den Antibiotika Polymyxin B, Rifampicin, Trimethoprim und Amphotericin B und das Wachstumssupplement aus Natriumpyruvat, Natriummetabisulfit und Eisen-III-Sulfat. Als lysiertes Blut ist defibriniertes oder Citrat-stabilisiertes Blut vom Schaf, Rind oder Pferd zu verwenden, welches ebenfalls käuflich bezogen werden kann.

Die gemäß den Herstellerangaben vorgeschriebene Menge Basismedium wird in dem angegebenen Volumen Aqua dest. suspendiert und anschließend bei $(121 \pm 3)\,^{\circ}C$ für (15 ± 1) min autoklaviert. Nach Abkühlen wird der pH-Wert bei $25\,^{\circ}C$ auf $7{,}4 \pm 0{,}2$ eingestellt. Unter aseptischen Bedingungen werden dem Basismedium Wachstums- und Selektivsupplement entsprechend den Vorgaben des Herstellers und zum Schluss das lysierte Blut zugegeben. Das komplette Medium wird gut gemischt und je 100 ml werden unter aseptischen Bedingungen in sterile Schraubdeckelflaschen gefüllt. Die Bouillon kann bis zu 7 Tage bei 2 bis $8\,^{\circ}C$ aufbewahrt werden (Angaben des Herstellers sind zu beachten).

Boltonbouillon

Zusammensetzung
10,0 g Pepton aus Fleisch
5,0 g Laktalbuminhydrolysat
5,0 g Hefeextrakt
5,0 g Natriumchlorid
1,0 g Alpha-Ketoglutarsäure
0,5 g Natriumpyruvat
0,5 g Natriummetabisulfit
0,6 g Natriumcarbonat
10,0 mg Haemin

20,0 mg Cefoperazon
20,0 mg Vancomycin
20,0 mg Trimethoprim
10,0 mg Amphotericin B
50,0 ml lysiertes Blut
950,0 ml Aqua dest.
Die Bouillon kann aus den oben genannten Einzelbestandteilen entsprechend der Beschreibung in der Norm selbst hergestellt werden.

Sie kann auch aus kommerziell erhältlichen Fertigprodukten wie z. B. aus Basismedium (Bolton Broth), Selektivsupplement (Modified Bolton Broth Selective Supplement) und lysiertem Blut hergestellt werden. Das Basismedium besteht in diesem Fall aus den Bestandteilen Pepton aus Fleisch, Laktalbuminhydrolysat, Hefeextrakt, Natriumchlorid, Alpha-Ketoglutarsäure, Natriumpyruvat, Natriummetabisulfit, Natriumcarbonat, Haemin und Aqua dest.. Das Selektivsupplement enthält die Antibiotika Cefoperazon, Vancomycin, Trimethoprim und Amphotericin B. Als lysiertes Blut ist wie bei der Prestonbouillon defibriniertes oder Citrat-stabilisiertes Blut vom Schaf, Rind oder Pferd zu verwenden.

Die vorgeschriebene Menge Basismedium (Angaben entsprechend Hersteller) wird in Aqua dest. suspendiert und anschließend bei (121 ± 3) °C für (15 ± 1) min autoklaviert. Nach dem Abkühlen wird der pH-Wert bei 25 °C auf $7{,}4 \pm 0{,}2$ eingestellt. Unter aseptischen Bedingungen werden dem Basismedium das nach den Vorgaben des Herstellers gelöste Selektivsupplement und das lysierte Blut zugegeben. Die Bouillon wird gut gemischt und jeweils 100 ml werden unter aseptischen Bedingungen in sterile Schraubdeckelflaschen gefüllt. Die Bouillon kann bis zu 2 Wochen bei 2 bis 8 °C aufbewahrt werden (s. Angaben des Herstellers).

Modifizierter Aktivkohle-Cefoperazon-Desoxycholat-Agar (modified-charcoal cefoperazone desoxycholat agar, mCCDA)

Zusammensetzung
10,0 g Fleischextrakt
10,0 g Pepton
5,0 g Natriumchlorid
4,0 g Aktivkohle, bakteriologisch
3,0 g Caseinhydrolysat
1,0 g Natriumdesoxycholat
0,25 g Eisen-III-Sulfat, $FeSO_4 \cdot 7\,H_2O$
0,25 g Natriumpyruvat
32,0 mg Cefoperazon
10,0 mg Amphotericin B
12,0 g Agar
1000 ml Aqua dest.
Die Herstellung des mCCD-Agars kann aus den genannten Einzelbestandteilen nach den Vorgaben der Norm erfolgen.

Der Selektivagar kann auch unter Verwendung kommerziell erhältlicher Fertigprodukte, z. B. Basismedium (wie Campylobacter Blood-free Selective Agar Base) und Selektivsupplement (CCDA Selective Supplement), hergestellt werden. Das Basismedium enthält dabei alle Bestandteile außer den beiden Antibiotika Cefoperazon und Amphotericin B, aus welchen das Selektivsupplement besteht. Die Bestandteile des Basismediums werden in Aqua dest. suspendiert, im Dampftopf vollständig gelöst und anschließend bei (121 ± 3) °C für (15 ± 1) min autoklaviert. Nach Abkühlen wird der pH-Wert bei 25 °C auf 7,4 ± 0,2 eingestellt. Unter aseptischen Bedingungen wird dem Basismedium das gelöste Selektivsupplement zugegeben. Basismedium und Selektivsupplement werden gut gemischt und in sterile Petrischalen gegossen. Die so hergestellten Platten mit mCCDA können in luftdichter Verpackung bis zu einer Woche bei (5 ± 3) °C im Dunkeln gelagert werden.

Alternativ gibt es auch Fertigplatten mit Campylobacter-Selektivnährboden. Lagerung und Haltbarkeit dieser Platten sind den Angaben des Herstellers zu entnehmen.

Kurz vor der Verwendung sind die Platten für wenige Minuten zu trocknen, um Kondenswasser zu eliminieren.

4.8.4
Untersuchungsgang

Nach ISO 17995 (2005) wird ein Membranfiltrationsverfahren zum Nachweis und zur semiquantitativen Erfassung thermotoleranter Campylobacter beschrieben (s. Abb. 4.39).

Das Verfahren kann für alle filtrierbaren Wasserproben, z. B. Trinkwasser und Oberflächenwasser, angewendet werden.

Bei der Untersuchung von sehr trübstoffhaltigen Wasserproben (z. B. Abwasserproben) kann es notwendig sein, große Volumina in mehreren Ansätzen zu filtrieren, um einem Verschluss der Filter durch Trübstoffe entgegenzuwirken. Alle für die Untersuchung eines Probenvolumens eingesetzten Filter werden danach in die gleiche Anreicherungsbouillon gegeben.

Noch stärker verunreinigte und somit nicht filtrierbare Wasserproben können untersucht werden, indem Teile der Wasserprobe direkt in die Anreicherungsbouillon gegeben werden. Dabei sollte das untersuchte Probenvolumen 10% oder weniger des Volumens der Anreicherung betragen.

Bei zu erwartender sehr hoher Kontamination mit Campylobacter kann die Probe direkt auf das feste Selektivmedium ohne vorhergehende Anreicherung aufgebracht werden.

Das Verfahren kann auch als presence/absence Test durchgeführt werden.

Die zu untersuchenden Wasserproben sind gekühlt (3 ± 2) °C und im Dunkeln bis zum Beginn der Untersuchung, das heißt höchstens 30 h nach Probenahme, aufzubewahren. Campylobacter überleben sehr gut in sauberen Wässern bei Temperaturen um (3 ± 2) °C. Bei Transport und Lagerung sollte unnötiges Schütteln der Proben vermieden werden.

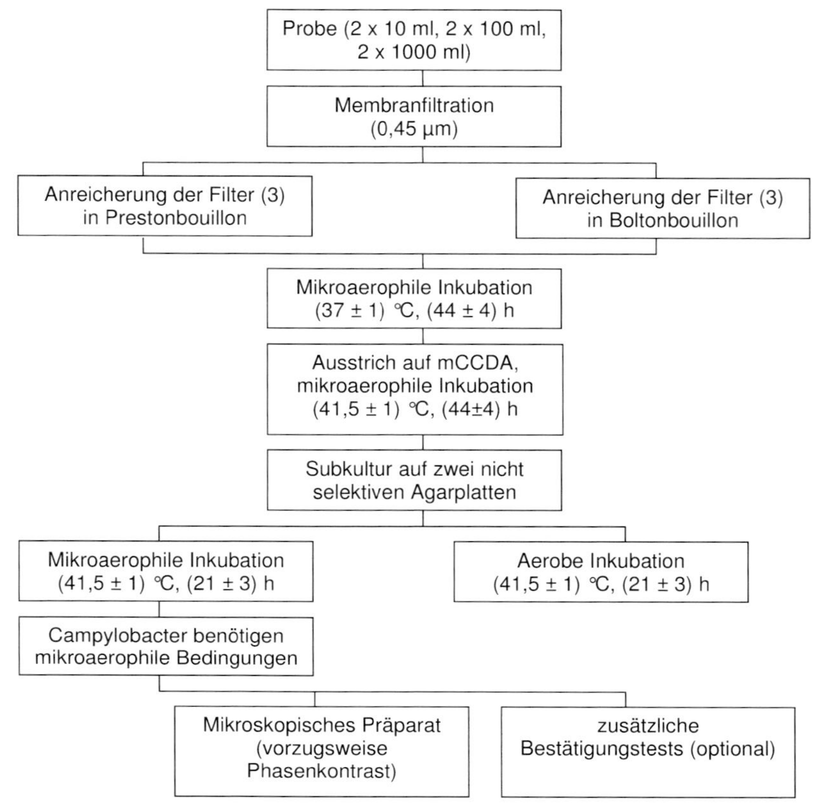

Abb. 4.39 Nachweis thermotoleranter Campylobacter nach ISO 17995 (2005).

Das zu untersuchende Volumen ist abhängig von der Art der Probe und dem Ziel der Untersuchung. Für die Analyse von Trinkwasser wird ein semiquantitatives Verfahren empfohlen, das heißt es werden 10 ml, 100 ml und 1000 ml Probenvolumina eingesetzt. Damit wird ein Bereich von $\geq 1^{-1}$ bis $< 100^{-1}$ erfasst. Bei der Filtration wird dabei mit dem kleinsten Volumen begonnen. Es sind sterile Membranfilter aus Celluloseester mit einem Durchmesser von 45 bis 50 mm und einem nominalen Porendurchmesser von 0,45 µm einzusetzen. Die Membranfilter können steril bezogen oder im Labor selbst sterilisiert werden. Bei der Filtration sollte zügig gearbeitet werden, um zu vermeiden, dass Proben und Filter länger als nötig der sauerstoffreichen Atmosphäre ausgesetzt werden.

Die Filter werden unmittelbar nach der Filtration in die Anreicherungsmedien, das heißt in je 100 ml Preston- und Boltonbouillon eingebracht, welche vorher auf 20 bis 30 °C temperiert wurden. Die Prestonbouillon ist sehr selektiv, so dass es unter Umständen möglich ist, dass empfindliche *C. coli*-Stämme gehemmt werden. Die Boltonbouillon ist hingegen sehr sensitiv, so dass sich die Begleitflora störend auf das Wachstum der Zielorganismen auswirken, das heißt diese unterdrücken kann. Ist nicht genügend Probenmaterial für beide Ansätze vorhanden, so muss je nach Art der Probe entschieden werden, welches Medium verwendet wird. Für Wässer mit vermutlich hoher Begleitflora ist es daher empfehlenswert, in Prestonbouillon anzureichern. Für saubere Wässer und solche mit geringer Begleitflora ist die Boltonbouillon besser geeignet. Die Anreicherung erfolgt unter mikroaerophilen Bedingungen bei (37 ± 1) °C für (44 ± 4) h, wobei die Kulturgefäße nur lose verschlossen werden. Bei vermutlich hoher Belastung mit Campylobacter kann bereits nach (21 ± 3) h weiter untersucht werden.

Nach Inkubation der Anreicherung werden die Kulturgefäße vorsichtig entnommen, um ein Resuspendieren von sedimentiertem Material (wie z. B. der Begleitflora) zu verhindern. Von der Anreicherung werden 10 µl mit sterilen Impfösen auf mCCDA ausgestrichen. Dabei ist darauf zu achten, dass das Material direkt unter der Oberfläche der Flüssigkeit entnommen wird. Die beimpften Platten werden sofort unter mikroaerophilen Bedingungen bei (41,5 ± 1) °C für (44 ± 4) h inkubiert. Nach (21 ± 3) h wird auf sichtbares Wachstum untersucht. Sind keine Kolonien erkennbar, sind die Platten weitere (21 ± 3) h zu inkubieren.

Zum Nachweis können auch andere Techniken angewendet werden, welche die Beweglichkeit von Campylobacter zur Selektion gegenüber der Begleitflora nutzen.

Dabei wird entweder Material direkt aus der Anreicherungsbouillon entnommen oder die gesamte Anreicherungsbouillon zentrifugiert und das Sediment auf einem auf eine Platte mit einem festen, nichtselektiven Medium, wie z. B. mCCDA Basismedium (ohne Selektivsupplement), aufgelegten Membranfilter mit einem nominalen Porendurchmesser von 0,45 µm oder 0,65 µm aufgebracht. Die Platte wird mit dem Filter bei (37 ± 1) °C für 30 min bis maximal 24 h unter mikroaerophilen Bedingungen inkubiert. Danach wird der Filter entfernt und die Platte (21 ± 3) h unter gleichen Bedingungen bebrütet. Die aufgrund ihrer Beweglichkeit durch den Filter gewanderten Campylobacter entwickeln sich zu sichtbaren Kolonien.

Campylobacterkolonien können unterschiedlich erscheinen. Charakteristisch sind kleine, flache oder konvexe Kolonien mit glänzender Oberfläche, die sich entlang des Impfstrichs ausbreiten (s. Abb. 4.40). Auf feuchtem Agar können sie einen dünnen Film ausbilden. Mit der Impföse entnommenes Koloniematerial hat eine braune bzw. gelbbraune oder cremige Farbe. Bei längerer Bebrütung werden die Kolonien matt, mitunter metallisch glänzend und die Farbe variiert von transparent zu grau oder weißlich.

Zur Bestätigung werden verdächtige Kolonien auf je zwei Platten nährstoffreichen, nicht selektiven Mediums subkultiviert (z. B. Nähragar mit oder ohne Blut (5%), mCCDA Basismedium ohne Selektivsupplement oder andere Medien, welche das Wachstum von Campylobacter fördern). Beide Platten werden bei (41,5 ± 1) °C für (21 ± 3) h inkubiert, allerdings in unterschiedlicher Atmosphäre. Eine Platte wird unter mikroaerophilen Bedingungen und die zweite unter aeroben Bedingungen bebrütet.

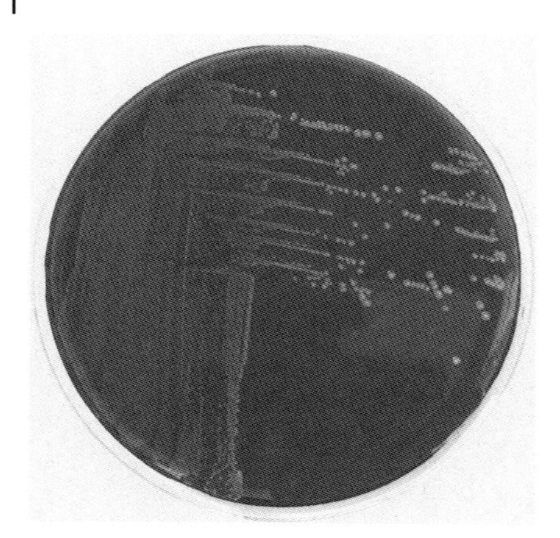

Abb. 4.40 *Campylobacter jejuni* DSMZ 4688 auf mCCDA.

Campylobacter benötigen mikroaerophile Kultivierungsbedingungen, sodass Mikroorganismen, welche aerob wachsen, definitionsgemäß keine Campylobacter sind.

Zur weiteren Bestätigung von Campylobacter ist ein mikroskopisches Präparat anzufertigen. Dabei wird Material von verdächtigen Kolonien in nährstoffreicher Bouillon, z. B. Preston Basismedium, auf einem Objektträger suspendiert und unter dem Mikroskop, am besten einem Phasenkontrastmikroskop, betrachtet. Campylobacter sind schlanke Stäbchen mit spiralförmiger Morphologie, die sich durch schnelle, zum Teil schraubenzieherartige Bewegungen auszeichnen (s. Abb. 4.41).

Die Bakterien können immobilisiert werden, indem sie anstatt in Nährbouillon in Wasser suspendiert werden.

Als Alternative zum Phasenkontrastverfahren können Dunkelfeldmikroskopie (oder Gramfärbung) angewendet werden.

Werden verdächtige Kolonien als Campylobacter bestätigt, dann wird als Ergebnis angegeben, dass Campylobacter im untersuchten Probenvolumen nachgewiesen wurden.

In Zweifelsfällen können zusätzliche Tests wie Oxidasetest, Katalasetest und Gramfärbung zur Abklärung dienen.

Zusätzliche Bestätigungstests

Oxidasetest

Zum Nachweis können Oxidase-Teststreifen verwendet werden. Alternativ können auch Reagenzien auf Basis einer 1%igen wässrigen Lösung von *N,N*-Dimethyl-1,4-Phenylendiamindihydrochlorid oder Tetramethyl-*p*-Phenylendiamindihydrochlorid eingesetzt werden.

Die Testreagenzien sollten frisch angesetzt oder im Dunkelen aufbewahrt werden. Im Falle der Verfärbung der Reagenzien sind diese zu verwerfen.

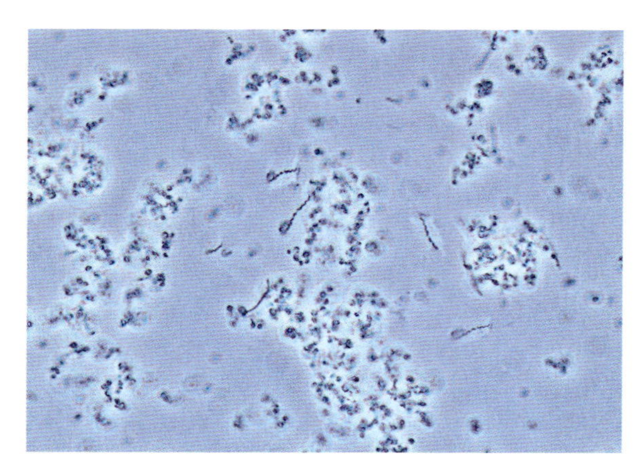

Abb. 4.41 Mikroskopisches Präparat von *Campylobacter jejuni* DSMZ 4688 (Phasenkontrast, 1000fache Vergrößerung).

Der Test ist mit frischem Koloniematerial von nicht selektiven festen Medien (z. B. Nähragar mit oder ohne Blut (5%), mCCDA Basismedium ohne Selektivsupplement oder andere Medien, welche das Wachstum von Campylobacter fördern) durchzuführen.

Zum Vergleich sind Positiv- und Negativkontrollen mitzuführen. Campylobacter sind oxidase-positiv, jedoch kann die Reaktion verzögert eintreten.

Katalasetest

Der Katalasetest ist mit 2%igem oder 3%igem Wasserstoffperoxid durchzuführen.

Für den Test ist Koloniematerial von frischem, nicht selektivem Medium ohne Blut (z. B. Nähragar, mCCDA Basismedium ohne Selektivsupplement oder andere Medien, welche das Wachstum von Campylobacter fördern) zu verwenden. Werden Kolonien von Blutagar entnommen, so kann dies zu falsch-positiven Ergebnissen führen, wenn Blutreste vorhanden sind.

Zum Vergleich sind Positiv- und Negativkontrollen mitzuführen. Campylobacter sind katalase-positiv.

Grampräparat

Bei nach Gram gefärbten Präparaten sollte frisches Koloniematerial von einem nicht selektiven Agar (z. B. Nähragar mit oder ohne Blut (5%), mCCDA Basismedium ohne Selektivsupplement oder andere Medien, welche das Wachstum von Campylobacter fördern) eingesetzt werden.

Es wird empfohlen, Positiv- und Negativkontrollen mitzuführen. Campylobacter sind gram-negativ und können in verschiedenen Formen (Spirillen, gekrümmte Kurzstäbchen, so genannter „Vogelflug") vorliegen.

Weitere Tests

Sind weitere Untersuchungen notwendig, so sind die Stämme an Speziallaboratorien zur Identifizierung oder Typisierung anhand phänotypischer oder molekularbiologischer Methoden zu senden.

Qualitätskontrolle

Zur Qualitäts- und Eigenkontrolle sollte bei allen Untersuchungsschritten eine Positivkontrolle durch Animpfen der Probe oder von sterilem Wasser mitgeführt werden.

4.8.5 Störungsquellen

Da Campylobacterarten bezüglich der Luftfeuchtigkeit während der Kultivierung relativ anspruchsvoll sind, sollten stets frische Nährmedien verwendet werden. Weiterhin sollte beachtet werden, dass bei allen Untersuchungsschritten schnell gearbeitet wird, um eine Exposition an der Luft so gering wie möglich zu halten.

Die meisten Stämme von *C. jejuni*, *C. coli* und *C. lari* benötigen Temperaturen zwischen 32 und 45 °C. Einige Stämme wachsen jedoch nicht bzw. nur sehr langsam bei Temperaturen unter 35 °C, andere nicht oberhalb von 43 °C. Daher ist insbesondere bei der Flüssigkeitsanreicherung auf die Einhaltung der Bebrütungstemperatur zu achten. Für die Anreicherung haben sich Volumina von 100 ml bewährt, um die auf dem Filter zurückgehaltene Begleitflora ausreichend zu verdünnen und somit eine Hemmung des Wachstums von Campylobacter durch die Begleitflora während der Anreicherung zu verhindern.

Thermotolerante Campylobacter können auch unter aeroben Bedingungen isoliert werden, wenn das Luftvolumen über der Bouillon in den Kulturgefäßen sehr gering und die Gefäße fest verschlossen sind. Allerdings ist hier sehr sorgfältiges Arbeiten geboten, um falsch-negative Ergebnisse aufgrund nicht optimaler Bedingungen zu vermeiden.

In der Prestonbouillon sind unter anderem die Antibiotika Polymyxin B und Rifampicin enthalten, von denen bekannt ist, dass sie ziemlich toxisch für *C. coli* und sublethal geschädigte *C. jejuni* sein können. Daher kann es bei Wasserproben mit geringer Begleitflora sinnvoll sein, eine vierstündige Voranreicherung in Prestonbouillon ohne Antibiotika durchzuführen und anschließend in kompletter Prestonbouillon weiter zu inkubieren.

Im Gegensatz zur Prestonbouillon enthält die Boltonbouillon keine für Campylobacter toxischen Antibiotika.

4.8.6 Auswertung und Angabe der Ergebnisse

Beim qualitativen Ansatz wird im Untersuchungsbericht beim Nachweis typischer Campylobacterkolonien angegeben, ob Campylobacter im untersuchten

Probenvolumen nachweisbar waren. Dabei ist es unwesentlich, ob der Nachweis in beiden Anreicherungsmedien oder nur in einem Medium gelang.

Beispiel
Thermotolerante Campylobacter in 1000 ml nachweisbar (bzw. nicht nachweisbar).

Eine semiquantitative Auswertung ist bei Ansatz verschiedener Volumina wie z. B. 10 ml, 100 ml, 1000 ml möglich. Als positiv wird jedes Volumen gewertet, in welchem Campylobacter in wenigstens einer Anreicherungsbouillon nachgewiesen wurden. Anhand der entsprechenden Tabelle (ISO 17995 Annex B, 2005) wird ein Bereich der Anzahl an Bakterien in einem definierten Volumen, hier in 1000 ml Wasser, angegeben.

Beispiel
10 ml Probe sind in beiden Anreicherungen negativ, 100 ml Probe sind in einer oder auch in beiden Anreicherungen positiv, 1000 ml Probe sind ebenfalls in einer oder in beiden Anreicherungen positiv, das heißt dass in 1000 ml Wasser zwischen 10 und 100 thermotolerante Campylobacter enthalten sind (ISO 17995 Annex B, 2005).
Bei weitergehenden Untersuchungen kann das Ergebnis bezogen auf eine Art oder einen Serotyp angegeben werden. Bei Ausbruchsgeschehen wird empfohlen, mehrere verdächtige Kolonien zu untersuchen.

Es können auch quantitative Untersuchungen entsprechend ISO 8199 (2005) durchgeführt werden.

Untersuchungsbericht
Der Untersuchungsbericht sollte folgende Informationen enthalten:
- einen Bezug zur ISO 17995 (2005);
- alle Details, welche für die vollständige Identifizierung der Probe wichtig sind;
- das Untersuchungsergebnis;
- Auffälligkeiten während der Untersuchung und zusätzliche, optionale oder nicht im Verfahren beschriebene Schritte, die Einfluss auf das Ergebnis haben können.

Literatur

ISO 17995 (2005): Water quality – Detection and enumeration of thermotolerant Campylobacter species.

ISO 8199 (2005): Water quality – General guide on the enumeration of micro-organisms by culture.

Weiterführende Literatur

Hänninen, M.-L., Haajanen, H., Pummi, T., Wermundsen, K., Katila, M.-L., Sarkkinen, H., Miettinen, I., Rautelin, H. (2003): Detection and typing of *Campylobacter jejuni* and *Campylobacter coli* and analysis of indicator organisms in three waterborne outbreaks in Finland. Appl. Environ. Microbiol., 69, 1391–1396.

Jacob, J., Lior, H., Feuerpfeil, I. (1993): Isolation of *Arcobacter butzleri* from a drinking water reservoir in eastern Germany. Zbl. Hyg., 193, 557–562.

Jacob, J., Woodward, D., Feuerpfeil, I., Johnson, W.M. (1998): Isolation of *Arcobacter butzleri* in raw water and drinking water treatment plants in Germany. Zentralbl. Hyg. Umweltmed., 201, 189–198.

Maurer, A.M., Stürchler, D. (2000): A waterborne outbreak of small round structured virus, campylobacter and shigella co-infections in La Neuveville, Switzerland, 1998. Epidemiol. Infect., 125, 325–332.

Melby, K.K., Svendby, J.G., Eggebo, T., Holmen, L.A., Andersen, B.M., Lind, L., Sjogren, E., Kaijser, B. (2000): Outbreak of Campylobacter infection in a subarctic community. Eur. J. Clin. Microbiol. Infect. Dis., 19, 542–544.

Mergaud, F., Serceau, R. (1990): Search for Campylobacter species in the public water supply of a large urban community. Zbl. Hyg., 189, 536–542.

Moore, J.E., Caldwell, P.S., Millar, B.C., Murphy, P.G. (2001): Occurrence of Campylobacter spp. in water in Northern Ireland: implications for public health. Ulster Med. J., 70, 102–107.

Robert Koch Institut (2007): Epidemiologisches Bulletin 3, 20.

Schindler, P.R.G., Elmer-Englhard, D., Hörmansdorfer, S. (2003): Untersuchungen zum mikrobiologischen Status südbayerischer Badegewässer unter besonderer Berücksichtigung des Vorkommens thermophiler Campylobacter-Arten. Bundesgesundheitsblatt – Gesundheitsschutz – Gesundheitsforschung, 46, 483–487.

Stelzer, W. (1988): Untersuchungen zum Nachweis von *Campylobacter jejuni* und *C. coli* im Abwasser. Zentralbl. Mikrobiol., 143, 47–54.

Stelzer, W. (1988): *Campylobacter jejuni/coli* – Nachweis, Vorkommen und Verhalten in der Umwelt. Schriftenreihe Gesundheit und Umwelt des Forschungsinstitutes für Hygiene und Mikrobiologie, Bad Elster, 4, 5–31.

4.9 Legionellen

Benedikt Schaefer

4.9.1 Begriffsbestimmung

Legionellen sind gramnegative Stäbchen mit 0,3 bis 0,9 µm Durchmesser und 2 µm bis 20 µm Länge. Sie wachsen unter aeroben bis mikroaerophilen Bedingungen und sind meistens beweglich. Essentielle Wachstumsfaktoren sind L-Cystein und Eisensalze. Legionellen nutzen Aminosäuren als Kohlenstoff- und Energiequelle. Kohlenhydrate werden weder veratmet noch vergoren. Legionellen wachsen bevorzugt in wässriger Umgebung bei erhöhten Temperaturen. Bei Wasserverteilungsanlagen mit Wassertemperaturen zwischen 25 und 50 °C ist davon auszugehen, dass Legionellen sich vermehren können. Ein Absterben ist erst bei höheren Temperaturen zu beobachten.

Nicht alle Arten der Gattung Legionellae gelten als humanpathogen. Aufgrund von komplexen, bisher nicht vollständig untersuchten Wechselwirkungen zwischen Legionellen und Protozoen, insbesondere Amöben, ergeben sich Schwierigkeiten bei der Einschätzung von Pathogenität und Virulenz von Legionellen. Bekannt ist das „Dosis-Wirkungs-Paradoxon", dass es einerseits bei Trinkwassersystemen mit bekannter Legionellenverkeimung nicht in jedem Fall zu Infektionen kommen muss, dass andererseits aber selbst bei Wasserverteilungsanlagen mit nur geringer Kontamination mit Legionellen Infektionen nicht ausgeschlossen werden können. Für Routineuntersuchungen in der Trinkwasserhygiene ist es daher nicht sinnvoll, auf die Untersuchung von bekannt pathogenen oder besonders virulenten Legionellenarten abzuheben. Vielmehr muss sichergestellt sein, dass die Umgebungsbedingungen in Trinkwasserverteilungsanlagen nicht das Aufkeimen von Legionellen begünstigen. Daher wird auf die Gattung Legionella untersucht, ohne dass die Arten oder Serogruppen weiter differenziert werden.

4.9.2 Anwendungsbereich

Die hier beschriebenen Kultivierungsverfahren sind in ISO 11731 (1998) sowie ISO 11731 Teil 2 (2004) dargelegt. Da die zur Kultivierung von Legionellen zur Verfügung stehenden Anzuchtmedien nicht völlig spezifisch sind, verhindert bisweilen Kontaminantenwachstum die Anzucht von Legionellen aus Wasserproben, welche mit Begleitkeimen behaftet waren (z. B. Oberflächenwasser). Der Grund dafür ist darin zu sehen, dass Legionellen im Vergleich zu anderen im Wasser vorkommenden Bakterien sehr lange Generationszeiten aufweisen. Bis zur sichtbaren Koloniebildung auf Nährböden vergehen 5 bis 8 Tage. Kontaminanten wachsen in der Regel schneller. Wachstum von Begleitflora behindert die Auswertbarkeit der Ergebnisse und muss in jedem Fall protokolliert werden. Bei diesen Befunden ist eine Neuuntersuchung der betreffenden Probenahmestelle dringend zu empfehlen.

Zur Unterdrückung von Begleitflora erlaubt ISO 11731 (1998) eine Hitzebehandlung oder die Behandlung mit einer HCl/KCl-Säurelösung. Beide Vorbehandlungen der Probe verringern auch die Anzahl der Legionellen in der Probe. Während dieser Effekt bei der Hitzebehandlung unakzeptabel groß ist, kann die Verringerung der Legionellenanzahl durch die Säurebehandlung hingenommen werden, wenn eine auswertbare Untersuchung auf andere Weise nicht erreicht werden kann. In der Praxis soll daher immer erst ohne Hitzebehandlung und ohne Säurebehandlung gearbeitet werden. Wenn Begleitkeime die Auswertung der Untersuchung unmöglich machen, kann bei einer erneuten Untersuchung eine Säurebehandlung vorgeschaltet werden. Wegen des Einflusses dieser Behandlung auf das Zählergebnis muss im Ergebnisbericht angegeben sein, dass eine Säurebehandlung durchgeführt worden ist.

Auch Wasser aus raumlufttechnischen Anlagen sowie Kühltürmen ist auf Legionellen zu untersuchen, selbst wenn es sich nicht um Warmwasser im herkömmlichen Sinn handelt. Besonders bei diesen Proben ist mit Begleitflora zu rechnen.

Größere Probenvolumina als 100 ml werden im Hinblick auf das hygienische Risiko als nicht sinnvoll angesehen (W 551, UBA-Empfehlung 2006).

Die lange Generationszeit bei Legionellen und der daraus resultierende lange Zeitraum für einen kulturellen Nachweis stehen im Widerspruch zu dem fulminanten Verlauf der durch Legionellen möglichen Erkrankung Legionellose. Bei dieser schweren Lungenentzündung sind Diagnose der Erkrankung und eine Therapie mit geeigneten Antibiotika innerhalb sehr kurzer Zeit erforderlich, damit dem Patienten geholfen werden kann. Zusätzlich besteht ein hoher Druck zur möglichst schnellen Diagnose der Erkrankung, wenn es sich um die Häufung von Fällen im Rahmen eines Ausbruches von Legionellose handelt. Für die medizinische Diagnostik wurden daher bereits mehrere kommerzielle Schnelltests auf Legionellen entwickelt. Neben immunologischen Tests (z. B. Urintests) sind mehrere PCR-Verfahren etabliert.

Allerdings beschränken sich die meisten Nachweisverfahren der medizinisch-mikrobiologischen Legionellendiagnostik auf die Art *Legionella (L.) pneumophila*, teilweise sogar ausschließlich auf Serogruppe 1 dieser Legionellenart. Weil der weitaus größte Anteil der Legionellosefälle auf diese Art und insbesondere auf Serogruppe 1 zurückzuführen ist, kann für die medizinische Diagnostik diese Beschränkung hingenommen werden. Bei der Untersuchung von Umweltproben geht es dagegen um eine Bestandsaufnahme; ein vergleichbar hoher Zeitdruck wie in der medizinischen Mikrobiologie ist bei diesen hygienischen Vorsorgeuntersuchungen nur selten gegeben. Da bei Untersuchung von Trinkwasser und von Badebeckenwasser auf die Gattung der Legionellen untersucht wird, sind Nachweisverfahren, die nur auf einzelne Arten oder einzelne Serogruppen reagieren, für diesen Zweck nicht geeignet.

Die Entwicklung und Verbreitung von Schnelltests, die speziell für die Untersuchung von Wasserproben optimiert sind, steht noch am Anfang. Bei einer Revision der ISO-Kulturverfahren für Legionellen (ISO 11731, 1998 und ISO 11731-2, 2004) wird mit hoher Wahrscheinlichkeit nach einer (kurzen) Vorkultur der Nachweis durch (quantitative) PCR erfolgen. Eine andere Initiative beschäftigt sich mit einer PCR direkt aus der Wasserprobe ohne Vorkultur. Alternativ werden auch Kits zur immunologischen Detektion von Bakterien der Gattung Legionella nach einer Vorkultur entwickelt. Da für keinen dieser Schnelltests die Vergleichbarkeit der Untersuchungsergebnisse mit dem Standardverfahren formell nach DIN EN ISO 17994 (2004) nachgewiesen wurde, ist ihr Einsatz anstelle der Kulturverfahren noch nicht möglich. Unter speziellen Rahmenbedingungen (z. B. während der Durchführung einer Sanierung der Trinkwasserinstallation) kann der Einsatz dieser Verfahren auch jetzt schon sinnvoll sein, wenn zum Abschluss der Maßnahme der Sanierungserfolg wieder mit dem Kulturverfahren belegt wird. Das Labor ist gut beraten, wenn es vor Verwendung von Schnelltests die Zustimmung sowohl des Auftraggebers als auch des zuständigen Gesundheitsamtes einholt.

4.9.3 Nährböden und Reagenzien

Gepufferter Aktivkohle-Hefeextrakt (BCYE)-Agar

10,0 g Hefeextrakt
2,0 g aktivierte Holzkohle
10,0 g ACES-Puffer (N-(2-Acetamidol)-2-Aminoethansulfonsäure)
2,8 g Kaliumhydroxid
1,0 g Kalium-Alpha-Ketoglutarsäure
15,0 g Agar
mit Aqua dest. auf 1000 ml auffüllen (dabei die Menge an nach dem Autoklavieren noch zuzugebenden Supplementen berücksichtigen).

Da der ACES-Puffer den Hefeextrakt hydrolysieren kann, werden erst 10 g ACES zu 500 ml Aqua dest. gegeben. Das Lösen wird durch vorsichtiges Erhitzen auf 45 bis 50 °C unterstützt. In weiteren 450 ml Aqua dest. wird das Kaliumhydroxid gelöst. Beide Lösungen werden zusammengegeben. Danach folgt die Zugabe von Holzkohle, Hefeextrakt und Kalium-Alpha-Ketoglutarsäure. Da sich die Holzkohle nicht in Wasser löst, ist gründlich zu suspendieren. Auch vor jedem Abfüllen muss sorgfältig umgeschüttelt werden. Vor dem Autoklavieren wird der pH-Wert auf 6,9 eingestellt. BCYE-Agar enthält außerdem noch 0,25 g l^{-1} dreiwertiges Eisenpyrophosphat und 0,4 g l^{-1} L-Cystein-Hydrochlorid. Beide Supplemente können erst nach Autoklavieren und Abkühlen des Basismediums zugegeben werden. Sie werden dazu in den benötigten Mengen in jeweils 10 ml Aqua dest. gelöst und sterilfiltriert. Eine Variante dieses Nährbodens ist BCYE-Cys. Die Inhaltsstoffe und die Herstellung sind identisch; es entfällt nur die Zugabe von Cystein.

Antibiotikasupplement (für GVPC-Medium)
Zur Unterdrückung von Begleitflora wird GVPC-Medium eingesetzt. Dieser Nährboden ist mit BCYE identisch, nur werden hier Antibiotika zugegeben. Dabei werden die 3 g Glycin schon vor der Einstellung des pH-Wertes und dem Autoklavieren dem Basisnährboden zugegeben. Von den drei Antibiotika werden Stammlösungen in Aqua dest. hergestellt und sterilfiltriert. In der folgenden Tabelle sind die Endkonzentrationen angegeben.
3 g l^{-1} Glycin (ammoniumfrei)
79200 IU l^{-1} Polymyxin-B-Sulfat
0,001 g l^{-1} Vancomycin
0,08 g l^{-1} Cycloheximid

Anmerkung: Cycloheximid ist giftig, auf die strenge Einhaltung der Arbeitsschutzvorschriften sei besonders hingewiesen.

Herstellung der Antibiotika-Stammlösungen (Anteile jeweils für 1 l GVPC-Medium):
200 mg Polymyxin-B-Sulfat in 100 ml Aqua dest. lösen, mischen und sterilfiltrieren. In Anteile von 5,5 ml (entspricht 10,1 mg Polymyxin) abfüllen. 20 mg Vancomycin-Hydrochlorid werden zu 20 ml Aqua dest. gegeben und nach Mischen sterilfiltriert. Lagerung erfolgt in Anteilen von 1 ml (entspricht 1 mg Antibiotikum). 2 g Cycloheximid werden in 100 ml Aqua dest. gelöst, gemischt und anschließend sterilfiltriert. Die Lösung wird auf Anteile von 4 ml (entspricht 80 mg Cycloheximid) aufgeteilt. Alle Antibiotika-Stammlösungen werden bei –20 °C gelagert und vor Gebrauch bei Raumtemperatur vollständig aufgetaut.

Säurelösung (KCl/HCl-Puffer)
Einfach konzentriert:
3,9 ml 0,2 M HCl (entspricht 0,02845 g oder 0,024 ml konzentrierter HCl)
25 ml 0,2 M KCl (entspricht 0,3729 g KCl)
Zehnfach konzentriert:
0,39 ml 2 M HCl
2,5 ml 2 M KCl
Die beiden Substanzen werden jeweils in den angegebenen Volumina gemischt. Der resultierende pH-Wert muss bei 2,2 liegen.

4.9.4
Untersuchungsgang

Es werden zwei Direktplattierungen von jeweils 0,5 ml Probe (s. Abschnitt 4.9.4.2) und zusätzlich eine Membranfiltration von 100 ml Probe (s. Abschnitt 4.9.4.3) durchgeführt (s. Abb. 4.42). Diese Ansätze sind in jedem Fall vollständig durchzuführen. Die Untersuchung von weiteren Probenvolumina (z. B. 10 ml) ist fakultativ.

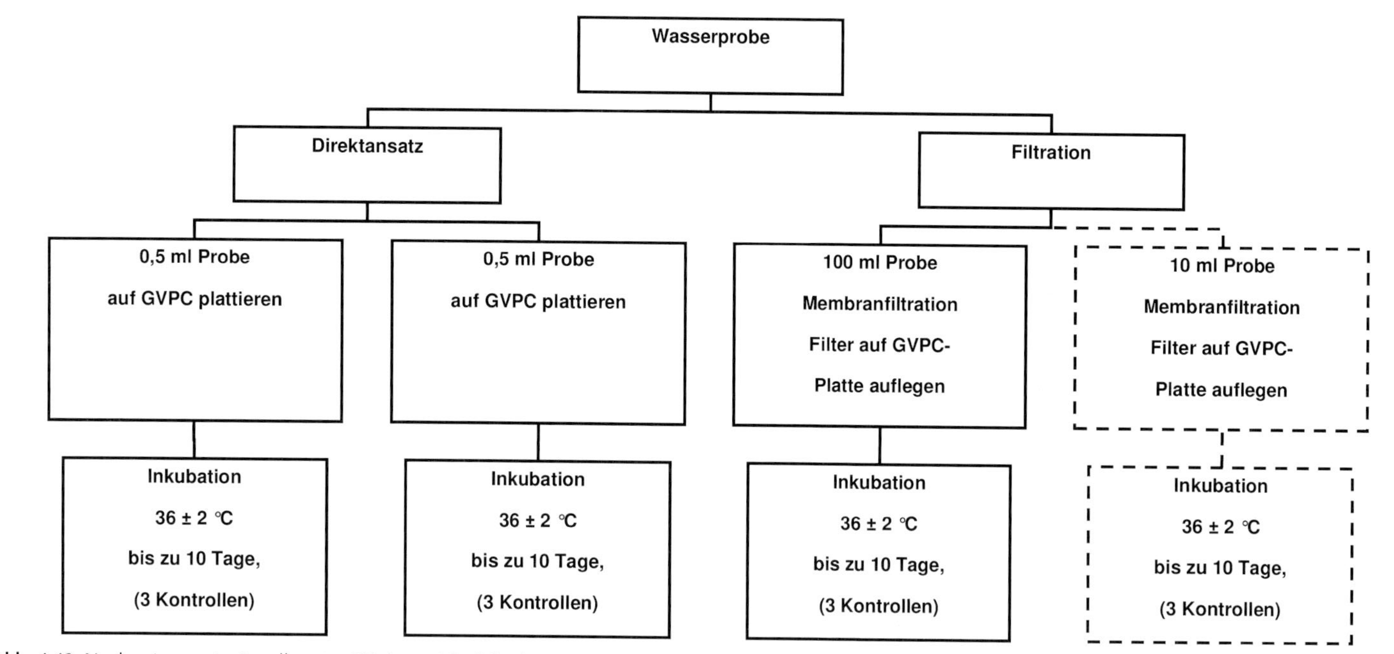

Abb. 4.42 Nachweis von Legionellen aus Trink- und Badebeckenwasser. Umrandung durchgezogen: Pflichtumfang der Untersuchung; Umrandung gestrichelt: fakultativ zusätzliche Untersuchungen.

4.9.4.1 **Probenahme**

Die Planung der Probenahmestellen erfordert, dass man sich mit den technischen Plänen der zu untersuchenden Anlagen vertraut macht. Besonders an den Endsträngen oder in Mischzonen zwischen Kalt- und Warmwasser kommt es zur Kontamination mit Legionellen.

Für die Übersicht über die hydraulischen Verhältnisse in einem Warmwasserverteilungssystem und zur Dokumentation von Mischzonen zwischen Kalt- und Warmwasser direkt an den Entnahmearmaturen ist das Messen und Protokollieren der Wassertemperatur besonders wichtig. Besonderes Augenmerk sollte auf Beläge z. B. an Duschköpfen oder Perlatoren bzw. Strahlregler gerichtet werden. Auch dieser Befund ist zu protokollieren.

Früher behauptete Probleme durch den Einsatz von Kunststoffgefäßen für die Probenahme oder von Natriumthiosulfat zur Neutralisierung der Wirkung von Desinfektionsmitteln konnten nicht bestätigt werden. Insofern können alle nach DIN EN ISO 19458 (2006) zulässigen Probenahmegefäße ohne Einschränkung verwendet werden.

Grundsätzlich ist zu unterscheiden zwischen Untersuchungen, die eine Aussage über eine mögliche Legionellenverkeimung im Trinkwasserverteilungssystem von Gebäuden erlauben einerseits und der Untersuchung der möglichen Kontamination mit Legionellen an einer einzelnen Entnahmearmatur (z. B. Dusche, Waschbecken) andererseits. Die systemische Untersuchung, in DIN EN ISO 19458 (2006) als „Zweck b)“ beschrieben, wird als Regelfall zur Untersuchung der hygienisch-mikrobiologischen Verhältnisse in einem Gebäude angesehen. Eine Übersicht der in Trinkwasserinstallationen für eine solche systemische Untersuchung mindestens zu untersuchenden Probenahmestellen (s. Abb. 4.43) findet sich im DVGW-Arbeitsblatt W 551 (2004).

Bei systemischen Untersuchungen werden an der Entnahmearmatur angebaute Teile wie z. B. Strahlregler oder Schläuche entfernt. Danach wird die Armatur abgeflammt oder ersatzweise wie in DIN EN ISO 19458 (2006) beschrieben oberflächendesinfiziert. Nach kurzem Ablaufenlassen, um den Einfluss der Desinfektion auszuschließen, wird die Probe in ein steriles Probenahmegefäß abgefüllt.

Für die Untersuchung einer möglichen Verkeimung mit Legionellen an einer einzelnen Dusche oder an einer anderen Entnahmestelle geht man wie in DIN EN ISO 19458 (2006) unter „Zweck c)“ beschrieben vor. Das kann z. B. bei Umgebungsuntersuchungen zur Feststellung der genauen Quelle einer bereits aufgetretenen Infektion sinnvoll sein. Da in diesem Fall die Wasserqualität unter Einbezug einer möglichen Kontamination durch die Entnahmearmatur selbst bestimmt werden soll („wie vom Verbraucher konsumiert“), wird an der Armatur nichts verändert. Strahlregler oder Schläuche verbleiben an der Armatur, es wird nicht abgeflammt oder anderweitig desinfiziert. Man lässt nicht ablaufen, sondern füllt die Wasserprobe sofort nach Öffnen der Entnahmearmatur in ein Probenahmegefäß.

Bei Untersuchungsaufträgen nach DIN 19643 (1997) sind 100 ml des Filtrats zu analysieren, wenn die Wassertemperatur größer oder gleich 23 °C ist. Das

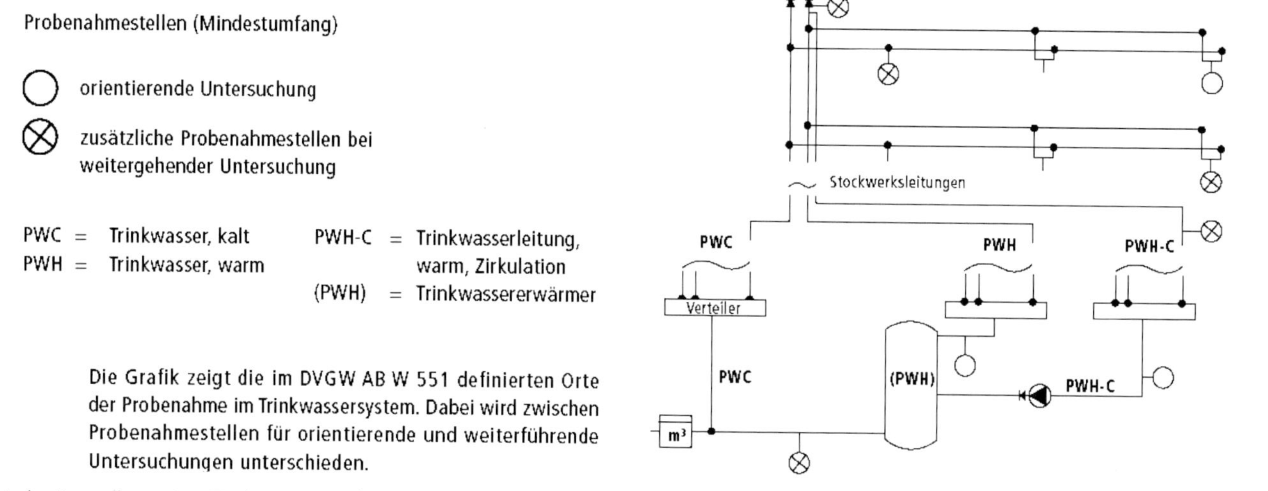

Abb. 4.43 Schematische Darstellung einer Trinkwasserverteilungsanlage mit Probenahmestellen (Quelle: DVGW-Arbeitsblatt W 551, 2004).

Filtrat ist das Wasser nach Abschluss der Wasseraufbereitung (in der Regel Ablauf des letzten Filters im Aufbereitungsprozess) vor der Stelle, an der das Desinfektionsmittel zugegeben wird. Wenn aerosolbildende Einbauten wie z. B. Massagedüsen, Wasserfälle oder Rutschen im Becken integriert sind, muss zusätzlich 1 ml des Beckenwassers untersucht werden. Die Entnahme der Probe des Filtrats wird in DIN EN ISO 19458 (2006) als „Zweck a)“ beschrieben. Man flammt die Entnahmearmatur ab und lässt bis zur Temperaturkonstanz ablaufen. Die Beckenwasserprobe wird als Schöpfprobe ebenso nach DIN EN ISO 19458 (2006) entnommen.

Die Probe wird gekühlt bei $(5 \pm 3)\,^{\circ}C$ transportiert und gelagert. Proben aus Warmwassersystemen und Kaltwasserproben sollen getrennt transportiert werden (also z. B. nicht in demselben Behälter). Bei Transportzeiten länger als 8 h muss die Temperatur der Probe aufgezeichnet und dokumentiert werden. Die Untersuchung sollte baldmöglichst erfolgen. Wenn die Zeit von der Probenahme bis zum Beginn der Untersuchung im Labor 24 h überschreitet, muss das im Ergebnisbericht angegeben werden. Unmittelbar vor Beginn der Untersuchung im Labor ist die Probe umzuschütteln.

4.9.4.2 **Direktausstrich**

1 ml der Probe wird auf zwei GVPC-Platten verteilt (je 0,5 ml der Probe pro Platte). Dabei ist es hilfreich, auf eine gute Vortrocknung der Platten zu achten, damit das gleichmäßige Verteilen der aufgegebenen Probenmenge mit einem sterilen Drigalskispatel nicht zu langwierig ist. Andererseits kann eine zu starke Vortrocknung der Platten dazu führen, dass ein großer Teil der aufgegebenen Probe an den Innenrand der Platte gerät und das Koloniewachstum nicht gleichmäßig über die gesamte Nährbodenoberfläche verteilt ist; solche Platten mit ungleichmäßiger Verteilung der Kolonien sind nicht auswertbar.

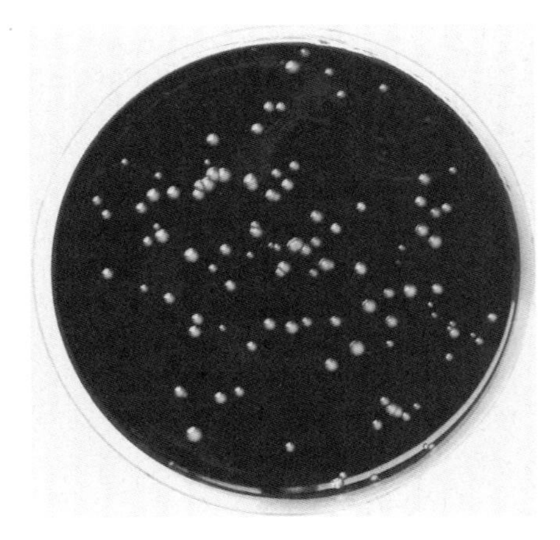

Abb. 4.44 *Legionella pneumophila* auf GVPC-Medium.

4.9.4.3 Membranfiltrationsverfahren

100 ml der Probe werden zunächst über Membranfilter (Cellulosemischester oder Cellulosenitrat, 0,45 µm Porenweite) filtriert. Die Filter werden anschließend direkt auf eine GVPC-Platte aufgelegt (s. Abb. 4.44). Um Kontaminationsübertragungen zwischen verschiedenen Filtrationsansätzen zu verhindern, müssen entweder sowohl die Filterhalter als auch die Trichteraufsätze für jede Filtration einzeln vollständig sterilisiert werden (vorzugsweise durch Autoklavieren) oder alternativ Einweg-Filterhalter und/oder Trichteraufsätze verwendet werden. Abflammen zwischen den Filtrationen, wie bei der Untersuchung anderer Bakterien üblich, ist bei Legionellen in der Regel nicht ausreichend.

4.9.4.4 Inkubation und Auswertung

Die Bebrütung erfolgt aerob oder mikroaerophil bei (36 ± 2) °C über einen Zeitraum bis zu 10 Tagen, wobei die Bakterien eine befeuchtete Luftatmosphäre bevorzugen. Nach 7 bis 10 Tagen auftretende legionellaverdächtige Kolonien werden auf cysteinfreiem Agar ausgestrichen. Ideal ist die Verwendung von BCYE-Platten ohne Zusatz von Cystein (BCYE-Cys, sprich BCYE minus Cys); ersatzweise können auch andere gängige nichtselektive Nährmedien verwendet werden, sofern sie kein Cystein enthalten. Üblich ist die Verwendung von Blutplatten oder Traubenzuckermedium. Bei Nichtwachstum auf cysteinfreiem Medium werden die Originalkolonien mit Kolonien einer Positivkontrolle verglichen. Eine Beschreibung der typischen Morphologie und Färbung verschiedener Legionellenarten findet sich in ISO 11731 (1998) und ISO 11731-2 (2004).

Für die weitere Differenzierung stehen eine Reihe von Methoden wie die direkte mikroskopische Bestätigung mit fluoreszenzmarkierten Antikörpern (s. Abb. 4.45), die Hybridisierung mit fluoreszenzmarkierten Gensonden (FISH) und Latexagglutination, aber auch PCR-Detektion von spezifischen Legionella-Genen zur Verfügung. Diese Verfahren sind aber eher von medizinischem und epidemiologischem Interesse, als dass sie für Routineuntersuchungen geeignet wären.

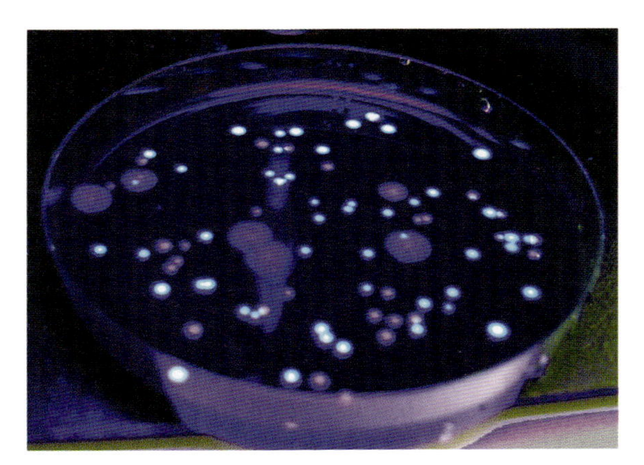

Abb. 4.45 Blau-weiße Fluoreszenz von Legionella sp.-Kolonien.

Für Laboratorien aus dem Umweltbereich ist der Umgang mit der Serologie nicht immer so vertraut wie für Laboratorien aus der medizinischen Mikrobiologie oder aus der Lebensmitteluntersuchung. Da die verschiedenen Varianten der Fluoreszenzmikroskopie einige Erfahrung erfordern, ist für Laboratorien, bei denen diese Erfahrung nur eingeschränkt vorliegt, eher die Latexagglutination zu empfehlen. Hierzu werden 1 Tropfen Latexlösung aus einem kommerziell erhältlichen Kit und eine Legionellakolonie miteinander verrieben. Eine innerhalb von 2 min mit bloßem Auge sichtbare Agglutination wird als positiv bewertet. Diese Agglutination muss der stets mitzuführenden Positivkontrolle entsprechen. Die Negativkontrolle darf keine Agglutination zeigen. Sollte dies doch der Fall sein, sind neue Seren zu verwenden.

4.9.4.5 **Zentrifugationsverfahren**

Dieses Verfahren kann angewendet werden, wenn trotz Säurebehandlung und Verwendung von GVPC-Medium (s. Abschnitt 4.9.3) immer noch Begleitflora die Auswertung unmöglich macht. Ein entsprechendes Wasservolumen, z. B. 10 ml, wird bei 4000 U min^{-1} für 10 min bei 4 °C zentrifugiert. Dabei ist durch Verwendung entsprechender Behälter (z. B. mit Schraubdeckel) die Bildung von Aerosolen zu minimieren. Die überstehende Flüssigkeit wird verworfen und das Pellet in 1 ml sterilem Aqua dest. gelöst. Ein Anteil des resuspendierten Pellets wird 1 : 10 in HCl/KCl-Lösung verbracht. Nach 5 min Einwirkungszeit werden je 0,1 ml der behandelten Probe auf GVPC-Agar ausplattiert. Die weitere Methodik ist analog des schon für den Direktansatz beschriebenen Verfahrens.

4.9.5 Störungsquellen

Bei stark verunreinigten Wasserproben kann die Filtration zum Zusetzen des Membranfilters führen. Hier ist eine Vorfiltration des Wassers über Filter größerer Porendurchmesser empfehlenswert. Dabei sind sterile Arbeitsbedingungen zu gewährleisten. Alle Vorfilter müssen in diesem Fall mit sterilem Aqua dest. abgespült werden, und die so erhaltenen Konzentrate sind ebenfalls zu untersuchen. Der pH-Wert des Legionella-Nährbodens ist möglichst genau einzuhalten. Durch den Zusatz der Puffersubstanz sollte dies jedoch ohne größere Probleme möglich sein.

Die Wiederfindungsraten verschiedener Untersuchungsverfahren sind bisher nicht genügend untersucht worden. Die Auswertung von Ringversuchen zum Parameter Legionellen hat gezeigt, dass sowohl der Nährboden als auch die Membranfilter Qualitätsschwankungen unterliegen. Auch die Kombination von Nährboden und Membranfilter muss im Rahmen der internen Qualitätssicherung eingehend auf ihre Eignung für diese Untersuchung verifiziert werden, weil selbst Kombinationen von Filtern und Medien, die erfahrungsgemäß gute Ergebnisse zeigen, vor Qualitätsmängeln nicht sicher sind.

4.9.6
Auswertung und Angabe der Ergebnisse

Die typischen Kolonien werden unter Beachtung von ISO 8199 (2005) für jeden Ansatz einzeln ausgezählt. Für jede Platte wird die Koloniezahl für Genus Legionella als KBE (koloniebildende Einheit) angegeben und auf das in diesem Ansatz untersuchte Probenvolumen bezogen; dabei werden die Zählergebnisse der zwei Petrischalen des Direktansatzes (s. Abschnitt 4.9.4.2) addiert und auf 1 ml Probenvolumen bezogen angegeben. Wenn Begleitflora nicht zu unterdrücken war, muss das im Ergebnisbericht angegeben werden.

Zuständig für die Bewertung der Ergebnisse ist das Gesundheitsamt. Die Bewertung erfolgt in Anlehnung an Tabellen im DVGW-Arbeitsblatt W 551 (2004) bzw. die Empfehlung des Umweltbundesamtes (2006).

Literatur

DIN 19643 (1997): Aufbereitung von Schwimm- und Badebeckenwasser – Teil 1: Allgemeine Anforderungen.

DVGW-Arbeitsblatt W 551 (2004): Trinkwassererwärmungs- und Leitungsanlagen; Technische Maßnahmen zur Verminderung des Legionellenwachstums.

ISO 11731 (1998): Wasserbeschaffenheit – Nachweis und Zählung von Legionellen.

ISO 11731-2 (2004): Wasserbeschaffenheit – Nachweis und Zählung von Legionellen – Teil 2: Direktes Membranfiltrationsverfahren mit niedriger Bakterienzahl.

ISO 8199 (2005): Wasserbeschaffenheit – Allgemeine Anleitung zur Keimzahlbestimmung.

Weiterführende Literatur

Anonym (2000): Nachweis von Legionellen in Trinkwasser und Badebeckenwasser – Empfehlung des Umweltbundesamtes nach Anhörung der Trink- und Badewasserkommission des Umweltbundesamtes. Bundesgesundheitsbl – Gesundheitsforsch – Gesundheitsschutz, 43, 911–915.

Anonym (2006): Periodische Untersuchung auf Legionellen in zentralen Erwärmungsanlagen der Hausinstallation nach § 3 Nr. 2 Buchstabe c TrinkwV 2001, aus denen Wasser für die Öffentlichkeit bereitgestellt wird. Bundesgesundheitsbl – Gesundheitsforsch – Gesundheitsschutz 49, 697–700.

Schaefer, B. (2007): Legionellenuntersuchung bei der Trinkwasseranalyse – Hinweise zur Probenahme, Durchführung im Labor und Bewertung. Bundesgesundheitsbl – Gesundheitsforsch – Gesundheitsschutz, 50, 291–295.

4.10
Atypische Mykobakterien

Roland Schulze-Röbbecke

4.10.1
Begriffsbestimmung

Als **„atypische Mykobakterien"** werden traditionell alle Angehörigen der Gattung *Mycobacterium* bezeichnet, die nicht zu den Erregern der Säugetiertuberkulose (*M.-tuberculosis*-Komplex) und der Lepra (*M. leprae*) zählen. Synonyma sind: a) *„nichttuberkulöse Mykobakterien"*, b) *„Mycobacteria other than tuberculosis (MOTT)"*, c) *„environmental mycobacteria"* und d) *„potentially pathogenic mycobacteria"*.

Im Gegensatz zu den *obligat pathogenen* Erregern der Tuberkulose und Lepra lassen sich viele atypische Mykobakterienspezies in Trinkwasser sowie in anderen Wasser- und Umweltproben nachweisen, wo sie überwiegend als Saprophyten zu leben scheinen. Einige haben jedoch die Fähigkeit entwickelt, Tiere und Menschen zu infizieren. Da es kaum Hinweise für eine Übertragung atypischer Mykobakterien von Mensch zu Mensch gibt, sind die Infektionsquellen wahrscheinlich in Wasser, Nahrungsmitteln und anderen Umweltstandorten sowie in Tieren zu suchen. In der Humanmedizin werden die verschiedenen Spezies atypischer Mykobakterien entweder als *apathogen* (z. B. *M. gordonae, M. peregrinum*) oder *fakultativ pathogen* (z. B. *M. avium, M. kansasii*) eingestuft.

Bei dem hier beschriebenen kulturellen Nachweis von Mykobakterien in Wasserproben werden erfahrungsgemäß ausschließlich Mykobakterien der **Risikogruppe 1** (z. B. *M. aurum, M. gordonae, M. peregrinum*) und der **Risikogruppe 2** (z. B. *M. avium, M. fortuitum, M. kansasii, M. xenopi*) im Sinne der Biostoffverordnung angezüchtet. Mit der Isolierung von Mykobakterien der **Risikogruppe 3** ist dagegen nicht zu rechnen. Diese Risikogruppe umfasst *M. leprae*, den *M.-tuberculosis*-Komplex (*M. africanum, M. bovis, M. microti, M. pinnipedii, M. tuberculosis*) und *M. ulcerans*. Von diesen ist *M. leprae* nicht kultivierbar. Mykobakterien des *M.-tuberculosis*-Komplexes wurden nach wenigen älteren Berichten aus Abwasserproben (z. B. eines Sanatoriums und eines Krankenhauses) isoliert, jedoch mit Differenzierungsmethoden, die nach heutigen Standards als fragwürdig gelten. *M. ulcerans* wurde bisher nicht aus Wasserproben isoliert; außerhalb von tropischen und subtropischen Gebieten ist es in Umweltproben nicht zu erwarten.

Bis Ende 2006 waren 118 Spezies atypischer Mykobakterien gültig beschrieben. Unter phylogenetischen Aspekten werden sie in die Gruppe der *schnell wachsenden* (sw) und in die Gruppe der *langsam wachsenden* (lw) Mykobakterien unterteilt. Da sich das Pigmentierungsverhalten innerhalb einer Spezies unterscheiden kann, ist dagegen die Einteilung der Mykobakterien in *photochromogene* (pc), *skotochromogene* (sc) und *nonchromogene* (nc) Mykobakterien sowie die **Gruppeneinteilung nach Runyon** in Gruppe I (lw, pc), Gruppe II (lw, sc), Gruppe III (lw, nc) und Gruppe IV (sw) nur von untergeordneter bzw. von historischer Bedeutung.

4.10.2 Anwendungsbereich

Ziel des Nachweises von Mykobakterien im Wasser ist meist der direkte Erregernachweis, z. B. zur Ermittlung der Ursache von Infektionen oder Pseudoinfektionen. Mykobakterien eignen sich nicht als Indikatororganismen; umgekehrt sind auch keine Indikatoren bekannt, die ihren direkten Nachweis ersetzen könnten.

4.10.3 Nährböden und Reagenzien

4.10.3.1 Reagenzien für die Dekontamination

CPC-Methode

Cetylpyridiniumchlorid (CPC)

HCl-KCl-Methode
Salzsäure (HCl), 25%ig
Kaliumchlorid (KCl)
Aqua dest.
Kaliumhydroxid (KOH), 1 mol
Zur Herstellung eines HCl-KCl-Puffers werden zunächst 100 ml einer 0,2 mol HCl-Lösung (Lösung A) und 1000 ml einer 0,2 mol KCl-Lösung (Lösung B) hergestellt:

Lösung A: 2,55 ml HCl (25%ig) in 100 ml Aqua dest. geben und mischen.
Lösung B: 14,91 g KCl in 1000 ml Aqua dest. einwiegen und lösen.

Die beiden Lösungen werden in folgendem Mischungsverhältnis in einem gut verschließbaren Glasgefäß gemischt:

1 Teil Lösung A
18 Teile Lösung B

Anschließend pH-Wert des Puffers mit KOH (1 mol) auf $2{,}2 \pm 0{,}2$ einstellen. Puffer gut verschlossen bei Raumtemperatur im Dunkeln nicht länger als einen Monat lagern.

4.10.3.2 Löwenstein-Jensen-Medium (LJ)

Das Standard-Eiermedium der Tuberkulosediagnostik gemäß DIN 58943 Teil 7 (1995) kann von mehreren Herstellern fertig in Schrägröhrchen bezogen werden.

4.10.3.3 Middlebrook-7 H10-Agar mit OADC-Anreicherung und Glycerin (7 H10)

Der ebenfalls in der Tuberkulosediagnostik verwendete 7 H10-Agar nach Middlebrook und Cohn kann mit Hilfe der kommerziell verfügbaren Ingredienzien 7 H10-Grundsubstanz (z. B. Difco Kat. Nr. 262710), OADC-Anreicherung (z. B. BBL Kat. Nr. 212240) und Glycerin nach Herstellerangaben verarbeitet und in Petrischalen gegossen werden. Um bei den langen Bebrütungszeiten die Austrocknung zu vermindern, sollte die Agarschicht in den Petrischalen dicker sein als bei üblichen Medien (ca. 30–35 Platten je Liter Medium).

Alternativ sind fertig gegossene Petrischalen mit 7 H10 kommerziell verfügbar (z. B. BBL Kat. Nr. 221174).

4.10.3.4 Reagenzien für die Ziehl-Neelsen-Färbung

Karbolfuchsin-Lösung: Mischung von 10 ml einer gesättigten alkoholischen Fuchsinlösung (10–15 g Fuchsin auf 100 ml 96%iges Ethanol) mit 90 ml einer 5%igen wässrigen Lösung von verflüssigtem Phenol (diese unter starkem Schütteln zubereiten);

Salzsäure-Alkohol: Rauchende HCl (3 ml) in 70%iges Ethanol (97 ml) geben;

Methylenblau-Lösung: Herstellung einer Stammlösung durch Mischung von 30 ml einer gesättigten alkoholischen Methylenblau-Lösung (10–15 g Methylenblau auf 100 ml 96%iges Ethanol) mit 100 ml einer 0,1%igen KOH-Lösung. 1 Teil dieser Stammlösung mit 4–8 Teilen Aqua dest. vermischen.

4.10.4 Untersuchungsgang

Der hier beschriebene Nachweis von Mykobakterien erfolgt durch ihre kulturelle Anzüchtung auf Festmedien. Das Verfahren ist zeitintensiv (ca. 8 Wochen für die Primärkultur), erlaubt aber nicht nur die Erfassung eines größeren Spektrums vermehrungsfähiger Arten, sondern auch quantitative Aussagen sowie weitere phenotypische und genotypische Untersuchungen der Isolate. Der Untersuchungsgang umfasst die Schritte *Dekontamination, Anreicherung, Kultur* und *Differenzierung*.

Anzahl und Spektrum der aus Umweltproben isolierten Mykobakterien sind in hohem Maße abhängig von der eingesetzten Methodik, insbesondere von der Wahl des Dekontaminationsverfahrens, des Kulturmediums, der Bebrütungstemperatur und der Bebrütungsdauer. Grundsätzlich empfiehlt es sich, durch die Wahl verschiedener Medien (z. B. LJ und 7 H10) und verschiedener Bebrütungstemperaturen (z. B. 30 und 37 °C) von jeder Probe mindestens drei Ansätze zu verarbeiten (s. Abb. 4.46). Eine zusätzliche Erhöhung der Ansatzzahl kann durch die Wahl verschiedener Dekontaminationsverfahren (z. B. CPC- und HCl-KCl-Methode) und die Verarbeitung verschiedener Probenvolumina (z. B. 10 ml und 100 ml) sinnvoll sein und vergrößert das Spektrum angezüchteter Mykobakterien. Die meisten Verfahrenskombinationen mit nennenswerter Wahrscheinlichkeit der Isolierung von Mykobakterien aus Wasserproben verfügen über ein Kontaminati-

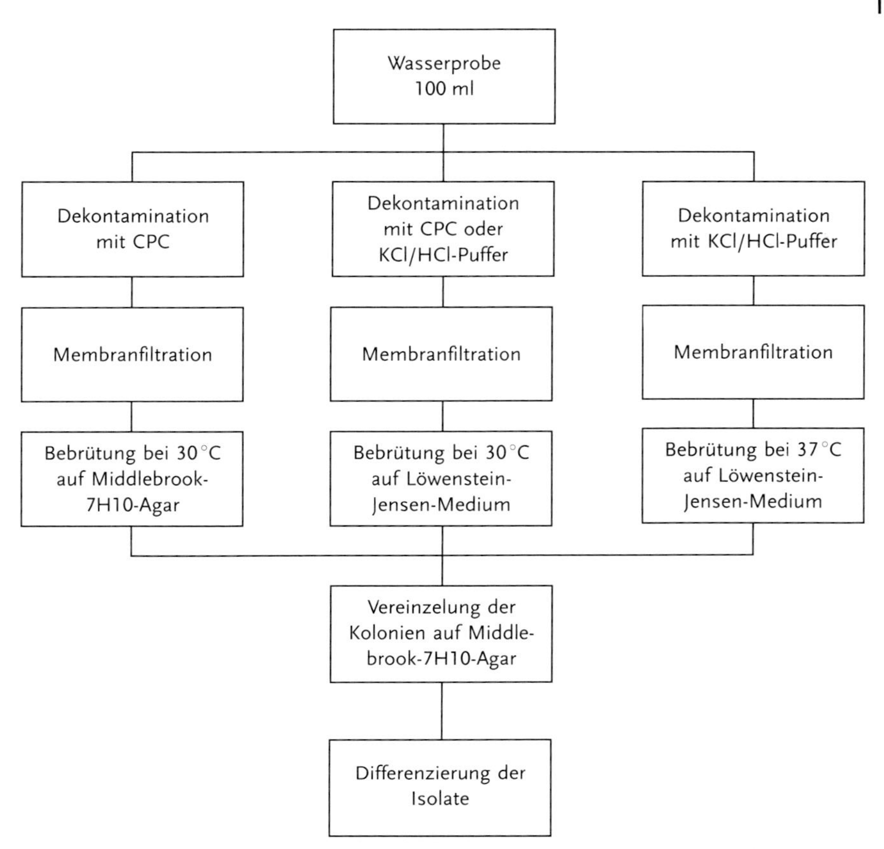

Abb. 4.46 Nachweis von atypischen Mykobakterien in gering- bis mäßiggradig mikrobiell belastetem Wasser

onsrisiko von mindestens 10%, sodass mit dem Mehrfachansatz auch das Risiko negativer Ergebnisse durch die Kontamination der Kulturmedien minimiert wird.

4.10.4.1 **Dekontamination des Probenmaterials**

Aufgrund des langsamen Wachstums von Mykobakterien und der unvollständigen Selektivität der Mykobakterienmedien muss in der Regel das Probenmaterial vor Beimpfung der Medien dekontaminiert werden. Hierbei macht man sich den Umstand zunutze, dass Mykobakterien gegen viele chemische Noxen (z. B. Säuren, Laugen, oberflächenaktive Substanzen) unempfindlicher sind als der größte Teil der nicht-mykobakteriellen Begleitflora („Kontaminanten").

Die **CPC-Methode** ist ein aggressiveres Verfahren als die nachfolgend beschriebene Dekontamination mittels HCl-KCl-Puffer. Die Methode eignet sich für aufbereitetes Wasser wie Trink-, Leitungs- und Badewasser, eingeschränkt auch für gering- bis mäßiggradig mikrobiell belastetes Oberflächen- und Rohwasser (Schulze-Röbbecke et al. 1991). Sie bewirkt nicht nur die vermehrte Inaktivierung von Kontaminanten (niedrigere Kontaminationsraten der Kulturmedien), sondern auch von Mykobakterien (höhere Anteile nicht bewachsener Kulturmedien). Zu bevorzugen ist die CPC-Methode bei mikrobiell belasteten Wasserproben und/oder bei Bebrütungstemperaturen von ≤ 30 °C. Bei 30 °C ist die HCl-KCl-Methode der CPC-Methode mindestens ebenbürtig, wenn geringfügig mikrobiell belastetes, aufbereitetes Wasser (insbesondere Trinkwasser) mittels Löwenstein-Jensen-Medium untersucht wird.

Untersuchungsgang: Im Normalfall sollte Cetylpyridiniumchlorid (CPC) für die Wasserdekontamination in einer Endkonzentration von 0,01% eingesetzt werden. Hierzu werden 10 mg zu 100 ml der Wasserprobe in einem verschließbaren Gefäß gegeben und 30 s geschüttelt. Nach 30 min wird der Dekontaminationsprozess durch Membranfiltration und erneute Filtration von ca. 100 ml sterilem Wasser unterbrochen. Bei mäßig bis stark mikrobiell belasteten Wasserproben sollte die CPC-Konzentration erhöht (bis 1%) und/oder die Einwirkzeit verlängert werden (z. B. auf 1–2 h).

Die **HCl-KCl-Methode** ist sowohl für Kontaminanten als auch für Mykobakterien ein weniger aggressives Verfahren als die oben beschriebene CPC-Methode. Sie eignet sich für die Untersuchung von aufbereitetem Wasser wie Trink- und Badewasser und/oder bei Bebrütungstemperaturen von ≥ 30 °C. Schon bei 30 °C ist die HCl-KCl-Methode zu bevorzugen, wenn geringfügig mikrobiell belastetes, aufbereitetes Wasser (insbesondere Trinkwasser) mittels Löwenstein-Jensen-Medium untersucht wird.

Untersuchungsgang: 100 ml der Wasserprobe werden membranfiltriert. Danach werden 100 ml HCl-KCl-Puffer bei geschlossenem Absaugventil auf den Membranfilter gegeben. Nach 5 min wird der Puffer abgesaugt und der Filter mit ca. 100 ml sterilem Wasser nachgespült.

4.10.4.2 **Anreicherung des Probenmaterials durch Filtration**

Standardmäßig wird je Ansatz ein Probenvolumen von 100 ml untersucht. Bei mikrobiell gering belastetem Wasser (z. B. Trinkwasser) können auch größere Volumina (z. B. 1000 ml), bei mikrobiell stark belastetem Wasser geringere Volumina (z. B. 10 ml) untersucht werden.

Untersuchungsgang: Die zu filtrierenden Flüssigkeiten unter sterilen Bedingungen membranfiltrieren (z. B. Celluloseacetat-Filter, Durchmesser 50 mm, Porengröße 0,45 µm), mit sterilem Wasser (100 ml) nachspülen und Filter möglichst rasch auf die Oberfläche des Mediums legen. Bei 7 H10-Agar in Petrischalen gesamten Filter auflegen (s. Abb. 4.47), bei Schrägmedien in Glasröhrchen 1 cm breiten Streifen aus der Mitte des Filters herausschneiden und auflegen (s. Abb. 4.48). Vorteile der Filtration: geringer Aufwand, leichte Isolation unterschiedlicher Mykobakterienstämme aus einer Wasserprobe und gut quantifizierbare Ergebnisse; Nachteil: Diffusionsbarriere zwischen Medium und Bakterien, die das Wachstum schwer kultivierbarer und sehr langsam wachsender Spezies (z. B. *M. malmoense, M. xenopi*) merklich behindert.

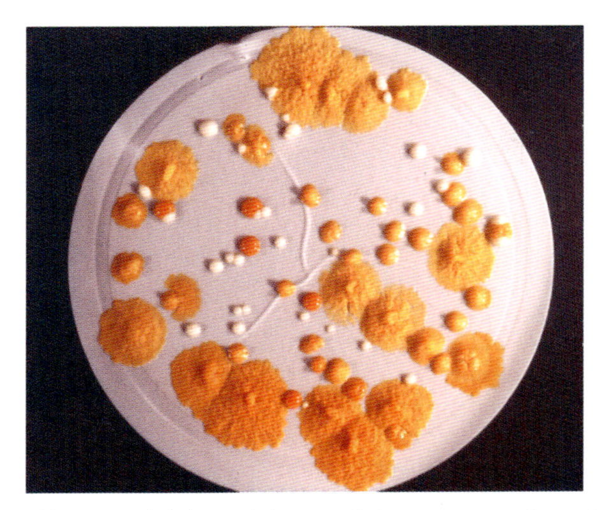

Abb. 4.47 Mykobakterienkolonien auf einem Membranfilter nach Filtration einer dekontaminierten 100-ml-Leitungswasserprobe und 6-wöchiger Bebrütung bei 30 °C auf Middlebrook-7H10-Agar. Morphologisch lassen sich mindestens drei Kolonietypen erkennen: raue, pigmentierte Kolonien, glatte, pigmentierte Kolonien und glatte, unpigmentierte Kolonien. Die Differenzierung der angezüchteten Mykobakterienisolate ergab *Mycobacterium flavescens, M. gordonae* und *M. kansasii.*

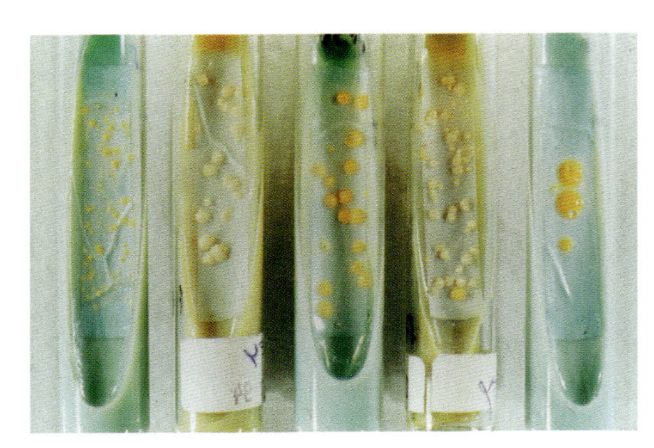

Abb. 4.48 Mykobakterienkolonien auf Membranfilterstreifen nach Filtration von fünf dekontaminierten 100-ml-Leitungswasserproben und 8-wöchiger Bebrütung bei 30°C auf Löwenstein-Jensen-Eiermedium. Die Filterstreifen wurden nach der Filtration aus dem runden Membranfilter herausgeschnitten und auf die Oberfläche des Schrägmediums in Glasröhrchen gelegt. Die angezüchteten Kolonien belegen die qualitativ und quantitativ unterschiedliche Kontamination der Wasserproben mit Mykobakterien.

4.10.4.3 Kulturelle Anzüchtung

Medien

Obwohl für den Mykobakteriennachweis aus Umweltproben viele unterschiedliche Medien verwendet wurden, wird hier der Einfachheit halber empfohlen, auf die beiden mykobakteriologischen Standard-Festmedien nach Löwenstein und Jensen (LJ) sowie Middlebrook und Cohn (7 H10) zurückzugreifen. Mykobakteriologische Flüssigmedien bieten bei Wasseruntersuchungen gegenüber Festmedien den Vorteil des schnelleren Wachstums aber den gravierenden Nachteil einer erheblichen Einengung des angezüchteten Mykobakterienspektrums mit Überwiegen schnell wachsender Mykobakterien. Um mit möglichst geringem Aufwand ein möglichst großes Mykobakterienspektrum zu isolieren, empfiehlt es sich, einen Ansatz der Wasserprobe auf 7 H10 zu bebrüten (bei 30 °C) und zwei Ansätze auf LJ (bei 30 und 37 °C) (s. Abb. 4.46). Von den beiden genannten Medien erlaubt LJ die Isolierung des größeren, keineswegs aber des vollständigen Mykobakterienspektrums. Bei einzelnen Spezies (z. B. *M. malmoense*) ist 7 H10 das überlegene Isolierungsmedium. Für andere Spezies ist weder LJ noch 7 H10 das optimale Medium, so z. B. für *M. xenopi*, das sich am besten bei 42 °C in Kirchner-Flüssigmedium kultivieren lässt. Wiederum andere Spezies wie *M. genavense*, *M. haemophilum* und *M. paratuberculosis* sind weder mit LJ noch mit 7 H10 anzüchtbar und benötigen Spezialmedien mit besonderen Zusätzen.

Bebrütungsdauer

Empfehlenswert ist eine Bebrütungsdauer von 8 Wochen. Eine Verlängerung der Inkubationszeit von 8 auf 12 Wochen erhöht die Mykobakterienausbeute um ca. 10%. Eine weitere Verlängerung bewirkt in aller Regel kein nennenswertes zusätzliches Koloniewachstum. Die Medien regelmäßig kontrollieren und kontaminierte Röhrchen/Platten aussondern. In der ersten Phase der Inkubationszeit gewachsene Kolonien bereits vor Ablauf der Inkubationszeit (z. B. nach 3–4 Wochen) subkultivieren; besonders einige schnell wachsende Mykobakterien haben die Tendenz, nach Ablauf der 8–12-wöchigen Primärkultur ihre Vermehrungsfähigkeit zu verlieren. Zudem besteht die Gefahr der Überwucherung langsam wachsender durch schnell wachsende Kolonien.

Bebrütungstemperatur

Standardmäßig sollten die inokulierten Medien in der Primärkultur bei **30 °C** bebrütet werden. Hierbei kann die größte Zahl von Mykobakterienkolonien und eines großen Artenspektrums einschließlich *M. avium*-Komplex, *M. chelonae*, *M. fortuitum*, *M. gordonae*, *M. kansasii*, *M. lentiflavum*, *M. marinum* und *M. mucogenicum* (Ausnahme: *M. xenopi*) isoliert werden. Bei **37 °C** kommt es zu einer Verminderung der isolierten Kolonie- und Artenzahl: Anzüchtung von *M. xenopi* möglich; anzüchtbar sind z. B. auch *M. avium*-Komplex, *M. fortuitum* und *M. gordonae*; schlecht anzüchtbar sind z. B. *M. chelonae*, *M. kansasii* und *M. marinum*. Bei **42–45 °C** kommt es zu einer weiteren Verminderung der Koloniezahl und Einengung des Spektrums in Richtung *M. fortuitum*, *M. thermoresistibile* und *M. xenopi*. Auch bei Bebrütungstemperaturen unter 30 °C (z. B. bei **20 °C**) lässt sich ein größeres Spektrum von Mykobakterienarten anzüchten, überwiegend allerdings schnell wachsende.

Generell sinkt das Kontaminationsrisiko mit steigender Bebrütungstemperatur.

Es erscheint sinnvoll, von jeder Wasserprobe mindestens zwei Ansätze (mit LJ und 7 H10) bei 30 °C und einen Ansatz bei 37 °C zu bebrüten. Hierdurch wird die Erfassung des größten Mykobakterienspektrums einschließlich fakultativ pathogener und mesophiler Mykobakterien ermöglicht.

Inkubationsbedingungen

Petrischalen in Plastikbeuteln vor Austrocknung schützen. Schrägmedien in Glasröhrchen mit Schraubverschluss so lange mit leicht aufgeschraubtem Verschluss bebrüten, bis das Wasser an der tiefsten Stelle des Röhrchens verdunstet ist; danach die Glasröhrchen fest verschlossen weiterbebrüten.

Vereinzelung und Lagerung der Isolate

Angezüchtete Kolonien auf 7 H10-Agar vereinzeln. Eine Lagerung der Reinkulturen auf Schrägmedien in Glasröhrchen mit Schraubverschluss ist möglich. Die Vermehrungsfähigkeit bleibt bei Raumtemperatur für ca. 6–12 Monate erhalten, bei unter –20 °C über viele Jahre. Kommerzielle Systeme zur Kryokonservierung von Bakterienstämmen können ebenfalls verwendet werden.

4.10.4.4 Abgrenzung von anderen Bakteriengattungen und Differenzierung

Die Differenzierung atypischer Mykobakterien wird fast ausschließlich in spezialisierten mykobakteriologischen (z. B. Tuberkulose-) Speziallaboratorien der Human- und Veterinärmedizin durchgeführt. Im Normalfall wird es für mikrobiologische Wasserlaboratorien am günstigsten sein, selbst gewonnene Mykobakterienisolate in einem solchen Speziallaboratorium differenzieren zu lassen. Zumindest die Zuordnung eines Isolats zur Gattung *Mycobacterium* kann jedoch problemlos selbst vorgenommen werden. Auch die Einteilung der Isolate in die Gruppe der schnell oder langsam wachsenden Mykobakterien lässt sich relativ leicht phänotypisch in einem nicht spezialisierten Labor vornehmen. Auf eine Beschreibung der weiteren Zuordnung der Mykobakterienisolate zu den verschiedenen Spezies und Subspezies soll hier nicht näher eingegangen werden. Sie erfolgt heute überwiegend mit Hilfe molekularbiologischer Verfahren wie dem Einsatz kommerziell verfügbarer Gensonden und der Sequenzierung der 16S-rDNA. Biochemische und chemotaxonomische Differenzierungsverfahren sind dagegen nur noch von untergeordneter Bedeutung.

Die Bestimmung der **Säure- und Alkoholfestigkeit** mittels **Ziehl-Neelsen-Färbung** ist das wesentliche phänotypische Verfahren zur Zuordnung eines Bakterienisolats zur Gattung *Mycobacterium*. Zu diesem Zweck wird die Bakteriensuspension auf einem Objektträger hitzefixiert, mit Karbolfuchsin-Lösung bedeckt und unter einem Abzug (Phenoldämpfe!) dreimal (insgesamt 2 min) mit einem Bunsenbrenner bis zur Dampfbildung (nicht bis zum Kochen) erhitzt. Mit Salz-

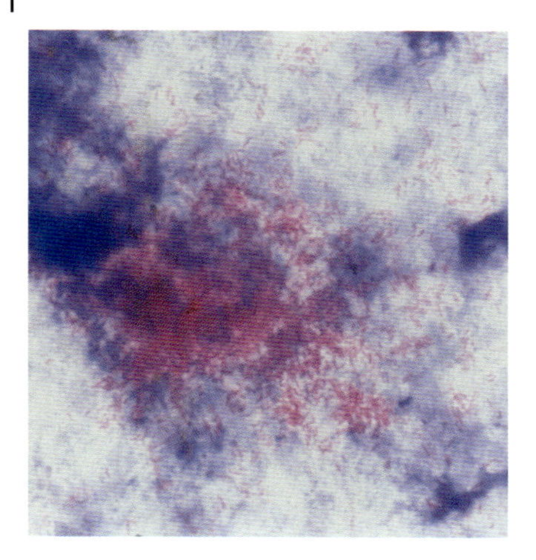

Abb. 4.49 Mikroskopische Darstellung von Mylobakterien mittels Ziehl-Neelsen-Färbung. Die Aufnahme zeigt eine mykobakterielle Mikrokolonie in einem in situ Biofilmpräparat bei hoher Vergrößerung (1000×).

säure-Alkohol entfärben, bis sich kein Fuchsin mehr ablöst, mit Wasser abspülen, 1 min mit Methylenblau-Lösung gegenfärben, nochmals mit Wasser abspülen, trocknen. Mykobakterien erscheinen als kokkoide bis filamentöse rote Stäbchen, z.T. mit Bänderung. Andere Bakterien werden blau angefärbt (Abb. 4.49).

Bestimmung der Wachstumsgeschwindigkeit
Wenn aus einem hochverdünnten Inokulum auf dem optimalen Medium und bei optimaler Inkubationstemperatur sichtbare Kolonien in < 7 Tagen wachsen, handelt es sich um schnell wachsende, wenn das Koloniewachstum nach > 7 Tagen auftritt, um langsam wachsende Mykobakterien. Im Optimalfall müsste der Test bei jedem Isolat parallel mit einer größeren Zahl von Festmedien und Inkubationstemperaturen durchgeführt werden. Bereits bei Verwendung von LJ und 7H10 sowie von 30 und 37 °C (d.h. im vierfachen Ansatz) kann jedoch mit ausreichender Sicherheit eine Zuordnung vorgenommen werden.

4.10.5
Störungsquellen

Kontamination der Medien: 1. zu großes Probevolumen; 2. zu geringe Einwirkzeit und/oder Konzentration der dekontaminierenden Substanz(en); unsteriles Arbeiten bei der Probenverarbeitung; 3. zu geringe Bebrütungstemperatur.

Kein Mykobakterienwachstum: 1. zu kleines Probevolumen; 2. zu aggressive Dekontamination; 3. ungeeignetes Medium; 4. zu hohe Bebrütungstemperatur; 5. zu kurze Bebrütungsdauer.

Ausschließliche Isolierung schnell wachsender Mykobakterien: 1. zu großes Probevolumen; 2. ungeeignetes Medium (kein Wachstum langsam wachsender Mykobakterien auf bakteriologischen Standard-Medien, höherer Anteil schnell wachsender Isolate auf 7 H10-Agar als auf LJ); 3. zu kurze Bebrütungsdauer.

4.10.6 Auswertung

Unzureichend ist die Auszählung aller angezüchteten Kolonien ohne zusätzliche Untersuchungen. **Mindestanforderung:** Ziehl-Neelsen-Färbung repräsentativer Kolonien und Auszählung der Kolonien säure- und alkoholfester Stäbchenbakterien. Solche Angaben sind jedoch kaum von medizinischer Relevanz. **Optimal**: Spezies-Differenzierung repräsentativer Kolonien und quantitative Angabe der nachgewiesenen Spezies.

Die Anzahl der Mykobakterienkolonien auf dem kompletten Membranfilter (nach Bebrütung auf 7 H10) entspricht der Anzahl mykobakterieller KBE je filtriertes Wasservolumen (Abb. 4.47). Falls nur die Mykobakterienkolonien auf einem 1 cm breiten Filterstreifen untersucht werden können, der aus der Mitte eines Membranfilters von 50 mm Durchmesser herausgeschnitten wurde (nach Bebrütung auf LJ), entspricht die Anzahl der Mykobakterienkolonien der Anzahl mykobakterieller KBE in nur einem Drittel des filtrierten Wasservolumens (Abb. 4.48).

4.10.7 Angabe der Ergebnisse

Unter Angabe des untersuchten Wasservolumens, der Dekontaminationsmethode, des Kulturmediums, der Bebrütungstemperatur und der Bebrütungsdauer als Anzahl der Kolonien säure- und alkoholfester Stäbchenbakterien je Wasservolumen *oder* als Anzahl der Kolonien bestimmter Mykobakterienspezies je Wasservolumen.

Literatur

Anonym (1995): DIN 58943 Tuberkulosediagnostik, Teil 7 Modifiziertes Löwenstein-Jensen-Kulturmedium zur Anzüchtung von Tuberkulosebakterien. Berlin, Beuth Verlag.

Schulze-Röbbecke, R., Weber, A., Fischeder, R. (1991): Comparison of decontamination methods for the isolation of mycobacteria from drinking water samples. Journal of Microbiological Methods, 14, 177–183.

Weiterführende Literatur

Neumann, M., Schulze-Röbbecke, R., Hagenau, C., Behringer, K. (1997): Comparison of methods for the isolation of mycobacteria from water. Applied and Environmental Microbiology, 63, 547-552.

Pedley, S., Bartram, J., Rees, G., Dufour, A., Cotruvo, J. A.(eds) (2004): Pathogenic Mycobacteria in Water, a Guide to Public Health Consequences, Monitoring and Management. WHO Emerging Issues in Water and Infectious Disease Series. IWA Publishing, London (ISBN 1 84339 059 0).

4.11
Nachweis von Vibrio cholerae, Vibrio vulnificus und anderen Vibrio-Arten

Andrea Rechenburg, Gerhard Hauk und Martin Exner

4.11.1
Begriffsbestimmung

In die Gattung Vibrio werden gramnegative, oft leicht gekrümmte Stäbchen einbezogen, die fakultativ anaerob wachsen, gewöhnlich Glucose ohne Gasproduktion fermentieren und polare Geißeln ausbilden. Während es verschiedene pathogene Arten im Salzwasser gibt, wie *V. vulnificus* und *V. parahaemolyticus*, ist die einzige Art, die von humanpathogener Bedeutung in Süßwasser ist, der Erreger der klassischen Cholera *V. cholerae* Serogruppe O1. Unterschieden werden innerhalb der Serogruppe O1 die Biotypen „klassisch“ und „El Tor“. Daneben löst auch *V. cholerae* Serogruppe O139 Erkrankungen aus.

In Ländern, wo *V. cholerae* endemisch ist, kann die Überwachung von gefährdeten Trinkwasserquellen zur Kontrolle der Cholera erforderlich sein (West et al. 1982). In Deutschland muss *V. cholerae* in der Routineüberwachung nach TrinkwV 2001 jedoch nicht erfasst werden, da Cholera nicht endemisch ist. Allerdings ist *V. cholerae* im Wasser lange vermehrungs- oder lebensfähig. Auch bei Abwesenheit von Fäkalindikatoren wie *E. coli* können *V. cholerae* in Proben vorhanden sein, wodurch im Verdachtsfall die Untersuchung speziell auf *V. cholerae* notwendig werden kann. Bei Verdacht eines Auftretens von *V. cholerae* im Trinkwasser oder trinkwasserbedingten Cholera-Infektionen, kann der Erreger in der Wasseraufbereitung durch Desinfektionsmittel wie Chlor oder Chlordioxid leicht abgetötet werden.

In den letzten Jahren wurde in der Nord- und Ostsee das Auftreten von *V. vulnificus* sowie anderer Vibrionenarten gehäuft festgestellt (Frank, 2006). Ähnlich wie bei *V. cholerae* besteht keine Korrelation zum Auftreten von Fäkalindikatoren. Beim Erreichen und Überschreiten der Wassertemperatur von ca. 20 °C ist mit einer sehr starken Vermehrung von *V. vulnificus* an der gesamten Küste sowie mit einem erhöhten Infektionsrisiko zu rechnen. Besonders bei älteren Menschen und Personen mit chronischen Grundleiden (z. B. Immunsuppression, Lebererkrankungen, Diabetes mellitus) kann es beim Vorhandensein von offenen Wunden und Kontakt zu erregerhaltigem Salzwasser zu sich schnell großflächig ausbreitenden Wundinfektionen kommen (Kuhnt-Lenz, 2004). Diese können zu tiefgreifenden Nekrosen, Septikämien und Multiorganversagen führen. Die Letalität der sekundären Septikämie beträgt ca. 25%. Nach der oralen Aufnahme von *V. vulnificus* über Lebensmittel kann es einerseits zu einer harmlosen Gastroenteritis andererseits zu einer sehr schweren und foudroyant verlaufenden primären Septikämie (Letalität über 50%) kommen. Diese Krankheitsbilder sind jedoch bisher im Ostseeraum nicht nachgewiesen worden. Die Untersuchung von Küstengewässern, die zu Badezwecken genutzt werden, ist im Sinne des Vorsorgeprinzips bzw. des Besorgnisgrundsatzes zum Schutz der Badegäste ratsam und kann insbesondere beim Auftreten von *V. vul-*

nificus-Infektionen nötig sein, um Infektionsquellen abzuklären und unter Kontrolle zu bringen.

Der Nachweis von *V. cholerae* und *V. vulnificus* erfolgt gewöhnlich über die Anwendung von kulturellen, biochemischen und immunologischen Methoden. Daneben werden chromatographische Assays, Fluoreszenzmikroskopie und molekulardiagnostische Verfahren erprobt. In Deutschland existieren keine Normen zum Nachweis von *V. cholerae* und *V. vulnificus*. Der hier beschriebene Nachweis von *V. cholerae* beruht im Wesentlichen auf dem vom Standing Commitee of Analysts, Großbritannien (2002), beschriebenen Verfahren und der Nachweis von *V. vulnificus* auf der Prüfmethode des Landesamtes für Gesundheit und Soziales, Mecklenburg-Vorpommern.

4.11.2
Anwendungsbereich

Die hier beschriebenen Methoden sind für die Untersuchung von Rohwasser, Trinkwasser und anderen Wässern geeignet.

4.11.3
Geräte, Nährmedien und Reagenzien

4.11.3.1 Benötigte Geräte

Neben der Standardlaborausstattung müssen folgende Gegenstände vorhanden sein:

- Brutschränke für die Bebrütung bei (25 ± 1) °C und (37 ± 1) °C
- Membranfiltrationseinheit, sterile Filtrationsaufsätze und Vakuumpumpe
- Sterile Membranfilter, z. B. Cellulose basierend, weiß, 47 mm Durchmesser, Porengröße 0,2 µm
- Pinzette mit abgerundeter Spitze
- Pipette
- Glasspatel.

4.11.3.2 Nährböden und Reagenzien

Die Medien und Reagenzien sind häufig gebrauchsfertig erhältlich. Da jedoch Variationen der Rezeptur, Ansatz und Lagerungsbedingungen möglich sind, sollten diese vor Gebrauch im Rahmen der Qualitätssicherung überprüft werden.

Peptonwasser (alkalisch)

Nachweis von *V. cholerae:*
10,0 g Pepton
5,0 g Natriumchlorid
Nachweis von *V. vulnificus* (10fach):
100,0 g Pepton aus Casein

100,0 g Natriumchlorid
0,1 g Polymyxin B
1000 ml Aqua dest. oder deionisiertes Wasser
Die Zutaten werden im Wasser gelöst und der pH-Wert auf 8,6 ± 0,2 eingestellt. Anschließend wird das Peptonwasser bei 121 °C für 15 min autoklaviert. Nach Abkühlung auf ca. 50 °C erfolgt die erneute Überprüfung bzw. Korrektur des pH-Wertes und für den Nachweis von *V. vulnificus* die Zugabe von Polymyxin B. Üblicherweise werden Schraubdeckelgefäße mit je 100 ml Medium (*V. cholerae*) bzw. 10 ml (*V. vulnificus*) befüllt. Das abgefüllte Peptonwasser kann dicht verschlossen bei Raumtemperatur für einen Monat gelagert werden. Zur Herstellung von doppelt-konzentrierter Bouillon wird die verwendete Wassermenge auf 500 ml reduziert.

Thiosulfat-Citrat-Galle-Saccharose-Agar (TCBS-Agar)
5,0 g Hefeextrakt
10,0 g Pepton
10,0 g Natriumthiosulfat
10,0 g Natriumcitrat
8,0 g Ochsengalle
20,0 g Saccharose
10,0 g Natriumchlorid
1,0 g Eisen(III)citrat
4 ml Bromthymolblau (1% m/v wässrige Lösung)
4 ml Thymolblau (1% m/v wässrige Lösung)
14,0 g Agar-Agar
1000 ml Aqua dest. oder deionisiertes Wasser
Die Inhaltsstoffe werden unter Rühren und Erhitzen im Wasser gelöst und das Medium zum Kochen gebracht, aber nicht autoklaviert. Nach dem Abkühlen auf ca. 50 °C wird der pH-Wert überprüft und auf 8,6 ± 0,2 justiert. Das fertige Medium wird in sterile Petrischalen gegossen und diese bei 2–8 °C, vor Austrocknung geschützt, für maximal einen Monat gelagert.

4.11.3.3 Weitere Medien

Weitere Medien, die für die Untersuchungen benötigt werden, sind für den Nachweis von *V. cholerae* Nähragar und Oxidasereagenz, und für den Nachweis von *V. vulnificus* zusätzlich Kligler-Eisen-Agar, Blutagar, und Pepton-Kochsalz-Wasser. Diese können käuflich erworben oder nach Standardrezepturen hergestellt werden.

4.11.4 Untersuchungsgang

Da in der Regel beim Nachweis von *V. cholerae* bzw. *V. vulnificus* von ungleich stark belasteten Wässern (Trinkwasser/Oberflächengewässer) ausgegangen werden muss und sich der Gang der Untersuchung unterscheidet, werden die Methoden getrennt abgehandelt.

4.11.4.1 Probenansatz zum Nachweis von *V. cholerae*

Die Bakterien werden mittels Membranfiltration aufkonzentriert. Es folgt eine semiselektive Anreicherung mit anschließender Subkultur auf Galle und Natriumcitrat-haltigen Selektivnährmedien. Typische Kolonien werden durch biochemische und serologische Tests bestätigt. Alternativ kann die Anreicherungsbouillon aufkonzentriert und ein adäquater Teil der Probe direkt zugesetzt werden (s. Abb. 4.49).

Membranfiltration

Abhängig von der Wasserquelle und der erwarteten Vibrio-Konzentration werden Probenvolumina zwischen 100–1000 ml untersucht.

Ein steriler Membranfilter wird mit der Oberseite nach oben auf der sterilen oder desinfizierten Filtrationseinheit platziert. Nach dem Aufsetzen des Trichters wird das zu untersuchende Probenvolumen zugegeben. Das Wasser wird langsam abfiltriert. Anschließend wird der Filter in 100 ml Peptonwasser überführt und dieses gut gemischt. Wird mehr als ein Membranfilter benötigt, werden alle Filter in das Peptonwasser überführt. Die Bebrütung sollte sich umgehend anschließen; maximal dürfen zwei Stunden zwischen Filtration und Bebrütung liegen.

Wird doppelt-konzentriertes Anreicherungsmedium verwendet, dann werden Probe und Medium direkt im Verhältnis 1:1 gemischt.

Inkubation und Subkultur

Das Peptonwasser wird bei 25 °C für 2 h und anschließend bei 37 °C für 12–16 h inkubiert. Nach der Bebrütung wird eine Impföse aus Peptonwasser entnommen und auf TCBS-Agar ausgestrichen. Wichtig ist dabei, dass die Entnahme möglichst oberflächennah erfolgt. Der Ausstrich wird bei 37 °C für 16–24 h bebrütet.

4.11.4.2 Probenansatz zum Nachweis von *V. vulnificus*

Aufgrund der Beschaffenheit von Oberflächenwasser erfolgt die Untersuchung der Wasserproben in drei Ansätzen (Abb. 4.50).

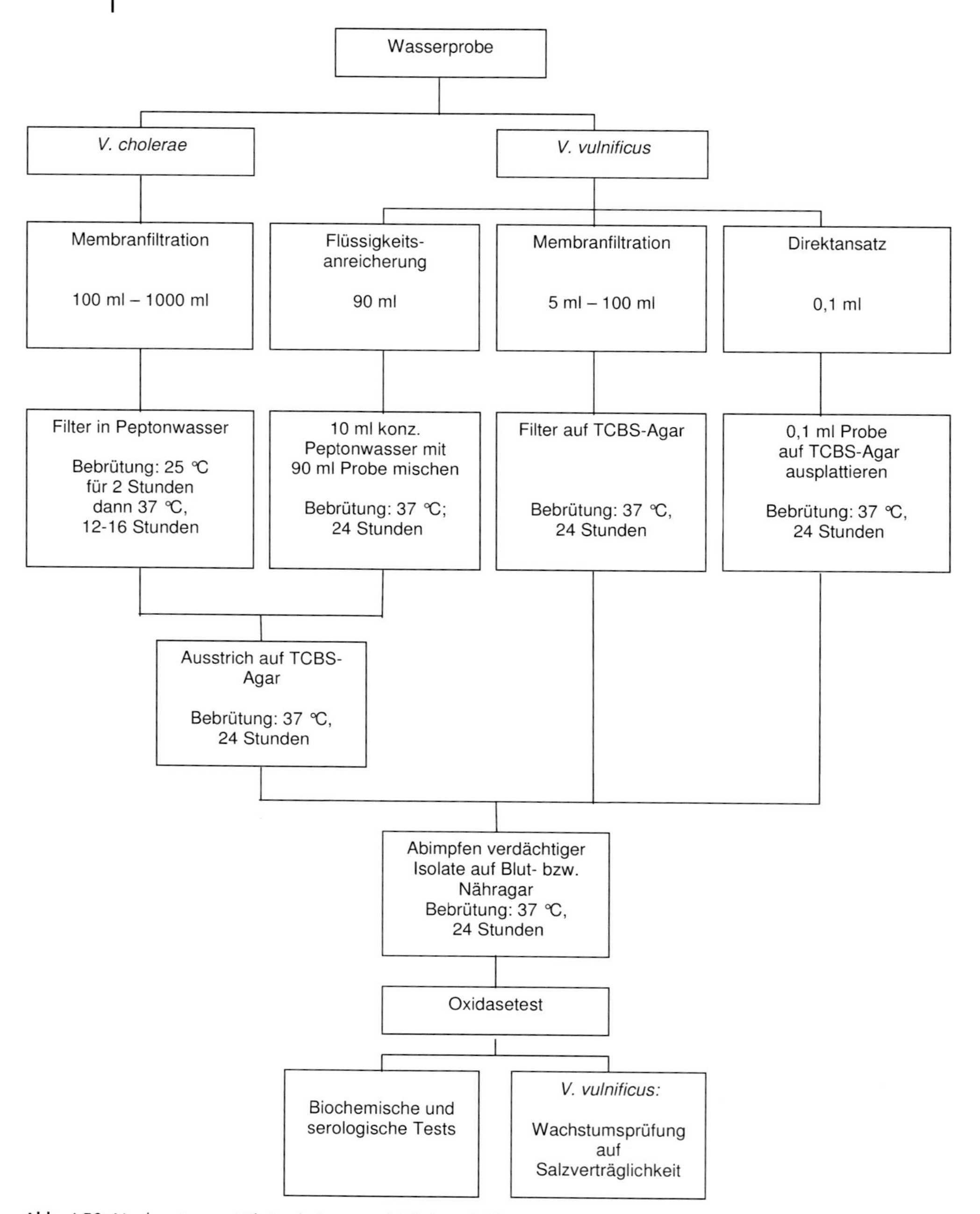

Abb. 4.50 Nachweis von *Vibrio cholerae* und *Vibrio vulnificus*.

Direktansatz

Bei diesem Ansatz werden 0,1 ml der Wasserprobe direkt auf den TCBS-Agar, als Selektivnährboden zur Isolierung von Vibrionen, pipettiert und anschließend ausgespatelt. Die Bebrütung des Agar erfolgt bei 37 °C für 24 h.

Membranfiltration

Da die Konzentration an Vibrionen im Oberflächenwasser u. a. sehr stark von der Wassertemperatur abhängig ist, kommen bei der Membranfiltration unterschiedliche Probenvolumina (5–100 ml) zur Untersuchung. Mit steigender Wassertemperatur werden geringere Wassermengen filtriert. Die Durchführung erfolgt analog zu der unter Abschnitt 4.11.4.1 (Membranfiltration) beschriebenen Methode. Nach der Filtration wird der Filter mit der Unterseite nach unten direkt auf dem TCBS-Agar platziert. Die Bebrütung erfolgt ebenfalls bei 37 °C für 24 h.

Flüssigkeitsanreicherung

Bei der Flüssigkeitsanreicherung werden 10 ml des 10fach konzentrierten alkalischen Peptonwassers mit 90 ml der Wasserprobe vermischt und anschließend bei 37 °C für 24 h bebrütet. Am Folgetag wird eine Öse mit Material vom Peptonwasser auf TCBS-Agar ausgeimpft und erneut bei 37 °C für 24 h inkubiert.

4.11.5
Auswertung

Die bebrüteten Agarplatten werden auf typische Kolonien untersucht. Diese sind flach bis leicht gewölbt, mit einem Durchmesser von 1–3 mm und entweder gelb infolge des Saccharoseabbaus oder grün bis blau-grün, wenn es sich um saccharosenegative Vibrionen handelt. *V. cholerae*, *V. fluvialis* und *V. metschnikovii* wachsen als gelbe Kolonien, mit 2–3 mm Durchmesser. *V. parahaemolyticus* und *V. mimicus* entwickeln dagegen blau-grüne Kolonien von 2–5 mm Durchmesser. *V. vulnificus*

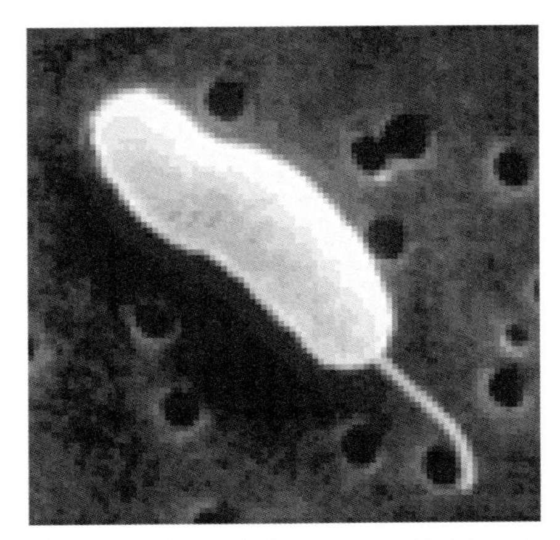

Abb. 4.51 *Vibrio vulnificus. www.calidadalimentaria.net/images/bac9*

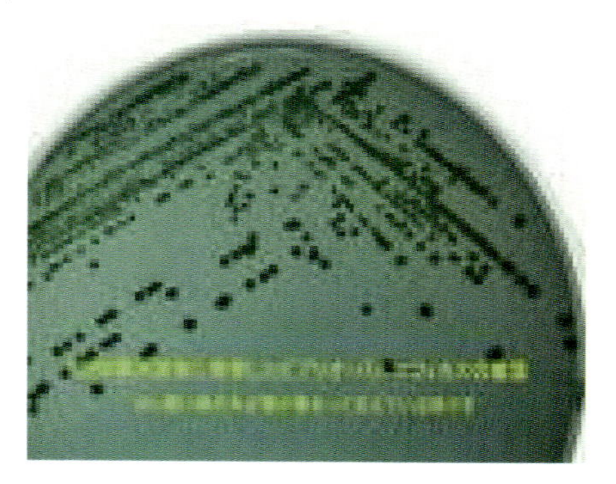

Abb. 4.52 *Vibrio vulnificus* auf TCBS-Agar. *www.pref.aichi.jp/eiseiken/67f.*

(Abb. 4.51) bildet je nach Fähigkeit der Stämme, Saccharose zu fermentieren, auf dem TCBS-Agar grüne oder gelbe (10%) Kolonien (Abb. 4.52).

4.11.6 Differenzierung

4.11.6.1 Nachweis von *V. cholerae*

Oxidasetest

Verdächtige Kolonien werden auf Nähragar subkultiviert und bei 37 °C für 24 h inkubiert. Zur Durchführung der Oxidasereaktion werden 2–3 Tropfen frisch hergestelltes Oxidasereagenz auf ein Filterpapier gegeben. Von der verdächtigen Kolonie wird ein Teil abgenommen und auf dem Filterpapier verrieben. Wenn innerhalb von ca. 10 s ein deutlich dunkelblauer Farbumschlag auftritt, ist die Reaktion positiv.

Biochemische und serologische Tests

Isolate, die oxidase-positiv sind, müssen weiter differenziert werden. Beispielsweise können bei Verdacht einer Cholera-Epidemie mit dem Serotyp O1 Stämme, die Saccharose abbauen, also gelb auf TCBS-Agar wachsen, und oxidase-positiv sind, mit *V. cholerae* (Abb. 4.53) O1 Antiserum agglutiniert und so der Serotyp bestätigt werden. Hierzu ist die Verwendung kommerziell erhältlicher Kits möglich.

4.11.6.2 Nachweis von *V. vulnificus*

Bei der Differenzierung gelangen folgende Verfahren zur Anwendung.

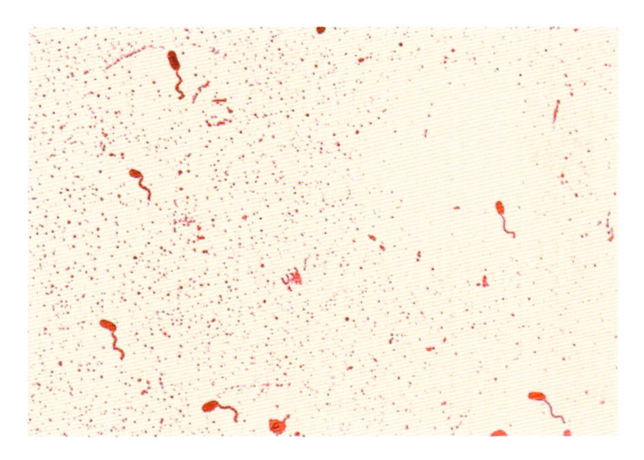

Abb. 4.53 Vibrio cholerae. Leifson flagella strain (digitally colorized); CDC: Dr. William A. Clark.

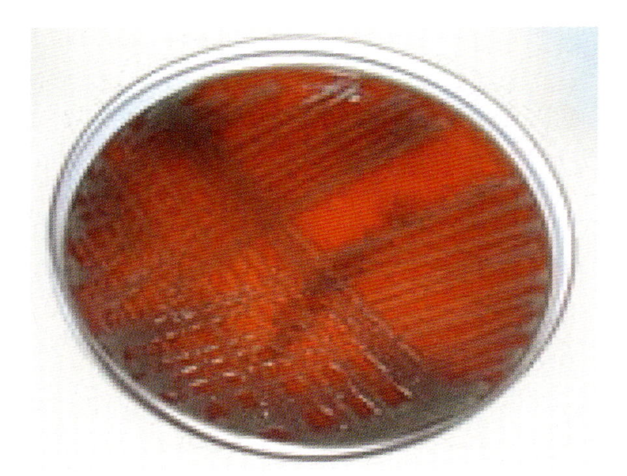

Abb. 4.54 *Vibrio vulnificus* auf Blutagar. *www.collegebvh.org/img/vulnificus.jpg.*

Subkultivierung auf einem Mehrtest-Medium

Auf dem klassischen Zwei-Zucker-Agar (Kligler-Agar) werden verdächtige Kolonien mittels Stichöse verimpft (tiefer Einstich in den Agar und anschließend Beimpfung der Substratschrägfläche). Die Bebrütung erfolgt bei 37 °C für 24 h. Bei Anwesenheit von *V. vulnificus* färbt sich der Agar im unteren Bereich gelb, der obere Teil bleibt rot. H_2S- und Gasbildung sind nicht nachweisbar.

Subkultivierung auf Blutagar und Oxidasetest

Auf Blutagar wachsen *V. vulnificus* nach 24-stündiger Bebrütung (37 °C) mit grauen Kolonien und einer mäßigen Hämolyse (s. Abb. 4.54). Der Oxidasetest erfolgt an diesen Kolonien in der unter Abschnitt 4.11.6.1 (Oxidasetest) angegebenen

Weise. Bei positiven Isolaten werden weitere Differenzierungsschritte durchgeführt.

Wachstumsprüfung in kochsalzhaltigem Peptonwasser

V. vulnificus ist ein halophiles Bakterium, welches zum Wachstum eine Salzkonzentration zwischen 5 und 30‰ benötigt. Dies wird in Peptonwasser mit unterschiedlichen Salzkonzentrationen (0%, 3%, 6% und 8%) geprüft. Das Bakterium wächst vorwiegend nur in der zweiten Prüfgröße (3% NaCl), niemals bei 0% oder 8% Kochsalzanteil.

4.11.6.3 Biochemische Reaktionen

Die weiteren biochemischen Eigenschaften der verdächtigen Kolonien werden mit einem kommerziellen Testsystem zur Identifizierung überprüft.

4.11.7 Angabe der Ergebnisse

Die beschriebenen Verfahren zeigen die An- oder Abwesenheit der untersuchten Vibrio-Arten in dem untersuchten Probenvolumen an. Das Ergebnis wird deshalb als positiver oder negativer Nachweis in dem untersuchten Probenvolumen angegeben.

4.11.8 Qualitätssicherung

Neue Chargen der Medien und Reagenzien sollten vor dem Einsatz mit geeigneten Referenzstämmen getestet werden. Hierzu sind beispielsweise als Positivkontrolle *V. cholerae* O24 und als Negativkontrolle *E. coli* geeignet. Es empfiehlt sich, eine Positivkontrolle über den Untersuchungsgang mitzuführen, um Störungen in der Untersuchung aufzudecken.

Literatur

Frank, C. (2006): Hinweis auf mögliche Wundinfektionen durch *Vibrio vulnificus* bei Kontakt mit warmem Meerwasser. Epid. Bull. 32, 277.

Kuhnt-Lenz, K., Krengel, S., Fetscher, S., Heer-Sonderhoff, A., Solbach, W. (2004): Sepsis with bullous necrotizing skin lesions due to *Vibrio vulnificus* acquired through recreational activities in the Baltic sea. Eur. J. Clin. Microbiol. Infect. Dis., 23, 49–52.

Standing Committee of Analysts (2002): The Microbiology of Drinking Water, Methods for the Examination of Waters and Associated Materials – Part 10 – Methods for the isolation of Yersinia, Vibrio and Campylobacter by selective enrichment, Environment Agency.

West, P.A., Lee, J.V. (1982): Ecology of Vibrio species including *V. cholerae* in natural waters in Kent, England. J. Appl. Bacteriol. 435–448.

World Health Organization: Guidelines for drinking-water quality incorporating first addendum (2006): Vol. 1, Recommendations, 3rd ed.

5
Virologische und protozoologische Wasseruntersuchungen

5.1
Bakteriophagen
Stefanie Huber

5.1.1
Begriffsbestimmung

Als Bakteriophagen bezeichnet man Viren, die prokaryotische Zellen (Bakterien und Archaeen) infizieren. Größe und Struktur sind sehr variabel. Als Erbmaterial enthalten sie entweder DNA oder RNA, die einzel- oder doppelsträngig, linear oder ringförmig vorliegen kann.

In diesem Kapitel wird auf die Nachweismethoden für zwei bestimmte Bakteriophagen-Gruppen – somatische Coliphagen und F-spezifische RNA-Bakteriophagen (FRNA-Phagen) – genauer eingegangen. Somatische Coliphagen können bestimmte *E. coli*-Wirtsstämme (und andere Stämme aus der Gruppe der coliformen Bakterien bzw. der *Enterobacteriaceae*) infizieren. Sie sind eine heterogene Gruppe; gemeinsam ist ihnen jedoch, dass die Anheftung an die Zellwand des Wirtes den ersten Schritt im Infektionsprozess darstellt. Die Wirte der F-spezifischen Bakteriophagen („male-specific bacteriophages") gehören ebenfalls zu den coliformen Bakterien bzw. den *Enterobacteriaceae.* Die Angriffspunkte an der Wirtszelle sind für diese Phagen aber die F-Pili (Sex-Pili) der Bakterien. Es gibt sowohl F-spezifische DNA- als auch RNA-Bakteriophagen. Eine dritte wichtige Gruppe im Bereich der hygienisch-mikrobiologischen Wasseruntersuchung sind die Phagen, die *Bacteroides fragilis* infizieren.

5.1.2
Anwendungsbereich

Ob sich Bakteriophagen als Indikatoren für das Vorkommen enteraler Viren und anderer Krankheitserreger im Wasser eignen, wird seit Jahrzehnten von vielen Autoren kontrovers diskutiert. Dass sie den Indikatorbakterien als Anzeiger einer Verunreinigung mit pathogenen Viren in mancher Hinsicht überlegen sind, ist nicht zu bestreiten. So ähneln sich Bakteriophagen und Viren z. B. in ihrer Größe, ihrer Durchgängigkeit durch Bodenschichten und z. T. in ihrer Resistenz gegen-

Hygienisch-mikrobiologische Wasseruntersuchung in der Praxis.
Irmgard Feuerpfeil und Konrad Botzenhart (Hrsg.)

ISBN: 978-3-527-31569-7

über Umwelteinflüssen und Desinfektionsmaßnahmen (Leclerc et al., 2000). Außerdem liegen Phagen in einer Wasserprobe normalerweise in einer höheren Konzentration vor als Viren, d.h. eine geringere Wassermenge muss untersucht werden. Hinzu kommt noch, dass die Nachweismethoden für Bakteriophagen relativ einfach, schnell und kostengünstig sind.

FRNA-Phagen, die sich sowohl hinsichtlich der Größe ihres RNA-Genoms als auch der Größe des gesamten Phagen- bzw. Viruspartikels nicht stark von den Picorna-, Calici- und Astroviren unterscheiden (Carter, 2005), erwiesen sich für bestimmte Fragestellungen als adäquate Modellorganismen für pathogene Viren. So korrelierte die Konzentration dieser Phagen mit der Konzentration von Enteroviren in Süßwasser (Havelaar et al., 1993) bzw. von Adenoviren in abwasserbelastetem Meerwasser (Jiang et al., 2001). Verschiedene Autoren bezeichnen FRNA-Phagen als geeignete „virale Indikatoren“ bei der Wasserdesinfektion (z. B. Havelaar et al., 1991). Polioviren reagierten sensibler als F-spezifische Phagen auf eine Behandlung von Abwasser mit UV-Strahlung bzw. Chlor, obwohl die Viren widerstandsfähiger als bakterielle Indikatoren waren (Tree et al., 1997). Auch der Phage MS2, der zu den FRNA-Phagen gehört, zeigte gegenüber Caliciviren eine höhere UV-Resistenz (De Roda Husmann et al., 2004).

Eine Korrelation zwischen dem Gehalt an somatischen Coliphagen und Viren in Wasser, z. B. in behandeltem Abwasser oder Flusswasser, wurde oft beschrieben (Gantzer et al., 1998; Skraber et al., 2004). Aufgrund ihrer Widerstandsfähigkeit gegenüber vielen Umweltfaktoren sind somatische Coliphagen im Vergleich zu den Fäkalbakterien häufig die besseren Indikatoren einer fäkalen Verunreinigung (Contreras-Coll et al., 2002).

Allerdings gibt es auch Probleme bei der Nutzung von Bakteriophagen als Indikatoren für fäkale Kontaminationen und das Vorkommen enteraler Viren. Als eine Ursache dafür ist die relativ geringe Wirtsspezifität mancher Phagengruppen zu nennen. So infizieren somatische Coliphagen und F-spezifische Bakteriophagen neben *E. coli* andere Wirte aus der Gruppe der (nicht fäkalen) coliformen Bakterien. Sie können also in Gewässern ohne fäkale Verunreinigung vorkommen. Bei somatischen Coliphagen ist unter bestimmten Bedingungen sogar eine Vermehrung in Wasser möglich, da diese auch Wirtszellen befallen, die bei Temperaturen unter 30 °C wachsen (Grabow, 2001). Ein aktiver Metabolismus der Wirtszelle ist für eine erfolgreiche Phageninfektion wichtig. Weiterhin können beim Nachweis von F-spezifischen RNA-Bakteriophagen auch F-spezifische DNA-Bakteriophagen (FDNA-Phagen), deren hygienische Bedeutung unklar ist (Sinton et al., 1996), die Wirtszellen befallen. Mit Hilfe der Zugabe von RNase zum Wachstumsmedium (s. Abschnitt 5.1.4.1) kann zwischen RNA- und DNA-Phagen unterschieden werden, manche RNA-Phagen sind jedoch resistent gegen RNase-Behandlung (Havelaar et al., 1986).

Bakteriophagen sind trotz mancher Unzulänglichkeiten prinzipiell dazu geeignet, als Indikatoren bzw. Modellorganismen für humanpathogene Viren im Wasser zu fungieren. Vor der Auswahl der zu untersuchenden Phagengruppe muss geprüft werden, welche Gruppe sich am besten für die jeweilige Fragestellung eignet. Somatische Coliphagen haben den Vorteil, dass sie in allen Gewässern, die mit menschlichen oder tierischen Fäkalien belastet sind, in relativ hoher Konzentration vorkommen. Außerdem sind sie methodisch einfach nachzuweisen. FRNA-Phagen sind den enteralen Viren sehr ähnlich. Neben Gemeinsamkeiten in Struktur und Größe kommen beide Gruppen fast ausschließlich im Fäzes von Menschen und warmblütigen Tieren vor, vermehren sich nicht in der Umwelt und zeigen ähnliche Resistenzen gegenüber ungünstigen Umweltbedingungen und Desinfektionsmaßnahmen (Grabow, 2001). Phagen, die *Bacteroides fragilis* befallen, sind zum Teil noch widerstandsfähiger gegen Umweltstress bzw. Desinfektion als die anderen Phagengruppen (Jofre et al., 1995) und könnten somit als Modellorganismen für in der Umwelt besonders stabile Viren wie Adenoviren dienen. Das Nachweisverfahren für diese Phagen ist allerdings komplizierter, besonders dadurch dass der Wirt *B. fragilis* unter strikt anaeroben Bedingungen inkubiert werden muss.

In der Vergangenheit gab es häufig verwirrende und widersprüchliche Ergebnisse bezüglich der Konzentration von Bakteriophagen in Gewässern und der Eignung von Phagen als Indikatororganismen. Dies kann zum Teil mit einer großen Bandbreite an verwendeten Nachweismethoden und Wirtsstämmen erklärt werden. Mittlerweile gibt es DIN- bzw. ISO-Normen für den Nachweis der drei wichtigsten Phagengruppen und für die Validierung von Konzentrierungsmethoden (DIN EN ISO 10705-1, 2001; DIN EN ISO 10705-2, 2001; ISO 10705-3, 2003; ISO 10705-4, 2001). In Zukunft sollten deshalb besser vergleichbare Ergebnisse erzielt werden.

5.1.3
Nährmedien und Reagenzien

Falls nicht anders angegeben, werden die folgenden Nährmedien und Lösungen zur Sterilisation 15 min bei $(121 \pm 3)\,^{\circ}C$ autoklaviert und können bei $(5 \pm 3)\,^{\circ}C$ im Dunkeln bis zu 6 Monate aufbewahrt werden.

Glycerin
Glycerin ($870\ g\ l^{-1}$) in 20 ml-Portionen autoklavieren und bei Raumtemperatur nicht länger als ein Jahr aufbewahren.

Nalidixinsäure-Lösung
250 mg Nalidixinsäure
2 ml Natronlauge ($1\ mol\ l^{-1}$)
8 ml Aqua dest.
Nalidixinsäure in Natronlauge lösen, Wasser hinzufügen und mischen. Die Lösung autoklavieren oder durch einen 0,2 µm-Membranfilter sterilfiltrieren und in 0,5 ml-Portionen auf Kunststoffgefäße verteilen. Bei $(5 \pm 3)\,^{\circ}C$ nicht länger als 8 h oder bei $(-20 \pm 3)\,^{\circ}C$ höchstens 6 Monate aufbewahren.

Pepton-Salzlösung
1 g Pepton
8,5 g NaCl
1000 ml Aqua dest.
Nach dem Lösen der Substanzen den pH-Wert bei (45 ± 3) °C auf 7,2 ± 0,2 einstellen, die Lösung in angemessene Volumina aufteilen und autoklavieren. Zur Probenverdünnung verwenden.

MacConkey-Agar
20 g Pepton
10 g Laktose
5 g Gallensalze
75 mg Neutralrot
12–20 g Agar (in Abhängigkeit der Gelierfähigkeit des Agars)
1000 ml Aqua dest.
Substanzen lösen und den pH-Wert so einstellen, dass er nach dem Autoklavieren 7,4 ± 0,1 bei 25 °C beträgt. Je 20 ml in Standard-Petrischalen (Durchmesser: 9 cm) gießen.

5.1.3.1 Medien für den Nachweis von FRNA-Phagen

Trypton-Hefeextrakt-Glucose-Bouillon (TYGB)

Grundmedium
10 g Trypton (pankreatisch verdautes Casein)
1 g Hefeextrakt
8 g NaCl
1000 ml Aqua dest.
Nach dem Lösen der Substanzen den pH-Wert so einstellen, dass er nach der Sterilisation 7,2 ± 0,1 beträgt. 200 ml-Portionen abfüllen und autoklavieren.

Calcium-Glucose-Lösung
3 g $CaCl_2 \cdot 2\ H_2O$
10 g Glucose, wasserfrei
100 ml Aqua dest.
Die Substanzen unter vorsichtigem Erhitzen lösen. Nach dem Abkühlen die Lösung durch ein 0,2 µm-Membranfilter sterilfiltrieren.

Vollmedium
200 ml Grundmedium
2 ml Calcium-Glucose-Lösung
Calcium-Glucose-Lösung unter aseptischen Bedingungen zum Grundmedium geben und mischen.

Trypton-Hefeextrakt-Glucose-Agar (TYGA)

Grundmedium
wie Grundmedium von TYGB
zusätzlich 12–20 g Agar (zu 1000 ml Medium)
Nach dem Lösen der Substanzen den pH-Wert so einstellen, dass er nach der Sterilisation 7,2 ± 0,1 beträgt. Geeignete Volumina abfüllen und autoklavieren.

Vollmedium
1000 ml Grundmedium
10 ml Calcium-Glucose-Lösung (s. o.)
Grundmedium schmelzen, auf 45–50 °C abkühlen lassen und Calcium-Glucose-Lösung unter sterilen Bedingungen hinzufügen. Je 20 ml in Standard-Petrischalen, 50 ml in große Petrischalen (Durchmesser: 14 cm) gießen. Platten vor Austrocknung geschützt im Dunkeln bei (5 ± 3) °C nicht länger als einen Monat aufbewahren.

Trypton-Hefeextrakt-Glucose-Weichagar (ssTYGA)
Grundmedium wie bei TYGA herstellen, jedoch nur die halbe Menge Agar (6–10 g) verwenden. 50 ml-Portionen in Flaschen abfüllen und autoklavieren.

RNase-Lösung
100 mg RNase (aus Rinderpankreas, spezifische Aktivität ca. 50 U mg^{-1})
100 ml Aqua dest.
RNase lösen (10 min bei 100 °C), 0,5 ml-Portionen auf Kunststoffgefäße verteilen und bei (–20 ± 3) °C höchstens ein Jahr aufbewahren.

5.1.3.2 Medien für den Nachweis somatischer Coliphagen

Modifizierte Scholtens-Bouillon (MSB)
10 g Pepton
3 g Hefeextrakt
12 g Fleischextrakt
3 g NaCl
5 ml Na_2CO_3-Lösung (150 g l^{-1})
0,3 ml $MgCl_2$-Lösung (2 g $MgCl_2 \cdot 6\,H_2O$ pro ml Aqua dest.)
1000 ml Aqua dest.
$MgCl_2$-Lösung: $MgCl_2 \cdot 6\,H_2O$ ist sehr hygroskopisch. Deshalb muss nach dem Öffnen des Behälters der gesamte Inhalt in Wasser gelöst werden (z. B. 100 g $MgCl_2 \cdot 6\,H_2O$ in 50 ml Aqua dest.). Nach dem Autoklavieren die Lösung bei Raumtemperatur im Dunkeln aufbewahren.
Bouillon: Nach dem Lösen der Substanzen und der Zugabe der Na_2CO_3- und $MgCl_2$-Lösungen den pH-Wert bei (45 ± 3) °C auf 7,2 ± 0,2 einstellen. 200 ml-Portionen abfüllen und autoklavieren.

Modifizierter Scholtens-Agar (MSA)

Grundmedium
wie MSB
zusätzlich 12–20 g Agar (zu 1000 ml Medium)
Substanzen lösen, den pH-Wert bei (55 ± 3) °C auf 7,2 ± 0,2 einstellen und das Medium autoklavieren.

Calciumchlorid-Lösung
14,6 g $CaCl_2 \cdot 2\ H_2O$
100 ml Aqua dest.
Calciumchlorid unter vorsichtigem Erhitzen lösen. Nach dem Abkühlen die Lösung durch ein 0,2 μm-Membranfilter sterilfiltrieren.

Vollmedium
1000 ml Grundmedium
6 ml Calciumchlorid-Lösung
Grundmedium schmelzen, auf 45–50 °C abkühlen lassen und Calciumchloridlösung unter sterilen Bedingungen hinzufügen. Je 20 ml in Standard-Petrischalen, 50 ml in große Petrischalen gießen. Platten vor Austrocknung geschützt im Dunkeln bei (5 ± 3) °C nicht länger als einen Monat aufbewahren.

Modifizierter Scholtens-Weichagar (ssMSA)
Grundmedium wie bei MSA herstellen, jedoch nur die halbe Menge Agar (6–10 g) verwenden. 50 ml-Portionen in Flaschen abfüllen und autoklavieren.

5.1.4
Untersuchungsgang

In diesem Abschnitt werden die Methoden zum Nachweis und zur Zählung von F-spezifischen RNA-Bakteriophagen und somatischen Coliphagen gemäß DIN EN ISO 10705 (Teil 1 und 2) (DIN EN ISO 10705-1, 2001; DIN EN ISO 10705-2, 2001) beschrieben. In beiden Verfahren wird die Probe mit Weichagar und einer Kultur des Wirtsstammes vermischt. Dieses Gemisch wird auf festes Nährmedium gegossen und die Agarplatte inkubiert. Anschließend werden die sichtbaren Plaques ausgezählt. Den Nährmedien werden Calcium- und z. T. Magnesiumlösungen zugesetzt, da Kationen wie Calcium- und Magnesium-Ionen die Phagenadsorption an die Wirtszelle fördern (Havelaar und Hogeboom, 1983). Die dargestellten Methoden können für alle Arten von Wasser, Sedimenten und Schlämmen sowie für Schalentierextrakte verwendet werden, ggf. nach Verdünnung der Proben. Bei geringer Phagenzahl kann eine Aufkonzentrierung der Proben erforderlich sein (s. Abschnitt 5.1.4.3).

Bakteriophagen sind für Menschen und Tiere nicht pathogen, sie sind aber sehr austrocknungsresistent. Um eine Kreuzkontamination von Testmaterialien zu vermeiden, sollte daher unter einer Sicherheitswerkbank gearbeitet werden, besonders beim Umgang mit Phagen-Stammlösungen. Dies gilt auch für das Arbeiten mit den (pathogenen) Wirtsstammkulturen.

5.1.4.1 Nachweis von FRNA-Bakteriophagen

Als Wirt wird *Salmonella enterica* subsp. *enterica* Serotyp Typhimurium WG49 (NCTC 12484 = ATCC 700730) verwendet. Dieser Stamm ist gering pathogen, resistent gegen Nalidixinsäure und besitzt das F-Plasmid eines *E. coli* K12-Stammes, auf dem die genetische Information für die Bildung von F-Pili und dem Abbau von Laktose liegt. Ein *Salmonella*-Wirtsstamm hat gegenüber einem *E. coli*-Wirtsstamm den Vorteil, dass er von somatischen Coliphagen nicht infiziert wird. Als weiterer Wirt dient ein *E. coli* K12 Hfr-Stamm (z. B. DSM 5210 = ATCC 23631). Er wird für die Kultivierung des Phagen MS2 (DSM 13767 = ATCC 15597-B1), zur Herstellung von Positivkontrollen und bei der Qualitätskontrolle von Salmonella Typhimurium des Wirtsstammes WG49 eingesetzt.

Kultivierung und Aufbewahrung der Wirtsstämme WG49 und *E. coli* K12 Hfr

Zur Herstellung der Stammkultur den gefriergetrockneten Inhalt eines Röhrchens der Referenzkultur (aus einer Stammsammlung) in einem kleinen Volumen TYGB lösen und die Suspension zu 50 ml TYGB geben. Um eine ausreichende Belüftung zu gewährleisten, sollten hier und im Folgenden 300 ml-Erlenmeyerkolben benützt werden. Die Bebrütung erfolgt unter leichtem Schütteln bei (37 ± 1) °C für (18 ± 2) h. Nach der Zugabe von 10 ml Glycerin und Durchmischung 1 ml-Teilvolumina auf Reaktionsgefäße verteilen und bei (–70 ± 10) °C lagern. Für die Produktion der Arbeitskulturen zunächst ein Reaktionsgefäß mit der Stammkultur auftauen und eine Platte MacConkey-Agar so beimpfen, dass Einzelkolonien entstehen (Inkubation bei (37 ± 1) °C für (18 ± 2) h). Drei bis fünf Laktose-positive Kolonien in 50 ml TYGB einimpfen.

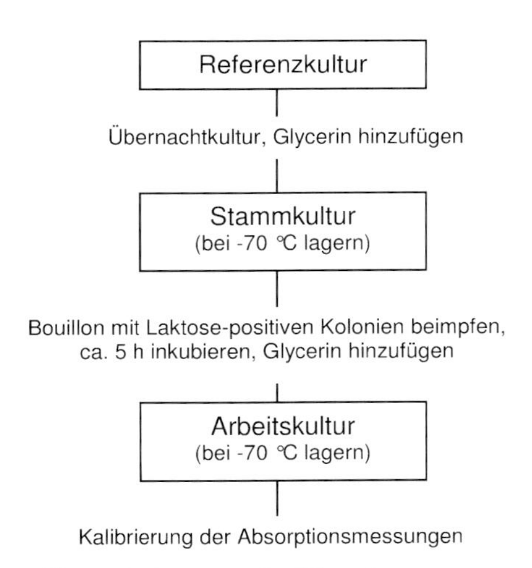

Abb. 5.1 Kultivierung der Wirtsstämme.

Nach einer Bebrütungszeit von (5 ± 1) h (bei (37 ± 1) °C auf einem Schüttler) 10 ml Glycerin zugeben, mischen, die Kultur in ca. 0,6 ml-Portionen aliquotieren und bei (–70 ± 10) °C höchstens zwei Jahre lagern (s. Abb. 5.1).

Die Qualität der Arbeitskulturen von WG49 muss überprüft werden, indem die Anzahl koloniebildender Einheiten (KBE) auf TYGA und der Anteil Laktose-positiver Kolonien auf MacConkey-Agar ermittelt wird. Mit Hilfe von Antibiotikaplättchen wird außerdem die Resistenz gegenüber Nalidixinsäure und Kanamycin getestet. Die Sensitivität von WG49 gegenüber FRNA-Phagen im Vergleich zur Sensitivität von *E. coli* K12 Hfr wird mit Hilfe von MS2-Positivkontrollen überprüft (s. DIN EN ISO 10705-1, 2001).

Herstellung der Impfkulturen und Kalibrierung der Absorptionsmessungen

Ein Reaktionsgefäß mit der Arbeitskultur auftauen, 0,5 ml davon in 50 ml mindestens auf Raumtemperatur vorgewärmte TYGB einimpfen und unter leichtem Schütteln bei (37 ± 1) °C bebrüten. Hat die Kultur eine Zelldichte von ca. 10^8 KBE ml^{-1} erreicht, wird sie sofort auf Eis gekühlt und muss innerhalb von zwei Stunden als Impfkultur verwendet werden.

Die Bestimmung der Zelldichte erfolgt über Absorptionsmessungen, die für jede Charge von Arbeitskulturen kalibriert werden müssen. Für die Kalibrierung 0,5 ml der Arbeitskultur wie oben inkubieren (bis zu 3,5 h), alle 30 min die Absorption messen (bei 500–650 nm gegen TYGB als Nullwert) und jeweils 0,1 ml der 10^{-4}-, 10^{-5}- und 10^{-6}-Verdünnungen auf TYGA ausplattieren und (24 ± 2) h bei (37 ± 1) °C bebrüten. Durch Auszählen der gewachsenen Kolonien kann ermittelt werden, welchem Absorptionswert eine Zelldichte von 10^8 KBE ml^{-1} entspricht. Dieses Verfahren sollte zwei- bis dreimal durchgeführt werden, dann kann bei der Herstellung der Impfkulturen allein über die Absorptionsmessung auf die Zelldichte geschlossen werden.

Standardverfahren zum Phagennachweis

50 ml ssTYGA zum Schmelzen bringen, in ein Wasserbad mit (45 ± 1) °C stellen und 0,5 ml Calcium-Glucose-Lösung (Raumtemperatur) zugeben. Bei Proben mit großer bakterieller Hintergrundflora Nalidixinsäure in einer Endkonzentration von 100 µg ml^{-1} zu ssTYGA geben. 2,5 ml-Teilvolumina auf Kulturröhrchen mit Kappen, die im Wasserbad stehen, verteilen. 1 ml der Originalprobe (oder der verdünnten bzw. konzentrierten Probe), die auf Raumtemperatur gebracht wurde, pro Röhrchen zusetzen, wobei jedes Teilvolumen bzw. jede Verdünnungsstufe mindestens als Doppelansatz untersucht wird. Anschließend 1 ml Impfkultur hinzufügen, den Inhalt des Röhrchens unter Vermeidung von Luftblasen mischen und auf eine 9 cm-TYGA-Platte (Raumtemperatur) gießen. Nach der gleichmäßigen Verteilung des Gemisches auf der Agarschicht die Platten auf einer horizontalen, kalten Fläche erstarren lassen und dann mit der Oberseite nach unten bei (37 ± 1) °C für (18 ± 2) h bebrüten. Nicht mehr als sechs Platten stapeln (s. Abb. 5.2).

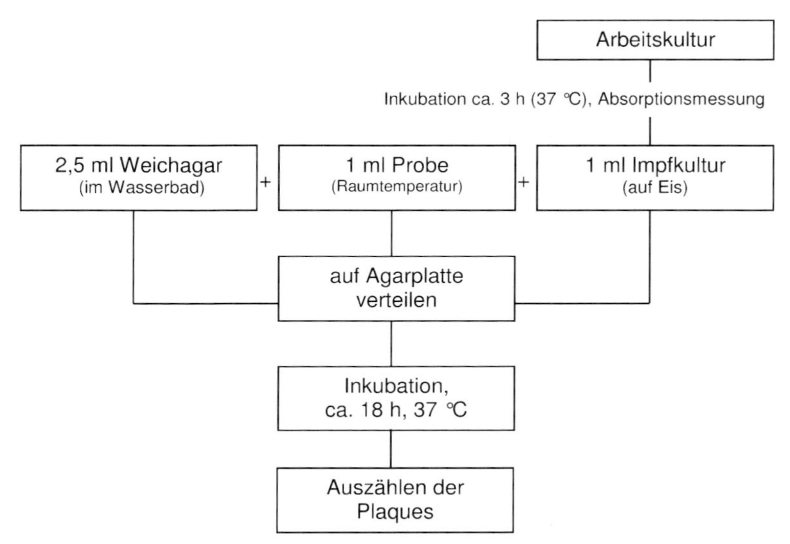

Abb. 5.2 Standardverfahren zum Phagennachweis (DIN EN ISO 10705, Teil 1 und 2).

Verfahren für Proben mit geringen Phagenzahlen
Zum Standardverfahren gibt es folgende Abweichungen: 10 ml-Volumina von ssTYGA (+Calcium-Glucose-Lösung) in Kulturröhrchen abfüllen, mit je 5 ml Probe und 1 ml Wirtskultur vermischen und auf eine 14 cm-TYGA-Platte gießen.

Kontrollen und Unterscheidung zwischen FRNA- und FDNA-Phagen
Bei jeder Untersuchung als Positivkontrolle 1 ml einer MS2-Suspension, die ca. 100 Plaque formende Partikel (PFP) pro ml enthält, verwenden. Für die Negativkontrolle 1 ml Verdünnungslösung statt Probe einsetzen. Um zu bestimmen, welcher Anteil der ermittelten Plaques von FDNA-Phagen verursacht wird, zusätzliche Platten ansetzen: Neben der Probe und der Wirtskultur wird zum ssTYGA RNase-Lösung in einer Endkonzentration von 40 $\mu g\ ml^{-1}$ gegeben. In seltenen Fällen ist eine Konzentration von 400 $\mu g\ ml^{-1}$ erforderlich, um FRNA-Phagen zu hemmen.

5.1.4.2 **Nachweis von somatischen Coliphagen**
Für Proben mit geringem Bakteriengehalt, wie z. B. Trinkwasser oder wenig belastetes Oberflächenwasser, wird ein *E. coli* C-Stamm (ATCC 13706; Empfehlung der DSMZ: NCCB 886 = DSM 13127), für Proben mit einer größeren Menge an Begleitflora (z. B. belastetes Oberflächenwasser, Abwasser) der Nalidixinsäure-resistente *E. coli*-Stamm CN (WG5) (ATCC 700078) verwendet. Alternativ kann für belastetes Wasser *E. coli* 13706/60 (DSM 12242) eingesetzt werden (Sinton et al., 1996). Zur Herstellung von Positivkontrollen wird der Phage Phi X174 (DSM 4497 = ATCC 13706-B1) kultiviert.

Kultivierung und Aufbewahrung der *E. coli*-Wirtsstämme

Stamm- und Arbeitskulturen herstellen wie in Abschnitt 5.1.4.1 beschrieben, statt TYGB bzw. TYGA MSB und MSA einsetzen. Teil 1 und 2 von DIN EN ISO 10705 unterscheiden sich geringfügig bzgl. der Bebrütungstemperaturen und -zeiten. Die Inkubationstemperatur bei den somatischen Coliphagen (Teil 2) beträgt in allen Schritten $(36 \pm 2)\,^{\circ}C$. Bei der Herstellung der Stammkultur wird (20 ± 4) h bebrütet. Die aus der Stammkultur beimpfte MacConkey-Agarplatte ebenfalls (20 ± 4) h inkubieren. Wie in Abschnitt 5.1.4.1 drei bis fünf Laktose-positive Kolonien zu 50 ml MSB geben und (5 ± 1) h bebrüten (s. Abb. 5.1).

Eine Kontrolle der Qualität der Arbeitskulturen (s. Abschnitt 5.1.4.1) ist bei den *E. coli*-Wirtsstämmen nicht erforderlich.

Herstellung der Impfkulturen und Kalibrierung der Absorptionsmessungen

Nach Erreichen einer Zelldichte von ca. 10^8 KBE ml^{-1} (s. Abschnitt 5.1.4.1) die Impfkultur auf Eis kühlen und innerhalb des gleichen Tages als Impfkultur einsetzen. Zur Kalibrierung der Absorptionsmessungen wie in Abschnitt 5.1.4.1 verfahren (MSB und MSA statt TYGB und TYGA), anstelle des Ausplattierens von je 0,1 ml der 10^{-4}-, 10^{-5}- und 10^{-6}-Verdünnungen kann auch jeweils 1 ml der 10^{-5}-, 10^{-6}- und 10^{-7}-Verdünnungen mit Hilfe des Standard-Plattengussverfahrens oder der Membranfiltration untersucht werden (Inkubation (20 ± 4) h).

Standardverfahren zum Phagennachweis

50 ml ssMSA zum Schmelzen bringen, in ein Wasserbad mit $(45 \pm 1)\,^{\circ}C$ stellen und 0,3 ml Calciumchlorid-Lösung (Raumtemperatur) zugeben. Bei Proben mit großer bakterieller Hintergrundflora Nalidixinsäure in einer Endkonzentration von 250 µg ml^{-1} zu ssMSA geben. Die weitere Verfahrensweise ist mit der in Abschnitt 5.1.4.1 dargestellten identisch, inklusive Bebrütungszeit (s. Abb. 5.2).

Verfahren für Proben mit geringen Phagenzahlen

10 ml ssMSA (+ Calciumchlorid-Lösung) mit 5 ml Probe und 1 ml Wirtskultur vermischen und auf eine 14 cm-MSA-Platte gießen.

Kontrollen

Bei jeder Untersuchung als Positivkontrolle 1 ml einer Phi X174-Suspension, die ca. 100 PFP pro ml enthält, verwenden. Für die Negativkontrolle 1 ml Verdünnungslösung statt Probe einsetzen.

5.1.4.3 Proben mit sehr geringen Phagenzahlen

Wird die in den Abschnitten 5.1.4.1 und 5.1.4.2 dargestellte Methode für Proben mit geringen Phagenzahlen angewendet, können 100 ml Probe untersucht werden, wenn 20 große Petrischalen (Durchmesser: 14 cm) eingesetzt werden. Der Verbrauch von Kulturmedien und der Platzbedarf sind hier allerdings sehr hoch. Für Probenvolumina bis 500 ml kann ein Test auf Anwesenheit/Abwesenheit von Bakteriophagen durchgeführt werden (Grabow, 2001). Dieser Test wird auch in DIN EN ISO 10705-2 (2001) beschrieben.

Noch größere Probenvolumina müssen aufkonzentriert werden, z. B. mit Hilfe von (magnetischer) Flockung (Schulze und Lenk, 1983; Bitton et al., 1981) oder Adsorptions-/Elutionsverfahren. Bei letztgenannten Verfahren ist zu beachten, dass negativ geladene Filtermaterialien zwar für den Nachweis vieler enteraler Viren geeignet sind, nicht aber für den Nachweis von Bakteriophagen. Die hier für Adsorption und Elution erforderlichen pH-Wert-Extreme inaktivieren Phagen (Seeley und Primrose, 1982). Mit Hilfe positiv geladener Filtermedien wurden jedoch auch für Bakteriophagen gute Ergebnisse erzielt (Goyal et al., 1980; Logan et al., 1980). Soll eine Konzentrierungsmethode angewendet werden, muss sie zunächst für das zu untersuchende Wasser und die zu untersuchende Phagengruppe validiert werden (s. ISO 10705-3, 2003).

5.1.5
Störungsquellen

Die Nachweise von FRNA-Phagen und somatischen Coliphagen nach DIN EN ISO 10705 (Teil 1 und 2) sind relativ einfach und schnell durchzuführen. Etwas Zeit erfordert die Kultivierung der Wirtsstämme sowie die Kalibrierung der Absorptionsmessungen, die aber nur nach Herstellung neuer Chargen von Arbeitskulturen durchgeführt werden muss.

Die Gelierfähigkeit des Weichagars (ssTYGA bzw. ssMSA) ist für den Erhalt guter Ergebnisse wichtig. Es sollten unterschiedliche Agarkonzentrationen (zwischen 6 und 10 g l^{-1} ssTYGA bzw. ssMSA) getestet werden. Es wird diejenige Konzentration gewählt, die die höchsten Plaquezahlen ergibt, die aber auch die Plaquegröße kontrolliert, um ein Zusammenfließen einzelner Plaques zu vermeiden. Die 2,5 ml-Portionen des Weichagars werden bei einer Temperatur von $<45\,^{\circ}C$ sehr schnell fest. Es empfiehlt sich daher, jeweils nur ein oder zwei Röhrchen mit Weichagar aus dem Wasserbad zu nehmen, sofort Probe und Wirtskultur zuzugeben und das Gemisch auf den Agarplatten zu verteilen.

Beim Nachweis von FRNA-Phagen erfordert die Kultivierung des Wirtsstammes WG49 besonderes Augenmerk, da unter bestimmten Bedingungen der Verlust der F-Pili droht. Nach der Herstellung der Arbeitskulturen muss deren Qualität überprüft werden (s. Abschnitt 5.1.4.1). Bei der Produktion der Impfkultur ist darauf zu achten, dass sie sofort nach Erreichen der gewünschten Zelldichte auf Eis gekühlt wird. Von FRNA-Phagen verursachte Plaques sind etwas schwieriger zu erkennen als Plaques von somatischen Coliphagen, da sie in der Regel kleiner und nicht ganz klar sind. Es sollte trotzdem möglich sein, sie von Luftblasen oder anderen Unregelmäßigkeiten in der Weichagarschicht zu unterscheiden.

5.1.6 Auswertung und Angabe der Ergebnisse

Innerhalb von 4 h nach Beendigung der Inkubation die Anzahl der Plaques auf jeder Platte bei indirektem, schräg einfallendem Licht zählen. Sofern vorhanden, Platten mit mehr als 30 gut voneinander getrennten Plaques auswählen. Bei geringeren Plaquezahlen die Platten verwenden, die mit dem größten Probenvolumen beimpft wurden. Unter Angabe des Untersuchungsverfahrens und ggf. der Aufkonzentrierungsmethode wird das Ergebnis als Plaque formende Partikel (PFP) pro ml bzw. pro untersuchtem Volumen dargestellt.

Zur Ermittlung des Endergebnisses für FRNA-Phagen muss der Anteil der Plaques, der von FDNA-Phagen verursacht wurde, von der Gesamtzahl der Plaques abgezogen werden. FDNA-Phagen bilden im Gegensatz zu FRNA-Phagen auch Plaques auf TYGA-Platten, zu deren Weichagarschicht RNase gegeben wurde (s. Abschnitt 5.1.4.1).

Literatur

Bitton, G.; Chang, L.T.; Farrah, S.R., Clifford, K. (1981): Recovery of coliphages from wastewater effluent and lake water by the magnetic-organic flocculation method. Appl. Environ. Microbiol., 41, 93–96.

Carter, M.J. (2005): Enterically infecting viruses: pathogenicity, transmission and significance for food and waterborne infection. J. Appl. Microbiol., 98, 1354–1380.

Contreras-Coll, N.; Lucena, F.; Mooijman, K.; Havelaar, A.; Pierzo, V.; Boque, M.; Gawler, A.; Höller, C.; Lambiri, M.; Mirolo, G.; Moreno, B., Niemi; N.; Sommer, R.; Valentin, B.; Wiedenmann, A.; Young, V.; Jofre, J. (2002): Occurrence and levels of indicator bacteriophages in bathing waters throughout Europe. Wat. Res., 36, 4963–4974.

De Roda Husmann, A.M.; Bijkerk, P.; Lodder, W.; van den Berg, H.; Pribil, W.; Cabaj, A.; Gehringer, P.; Sommer, R.; Duizer, E. (2004): Calicivirus inactivation by nonionizing (253.7-nanometer-wavelength [UV]) and ionizing (gamma) radiation. Appl. Environ. Microbiol., 70, 5089–5093.

DIN EN ISO 10705-1 (2001): Wasserbeschaffenheit – Nachweis und Zählung von Bakteriophagen – Teil 1: Zählung von F-spezifischen RNA-Bakteriophagen (ISO 10705-1: 1995); Deutsche Fassung EN ISO 10705-1.

DIN EN ISO 10705-2 (2001): Wasserbeschaffenheit – Nachweis und Zählung von Bakteriophagen – Teil 2: Zählung von somatischen Coliphagen (ISO 10705-2: 2000); Deutsche Fassung EN ISO 10705-2.

Gantzer, C.; Maul, A.; Audic, J.M.; Schwartzbrod, L. (1998): Detection of infectious enteroviruses, enterovirus genomes, somatic coliphages, and *Bacteroides fragilis* phages in treated wastewater. Appl. Environ. Microbiol., 64, 4307–4312.

Goyal, S.M.; Zerda, K.S.; Gerba, C.P. (1980): Concentration of coliphages from large volumes of water and wastewater. Appl. Environ. Microbiol., 39, 85–91.

Grabow, W.O.K. (2001): Bacteriophages: Update on application as models for viruses in water. Water SA, 27, 251–268.

Havelaar, A.H.; Furuse, K.; Hogeboom, W.M. (1986): Bacteriophages and indicator bacteria in human and animal faeces. J. Appl. Bacteriol., 60, 255–262.

Havelaar, A.H.; Hogeboom, W.M. (1983): Factors affecting the enumeration of coliphages in sewage and sewage polluted waters. Antonie van Leeuwenhoek, 49, 387–397.

Havelaar, A.H.; Nieuwstad, T.J.; Meulemans, C.C.E.; van Olphen, M. (1991): F-specific RNA bacteriophages as model viruses in UV disinfection of wastewater. Wat. Sci. Tech., 24, 347–352.

Havelaar, A.H.; van Olphen, M.; Drost, Y.C. (1993): F-specific RNA bacteriophages are adequate model organisms for enteric viruses in fresh water. Appl. Environ. Microbiol., 59, 2956–2962.

ISO 10705-3 (2003): Water quality – Detection and enumeration of bacteriophages – Part 3: Validation of methods for concentration of bacteriophages from water.

ISO 10705-4 (2001): Water quality – Detection and enumeration of bacteriophages – Part 4: Enumeration of bacteriophages infecting *Bacteroides fragilis*.

Jiang, S.; Noble, R.; Chu, W. (2001): Human adenoviruses and coliphages in urban runoff-impacted coastal waters of southern California. Appl. Environ. Microbiol., 67, 179–184.

Jofre, J.; Olle, E.; Ribas, F.; Vidal, A.; Lucena, F. (1995): Potential usefulness of bacteriophages that infect *Bacteroides fragilis* as model organisms for monitoring virus removal in drinking water treatment plants. Appl. Environ. Microbiol., 61, 3227–3231.

Judicial Commission of the International Committee on Systematics of Prokaryotes. *The type species of the genus* Salmonella Lignieres 1900 is *Salmonella enterica* (ex Kauffmann and Edwards 1952) Le Minor and Popoff 1987, with the type strain LT2T, and conservation of the epithet enterica in *Salmonella enterica* over all earlier epithets that may be applied to this species. Opinion 80. Int. J. Syst. Evol. Microbiol. 55, 519–520, 2005. *PMID 15653929*.

Leclerc, H.; Edberg, S.; Pierzo, V.; Delattre, J.M. (2000): Bacteriophages as indicators of enteric viruses and public health risk in groundwaters. J. Appl. Microbiol., 88, 5–21.

Logan, K.B.; Rees, G.E.; Seeley, N.D.; Primrose, S.B. (1980): Rapid concentration of bacteriophages from large volumes of freshwater: Evaluation of positively charged, microporous filters. J. Virol. Meth., 1, 87–97.

Schulze, E.; Lenk, J. (1983): Concentration of coliphages from drinking water by $Mg(OH)_2$ flocculation. Naturwissenschaften, 70, 612–613.

Seeley, N.D.; Primrose, S.B. (1982): The isolation of bacteriophages from the environment. J. Appl. Bact., 53, 1–17.

Sinton, L.W.; Finley, R.K.; Reide, A.J. (1996): A simple membrane filtration-elution method for the enumeration of F-RNA, F-DNA and somatic coliphages in 100-ml water samples. J. Microbiol. Meth., 25, 257–269.

Skraber, S.; Gassillond, B.; Gantzer, C. (2004): Comparison of coliforms and coliphages as tools for assessment of viral contamination in river water. Appl. Environ. Microbiol., 70, 3644–3649.

Tindall, B.J.; Grimont, P.A.; Gamity, G.M.; Euzeby, J.P. (2005): Nomenclature and taxonomy of the *genus* Salmonella. Int. J. Syst. Evol. Microbiol., 55, 521–524.

Tree, J.A.; Adams, M.R.; Lees, D.N. (1997): Virus inactivation during disinfection of wastewater by chlorination and UV irradiation and the efficacy of F^+ bacteriophage as a 'viral indicator'. Wat. Sci. Tech., 35: 227–232.

5.2
Enterale oder enteropathogene Viren
Jens Fleischer and Oliver Schneider

5.2.1
Begriffsbestimmung

Enteropathogene Viren werden vom Menschen oder von Tieren mit dem Stuhl bzw. Kot ausgeschieden. Hierzu gehören Vertreter der Virenfamilien der Astroviren (Astroviridae), der Mast-Adenoviren (Adenoviridae), der SRSV oder Noroviren, sowie der Hepatitis-E-Viren (Caliciviridae), der Hepatitis-A-Viren und der Enteroviren (Picornaviridae; Rotbart et al., 1995), sowie der Rotaviren (Reoviridae; Madeley, 1987) (s. Tab. 5.1). Die Infektionsübertragung erfolgt in der Regel auf direktem Wege von Mensch zu Mensch (Schmierinfektion), aber auch indirekte Übertragungen durch kontaminierte Lebensmittel oder verunreinigtes Trinkwasser sind möglich. Die Infektionsdosis liegt im Gegensatz zu derjenigen vieler bakterieller Erreger mit durchschnittlich 10–100 infektiösen Einheiten vergleichsweise niedrig (Schiff et al., 1984). In neuerer Zeit wurden vielerorts Ausbrüche von z. B. Norovirus-bedingten Epidemien gemeldet, oftmals erkrankten ausgehend von einer Person mehrere hundert weitere Personen in sehr kurzer Zeit. Jeder Erkrankte wiederum scheidet große Mengen des Virus aus, welche zusätzlich zu den Schmierinfektionen über die Wasser-Route (Metcalf et al.,

Tabelle 5.1 Enteropathogene Viren.

Virusfamilie u. Vertreter	Hauptverbreitungs-zeitraum	Übertragungswege	Krankheitsbild u. Symptome
Enteroviren Polio-, Coxsackie-, Echovirus	Ganzjährig mit starkem Anstieg im Sommer u. Spätsommer	Fäkal-oral (häufig) Lebensmittel (selten) Trinkwasser (selten)	Poliomyelitis, Meningitis
Hepatoviren Hepatitis-A-Virus	Ganzjährig	Fäkal-oral (häufig) Trinkwasser (selten)	Hepatitis
Adenoviren Mastadenovirus	Ganzjährig	Fäkal-oral (häufig)	Diarrhoe, Erbrechen
Reoviren Rotavirus	Ganzjährig	Fäkal-oral (häufig) Trinkwasser (selten)	Diarrhoe, Erbrechen
Caliciviren Norovirus Sappovirus SRSV Hepatitis-E-Virus	Ganzjährig mit starkem Anstieg in den Wintermonaten	Fäkal-oral (häufig) Lebensmittel (häufig) Trinkwasser (selten)	Diarrhoe, Erbrechen, Hepatitis
Astroviren Astrovirus	Ganzjährig	Fäkal-oral (häufig)	Diarrhoe, Erbrechen

1995) weiterverbreitet werden können. Hierbei können enteropathogene Viren die Abwasseraufbereitung zum Teil passieren (Morris et al., 1984) und gelangen über Oberflächengewässer in den Bereich von Badegewässern und Trinkwasserressourcen. Bei unzureichender Aufbereitung können sie so zum Ausgangspunkt einer Infektkette werden.

5.2.2 Anwendungsbereich

Die Gesundheitsbehörde kann nach § 20, Abs. 4, der TrinkwV Wasserproben auf das Vorkommen von enteropathogenen Viren untersuchen lassen. Als Verfahren für die regelmäßige Kontrolle der Wasserqualität nach der Aufbereitung ist der Virusnachweis nicht geeignet, weil die zur Verfügung stehenden Verfahren im Vergleich zum Nachweis von z. B. *E. coli* oder Coliphagen relativ unsicher, schwierig und zeitaufwendig sind, und weil außerdem der fehlende Nachweis von Viren in einer Stichprobe des Wassers keine Aussage bezüglich der Sicherheit der Verbraucher vor Virusinfektionen durch das Wasser erlaubt (s. Kap.: 5.2.7). Die Untersuchung kann dagegen im Falle eines Ausbruches virusbedingter Infektionen sinnvoll sein, ferner kann sie herangezogen werden, um festzustellen, ob die Maßnahmen der Aufbereitung und Desinfektion bei einem virusbelasteten Rohwasser eine sichere Elimination bewirken. Als genormtes Verfahren steht nur der Nachweis von Enteroviren durch den Plaqueassay (s. Abschnitt 5.2.4.1) zur Verfügung (DIN EN 14486, 2005), dieser erfasst aber nur ein geringes Spektrum der enteropathogenen Viren. Für die genannten Fragestellungen sind daher weitere Methoden erforderlich, die überwiegend auf die speziellen Anforderungen der gesuchten Virusarten abgestimmt sein müssen. Häufig ist der Einsatz von molekularbiologischen Methoden erforderlich, weil mehrere trinkwasserrelevante Virusarten sich in Kultur nicht zuverlässig vermehren lassen.

5.2.2.1 Viruskonzentrationen im Abwasser

Neuere Untersuchungen haben deutlich gemacht, dass mit einer anhaltenden Verunreinigung von Oberflächenwässern durch enteropathogene Viren, und dadurch von einem statistisch kalkulierbaren Infektionsrisiko durch Trinkwasser auszugehen ist (Payment et al., 1991, 1994; Schiff et al., 1984). Wesentlicher Faktor für die weite Verbreitung der enteropathogenen Viren ist die hohe Widerstandskraft gegenüber Umwelteinflüssen und Desinfektionsmaßnahmen (Payment et al., 1985). Die unbehüllten enteropathogenen Viren zeichnen sich durch eine lange Lebensdauer, speziell im wässrigen Medium aus, wo sie mehrere Monate infektiös bleiben können. Im Gegensatz dazu verlieren die behüllten Viren (z. B. HIV-Virus, Hepatitis-B-Virus, Influenza-Virus) außerhalb ihres Wirtsorganismus schnell ihre Infektiosität. Enteropathogene Viren werden praktisch das ganze Jahr über in die Umwelt emittiert (s. Tab. 5.2), wobei es zwischen den verschiedenen Virusfamilien saisonale Unterschiede gibt (Tani et al., 1975).

Tabelle 5.2 Viruskonzentrationen für enteropathogene Viren in Oberflächenwasser und Abwasser, gemessen als PFU/l, MPN/l und $TCID_{50}$/l, ohne Berücksichtigung der Wiederfindungsraten (mod. nach versch. Autoren; Fleischer, 2000).

Flüsse, Seen	Gereinigtes Abwasser	Rohabwasser	Autoren
		426–544 $TCID_{50}$ l^{-1}	Antoniadis et al. (1982)
13,3 PFU l^{-1}			Hahn (1988)
	89–188 PFU l^{-1}		Bayerisches Landesamt für Wasserwirtschaft (1991)
		6,2–2250 PFU/l^{-1}	Heijkal et al. (1981)
0–180 PFU/l^{-1}			Hughes (1992)
		150–10750 PFU/l^{-1}	Irving & Smith (1981)
0–325 PFU/l^{-1}			Tani et al. (1992)
0–89 MPN/l^{-1}			Fleischer (1998)
	0–8,25 PFU/l^{-1} 0–250 MPN/l^{-1}	15–548 PFU/l^{-1} 100–3600 MPN/l^{-1}	Fleischer et al. (2000)

PFU = Plaque-Forming-Units; $TCID_{50}$ = Tissue Culture Infective Dose; MPN = Most-Probable-Number

Wenn auch häufiger im Ausland (Heijkal et al., 1982; Payment et al., 1994; Brugha et al., 1999; Kukkula et al., 1999; Hafliger et al., 2000) und nur selten aus Deutschland berichtet, so blieben vermutlich viele wassergetragene Virusepidemien für die Routineuntersuchungen nach TrinkwV unentdeckt, da ein gleichzeitiges Auftreten von Indikatorkeimen und enteropathogenen Viren nicht immer zu beobachten ist.

Zur Vermeidung von Virusinfektionen oder Virusepidemien durch Trinkwasser ist bei Bedarf daher auch die Untersuchung auf Viren sinnvoll. Nach der übergeordneten EG-Richtlinie 98/83/EG (1998) darf Wasser für den menschlichen Gebrauch keine Krankheitserreger bzw. Mikroorganismen oder Parasiten in einer Anzahl oder Konzentration enthalten, die eine potentielle Gefährdung der menschlichen Gesundheit darstellen. Vorgeschriebene Untersuchungsparameter für Trinkwasser beinhalten heute *E. coli und* coliforme Bakterien, evtl. Enterokokken, erweiternd können Untersuchungen auf *P. aeruginosa*, Clostridien, Fäkalbakteriophagen und enteropathogene Viren durchgeführt werden.

5.2.3
Anreicherung von Viren aus Wasserproben

Der Nachweis der Viren ist auf direktem Wege nur durch elektronenmikroskopische Verfahren möglich. Dieses diagnostische Verfahren findet üblicherweise nur bei der Untersuchung aus Patientenmaterial (Stuhl, Blut, Liquor o.ä.) Anwendung, Umweltproben enthalten wie zuvor beschrieben hierfür zu geringe Konzentrationen an Viruspartikeln. Aus diesem Grund werden heute einer Untersuchung aus Wasserproben immer Verfahren zur Anreicherung vorgeschaltet. Die Filtration durch elektropositive Filter oder die Filtration über glaswollegepackte Säulen sind kombinierte Adsorptions- und Elutionsverfahren. Je nach Art der Wasserprobe müssen für den Nachweis der Viren mehr oder minder große Volumina an Wasserproben filtriert werden (Guttman-Bass, 1984; Gerba et al., 1978). Bei allen diesen Verfahren binden die im Wasser enthaltenen Viren aufgrund ihrer Oberflächenladung an ein Träger- oder Filtermaterial, von welchem sie später, in der Regel durch pH-Verschiebung und Umkehr der Ladungsverhältnisse, wieder heruntergelöst werden können (Farrah et al., 1978; Stetler et al., 1992; Fattal et al., 1977). Die Bindung der Viruspartikel wird dabei durch die physikalischen und chemischen Eigenschaften der Oberfläche des Trägermaterials entscheidend bestimmt (Powerson und Gerba, 1984). Ebenso spielen während des Elutionsvorgangs chemische und physikalische Parameter eine wichtige Rolle (Shields und Farrah, 1983). Zur weiteren Aufkonzentrierung der Eluate folgen Fällungs- und/oder Zentrifugationsschritte (Katzenelson et al., 1976).

5.2.3.1 **Filtration durch elektropositive Filter (Virosorb-1 MDS)**

Ausgangsvolumen bis zu 300 l:
Diese Methode eignet sich besonders für das Aufkonzentrieren großer Trinkwasservolumina (Sobsey et al., 1980; Ju-Fang et al., 1995).

Lösungen:
3% Beef-Extrakt + 50 mM Glycin, pH 9,5; autoklavieren
0,15 M Di-Natriumhydrogenphosphat, pH 7,4; autoklavieren

Durchführung:
Die Filterkerzen werden in die autoklavierten Filterkerzenhalter eingesetzt. Die Filterkerze kann an Ort und Stelle entweder direkt am Wasserhahn angebracht werden, oder es wird (bei Oberflächenwasser beispielsweise) ein Schlauch in das zu untersuchende Wasser geleitet, der zur Filterkerze führt. Alle Schlauchsysteme werden nach jedem Gebrauch autoklaviert. Kann die Wasserentnahme direkt am Wasserhahn erfolgen, so ist der Wasserdruck hoch genug und das Wasser wird durch die Filterkerzen gepresst. Bei Oberflächenwasser muss das Wasser durch die Filterkerzen gepumpt werden. Das geschieht mithilfe einer einfachen Gartenwasserpumpe (z.B. GARDENA), die, falls kein elektrischer Strom in der Nähe sein sollte, mithilfe eines Generators angetrieben werden muss. Wichtig ist, dass Schlauch- bzw. Pumpenmaterial, welches mit der Probe in Berührung kommt, jedes Mal vor Inbetriebnahme desinfiziert wird. Dies geschieht am besten mit einer Chlorlauge, die im Kreislauf durch Pumpe und Schläuche gepresst wird. Die Neutralisation der zurückgebliebenen Chlorreste erfolgt mit Natriumthiosulfat, welches ebenfalls einige Male durch Pumpe und

Schläuche gepresst werden muss. Hinter der Filterkerze ist in jedem Fall ein Wasserzähler angebracht, an dem man das filtrierte Volumen registrieren kann. Die Filterkerzen werden gekühlt (4 °C) ins Labor transportiert, wo die Elution der Viren vom Filtermaterial stattfinden kann. Das geschieht mit 3%igem Beef-Extrakt/50 mM Glycin, pH 9,5. Die Filterkerze wird mit dem Elutionsmittel gefüllt (700–900 ml). Mithilfe von Druckluft wird das Elutionsmittel gegen die Filtrationsrichtung aus dem Filterkerzenhalter herausgepresst und aufgefangen. Es folgt eine organische Flockung als zweiter Anreicherungsschritt. Der pH im Eluat wird mit 1 N HCl auf 3,5 reduziert. Nach 30-minütigem Rühren wird abzentrifugiert (30 min, 3000×g) und das Viruspellet wird in ca. 30 ml der 0,15 M Di-Natriumhydrogenphosphatlösung aufgenommen. Zur weiteren Aufkonzentrierung folgt wie oben beschrieben eine Ultrazentrifugation, nach der das Viruspellet in insgesamt 2 ml PBS/Phenolrot aufgenommen und durch mit 1,5%-igem Beef-Extrakt abgesättigte Millex-Filter (0,22 μm) filtriert wird.

5.2.3.2 Filtration über Glaswolle-gepackte Säulen

Die Filtration über Glaswolle-gepackte Säulen (s. Abb. 5.3) ist eine immer häufiger angewandte Methode, die es ermöglicht, große Volumina auch an verschmutztem Wasser, zu filtrieren. Zum anderen überzeugt sie durch geringen finanziellen und technischen Aufwand (Grabow und Taylor, 1993; Vilagines et al., 1993). Eine zusätzliche Variante bietet die Filtration über Glasmilch oder Glaspuder (Gajardo et al., 1997). Anstelle der glaswolle-gepackten Säulen können auch Membranfilter ∅ 145 mm mit einer Porenweite von 0,45 μm in

Abb. 5.3 Filtrationseinheit mit Glaswolle gepackter Säule.

Abb. 5.4 Membranfilterhalter.

Kombination mit einem Glasfaservorfilter verwendet werden. Anstelle der Säulen können dann käufliche Filterhalter (s. Abb. 5.4) verwendet werden. Die Aufarbeitung (Filtrations- und Elutionsschritte) der Probe verläuft entsprechend den Vorgaben für die Glaswollefiltration.

Lösungen:
1 M $AlCl_3$-Lösung – (z. B. Merck Art. Nr. 801081):
33,4 g in 250 ml VE-Wasser lösen, 15 min bei 121 °C autoklavieren.

0,15 M Na_2HPO_4-(×12 H_2O)-Puffer – (z. B. Merck Art Nr. 6579):
26,7 g in 1 l VE-Wasser lösen, pH 7,4 ± 0,1 einstellen, 15 min bei 121 °C autoklavieren.

1 N NaOH-Lösung – (z. B. Merck Art. Nr. 6498):
aus 40 g Natriumhydroxidplätzchen in 1 l Wasser eine Stammlösung herstellen (Vorsicht: Lösung erhitzt sich sehr stark !!!) und nach Gebrauch verdünnen

1 N HCl-Lösung – (z. B. Merck Art. Nr. 100316):
35,71 g HCl in 1 l Wasser aus 25%iger Salzsäure herunterverdünnen

Elutionspuffer:
1 g Magermilchpulver (Skimmed milk) – (z. B. Oxoid Art. Nr. L31)
3,75 g Glycin – (z. B. Serva Art. Nr. 23390)
Bestandteile in 1 l VE-Wasser vollständig lösen und anschließend 5–10 min im Dampftopf aufkochen, auf Raumtemperatur abkühlen lassen und pH 9,5 ± 0,1 einstellen, sofort verbrauchen!

Geräte, Instrumente und Hilfsmittel:

- Perspexsäulen ∅ 40 mm mit verschraubbaren Endkappen und Schlaucholiven (selbst hergestellt) oder wahlweise Membranfilterhalter ∅ 145 mm (Sartorius, Millipore o. ä.)
- Stative mit Stativklemmen
- Druckgasflasche (200 bar) Druckbehälter Sartorius/Millipore
- Druckschläuche mit Schnellkupplungen
- 10 l Quarzglasflaschen
- Magnetrührer mit Rührfischen
- Zentrifuge Heraeus
- Zentrifugenröhrchen (autoklavierbar)
- gestopfte Glaspipetten (10 ml, 5 ml, 2 ml)
- Eppendorffpipette (100–1000 µl)

Glaswolle (Bourre 725) ist zu beziehen bei
Laurence Bonne, Saint-Gobain Isover France Sce Exportation:
Tel.: (33) 1 47 62 41 85
Fax: (33) 1 47 62 41 36
E-Mail: laurence.bonne@saint-gobain.com

Durchführung:
Für die Filtration des Abwassers und die Adsorption der darin enthaltenen enteropathogenen Viren an eine positiv geladene Matrix werden selbst hergestellte, mit Glaswolle gepackte Perspex-Säulen mit einem Innendurchmesser von 40 mm verwendet. Es werden aber auch ähnliche Säulen mit größeren oder kleineren Durchmessern von verschiedenen Herstellern, so z. B. Sartorius, angeboten. Für Trinkwasser-, Rohwasser- bzw. Oberflächenwasserproben wird ein Untersuchungsvolumen von 10 l in Anlehnung an die EU-Badegewässerrichtlinie (EG-Richtlinie 76/160/EWG, 1975) gewählt.

Vorbereitung der Säulen:
Die Säule wird mit 10 g Glaswolle gepackt und in einem Stativ fest verschraubt. Man kann sie zusätzlich mit Entchlorungsgranulaten oder Aktivkohle überschichten, um toxische Substanzen aus der Probe zu filtrieren. Die gepackte Säule wird dann wie folgt vorbereitet:

Einem einmaligen Waschen mit 40 ml 1 N HCl folgt ein Spüldurchlauf mit 100 ml VE-Reinstwasser. Im nächsten Schritt wird die Säule mit 40 ml 1 N NaOH gewaschen und erneut mit mindestens 100 ml VE-Reinstwasser gespült. Von diesem Zeitpunkt an darf die Säule nicht mehr trocken fallen!

Vorkonditionierung der Wasserproben:
Während der Vorbereitung der Säulen werden die zu untersuchenden Proben in große 10 l Glasflaschen gegeben. Jeder Probe werden 1 ml pro 2 l Wasserprobe der 1 M $AlCl_3$-Lösung zugesetzt. Nach ca. 5 min Rühren zeigt sich eine Trübung, hervorgerufen durch das ausgefallene $Al(OH)_3$.

Während die Proben nun weiter gerührt und mit zugetropfter HCl konz. langsam auf pH 3,3–3,5 ± 0,1 eingestellt werden, löst sich die Trübung beim Erreichen des angestrebten pH-Wertes wieder auf. In der Probe sind dann kleine, je nach Verschmutzungsgrad des Wassers gefärbte Partikel zu erkennen, die sich vom jetzt klaren Hintergrund der Probe deutlich absetzen. Bei dieser „Vorfällung" werden die organischen Wasserinhaltsstoffe und die Viren an das Aluminiumhydroxid gebunden.

Diese Vorfällung hat sich sehr gut bei verschmutztem Wasser (Oberflächenwasser oder Abwasser) bewährt, weniger verschmutzte Wässer wie z. B. Grundwässer oder reines Trinkwasser können auch ohne diese Vorfällung untersucht und direkt auf pH 3,5 ± 0,1 eingestellt werden.

So vorkonditioniert werden die Wasserproben in die Drucktöpfe gegeben, diese mit den Säulen über Schläuche mit Schnellkupplungen verbunden und bei einem Druck von 1–2 bar mit einer Filtrationsgeschwindigkeit von ca. 10–50 l h^{-1} über die Säulen filtriert.

Elution der Säulen und weitere Probenaufbereitung:
Im Anschluss an die Filtration werden die Säulen mit 250 ml des zuvor hergestellten Elutionspuffers in einen Erlenmeyerkolben eluiert. Dabei ist darauf zu achten, dass die ersten 50–100 ml Puffer die Säule sehr langsam passieren, sodass der hohe pH-Wert des Puffers auch ausreichende Wirkung zeigt und sämtliche, an die Oberfläche der Glaswolle gebundenen Viren löst. Nachdem das restliche Elutionsmittel durch Einsatz von Druck aus der Säule gepresst wurde, werden die Eluate mit 5 M HCl auf einen pH-Wert von 4,5 ± 0,1 eingestellt, ca. 15 min gerührt und für 1 h bei 4 °C gekühlt. Das dabei ausgefallene Casein bindet die Viren an sich und erlaubt erneut eine Volumenreduzierung. Dafür werden die gefällten Eluate für 30 min bei 4000–7000 × g zentrifugiert. Nach dem Abkippen des klaren Überstandes werden die Pellets mit 10 ml 0,1 M Puffer ($Na_2HPO_4 \cdot 2\ H_2O$, pH 7,4 ± 0,1) in den Zentrifugenröhrchen über Nacht bei 4 °C resuspendiert. Am darauffolgenden Tag werden die resuspendierten Pellets aus dem Kühlschrank genommen und unter sterilen Bedingungen (Cleanbench) durch 0,8 µm und danach durch 0,45 µm Sartorius Minisart klarfiltriert. Bis zur weiteren Verwendung werden die Eluate dann bei –70 °C eingefroren.

Einsatz von Kontrollmaterial:
Für die Validierung der Methode eignen sich z. B. die vom englischen HPA angebotenen Water-EQA-Schemes für Viren.
Bezug: *http://www.hpaweqa.org.uk/*

5.2.4
Quantifizierungsmethoden auf Zellkultur

Für den quantitativen Nachweis infektiöser Viruspartikel wird die Anzucht auf Zellkulturen notwendig, da Viren im Gegensatz zu Bakterien ohne Wirt nicht vermehrungsfähig sind. Bei diesem aufwendigen Verfahren muss das Wasserkonzentrat auf verschiedene Zellkulturen aufgebracht werden, da es keinen universellen, für alle Viren geeigneten Wirtszelltyp gibt.

Tabelle 5.3 zeigt eine Auswahl von Zelllinien, die sich besonders zum Nachweis und zur Anzucht enteropathogener Viren eignen.

Bezugsquellen für Zellkulturen sind z. B. das Robert-Koch-Institut *www.rki.de*, die Deutsche Stammsammlung für Mikroorganismen und Zellkultur *www.dsmz.de* oder The European Cell Culture Collection *www.ecacc.org.uk*.

Tabelle 5.3 Geeignete Zelllinien zur Anzucht von enteropathogenen Viren.

Zelllinie	Anzüchtbares Virus	Geeignetes Medium	Umsetz-faktor	Verfahren
Ma-104 Foetale Rhesusaffen Nierenzellen ATCC® Nr. CRL-2378.1	Enteroviren Rotaviren Adenoviren	EMEM (EBSS) +2 mM Glutamine +1% Non Essential Amino Acids (NEAA) + 10% Fetal Bovine Serum (FBS)	1:3–1:10	MPN-Verfahren in 24er, 96er wells
Ma-23 Humane Lungen-Fibroblasten Bezug z. B. über RKI-Berlin	Enteroviren Adenoviren	EMEM (EBSS) +2 mM Glutamine +1% Non Essential Amino Acids (NEAA) + 10% Fetal Bovine Serum (FBS)	1:4	MPN-Verfahren in 24er, 96er wells
BGM Buffalo-Green-Monkey Nierenzellen ECACC Nr. 90092601 (Dahling et al., 1986)	Enteroviren	EMEM (EBSS) +2 mM Glutamine +1% Non Essential Amino Acids (NEAA) + 10% Foetal Bovine Serum (FBS)	1:4–1:8	Plaque-Assay
CAC02 Humane Carcinoma Zelllinie DSMZ Nr. ACC 169 (Pintó et al., 1994)	Enteroviren Rotaviren Adenoviren	EMEM (EBSS) +2 mM Glutamine +1% Non Essential Amino Acids (NEAA) +10% Foetal Bovine Serum (FBS)	1:4	MPN-Verfahren in 24er, 96er wells
A549 Humane Carcinoma Zelllinie ECACC Nr. 86012804	Adenoviren	Ham's F12K oder DMEM +2 mM Glutamine +10% Foetal Bovine Serum (FBS)	1:8–1:10	MPN-Verfahren in 24er, 96er wells und Plaque-Assay

Die Zellkulturen können dort gefroren oder in Flaschen vorkultiviert bestellt werden.

Bei erfolgter Infektion führen die Viren in der Zellkultur zu morphologischen Veränderungen, die man als cytopathogenen Effekt (CPE) bezeichnet. Diese CPE können zur Quantifizierung herangezogen werden.

Beim sog. MPN-Verfahren (Most Probable Number) wird anhand einer Verdünnungsreihe die maximale Verdünnung bestimmt, die noch einen CPE auslöst. Der Endpunkt wird jedoch nicht – wie in der Bakteriologie üblich – als Titer angegeben, sondern anhand eines statistischen Näherungsverfahrens als MPN.

Das PFU-Verfahren (plaque forming units) lässt sich nicht bei allen enteropathogenen Viren anwenden, eignet sich aber besonders zum Nachweis von Enteroviren. Hierbei wird die Zellkultur mit einer dünnen Medium-Agarschicht überdeckt, sodass die Viren sich nicht über die gesamte Zellkultur verteilen können. Vielmehr bilden sich auf der Zellkultur lytische Höfe – die Plaques – aus, die nach Anfärbung ausgezählt werden können.

Bei der MPN – wie bei der PFU-Quantifizierung – wird nicht die tatsächliche Zahl der Viren, sondern die Zahl infektiöser Einheiten bestimmt, die je nach Virustyp 10–1000 Viruspartikel umfassen können.

Der Vorteil der Zellkulturen besteht nicht nur in der Möglichkeit der Quantifizierung, sondern auch in der Vitalitätsbestimmung der Viren. Der Nachteil liegt in der Störanfälligkeit aller Zellkulturen, der langen Dauer von Tagen bis Wochen und des dargestellten erheblichen Aufwandes, der den Einsatz dieses Verfahrens von vornherein begrenzt.

5.2.4.1 Plaque-Forming-Units (PFU)-Test für den direkten Nachweis von Enteroviren oder anderen enteropathogenen Viren auf Zell-Monolayern

Beschrieben werden soll hier nur der Nachweis von Enteroviren.

Der Test zum Nachweis von Enteroviren über Plaquebildende Einheiten in Monolayern ist sehr gut geeignet für das Auftragen von Konzentraten, wie sie z. B. bei der Glaswollfiltration anfallen. Eine ähnliche Methode stellt der Suspended-cell-assay nach Slade et al., (1984) dar. Neuere Methoden beschreiben sogar eine Kombination von Monolayer und Suspended-cell-assay (Mocé-Llivina et al., 2005).

Geräte:
Sterile Werkbank
Bunsenbrenner
CO_2-Brutschrank
Kühlschrank
Gefrierschrank –70 °C
inverses Mikroskop
pH-Meter
automatische Pipettierhilfe

Zellkulturflaschen, Petrischalen und Well-Platten (6, 24, 96)
sterile Glaspipetten gestopft (2 ml, 10 ml, 20 ml)
Absaugflaschen (2 l)
Plastikschläuche

Lösungen:
Agar (1%); 1 g (z. B. Difco-Bacto-Agar) in 100 ml Aqua dest. autoklavieren. Lagerung bei 4 °C ist möglich. Vor dem Versuch Agar aufkochen und auf 45 °C abkühlen lassen.

Färbelösung: 0,4% Kristallviolett in 4% Formalin lösen, im Dunkeln bei Zimmertemperatur lagern.

Neutralisationslösung: Natriumhypochlorit 12%.

Medien:
1. Erhaltungs- bzw. Wachstumsmedium:
   1fach konzentriertes Medium MEM (Minimum Essential Medium) mit Earle's Salzen, L-Glutamin, Natriumhydrogencarbonat und 8% FKS.
2. Overlay-Medium:
   Die Angaben beziehen sich auf 100 ml Medium (ohne zugegebenen Agar), 2fach konzentriertes Medium MEM (Minimum Essential Medium) mit Earle's Salzen, L-Glutamin, Natriumbicarbonat
   4 ml FKS, 2 ml Hepes (23,86 g 100 ml^{-1} a. d., pH 7,4, sterilfiltriert), 5 ml Magnesiumchlorid (10%), 0,2 ml Penicillin/Streptomycin (10^5 Einheiten pro 0,1 g pro 1 ml)
   2 ml NEAA (nur für BGM-Zellen).

Vorbereitung der Zellkultur:
Zellen in Gewebekulturschale (z. B. NUNC) in Wachstumsmedium aussäen. Vor dem Beimpfen müssen die Zellen zu einem dichten Monolayer gewachsen sein, was ca. 2–4 Tage dauert. Verdünnungen oder Konzentrate in Erhaltungsmedium oder PBS herstellen und warmstellen (37 °C).

Beimpfen der Zellen mit Probematerial:
Medium aus den Schalen abziehen oder abkippen, evtl. Reste des Mediums mit PBS abspülen. 0,5–1 ml Probe auftragen. In den ersten 30 min der Inkubationszeit die Schalen oft schwenken, um eine bessere Verteilung zu erreichen. Insgesamt ca. 1–1,5 h inkubieren, dabei alle 15 min schwenken. Probe wieder abziehen und das vorbereitete Agar-Overlay-Medium-Gemisch aufgeben. Auf die abgezogenen Schalen je ca. 20 ml Agar-Medium Gemisch gießen. Blasenbildung vermeiden. Schalen bei Zimmertemperatur abkühlen lassen (15–20 min) und bei 37 °C und 5% CO_2 bebrüten. Das Entstehen der Plaques sollte täglich beobachtet werden, die letzten Plaques erscheinen nach spätestens 5 Tagen. Polio- und CoxB-Plaques erscheinen nach 36–48 h; Echo-Plaques erscheinen frühestens nach 72 h.

Anfärben und Auszählen der Plaques:
Agar-Medium-Gemisch vorsichtig abkippen (infektiös!) und autoklavieren, Agarreste kurz mit Aquabidest. abspülen. Ca. 1 ml Kristallviolettlösung pro Schale aufgeben, 5 min bei Zimmertemperatur färben und fixieren. Lösung abziehen und 1× mit Aquabidest. überschüssige Färbelösung herunterspülen. Anschließend Plaques auszählen (s. Abb. 5.5). Plaques werden als PFU (Plaque-Forming-Units) pro ml Eluat angegeben.

5.2.4.2 Quantifizierung nach dem Most-Probable-Number (MPN) Verfahren

Für diesen Test müssen zuvor 24 well Zellkulturplatten (z. B. Costar) vorbereitet werden, die 3–4 Tage vorher ausgesät werden. Die Wasserproben werden dann in einem bestimmten Verdünnungsschema aufgetragen. Sie werden in 1:4 Schritten verdünnt. Ausgehend von der unverdünnten Probe werden mindestens drei aufeinanderfolgende Verdünnungsschritte mit 5 Parallelwerten auf Zellen in den 24-well Zellkulturplatten 1 h inokuliert. Nach der Inokulation werden die Proben wieder abgezogen und Erhaltungsmedium wird aufgegeben. Die Zellen werden wieder bei 37 °C, 5% CO_2 bebrütet und die CPE in den wells werden registriert. Nach der Inkubationsperiode (1–3 Wochen) werden die Werte in folgende Formel (Chang, 1958) eingesetzt:

$$\text{mpn/ml} = \frac{\text{Summe der positiven wells}}{\sqrt{\text{Gesamtvolumen (ml) der ausgewerteten wells} \times \text{Volumen (ml) der negativen wells}}} \quad (12)$$

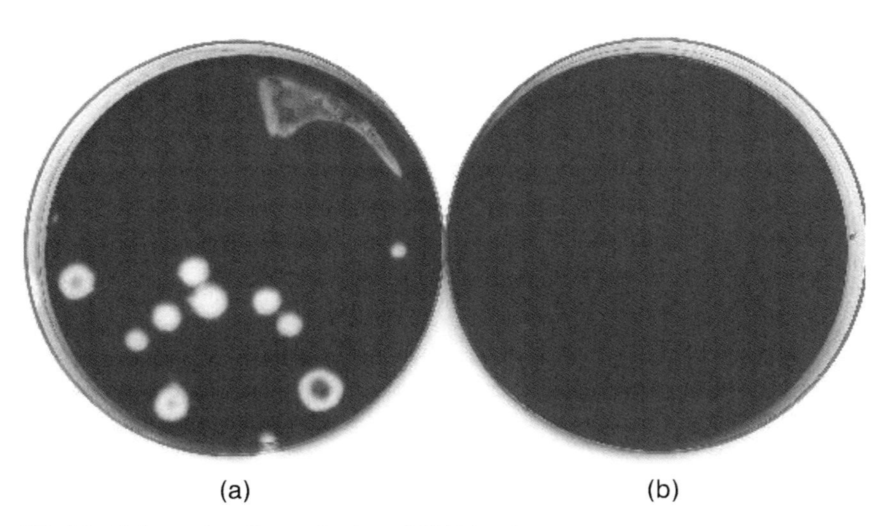

Abb. 5.5 (**a**) Enteroviren Plaques in einem BGM Monolayer, (**b**) unbeimpfte Kontrollplatte.

5.2.4.3 Quantifizierung nach Tissue Culture Infective Dose 50 ($TCID_{50}$)

Für diesen Test müssen zuvor 96-well Zellkulturplatten (z. B. Costar) vorbereitet werden, die 3–4 Tage vorher ausgesät werden. Die Wasserproben werden dann in einem bestimmten Verdünnungsschema aufgetragen. Der Virusüberstand wird in 1:10-Verdünnungen mit 8 Parallelwerten a 200 µl auf die 96-well Platten aufgetragen. Die Anzahl der positiven Näpfchen wird über 1–3 Wochen registriert und in folgende Formel (Kärber, 1931) eingetragen (Abb. 5.6):

Der negative Logarithmus des LD_{50} Endpunkttiter =

$$-1 - \left[\left(\frac{\text{Summe der \% CPE aus jeder Verdünnung}}{100} - 0,5\right) \times (\log\ 10)\right] \tag{13}$$

Ein Bindeglied zwischen den oben beschriebenen Zellkulturverfahren zum Nachweis von enteropathogenen Viren und den semi-quantitativen oder rein qualitativen molekularbiologischen Nachweisverfahren bildet die so genannte integrierte Zellkultur/PCR (Reynolds, 2004).

5.2.5 Molekularbiologische Nachweisverfahren

5.2.5.1 Nukleinsäure-Extraktion mittels Silicapartikeln

Bei dieser Methode nach Boom et al. (1990) zur Gewinnung von Nukleinsäuren erfolgt zunächst eine Lyse-Reaktion mit einem Guanidinthiocyanat-haltigen Puffer. Die Nukleinsäuren werden nach ihrer Freisetzung fest an Silica-Partikel bzw. an eine Silica-Matrix gebunden. Dazu können Zentrifugationssäulen mit einer Silicagel-Membran oder paramagnetische Silica-Partikel verwendet wer-

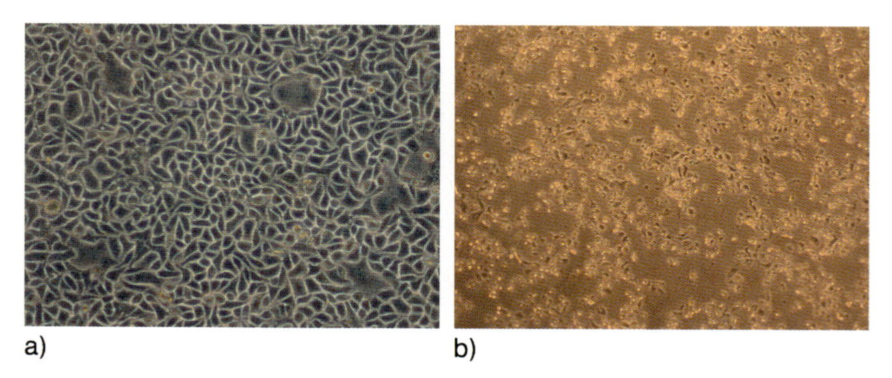

Abb. 5.6 (**a**) Zellmonolayer von MA104, (**b**) CPE und aufgelöster Monolayer von MA104 durch Infektion mit Polio I–III nach 48 h.

den, die in Gegenwart hoher Salzkonzentrationen eine große Affinität zu Nukleinsäuren besitzen und diese binden (z. B. QIAamp Viral RNA Kit von Qiagen oder NucliSens Reaction Kit von Biomerieux). Verunreinigungen im Probenansatz werden durch mehrere Waschschritte entfernt. Die gereinigte und gebundene Nukleinsäure wird anschließend mit einem anorganischen Puffer durch Herabsetzen der hohen Salzkonzentration von der Festphase eluiert und kann sofort in nachfolgende Reaktionen eingesetzt werden (Rutjes et al., 2005; Kobayashi et al., 2004; Pichl et al., 2005; Muir et al., 1993). Diese Methode eignet sich außerordentlich gut zur Aufreinigung von RNA und DNA aus stark verschmutzten Umweltproben (Somerville et al., 1989).

5.2.5.2 Polymerase-Kettenreaktion (PCR)

Die PCR ist eine Methode, mit der man gezielt DNA-Abschnitte, die von zwei bekannten DNA-Sequenzen (Oligonucleotidprimer) eingerahmt werden, vervielfältigen kann (Gassen et al., 1994; Sambrook et al., 1989). Bei diesen Primern handelt es sich um kurze, einzelsträngige DNA-Moleküle, die komplementär zu den Enden einer definierten Zielsequenz in der DNA-Matrize sind. Während der Reaktion verlängert eine thermostabile DNA-Polymerase bei ihrem Temperaturoptimum von 72 °C in Anwesenheit von dNTPs (Desoxy-Nucleosid-Triphosphate) diese Primer entlang der denaturierten DNA-Matrize. Dadurch werden neue DNA-Stränge synthetisiert, deren Sequenz komplementär zur Matrize ist. Durch erneutes Denaturieren der DNA, dem Binden der Primer (Annealing) und der Polymerisation eines neuen DNA-Stranges wird die DNA-Zielsequenz nach 30 PCR-Zyklen auf das ca. 10^5fache amplifiziert. Der Nachweis der vervielfältigten DNA-Moleküle mit definierter Länge erfolgt durch eine elektrophoretische Auftrennung im Agarosegel (s. Abschnitt 5.2.4.3.4).

Als Detektionsmethode ist die PCR wesentlich sensitiver als herkömmliche Zellkultur-Assays (Sdiri et al., 2006), man kann damit jedoch nur RNA bzw. DNA nachweisen und detektiert somit nicht die vermehrungsfähigen Viren. Die PCR allein ist also keine Methode, die der Quantifizierung von Viren in Umweltproben dient.

Nested/Seminested PCR

Bei einer nested bzw. seminested PCR wird der ersten PCR-Reaktion eine zweite nachgeschaltet. Bei dieser zweiten PCR liegen die Oligonucleotidprimer innerhalb der ersten DNA-Zielsequenz. Während dieser Reaktion können lediglich die spezifischen Produkte aus der ersten PCR als Substrat fungieren. Durch die nested bzw. seminested PCR wird zum einen die Sensitivität gesteigert, zum anderen dienen diese Methoden der Erhöhung der Spezifität.

„Onestep" RT-PCR

Bei einer „Onestep" RT-PCR wird die Reverse Transkription und die anschließende PCR zu einer einzigen Reaktion zusammengefasst und ausgeführt. Dies hat den Vorteil, dass die Gefahr der Kontaminationen und die Anzahl der Pipettierfehler reduziert werden kann. Zur Durchführung dieser spezifischen Polymerase-Kettenreaktion können verschiedene kommerziell erhältliche Kits (z. B. OneStep RT-PCR Kit von Qiagen) verwendet werden.

Die Synthese der aus den Proben gewonnenen RNA in cDNA (complementary DNA) wird mit spezifischen Reversen Transkriptasen (hier: rTth-Polymerase von Applied Biosystems) bei deren Temperaturoptima durchgeführt. Anschließend erfolgt die Amplifikation der neu synthetisierten cDNA durch eine Hot-Start Taq DNA-Polymerase. Die Aktivierung dieser Polymerase erfolgt durch das Erhöhen der Reaktionstemperatur auf 94 °C. Bei diesem Schritt werden gleichzeitig die Reversen Transkriptasen inaktiviert.

Verwendete Geräte:
- Thermo Cycler GeneAmp PCR System 2400, 2700 und 9700
- Zentrifugen und Kühlzentrifugen
- Labormischer (Vortex)
- Sicherheitswerkbank
- Pipetten
- Puderfreie Einmalhandschuhe
- gestopfte Pipettenspitzen (Safeseal)
- nucleasefreie Probengefäße.

PCR: Produktschutz, Allgemeines

Um den Abbau von Nukleinsäuren durch RNasen bzw. DNasen zu verhindern, werden alle Arbeitsschritte mit Handschuhen durchgeführt. Bei der Reversen Transkription wird dem Reaktionsansatz ein RNase-Inhibitor zugegeben und alle Lösungen für die Arbeit mit RNA müssen mit Diethylpyrocarbonat (DEPC) behandelt oder mit nucleasefreiem H_2O hergestellt werden. Um Kontaminationen zu vermeiden, wird die Extraktion von RNA/DNA, das Herstellen des PCR-Mixes, die Amplifikation und die Detektion in getrennten Räumen durchgeführt. Des Weiteren werden nucleasefreie Probengefäße verwendet. Glasgefäße werden nach dem Autoklavieren für 4 h bei 200 °C gebacken. Um Kontaminationen beim Pipettieren zu verhindern, werden gestopfte Pipettenspitzen verwendet. Außerdem sollte häufiges Einfrieren und Auftauen von Nukleinsäuren vermieden, und alle Reagenzien und Proben auf Eis pipettiert werden. Da Enzyme empfindlich gegenüber Scherkräften sind, sollten Reaktionsansätze, die Enzyme enthalten, nur vorsichtig, durch leichtes Schütteln gemischt werden (nicht vortexen!). Enzyme sind zudem sehr temperaturempfindlich, weshalb gekühltes Arbeiten unerlässlich ist.

Pipettieren der Reaktionsansätze:
Für höhere Probenaufkommen können die einzelnen Reagenzien in einem „Mastermix" für alle Proben in einem Gefäß angesetzt und anschließend auf die einzelnen beschrifteten Reaktionsgefäße gleichmäßig verteilt werden. Jedem Reaktionsgefäß wird anschließend die entsprechende Nukleinsäure zugegeben, das Enzym stets als letztes Reagenz.

5.2.5.3 PCR-Beispiele

Im folgenden Kapitel sind Beispiele und Arbeitsanleitungen zum Nachweis von Entero-, Noro-, Rota- und Adenoviren mittels der Polymerase-Kettenreaktion dargestellt.

Enteroviren-PCR

Mit dieser PCR können Enteroviren (Polioviren, Coxsackieviren A und B, ECHO-viren und nummerierte Enteroviren) aus Umweltproben in vitro nachgewiesen werden. Es handelt sich hierbei um eine RT-PCR mit Primersystemen im Bereich der 5′ nicht kodierenden Region, die möglichst alle Enterovirustypen erfassen sollen. Neuere PCR-Verfahren wie z. B. der Light-Cycler® ermöglichen auch eine Semi-Quantifizierung (Pusch et al., 2005) von Enteroviren aus Umweltproben. Im positiven Fall kann mit Hilfe der Sequenzierung eine weitere Differenzierung erfolgen (Iturriza-Gomara et al., 2006; Oberste et al., 2006; Formiga-Cruz et al., 2005).

Enterovirus-Primer (Sequenz aus Hyypiä et al., 1989):

Primer-Sequenz:
P1 (sense) 5′-CAAGCACTTCTGTTTCCCGG-3′
P3 (antisense) 5′-CACGGACACCCAAAGTAGTCGGTTC-3′
P2 (antisense) 5′-GTTGGGATTAGCCGCATTCAGG3′
Die Primer P1 und P3 amplifizieren ein 396 Basenpaare großes, die Primer P1 und P2 der seminested PCR ein 313 Basenpaare großes DNA-Fragment.

Reverse Transkription und 1. PCR:
Das Enzym rTth-Polymerase besitzt neben der reversen Transkriptionsfähigkeit auch eine Polymerasefähigkeit, weshalb bei diesem Nachweisverfahren eine Onestep-Reaktion durchgeführt werden kann.

Der Reaktionsansatz setzt sich wie folgt zusammen:
Volumen (50 µl), Reagenz
10 µl 5 × RT-Puffer
10 µl dNTP Mix (1,25 mM je dNTP Gebr. Lsg.)
4 µl Primer P1 (10 pmol μl^{-1} Gebr. Lsg.)
4 µl Primer P3 (10 pmol μl^{-1} Gebr. Lsg.)
9 µl nucleasefreies H_2O
1 µl RNase-Inhibitor
2 µl rTth-Polymerase
5 µl isolierte RNA
Anschließend wird jedem Reaktionsansatz 5 µl Mn(OAc)2 zugegeben.

Die Reaktion wird mit folgendem Temperaturprogramm durchgeführt:
1 Zyklus
30 min 65 °C Transkription
3 min 94 °C Denaturierung
40 Zyklen
15 s 94 °C Denaturierung

30 s 60 °C Annealing und Polymerisation
1 Zyklus
7 min 60 °C Polymerisation und Reaktionsende

Seminested PCR:
Der ersten PCR wird eine seminested PCR (s. o.) angeschlossen, die ausschließlich das Produkt der ersten Reaktion mit einem eingerückten seminested Primerpaar amplifiziert.

Der Reaktionsansatz setzt sich wie folgt zusammen:
Volumen (50 µl), Reagenz
10 µl 5 × Polymerase-Puffer
2,5 µl $MgCl_2$
5 µl dNTP Mix (1,25 mM je dNTP Gebr. Lsg.)
2,4 µl Primer P1 (10 pmol μl^{-1} Gebr. Lsg.)
2,4 µl Primer P2 (10 pmol μl^{-1} Gebr. Lsg.)
26,4 µl nucleasefreies H_2O
0,3 µl Go-Taq-Polymerase
1 µl DNA aus der RT-PCR
Die Reagenzien werden vorsichtig gemischt und zentrifugiert (30 s bei 10 000 × g).

Die Reaktion wird mit folgendem Temperaturprogramm durchgeführt:
1 Zyklus
4 min 94 °C Denaturierung,
25 Zyklen
30 s 94 °C Denaturierung
30 s 50 °C Annealing
30 s 72 °C Polymerisation,
1 Zyklus
7 min 72 °C Polymerisation und Reaktionsende

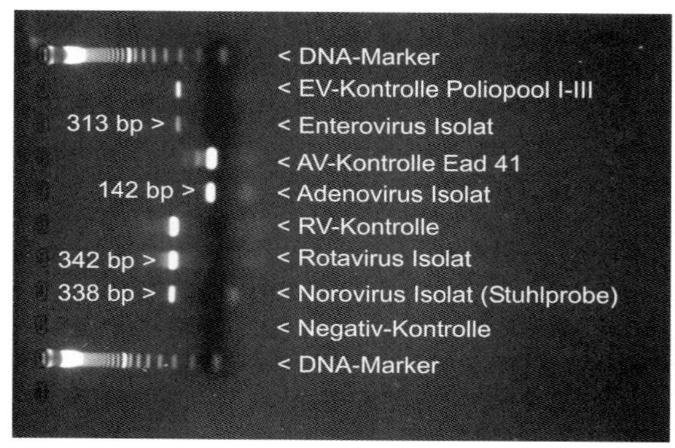

Abb. 5.7 Agarosegel mit Amplifikaten von Adeno-, Entero-, Noro- und Rotaviruskontrollen und Isolaten aus Wasser- und Stuhlproben.

Detektion:
Die Amplifikate aus den beiden PCR-Reaktionen werden in einem Agarosegel elektrophoretisch aufgetrennt und dargestellt (s. Abb. 5.7).

Nach der Gelelektrophorese muss eine positive Probe eine Bande in der definierten Größe von 313 Basenpaaren aufweisen. Die Größenbestimmung wird anhand eines mitgeführten Längenstandards (100 Basenpaarleiter) und dem Vergleich mit der positiven Kontrolle durchgeführt. Als Positivkontrolle wird eine Verdünnungsstufe (ca. 10^3 Viren des Polio-Impfstammes Poliopool I–III, Sabin-like) eingesetzt. Als Negativkontrolle wird nucleasefreies Wasser verwendet.

Noroviren-PCR

Noroviren und Sappoviren sind bisher nicht kulturell anzüchtbar; sie wurden zunächst mittels Elektronenmikroskopie diagnostiziert. Zunehmend wird heute der Nukleinsäurenachweis durch RT-PCR eingesetzt, der sowohl eine Semi-Quantifizierung (Pang et al., 2004) als auch eine Feindiagnostik in Genogruppen bis zur Genotypisierung ermöglicht (Ambert-Balay et al., 2005; Boxman et al., 2006; Maunula et al., 2005; Wu et al., 2005).

Norovirus-Primer (Sequenz aus Oh et al., 2003):

Primer	Sequenz
1 NV 1a (sense)	5′-ATGAATATGAATGAAGATGG-3′
2 NV 1b (sense)	5′-ATGAACACAATAGARGATGG-3′
3 NV 7 (antisense)	5′-ATTGGTCCTTCTGTTTTGTC-3′
4 NV 4 (antisense)	5′-GTTGACACAATCTCATCATC-3′
5 NV 4b (antisense)	5′-ACAATYTCATCATCICCAT-3′
6 NV 6 (sense)	5′-TACCACTATGATGCAGATTA-3′
7 NV 6b (sense)	5′-TATCACTATGATGCTGACTA-3′

Die Primer 1, 2 und 3 amplifizieren ein 482 Basenpaare großes DNA-Fragment, die Primer 4 bis 7 der nested PCR ein 338 Basenpaare großes DNA-Fragment.

Reverse Transkription:
Der Reaktionsansatz setzt sich wie folgt zusammen:

Volumen (20 µl)	Reagenz
2 µl	10×RT-Puffer (Kit)
4 µl	$MgCl_2$ (Kit)
2 µl	dNTP Mix (Kit) (10 mM Gebr. Lsg.)
1 µl	Primer NV 7 (30 pmol μl^{-1} Gebr. Lsg.)
4,2 µl	nucleasefreies H_2O (Kit)
1 µl	RNase Inhibitor (Kit)
0,8 µl	Reverse Transkriptase AMV (Kit)
5 µl	isolierte RNA

Die Reaktion wird mit folgendem Temperaturprogramm durchgeführt:

1 Zyklus
10 min 25 °C Transkription
60 min 42 °C Transkription
5 min 98 °C Denaturierung und Reaktionsende

Polymerase-Kettenreaktion (PCR):
Der Reaktionsansatz setzt sich wie folgt zusammen:
Volumen (50 µl), Reagenz
10 µl 5×Polymerase-Puffer
2,5 µl $MgCl_2$
5 µl dNTP Mix (1,25 mM je dNTP Gebr. Lsg.)
6 µl Primer NV 1a (5 pmol $µl^{-1}$ Gebr. Lsg.)
6 µl Primer NV 1b (5 pmol $µl^{-1}$ Gebr. Lsg.)
6 µl Primer NV 7 (5 pmol $µl^{-1}$ Gebr. Lsg.)
12,2 µl nucleasefreies H_2O
0,3 µl Go-Taq-Polymerase
2 µl DNA aus der RT-PCR
Die Reagenzien werden vorsichtig gemischt und zentrifugiert (30 s bei 10000 × g).

Die Reaktion wird mit folgendem Temperaturprogramm durchgeführt:
1 Zyklus
1 min 94 °C Denaturierung

35 Zyklen
30 s 94 °C Denaturierung
30 s 42 °C Annealing
45 s 72 °C Polymerisation

1 Zyklus
3 min 72 °C Polymerisation und Reaktionsende

Nested PCR:
Der ersten PCR wird eine zweite angeschlossen, die ausschließlich das Produkt der ersten PCR mit einem eingerückten nested Primerpaar amplifiziert.

Der Reaktionsansatz setzt sich wie folgt zusammen:
Volumen (50 µl), Reagenz
10 µl 5×Polymerase-Puffer
2,5 µl $MgCl_2$
5 µl dNTP Mix (1,25 mM je dNTP Gebr. Lsg.)
6 µl Primer NV 4 (5 pmol $µl^{-1}$ Gebr. Lsg.)
6 µl Primer NV 4b (5 pmol $µl^{-1}$ Gebr. Lsg.)
6 µl Primer NV 6 (5 pmol $µl^{-1}$ Gebr. Lsg.)
6 µl Primer NV 6b (5 pmol $µl^{-1}$ Gebr. Lsg.)
7,2 µl nucleasefreies H_2O
0,3 µl Go-Taq-Polymerase
1 µl DNA aus der 1. PCR
Die Reagenzien werden vorsichtig gemischt und zentrifugiert (30 s bei 10000 × g).

Die Reaktion wird mit folgendem Temperaturprogramm durchgeführt:
1 Zyklus
1 min 94 °C Denaturierung

35 Zyklen
30 s 94 °C Denaturierung

30 s 42 °C Annealing
45 s 72 °C Polymerisation

1 Zyklus
3 min 72 °C Polymerisation und Reaktionsende

Detektion:
Die Amplifikate aus den beiden PCR-Reaktionen werden in einem Agarosegel elektrophoretisch aufgetrennt und dargestellt (s. Abb. 5.7).

Nach der Gelelektrophorese muss die positive Probe eine Bande in der definierten Größe von 338 Basenpaaren aufweisen. Die Größenbestimmung wird anhand eines mitgeführten Längenstandards (100 Basenpaarleiter) und dem Vergleich mit der positiven Kontrolle durchgeführt. Als Positivkontrollen werden bekannte positive RNA-Aufreinigungen eingesetzt. Als Negativkontrolle wird nucleasefreies Wasser verwendet.

Rotaviren-PCR
Zur Diagnose im Stuhl sind kommerziell vertriebene EIAs (Enzymimmunoassays) von verschiedenen Anbietern in guter Qualität verfügbar. Für den Nachweis in Wasserproben ist dieses Verfahren nicht empfindlich genug. Hier wird die PCR mit ihrer sehr hohen Sensitivität eingesetzt. Diese Methode beschreibt den Nachweis von Rotaviren über das VP-7-Gen (DiStefano et al., 2005; Roman und Martinez 2005; Kittigul et al., 2005).

Rotavirus-Primer (Sequenz aus Le Guyader et al., 1994):
Primer-Sequenz:
R1 (sense) 5′-GGCTTTAAAAGAGAGAATTTCCGTCTGG-3′
R2 (antisense) 5′-GATCCTGTTGGCCATCC-3′
R3 (sense) 5′-GTATGGTATTGAATATACCAC-3′
Die Primer R1 und R2 amplifizieren ein 392 Basenpaare großes, die Primer R2 und R3 der seminested PCR ein 342 Basenpaare großes DNA-Fragment.

Reverse Transkription und 1. PCR:
Das Enzym rTth-Polymerase besitzt neben der reversen Transkriptionsfähigkeit auch eine Polymerasefähigkeit, weshalb bei diesem Nachweisverfahren eine Onestep-Reaktion durchgeführt werden kann.

Der Reaktionsansatz setzt sich wie folgt zusammen:
Volumen (50 µl), Reagenz
10 µl 5 × RT-Puffer
10 µl dNTP Mix (1,25 mM je dNTP Gebr. Lsg.)
2 µl Primer R1 (25 pmol μl^{-1} Gebr. Lsg.)
1,2 µl Primer R2 (25 pmol μl^{-1} Gebr. Lsg.)
15,8 µl nucleasefreies H_2O
1 µl RNase-Inhibitor
2 µl rTth-Polymerase
3 µl isolierte RNA
Anschließend wird jedem Reaktionsansatz 5 µl $Mn(OAc)_2$ zugegeben.

Die Reaktion wird mit folgendem Temperaturprogramm durchgeführt:
1 Zyklus
30 min 60 °C Transkription
2 min 94 °C Denaturierung

30 Zyklen
30 s 94 °C Denaturierung
30 s 60 °C Annealing und Polymerisation

1 Zyklus
4 min 60 °C Polymerisation und Reaktionsende

Seminested PCR:
Der ersten PCR wird eine seminested PCR angeschlossen, die ausschließlich das Produkt der 1. PCR mit einem eingerückten seminested Primerpaar amplifiziert.

Der Reaktionsansatz setzt sich wie folgt zusammen:
Volumen (50 µl), Reagenz
10 µl 5 × Polymerase-Puffer
2,5 µl $MgCl_2$
5 µl dNTP Mix (1,25 mM je dNTP Gebr. Lsg.)
1,2 µl Primer R3 (25 pmol μl^{-1} Gebr. Lsg.)
1,2 µl Primer R2 (25 pmol μl^{-1} Gebr. Lsg.)
28,8 µl nucleasefreies H_2O
0,3 µl Go-Taq-Polymerase
1 µl DNA aus der RT-PCR
Die Reagenzien werden vorsichtig gemischt und zentrifugiert (30 s bei 10 000 × g).

Die Reaktion wird mit folgendem Temperaturprogramm durchgeführt:
1 Zyklus
2 min 92 °C Denaturierung

30 Zyklen
30 s 94 °C Denaturierung
30 s 45 °C Annealing
30 s 72 °C Polymerisation

1 Zyklus
4 min 72 °C Polymerisation und Reaktionsende

Detektion:
Die Amplifikate aus den beiden PCR-Reaktionen werden in einem Agarosegel elektrophoretisch aufgetrennt und dargestellt (s. Abb. 5.7).

Nach der Gelelektrophorese muss eine positive Probe eine Bande in der definierten Größe von 342 Basenpaaren aufweisen. Die Größenbestimmung wird anhand eines mitgeführten Längenstandards (100 Basenpaarleiter) und dem Vergleich mit der positiven Kontrolle durchgeführt. Als Positivkontrolle wird eine Verdünnungsstufe (ca. 10^3 Viren des ATCC-Stammes VR2018) eingesetzt. Als Negativkontrolle wird nucleasefreies Wasser verwendet.

Adenoviren-PCR

Adenoviren besitzen auf ihrem Genom eine große Region, welche sehr stabil (konserviert) ist. Diese so genannte Hexon-Region codiert für spezifische Virusproteine, welche alle Adenoviren für den Aufbau des Capsids synthetisieren. Man kann mit den nachfolgend aufgeführten Primerpaarungen etwa 18 Adenovirentypen (Serotypen) gleichzeitig nachweisen, die wiederum alle Subgenera (A–F) repräsentieren. Dies ermöglicht die Abklärung eines Verdachts auf eine Infektion mit einem der 6 bekannten Adenovirus-Untergruppen (A–F) (Ko et al., 2005; Lee et al., 2005).

Adenoviren-Primer (Sequenz aus Allard et al., 1992):
Primer-Sequenz
1 Hex AA 1885 (sense) 5′-GCCGCAGTGGTCTTACATGCACATC-3′
2 Hex AA 1913 (antisense) 5′-CAGCACGCCGCGGATGTCAAAGT-3′
3 NeHex 1893 (sense) 5′-GCCACCGAGACGTACTTCAGCCTG-3′
4 NeHex 1905 (antisense) 5′-TTGTACGAGTACGCGGTATCCTCGCGGTC-3′
Die Primer 1 und 2 amplifizieren ein 300 Basenpaare großes, die Primer 3 und 4 der nested-PCR ein 142 Basenpaare großes DNA-Fragment.

Polymerase-Kettenreaktion (PCR):
Der Reaktionsansatz setzt sich wie folgt zusammen:
Volumen (50 µl), Reagenz
5 µl 10 × Polymerase-Puffer
5 µl $MgCl_2$
10 µl dNTP Mix (1,25 mM je dNTP Gebr. Lsg.)
5 µl Primer Hex AA 1885 (10 pmol μl^{-1} Gebr. Lsg.)
5 µl Primer Hex AA 1913 (10 pmol μl^{-1} Gebr. Lsg.)
14,5 µl nucleasefreies H_2O
0,5 µl Taq-Polymerase
5 µl Isolierte DNA
Die Reagenzien werden vorsichtig gemischt und zentrifugiert (30 s bei 10 000 × g).

Die Reaktion wird mit folgendem Temperaturprogramm durchgeführt:
1 Zyklus
3 min 94 °C Denaturierung

30 Zyklen
30 s 92 °C Denaturierung
30 s 55 °C Annealing
30 s 72 °C Polymerisation

1 Zyklus
7 min 72 °C Polymerisation und Reaktionsende

Nested PCR:
Der ersten PCR wird eine nested PCR angeschlossen, die ausschließlich das Produkt der ersten PCR mit einem eingerückten nested Primerpaar amplifiziert.

Der Reaktionsansatz setzt sich wie folgt zusammen:
Volumen (50 µl), Reagenz
5 µl 10×Polymerase-Puffer
5 µl $MgCl_2$
10 µl dNTP Mix (1,25 mM je dNTP Gebr. Lsg.)
5 µl Primer NeHex 1893 (10 pmol μl^{-1} Gebr. Lsg.)
5 µl Primer NeHex 1905 (10 pmol μl^{-1} Gebr. Lsg.)
18,5 µl nucleasefreies H_2O
0,5 µl Taq-Polymerase
1 µl DNA aus der 1. PCR
Die Reagenzien werden vorsichtig gemischt und zentrifugiert (30 s bei 10 000 × g).

Die Reaktion wird mit folgendem Temperaturprogramm durchgeführt:
1 Zyklus
3 min 94 °C Denaturierung

25 Zyklen
30 s 92 °C Denaturierung
30 s 55 °C Annealing
30 s 72 °C Polymerisation

1 Zyklus
7 min 72 °C Polymerisation und Reaktionsende

Detektion:
Die Amplifikate aus den beiden PCR-Reaktionen werden in einem Agarosegel elektrophoretisch aufgetrennt und dargestellt (s. Abb. 5.7).

Nach der Gelelektrophorese muss die positive Probe eine Bande in der definierten Größe von 142 Basenpaaren aufweisen. Die Größenbestimmung wird anhand eines mitgeführten Längenstandards (100 Basenpaarleiter) und dem Vergleich mit der positiven Kontrolle durchgeführt. Als Positivkontrolle wird eine Verdünnungsstufe (ca. 10^3 Viren des Adenoviren-Typs 41) eingesetzt. Als Negativkontrolle wird nucleasefreies Wasser verwendet.

5.2.5.4 **Agarosegel-Elektrophorese**

Die Auftrennung von amplifizierten DNA-Fragmenten erfolgt in 1,2–1,8%-igen Agarosegelen. Zur Herstellung eines 1%-igen Gels werden 500 mg Agarose mit 50 ml 1 × TBE-Puffer (s. u.) erhitzt, bis die Agarose vollständig gelöst ist. Anschließend werden 2,5 µl Ethidiumbromid (1% in H_2O bd, Endkonzentration 0,5 $\mu g\ ml^{-1}$) zugegeben. Der Ansatz wird nach Abkühlen auf ca. 60 °C in eine horizontale Gelkammer gegossen und nach dem Auspolymerisieren mit dem Elektrophorese-Puffer (1 × TBE) überschichtet. Ein Zehntel des Volumens jeder Probe wird mit 7 µl Agarosegelauftragspuffer (s. u.) gemischt. Um die Größe der DNA-Banden zu bestimmen, werden 0,7 µl eines Molekulargewichtsmarkers (z. B. Roche) mit auf das Gel aufgetragen. Der Gellauf erfolgt bei einer Spannung von 70–90 V für ca. 30–40 min. Die aufgetrennten DNA-Banden können anschließend unter UV-Licht (312 nm) analysiert und dokumentiert werden.

10 × TBE (pH 8,0):
Tris Base 0,9 M
Borsäure 0,9 M
EDTA 20 mM

10 × Agarosegelauftragspuffer:
Bromphenolblau 1% (w/v)
Glycerin 50% (v/v)

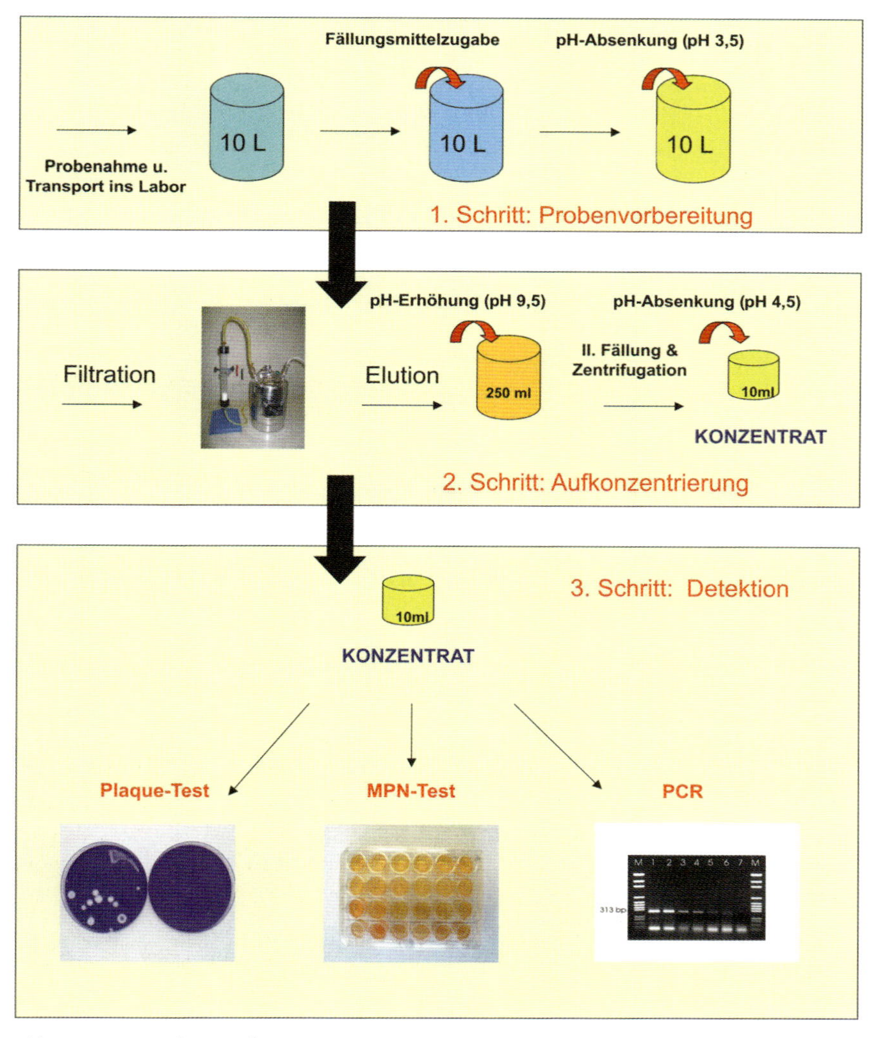

Abb. 5.8 Untersuchungsschema.

5.2.6
3-stufiges Untersuchungsschema Wasservirologie

In Abb. 5.8 ist zusammenfassend ein 3-stufiges Schema mit dem Ablauf der Wasseruntersuchungen dargestellt.

5.2.7
Störungsquellen

Die Wiederfindungsrate von infektionstüchtigen Viren aus Wasserproben ist sehr variabel und häufig unbefriedigend. Aus diesem Grunde sollten nach Möglichkeit Positivkontrollen mitgeführt werden. Die größten Verluste treten bei der Probeaufbereitung in der Weise auf, dass die eingesetzten Viren sich an die Oberflächen der Gefäße oder an Wasserinhaltsstoffe binden und nicht eluiert werden können. Auch neigen viele Viren zu spontaner Aggregation, sodass in der Kultur statt mehrerer nur ein Plaque oder CPE erscheint.

5.2.8
Angabe der Ergebnisse

Die Angabe der Ergebnisse einer Untersuchung auf Viren erfordert eine genaue Beschreibung der entnommenen Wasserprobe, der Modalitäten der Probeentnahme und des Untersuchungsverfahrens sowie eine kritische Bewertung der mitgeteilten Zahlenwerte aus mikrobiologischer Sicht, um Fehlinterpretationen nach Möglichkeit zu vermeiden.

Literatur

Allard, A.; Albinsson, B.; Wadell, G. (1992): Detection of adenoviruses in stools from healthy persons and patients with diarrhea by two-step polymerase chain reaction. J. Med. Virol. 37, 149–157.

Ambert-Balay, K.; Bon, F.; Le Guyader, F.; Pothier, P.; Kohli, E. (2005): Characterization of new recombinant noroviruses. J. Clin. Microbiol. 43, 179–186.

Antoniadis, G.; Seidel, K.; Bartocha, W.; Lopez, J. M. (1982): Virenelimination aus städtischen Abwässern durch biologische Abwasserreinigung. Zbl. Bakt. Hyg. B176, 537–545.

Boom, R.; Sol, C. J. A.; Salimans, M. M. M.; Jansen, C. L.; Wertheim-van Dillen, P. M. E.; van der Noordaa, J. (1990): Rapid and Simple Method for Purification of Nucleic Acids. J. Clin. Microbiol., 28, 495–503.

Boxman, I. L.; Tilburg, J. J.; Te Loeke, N. A.; Vennema, H.; Jonker, K.; de Boer, E.; Koopmans, M. (2006): Detection of noroviruses in shellfish in the Netherlands. Int. J. Food Microbiol. in press.

Brugha, R.; Vipond, I. B.; Evans, M. R.; Sandifer, Q. D.; Roberts, R. J.; Salmon, R. L.; Caul, E. O.; Mukerjee, A. K. (1999): A community outbreak of food-borne small round-structured virus gastroenteritis caused by a contaminated water supply. Epidemiol. Infect. 122, 145–154.

Chang, S. L.; Berg, G.; Busch, K. A.; Stevenson, R. E.; Clarke, N. A.; Kabler, P. W. (1958): Application of the 'Most Probable Number' Method for Estimating Concentrations of Animal Viruses by the Tissue Culture Technique. Virology, 6, 27–42.

Dahling, D. R.; Wright, B. A. (1986): Optimization of the BGM cell line culture and viral assay procedures for monitoring viruses in the environment. Appl. Environ. Microbiol., 51, 790–812.

DIN EN 14486 (2005): Wasserbeschaffenheit – Nachweis humaner Enteroviren mit dem Monolayer-Plaque-Verfahren.

DiStefano, D. J.; Kraiouchkine, N.; Mallette, L.; Maliga, M.; Kulnis, G.; Keller, P. M.; Clark, H. F.; Shaw, A. R. (2005): Novel rotavirus VP7 typing assay using a one-step reverse transcriptase PCR protocol and product sequencing and utility of the assay for epidemiological studies and strain characterization, including serotype subgroup analysis. J. Clin. Microbiol. 43, 5876–5880.

EG-Richtlinie 76/160/EWG (1976): Richtlinie des Rates über die Qualität der Badegewässer vom 08. 12. 1975, Amtsblatt der EG L31.

EG-Richtlinie 98/83/EG (1998): Richtlinie des Rates vom 3. November 1998 über die Qualität von Wasser für den menschlichen Gebrauch, Amtsblatt L330.

Farrah, S. R. (1978): Concentration of Poliovirus from tap water onto membrane filters with aluminium chloride at ambient pH levels, Appl. Environm. Microbiol. 35, 364.

Fattal, B., et al. (1977): Comparison of adsorption-elution methods for concentration and detection of Viruses in water, Water Res., 11, 955.

Fleischer, J. (1998): Untersuchungen zur Belastung von Oberflächen- und Rohwässern mit enteropathogenen Viren und anderen Krankheitserregern. Jahresbericht des Landesgesundheitsamtes Baden-Württemberg, 84–87.

Fleischer, J.; Wagner-Wiening, C.; Kimmig, P. (2000): Virological and bacteriological investigations surveying drinking water resources in Germany. IWA-2000 Paris; Health-Related Water Microbiology, Book Nr. 7, HRMP-B13, pp 125–126.

Fleischer, J.; Schlafmann, K.; Otchwemah, R.; Botzenhart, K. (2000): Elimination of enteroviruses, other enteric viruses, F-specific coliphages, somatic coliphages and *E. coli* in four sewage treatment plants of southern Germany. J. water supply research and technology-AQUA 49, 127–138.

Formiga-Cruz, M.; Hundesa, A.; Clemente-Casares, P.; Albinana-Gimenez, N.; Allard, A.; Girones, R. (2005): Nested multiplex PCR assay for detection of human enteric viruses in shellfish and sewage. J. Virol. Methods 125, 111 ff.

Gajardo, R.; Diez, J.; Jofre, J.; Bosch, A. (1991): Adsorption-elution with negatively and positively-charged glass powder for the concentration of hepatitis A virus from water. J. Virol. Methods 31, 345–352.

Gassen, H. G.; Sachse, E. S.; Schulte, A. (1994): PCR Grundlagen und Anwendungen der Polymerase-Kettenreaktion, Gustav-Fischer Verlag, ISBN 3-427-20509-9.

Gerba, C. P.; Farrah, S. R.; Goyal, S. M.; Wallis, C.; Melnick, J. L. (1978): Concentration of enteroviruses from large volumes of tap water, treated sewage, and seawater, Appl. Environ. Microbiol., 35, 443.

Grabow, W. O. K.; Taylor, M. B. (1993): New methods for the virological analysis of drinking water supplies. Proceedings: Biennial Conference and Exhibition of the Water Institut of Southern Afrika, Elangeni Hotel, Durban, 24–27 May. Water Institut of Southern Afrika, Johannesburg. Vol. 1, 259–264.

Guttman-Bass, N., Nasser, A. (1984): Simultaneous concentration of four enteroviruses from tap, waste, and natural waters, Appl. Environ. Microbiol. 47, 1311.

Hafliger, D.; Hubner, P.; Luthy, J. (2000): Outbreak of viral gastroenteritis due to sewage-contaminated drinking water. Int. J. Food Microbiol. 10, 54 (1-2):123–126.

Hahn, T. U.; Botzenhart, K. (1991): Virologische Untersuchungen. In: Untersuchungen zur Keimreduktion im gereinigten Abwasser durch UV-Bestrahlung. Bayrisches Landesamt für Wasserwirtschaft, Informationsberichte 3/91, München.

Heijkal, T. W.; Keswick, B.; LaBelle, R. L.; Gerba, C. P.; Sanchez, Y.; Dreesman, G.; Hafkin, B.; Melnick, J. L. (1982): Viruses in a community water supply associated with an outbreak of gastroenteritis and infectious hepatitis. J. AWWA, 318–321.

Heijkal, T. W.; Wellings, F. M.; Lewis, A. L.; LaRock, P. A. (1981): Distribution of viruses associated with particles in wastewater. Appl. Environ. Microbiol. 41, 628–634.

Hughes, M.S.; Coyle, P.V.; Connolly, J.H. (1992): Enteroviruses in recreational waters of Northern Ireland. Epidemiol. Infect. 108, 529–536.

Hyypiä, T.; Auvinen, P.; Maaronen, M. (1989): Polymerase Chain Reaction For Human Picornaviruses. J. Gen. Virol. 70, 3261–3268.

Irving, L.G.; Smith, F.A. (1981): One-year survey of enteroviruses, adenoviruses, and reoviruses isolated from effluent at an activated-sludge purification plant. Appl. Environ. Microbiol. 41, 51–59.

Iturriza-Gomara, M.; Megson, B.; Gray, J. (2006): Molecular detection and characterization of human enteroviruses directly from clinical samples using RT-PCR and DNA sequencing. J. Med. Virol. 78, 243–253.

Ju Fang Ma; Gerba, C.P.; Pepper, I.L. (1995): Increased Sensitivity of Poliovirus Detection in Tap Water Concentrates by RT PCR. J. Vir. Methods. 55, 295–302.

Kärber G. (1931): Beitrag zur kollektiven Behandlung pharmakologischer Reihenversuche. Arch. Path. Pharmakol. 162, 480–483.

Katzenelson, E. (1976): Organic flocculation: an efficient second-step concentration method for the detection of viruses in tap water, Appl. Environ. Microbiol. 51, 1326.

Kittigul, L.; Ekchaloemkiet, S.; Utrarachkij, F.; Siripanichgon, K.; Sujirarat, D.; Pungchitton, S.; Boonthum, A. (2005): An efficient virus concentration method and RT-nested PCR for detection of rotaviruses in environmental water samples. J. Virol. Methods 124, 117–122.

Ko, G.; Jothikumar, N.; Hill, V.R.; Sobsey, M.D. (2005): Rapid detection of infectious adenoviruses by mRNA realtime RT-PCR. J. Virol. Methods 127, 148–153.

Kobayashi, S.; Natori, K.; Takeda, N.; Sakae, K. (2004): Immunomagnetic capture RT-PCR for detection of norovirus from foods implicated in a foodborne outbreak. Microbiol. Immunol. 48, 201–204.

Kukkula, M.; Maunula, L.; Silvennoinen, E.; von Bonsdorff, C.H. (1999): Outbreak of viral gastroenteritis due to drinking water contaminated by Norwalk-like viruses. J. Infect. Dis. 180, 1771–1776.

Le Guyader, F.; Dubois, E.; Menard, D.; Pommepuy, M. (1994): Detection of hepatitis A virus, rotavirus, and enterovirus in naturally contaminated shellfish and sediment by reverse transcription-seminested PCR. Appl. Environ. Microbiol. 60, 3665–3671.

Lee, S.H.; Lee, C.; Lee, K.W.; Cho, H.B.; Kim, S.J. (2005): The simultaneous detection of both enteroviruses and adenoviruses in environmental water samples including tap water with an integrated cell culture-multiplex-nested PCR procedure. J. Appl. Microbiol. 98, 1020–1029.

Madeley, C.R. (1987): Viruses associated with acute diarrhoeal disease. In: Principles and practice of clinical virology. Edited by A.J. Zuckerman, J.E. Banatvala and J.R. Pattison. John Wiley & Sons Ltd. Chapter 3, 159–196.

Maunula, L.; Miettinen, I.T.; von Bonsdorff, C.H. (2005): Norovirus outbreaks from drinking water. Emerg. Infect. Dis. 11, 1716–1721.

Metcalf, T.G.; Melnick, J.L.; Estes, M.K. (1995): Environmental Virology: From detection of viruses in sewage and water by isolation to identification by molecular biology – a trip of over 50 years. Annu. Rev. Microbiol. 49, 461–487.

Moce-Llivina, L.; Lucena, F.; Jofre, J. (2005): Enteroviruses and bacteriophages in bathing waters. Appl. Environ. Microbiol. 71, 6838–6844.

Morris, R. (1984): Reduction of naturally occurring enteroviruses by wastewater treatment processes. J. Hyg. Camb., 2, 97–103.

Muir, P.; Nicholson, F.; Jhetam, M.; Neogi, S.; Banatvala, J.E. (1993): Rapid diagnosis of enterovirus infection by magnetic bead extraction and polymerase chain reaction detection of enterovirus RNA in clinical specimens. J. Clin. Microbiol. 31, 31–38.

Oberste, M.S.; Maher, K.; Williams, A.J.; Dybdahl-Sissoko, N.; Brown, B.A.; Gookin, M.S.; Penaranda, S.; Mishrik, N.; Uddin, M.; Pallansch, M.A. (2006): Species-specific RT-PCR amplification of human enteroviruses: a tool for rapid species identification of uncharacterized enteroviruses. J. Gen. Virol. 87, 119–128.

Oh, D.Y.; Gaedicke, G.; Schreier, E. (2003): Viral agents of acute gastroenteritis in German children: prevalence and molecular diversity. J. Med. Virol. 71, 82–93.

Pang, X.; Lee, B.; Chui; L.; Preiksaitis, J.K.; Monroe, S.S. (2004): Evaluation and validation of real-time reverse transcription-

pcr assay using the Light Cycler system for detection and quantitation of norovirus. J. Clin. Microbiol. 42, 4679–4685.
Payment, P.; Franco, E. (1994): Incidence of Norwalk viruses infections during a prospective epidemiological study of drinking water related gastrointestinal illness. Can. J. Microbiol. 40, 805–809.
Payment, P.; Richardson, L.; Siemiatycki, J.; Dewar, R.; Edwards, M.; Franco, E. (1991): A randomized trial to evaluate the risk of gastrointestinal disease due to consumption of drinking water meeting current microbiological standards. Am. J. Public Health 81, 703–708.
Payment, P.; Tremblay, M.; Trudel, M. (1985): Relative resistance to chlorine of poliovirus and coxsackievirus isolates from environmental sources and drinking water. Appl. Environ. Microbiol. 49, 981–983.
Pichl, L.; Heitmann, A.; Herzog, P.; Oster, J.; Smets, H.; Schottstedt, V. (2005): Magnetic bead technology in viral RNA and DNA extraction from plasma minipools. Transfusion 45, 1106–1110.
Pintó, R. M.; Diez, J. M.; Bosch, A. (1994): Use of the Colonic Carcinoma Cell Line CaCo-2 for In Vivo Amplification and Detection of Enteric Viruses. J. Med. Virol., 44, 310–315.
Powerson, D. K.; Gerba, C. P. (1984): Applied and theoretical aspects of virus adsorption to surfaces. Advances in Applied Microbiology, Academic Press, Univ. of Arizona, 30, 133–168.
Pusch, D.; Ihle, S.; Lebuhn, M.; Graeber, I.; Lopez-Pila, J. M. (2005): Quantitative detection of enteroviruses in activated sludge by cell culture and real-time RT-PCR using paramagnetic capturing. J. Water Health 3, 313–324.
Reynolds, K. A. (2004): Integrated cell culture/PCR for detection of enteric viruses in environmental samples. Methods Mol. Biol. 268, 69–78.
Roman, E.; Martinez, I. (2005): Detection of rotavirus in stool samples of gastroenteritis patients. P R Health Sci. J. 24, 179–184.
Rotbart, H. A. (Hrsg. 1995): Human Enterovirus Infections. ASM Press, Washington D.C., ISBN 1-55581-092-1.
Rutjes, S. A.; Italiaander, R.; van den Berg, H. H.; Lodder, W. J.; de Roda Husman, A. M. (2005): Isolation and detection of enterovirus RNA from large-volume water samples by using the Nucli Sens miniMAG system and real-time nucleic acid sequence-based amplification. Appl. Environ. Microbiol. 71, 3734–3740.
Sambrook, J.; Fritsch, E. F.; Maniatis, T. (1989): Molecular cloning. A laboratory manual.
Schiff, G. M.; Stefanovic, G. M.; Young, B.; Pennekamp, J. K. (1984): Minimum human infectious dose of enteric virus (echovirus-12) in drinking water. Monogr. Virol., 15, 222–228.
Sdiri, K.; Khelifi, H.; Belghith, K.; Aouni, M. (2006): Comparison of cell culture and RT-PCR for the detection of enterovirus in sewage and shellfish. Pathol. Biol. (Paris) in press.
Shields, P. A.; Farrah, S. R. (1983): Influence of salts on electrostatic interactions between poliovirus and membrane filters, Appl. Environm. Microbiol. 45, 526.
Slade, J. S.; Chisholm, R. G.; Harris, N. R. (1984): Detection of enteroviruses in water by suspended-cell cultures. Microbiological Methods for Environmental Biotechnology.
Sobsey, M. D.; Glass, J. S.; Carrick, R. J.; Jacobs, R. R.; Rutala, W. A. (1980): Evaluation of the tentative standard method for enteric virus concentration from large volumes of tap water, J. AWWA: 292–299.
Somerville, C. C.; Knight, I. T.; Straube, W. L.; Colwell, R. R. (1989): Simple, rapid method for direct isolation of nucleic acids from aquatic environments. Appl. Environ. Microbiol., 55, 548–554.
Stetler, R. E.; Morris, M. E.; Safferman, R. S. (1992): Processing procedures for recovering enteric viruses from waste water sludges. J. virol. Meth., 40, 67–76.
Tani, N.; Shimamoto, K.; Ichimura, K.; Nishii, Y.; Tomita, S.; Oda, Y. (1992): Enteric Virus Levels in River Water. Water Research, 26, 45–48.
Tani, N.; Dohi, Y.; Kurumatani, N.; Yonemasu, K. (1975): Seasonal Distribution of Adenoviruses, Enteroviruses and Reoviruses in Urban River Water. Microbiol. Immunol., 39, 577–580.
Vilaginès, P.; Sarrette, B.; Husson, G.; Vilaginès, R. (1993): Glass-wool for virus concentration at ambient water pH level. Wat. Sci. Tech., 27, 299–306.
Wu, H. M., Fornek, M.; Schwab, K. J.; Chapin, A. R.; Gibson, K.; Schwab, E.; Spen-

cer, C.; Henning, K. (2005): A norovirus outbreak at a long-term-care facility: the role of environmental surface contamination. Infect. Control Hosp. Epidemiol. 26, 802–810.

Weiterführende Literatur

Bayerisches Landesamt für Wasserwirtschaft (1991): Untersuchungen zur Keimreduktion im gereinigten Abwasser durch UV-Bestrahlung. Informationsberichte Heft Nr. 3.

Rodrigo, G.; Díez, J.; Jofre, J.; Bosch, A. (1991): Adsorption-elution with negatively and positively charged glass powder for the concentration of hepatitis A virus from water. J. virol. Meth., 31, 345–352.

Walter, R. (Hrsg.) (1999): Umweltvirologie. Viren in Wasser und Boden. Springer Verlag Wien/New York, ISBN 3-211-83345-5.

5.3
Cryptosporidien und Giardien
Albrecht Wiedenmann

5.3.1
Begriffsbestimmung

Cryptosporidien und Giardien gehören zur Gruppe der protozoischen Parasiten und sind als solche die Erreger von Anthropozoonosen, d.h. ihr Vorkommen ist nicht auf den Menschen beschränkt (Leoni, 2006; Hunter, 2005). Sie sind in der Lage, sich im Magen-Darmtrakt zahlreicher Wild- und Haustierarten zu vermehren (Current, 1991; Thompson, 1993). Relevante Reservoire im Tierreich dürften in der BRD vor allem Rinder und Schafe (Willburger, 1981), bei Giardien auch Hunde und Bisamratten darstellen (Karanis, 1993). Im Gegensatz zu vielen Wurmerkrankungen benötigen beide Erreger für ihre Entwicklung nur einen einzigen Wirt. Neben der Übertragung von Tier zu Tier und vom Tier zum Menschen ist daher auch eine Übertragung von Mensch zu Mensch und vom Menschen zum Tier möglich. Die im humanmedizinischen Bereich bedeutendsten Spezies der Gattungen *Giardia* und *Cryptosporidium* (*C.*) sind *Giardia (G.) lamblia* und *C. parvum*. Seit einigen Jahren wird mit Hilfe von molekularbiologischen Methoden von *C. parvum* eine weitere Art abgegrenzt, die als *C. hominis* bezeichnet wird, anfangs nur beim Menschen gefunden wurde und sich morphologisch nicht von *C. parvum* unterscheiden lässt (Morgan-Ryan, 2002; Glaeser, 2004). Mittlerweile gibt es jedoch vereinzelt Berichte, dass *C. hominis* wohl doch auch im Tierreich vorkommen kann (Ryan, 2005; Smith, 2005). Aktuelle Übersichten über das Artenspektrum und die taxonomische Klassifizierung finden sich im Taxonomie-Server des National Centre for Biotechnology Information (www.ncbi.nlm.nih.gov). Sowohl Cryptosporidien wie auch Giardien verursachen beim Menschen in der Regel sog. selbstlimitierende Diarrhöen (Durchfallerkrankungen), die im Normalfall ohne Therapie wieder ausheilen. Im Einzelfall kann die Erkrankung aber auch bei Personen mit intaktem Immunsystem durch erheblichen Flüssigkeits- und Elektrolytverlust lebensbedrohliche Formen annehmen und eine Behandlung im Krankenhaus erforderlich machen. Während Cryptosporidien praktisch nur bei Immunsupprimierten (insbesondere AIDS-Patienten) chronische Infektionen verursachen, kann dies bei Giardien durch Besiedelung der Gallenwege auch bei immunkompetenten Personen vorkommen. Chronische *Giardia*-Infektionen führen zu einer Vielzahl von Symptomen, die primär oft nicht mit diesen Erregern assoziiert werden und bei den Patienten eine oft jahrelange Leidensgeschichte bewirken, bevor eine kausale Therapie erfolgt. Hierzu zählen Symptome wie chronische Flatulenz, Iridozyklitis, retinale Vaskulitis, Kniegelenksarthritis, Pruritus (Juckreiz), Vitaminmangel, Laktoseintoleranz, Malabsorption, chronische Erschöpfung, Hautveränderungen (Lichen planus), erhöhte Leberenzymwerte im Blut und Blutbildveränderungen (Eosinophilie). Die Tatsache, dass es in der Bevölkerung chronische *Giardia*-Infektionen gibt, ist wahrscheinlich auch die Ursache dafür, dass in kommunalen Abwässern Giardien in aller Regel in höherer Konzentration nachweisbar sind als Cryptosporidien. Cryptosporidien und Giardien sind meldepflichtige Erreger nach § 7 Infektionsschutzgesetz (IfSG 2000).

Die Bedeutung der beiden Parasitenarten, insbesondere der Cryptosporidien, für die Wasserhygiene wurde erst in den 80er und 90er Jahren des 20. Jahrhunderts erkannt. Für beide Erreger wurde weltweit eine Vielzahl von Epidemien beschrieben, die auf kontaminiertes Trinkwasser oder Badewasser zurückzuführen waren. In Milwaukee, USA, kam es 1993 zu einer durch das städtische Trinkwasser verursachten Cryptosporidien-Epidemie, bei der schätzungsweise 403 000 Personen erkrankten (MacKenzie, 1994). Als Rohwasserquelle wurde Oberflächenwasser aus dem Lake Michigan verwendet. Auch in Deutschland wurden Krankheitsausbrüche mit Cryptosporidien und Giardien durch Trink- und Badebeckenwasser beschrieben (Gornik, 2001; Hartelt, 2004).

Eine gewisse Sonderstellung im Bereich der mikrobiologischen Trinkwasserhygiene erhalten Cryptosporidien und Giardien dadurch, dass die als infektiöse Stadien von den befallenen Wirtsorganismen mit den Fäkalien ausgeschiedenen Zysten (bei Giardien) bzw. Oozysten (bei Cryptosporidien) in wässrigem Milieu gegenüber Umwelteinflüssen außerordentlich resistent sind. In kaltem Wasser bleiben Cryptosporidien-Oozysten u. U. monatelang infektiös (Robertson, 1992). Sie kommen auch in der BRD in verschiedenen Oberflächengewässern vor (Gornik, 1991; Wagner, 1992). Da die Erreger grundsätzlich aus Fäkalien stammen und sie sich außerhalb der Wirtsorganismen keinesfalls vermehren können, ist ihr Vorkommen im Rohwasser in aller Regel an das gleichzeitige Vorkommen bakterieller Fäkalindikatoren geknüpft. Gegenüber den bei der Trinkwasseraufbereitung üblichen Desinfektionsverfahren Chlorung und Ozonung sind Cryptosporidien und Giardien aber so viel resistenter als *E. coli*, coliforme Bakterien und Enterokokken (Jarroll, 1981; Korich, 1990; Sterling, 1990; Finch, 1993), dass bei ausschließlicher Anwendung dieser Desinfektionsverfahren eine selektive Entfernung bakterieller Erreger und Indikatoren möglich ist. Bei der Routineuntersuchung nach Trinkwasserverordnung fallen mit Oo-/Zysten belastete Wässer dann nicht mehr auf und werden als mikrobiologisch einwandfrei eingestuft. In der Novelle der Trinkwasserverordnung von 2001 (Bundesministerium für Gesundheit, 2001) wird daher für Trinkwasser, das aus Oberflächenwasser gewonnen wird oder das durch Oberflächenwasser beeinflusst wird, eine zusätzliche periodische Untersuchung auf *C. perfringens* gefordert. Sporen von *C. perfringens* weisen eine mit Oo-/Zysten vergleichbare Widerstandsfähigkeit gegenüber chemischen Desinfektionsmitteln auf und verhalten sich bei Flockungsfiltrationsprozessen ebenfalls ähnlich. Durch UV-Bestrahlung in der für Trinkwasser üblichen Intensität (400 J pro m^2) wird zwar keine Entfernung oder morphologische Zerstörung von Oo-/Zysten erreicht, die Vermehrungsfähigkeit und damit die Infektiosität der Erreger wird durch Schädigung der DNA aber effektiv reduziert. Lediglich mit hohen Ozonkonzentrationen und langer Einwirkungszeit lassen sich ähnliche Effekte erzielen. Auch Flockungsfiltrations-Verfahren bieten keinen 100%igen Schutz, führen aber im Allgemeinen zu einer Reduktion um ein bis zwei Zehnerpotenzen. Hier sind die modernen Membrantechniken bei Wahl einer ausreichend kleinen Porengröße deutlich überlegen.

Da sehr wahrscheinlich schon einzelne Oo-/Zysten eine Infektion verursachen können (Rendtorff, 1954; Dupont, 1995), ist zu fordern, dass sehr große Volumina (mehrere Kubikmeter) des aufbereiteten Trinkwassers frei von diesen beiden Erregern sind (EPA, 1989; Regli, 1991; Botzenhart, 1994), wenn gewährleistet werden soll, dass durch Trinkwasser weniger als eine Infektion auf 10000 Konsumenten pro Jahr verursacht wird. Bei derartigen Probenvolumina stößt die Möglichkeit der mikrobiologischen Kontrolle des Endprodukts Trinkwasser durch Untersuchung von Wasserproben allerdings an ihre technisch-methodischen Grenzen. Es erscheint daher sinnvoll und auch erforderlich, die mögliche Belastung des Rohwassers zu kennen und die Aufbereitungsverfahren im Hinblick auf ihre Eliminationsfähigkeit für Oo-/Zysten von *Giardia* und *Cryptosporidium* zu evaluieren und dann entsprechend zu konzipieren (EPA, 1989; Botzenhart, 1994). Dieser Ansatz wird auch durch die World Health Organization (WHO) im „Water Safety Plan" verfolgt, wo ein sog. „risk assessment" für die durch Wasser übertragbaren Krankheitserreger gefordert wird (WHO 2005).

5.3.2 Anwendungsbereich

Die hier beschriebenen Methoden eignen sich zum Nachweis von Cryptosporidien und Giardien aus Rohwässern (Oberflächengewässer, Grundwässer, Quellwässer), Wässern aus verschiedenen Aufbereitungsstufen und zum Nachweis aus fertig aufbereitetem Trinkwasser. Zum Teil müssen, je nachdem wie groß der Gehalt an Trübstoffen (Störstoffen) ist, bestimmte Methodendetails modifiziert werden.

5.3.3 Auswahl einer geeigneten Methode

In den 80er und 90er Jahren wurde zunächst mit einer Vielzahl unterschiedlicher Verfahren experimentiert, um Cryptosporidien und Giardien aus Wasserproben zu isolieren und mikroskopisch oder auch molekularbiologisch nachzuweisen. Aus dieser Zeit existiert daher eine große Zahl wissenschaftlicher Publikationen mit diversen Anleitungen. Ein weit verbreitetes Verfahren war z. B. die Anwendung sog. Wickelfilter (Rose, 1990). Bei diesem Filtertyp war eine Filterwolle aus Kunststofffasern an einem mehrere Meter langen Faden auf den Stützkern einer Filterkerze gewickelt. Nach der Filtration konnte das Garn abgewickelt oder zerschnitten werden, und die Parasiten wurden „nach Hausfrauenart" aus der Filterwolle ausgewaschen. Dieses Verfahren, das auch in der Erstausgabe dieses Buches noch beschrieben war, kann aufgrund der unzureichenden Reproduzierbarkeit und Wiederfindungsrate mittlerweile als obsolet betrachtet werden. Auch verschiedene Membranfilterverfahren (Ongerth, 1987), Flockungsverfahren (Regli, 1994) und ein Verfahren mit Durchlaufzentrifugation wurden beschrieben. Eine Übersicht der Verfahren findet sich im Technischen Hinweis W 272 des Deutschen Vereins des Gas- und Wasserfachs (DVGW, 2001). Ebenso vielfältig waren die Methoden, um in den Filtereluaten die Zielorganismen von den Störstoffen abzutrennen. In der Regel wurden hierfür Dichtegradienten oder Flotationsverfahren mit Perkoll- oder Sucrose empfohlen. Die in der Literatur beschriebenen Verfahren wurden von den meisten Laboratorien nach eigenen Erfahrungen zusätzlich modifiziert, sodass es schwierig war, aus unterschiedlichen Laboratorien vergleichbare Ergebnisse zu bekommen. Dies führte unter anderem dazu, dass im Vereinigten Königreich im Rahmen eines Gerichtsverfahrens des britischen Drinking Water Inspectorate (DWI) gegen einen Wasserversorger, in dessen Versorgungsgebiet ein Cryptosporidienausbruch festgestellt worden war, Probenergebnisse nicht als justiziabel angesehen wurden. Die epidemiologischen Hinweise allein reichten für eine Verurteilung des Wasserversorgers ebenfalls nicht aus. Das DWI erließ daraufhin eine Reihe von Untersuchungs- und Verfahrensvorschriften für den Nachweis von Cryptosporidien, um eine solche Situation in Zukunft auszuschließen. Diese Vorschriften können sowohl aus mikrobiologischer Sicht als auch aus statistischer Sicht und hinsichtlich der Qualitätssicherung für den Trinkwasserbereich als vorbildlich gelten. Die Untersuchungsvorschriften des DWI sind im Internet frei verfügbar (DWI, 2006 a). Die amerikanische Standardmethode der Environmental Protection Agency (EPA) in den USA wurde mittlerweile in ihren wesentlichen Bestandteilen gegenüber der britischen Methode evaluiert und für gleichwertig befunden. Sie ist ebenfalls im Internet frei verfügbar (EPA, 2005). Eine detaillierte Wiedergabe dieser Untersuchungs- und Verfahrensvorschriften würde den Rahmen dieses Buches sprengen und wäre aufgrund der freien Verfügbarkeit der Originalvorschriften im Internet und der ständigen Aktualisierung dieser Vorschriften auch überflüssig. Die Beschreibung der Methoden an dieser Stelle beschränkt sich daher auf die Wiedergabe der grundsätzlichen Verfahrensschritte und der charakteristischen Geräte, Materialien und Reagenzien, sowie der wesentlichen Hintergründe zum Verständnis der Methoden. Auch bei der International Standardization Organization (ISO) ist ein Dokument zur Parasitenanalytik in Wasserproben in Vorbereitung, das kurz vor der Verabschiedung steht und sich im Wesentlichen auf die vom DWI und der EPA akkreditierten Verfahren stützt. Zusätzlich soll noch eine Membranfiltrationsmethode mit aufgenommen werden (ISO, 2006).

5.3.4
Prüfung der Sinnhaftigkeit einer Untersuchung auf Cryptosporidien und Giardien

Eine Untersuchung von Trinkwasser auf Cryptosporidien macht nur dann Sinn, wenn aufgrund der Herkunft und Qualität des Rohwassers ein Vorkommen von Cryptosporidien oder Giardien überhaupt möglich erscheint. Bei Tiefbrunnen in gut geschützten Grundwasserleitern, z. B. in mächtigen Sand- und Kiesformationen, in denen niemals coliforme Bakterien, *E. coli*, Enterokokken oder *C. perfringens* nachgewiesen wurden, ist eine Untersuchung auf Parasiten reine Geldverschwendung. Auch in Großbritannien bezieht sich die gesetzliche Untersuchungspflicht nur auf Trinkwässer, die durch Oberflächenwasser beeinflusst sind. Hierunter fallen aber auch Grundwasserleiter in Karstgebieten. Nicht jedes Grundwasser kann daher von vorne herein als absolut geschützt betrachtet werden. Dies belegen auch systematische Untersuchungen aus den USA, wo in vielen Grundwässern Cryptosporidien und Giardien nachweisbar waren. Teilweise wird von Lebensmittelbetrieben, die ihre Produkte im Vereinigten Königreich vermarkten wollen, verlangt, das Trinkwasser, das im Betrieb zur Herstellung von Lebensmitteln verwendet wird, auf Cryptosporidien zu untersuchen. Auch hier sollte zunächst geprüft werden, ob aufgrund der Rohwasserbeschaffenheit nach britischem Recht eine Untersuchung überhaupt erforderlich ist und ob Analysenergebnisse von Laboratorien, die nicht vom DWI akkreditiert wurden (DWI, 2006 b), ggf. überhaupt anerkannt werden.

5.3.5
Prinzipielle Verfahrensschritte

Folgende prinzipiellen Verfahrensschritte sind allen Standardmethoden, auf die im Folgenden Bezug genommen wird, gemeinsam:

Filtration eines mehr oder weniger großen Wasservolumens (Probengewinnung), Probentransport, Filterelution, Einengung des Eluats (Konzentration), Abtrennung von Störstoffen (Separation) durch immunomagnetische Separation (IMS), Aufbringen und Fixierung der Oo-/Zysten auf Objektträgern, „Färbung" der Oo-/Zysten mit fluoreszenzmarkierten monoklonalen Antikörpern (FITC-MAB), Kernfärbung mit 4,6-Diamidino-2-phenylindol (DAPI), Identifikation und quantitative Auswertung der Oo-/Zysten durch Fluoreszenz-Mikroskopie und zusätzlich möglichst durch differentiellen Interferenzkontrast (DIC), Desinfektion und Reinigung der Geräte. Darüber hinaus sollten grundsätzlich Versuche zur Ermittlung von Wiederfindungsraten sowie interne und externe Qualitätskontrollen (Beteiligung an Ringversuchen) durchgeführt und die Einbindung in ein Akkreditierungssystem angestrebt werden.

5.3.6
Spezielle Geräte und Reagenzien

5.3.6.1 Ermittlung der Wiederfindungsrate

Suspension mit Giardien- und Cryptosporidien-Oo-/Zysten
Zur Ermittlung der Wiederfindungsraten und zur laborinternen Qualitätskontrolle ist es notwendig, über gereinigte Suspensionen mit bekannter Konzentration von Giardien und Crytosporidien-Oo-/Zysten zu verfügen. Die Oo-/Zysten können aus Stuhlproben von erkrankten Menschen oder Tieren gewonnen werden. Gebrauchsfertige Suspensionen mit Cryptosporidien-Oozysten und Giardien-Zysten sind u.a. in den USA und im Vereinigten Königreich auch kommerziell erhältlich und können von verschiedenen Herstellern bezogen werden. Bei Importen aus den USA oder anderen nicht EU-Staaten sind Einfuhrkontrollen durch die Zoll-Veterinärbehörde erforderlich, deren Formalitäten vorab geklärt werden sollten, um Verzögerungen bei der Auslieferung zu vermeiden.

Oo-/Zysten von Giardien und Cryptosporidien sind infektiöses Material (Krankheitserreger). Das Arbeiten mit vermehrungsfähigen Stadien dieser Parasiten erfordert eine entsprechende Erlaubnis des Laborleiters und eine Zulassung des Labors nach § 44 Infektionsschutzgesetz (IfSG 2000).

5.3.6.2 Probennahme

Je nach Probenahmesituation (Entnahme am Wasserhahn, aus Oberflächengewässern oder aus Grundwasserpegeln) sind folgende Komponenten erforderlich:

- Saug-/Druckpumpe, ggf. mit Wechselstromgenerator
- Druckbegrenzer
- Durchflusszähler (Wasseruhr) mit Liter-Einteilung
- Durchflussregler (Kugelventil ohne Gummidichtung, da Gummidichtungen quellen und sich über einen längeren Zeitraum keine konstanten Durchflüsse einstellen lassen)
- Bewässerungscomputer (optional) für vorprogrammierte Probenentnahme, intermittierende Beprobung und Mehrfachbeprobung (im Gartenfachhandel erhältlich)
- Desinfizierbares, druck- und ggf. vakuumstabiles Schlauchmaterial, diverse Schlauchkupplungen, Anschluss- und Verbindungsstücke
- Protokollblätter.

5.3.6.3 Filtration

Vom DWI sind derzeit zwei unterschiedliche Filtrationssysteme anerkannt (DWI, 2006c), deren Gleichwertigkeit zur Analyse von Trinkwasser auf Cryptosporidien entsprechend der DWI-Vorschriften (DWI, 2006d) durch Ringversuche belegt ist:

a) ein Pressschwammfiltrationssystem (compressed foam filter)
b) ein Filterkapsulensystem (filter capsule)
 – Beim Pressschwammfiltrationssystem handelt es sich um Schaumstoffringe mit einem Durchmesser von ca. 6 cm und einer Dicke von ca. 1 cm. Mehrere solcher Ringe sind zwischen zwei Kunststoffbacken, die durch eine Zentralschraube zusammengehalten werden, extrem komprimiert, sodass Oo-/Zysten die Schwammporen nicht mehr passieren können. Diese Filter (Einwegmaterial) werden in ein Filtergehäuse (Mehrweg) von der Größe einer Bierdose (0,3 l) eingesetzt, das am Ein- und Ausgang mit den Anschlussschläuchen verbunden wird. Hierfür sind Schlauchbinder oder entsprechende Gewinde und Adapter erforderlich. Des Weiteren wird ein Spezialschlüssel zum Anziehen und Lösen des Filtergehäusedeckels benötigt.
 – Beim Filterkapsulensystem handelt es sich um eine mehrschichtige ziehharmonikaartig gefaltete Filtermembran, die in durchsichtige Einweg-Plastikgehäuse eingeschweißt ist. Ein- und Auslass der Gehäuse können wie beim Pressschwammfiltersystem durch Schlauchbinder mit den Anschlussschläuchen und den zusätzlichen Geräten und Armaturen (Wasserhahn, ggf. Pumpe, Druckminderer, Durchflussregler, Wasserzähler) verbunden werden. Beim Filterkapsulensystem ist unbedingt zu beachten, dass es ein System für Oberflächenwasser oder andere trübstoffreiche Wässer (Envirochek® Capsule) und ein System für die Filtration von bis zu 1000 l Trinkwasser oder anderen trübstoffarmen Wässern gibt (Envirochek® HV Capsule). Das System für Oberflächenwasser weist z. T. größere Poren auf, in die Cryptosporidien und Giardien eindringen können (s. Abb. 5.9). Aus der Tiefe der Filterschichten können sie dann nur unzureichend wieder heraus eluiert werden. Dieser Kapsulentyp schneidet bei der Analyse von Trinkwasser im Vergleich mit den Pressschwammfiltern daher wesentlich schlechter ab (Paul,

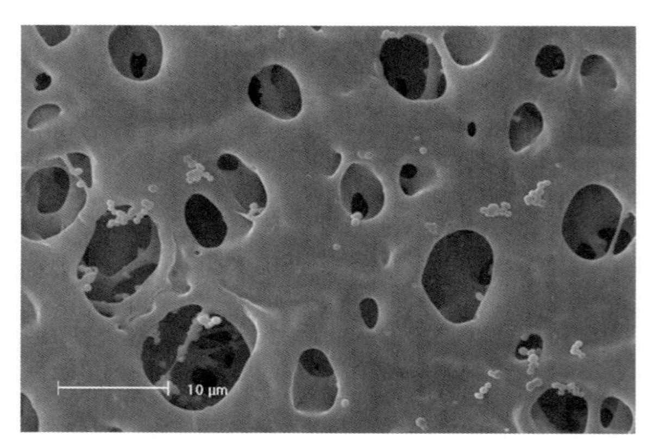

Abb. 5.9 Rasterelektronenmikroskopische Aufnahme der Filtermembran einer Envirochek®-Capsule für Oberflächenwasser (Rohwasser). Foto: mit freundlicher Genehmigung durch C. Höller.

2000). Bei trübstoffreichem Wasser werden diese Poren dagegen relativ rasch durch andere größere Partikel verschlossen und die Parasiten verbleiben weitgehend in dem Filterkuchen, der sich auf der Oberfläche der Membranschichten bildet und leicht abgewaschen werden kann (s. Abschnitte 5.3.6.5 und 5.3.7.3, Filterelution).

5.3.6.4 **Transport**

- Kappen zum Abdichten der Ein- und Auslassöffnungen der Filtergehäuse beim Transport, damit kein Restwasser ausläuft und die Filterkuchen nicht austrocknen können.
- Thermoisolierte Transportkiste (Kühltasche).

5.3.6.5 **Filterelution**

- Zur Elution der Pressschwammfilter ist ein spezielles Elutionsgerät notwendig, in dem die Filter entkomprimiert und gewaschen werden können. Es ist jeweils nur die Elution eines einzelnen Filters pro Gerät möglich.
- Zur Elution der Filterkapsulen wird ein spezieller Axialrüttler benötigt, in den mehrere Kapsulen gleichzeitig eingespannt werden können.
- Für beide Verfahren müssen spezielle detergenzhaltige Elutionsmittellösungen angesetzt werden.

5.3.6.6 **Eluatkonzentrierung**

- Zur Eluatkonzentrierung bei der Pressschwammfiltration wird ein spezieller Konzentrator mit Membranfilter und ein Magnetrührer benötigt.
- Das Eluat aus den Filterkapsulen wird durch Zentrifugation aufkonzentriert. Dabei sind spezielle konisch zulaufende Zentrifugenbecher und entsprechende Spezialeinsätze für die Zentrifuge erforderlich.

5.3.6.7 **Separation**

Die Abtrennung von Störstoffen aus den Filterkonzentraten erfolgt durch immunomagnetische Separation. Benötigt werden folgende spezifischen Ausrüstungsgegenstände und Reagenzien:

- Immunomagnetische Partikel mit spezifischen Antikörpern gegen Cryptosporidien und/oder Giardien
- spezielle seitlich abgeflachte Reagenzgläser
- spezieller Reagenzglashalter mit Magnet
- Rotor zum Durchmischen der immunomagnetischen Partikel („beads") mit den Filterkonzentraten
- Bindepuffer, der das Ankoppeln der immunomagnetischen Partikel an die Oo-/Zysten erleichtert

- Säurepuffer zum Ablösen der Oo-/Zysten von den immunomagnetischen Partikeln.

5.3.6.8 Detektion

- Mit einem Haftverbesserer (spezielle Aminosäure) beschichtete Objektträger mit Feldeinteilung (nur 1 Feld pro Objektträger zur Vermeidung von Kreuzkontaminationen!)
- FITC-markierte monoklonale Antikörper gegen Oberflächenantigene der Oo-/Zysten von Cryptosporidien und Giardien (Immunfluoreszenz-Testkit)
- DAPI-Lösung zur Darstellung der Zellkerne
- DABCO-haltiges Eindeckmittel als Ausbleichschutz zur Erhaltung der Fluoreszenz
- Epifluoreszenzmikroskop mit FITC- und DAPI-Anregungs- und Emissionsfiltersatz, möglichst auch mit DIC-Ausstattung für 20-, 40- und 100fache Vergrößerung in abdunkelbarem Raum.

5.3.6.9 Reinigung und Desinfektion der Geräte

- Detergenzlösung
- Laborspülmaschine mit Desinfektionswaschgang (80 °C)
- Autoklav
- Heißluftsterilisator

5.3.7 Untersuchungsgang

Die hier beschriebene Nachweismethode basiert auf der Filtration großer Wasservolumina. Die im Filtermaterial zurückgehaltenen Oo-/Zysten werden anschließend eluiert, konzentriert und durch immunomagnetische Separation von Störstoffen befreit. Die Oo-/Zysten werden dann mit monoklonalen Antikörpern (MAB = Monoclonal Antibodies) zusammengebracht, die sich spezifisch an die Oo-/Zystenoberfläche anlagern. An die Antikörper ist eine im UV-Licht fluoreszierende Substanz (Fluoreszein-Isothiozyanat, FITC) gekoppelt. Der Nachweis der so markierten Zysten erfolgt durch Auszählen unter dem Epifluoreszenzmikroskop. Zur Absicherung der Diagnose und zur Unterscheidung von leeren Oo-/Zystenhüllen und intakten Oo-/Zysten erfolgt eine Kernfärbung mit DAPI.

5.3.7.1 Ermittlung der Wiederfindungsrate

Bei praktisch allen Schritten des komplexen Nachweisverfahrens kann es zum Verlust von Oo-/Zysten kommen. Die Verluste der einzelnen Verfahrensschritte summieren sich. Sie sind zudem abhängig von der laborinternen Handhabung der Methodik, sowie vom Gehalt der untersuchten Wasserproben an filtrierbaren Schmutzpartikeln. Bei erstmaliger Etablierung einer Nachweismethode für Cryptosporidien und Giardien im Labor ist es daher empfehlenswert, zunächst die Wiederfindungsraten in verschiedenen Matrizes, zumindest aber in Trink- und Oberflächenwasser, an wenigstens 5 Proben zu ermitteln, um sicherzustellen, dass bei der Ausführung der Methode keine systematischen Fehler unterlaufen und um beim mikroskopischen Nachweis eine gewisse Sicherheit bei der Identifikation der Oo-/Zysten und der bei Umweltproben notwendigen Abgrenzung von Artefakten zu erlangen. Wenn Wiederfindungsraten bekannt sind, können für Analysenergebisse, falls erforderlich, auch Schätzwerte für die tatsächliche Anzahl von Oo-/Zysten im ursprünglichen Probenmaterial und (ähnlich wie für Most Probable Number Verfahren) Konfidenzintervalle für das Ergebnis berechnet werden (Nahrstedt et al., 1994). Zu diesem Zweck ist auch ein spezielles Computerprogramm erhältlich (IWW, 1997). Wenn die Eliminationsleistung von Wasseraufbereitungsverfahren für Parasiten getestet werden soll, ist die Bestimmung von Wiederfindungsraten absolut erforderlich, um nicht Gefahr zu laufen, vermeintliche Effekte, die lediglich auf einer verminderten Wiederfindungsrate in einer bestimmten Matrix beruhen, fälschlicherweise dem Aufbereitungsverfahren zuzuschreiben. Verschiedene Verfahrensschritte wie die Filtration oder die immunomagnetische Separation können durch unterschiedliche Wasserqualitäten, z. B. Trübung und Härte, signifikant beeinflusst werden (Krüger, 2001).

5.3.7.2 **Probengewinnung und Transport**

Optimale Ergebnisse werden bei den beschriebenen Filtersystemen nur bei geringen Durchflussgeschwindigkeiten (< 5 l/min) erreicht. Das Probenvolumen richtet sich nach dem Verschmutzungsgrad des zu untersuchenden Wassers. Es sollte bei fertig aufbereiteten Trinkwässern mindestens 500–1000 l betragen. Bei Oberflächengewässern genügt ein Probenvolumen von 10–100 l. Größere Probenvolumina würden bei Oberflächengewässern die Filter relativ rasch verblocken.

Die Wahl der für die Probennahme benötigten Geräte und die Anordnung der einzelnen Komponenten richten sich nach den Gegebenheiten der jeweiligen Entnahmestelle. Grundsätzlich ist darauf zu achten, dass Komponenten, die schlecht zu reinigen und zu desinfizieren sind und daher zu einer Verschleppung von Mikroorganismen führen können, dem Filtergehäuse nachgeschaltet werden. Dies gilt in jedem Fall für den Durchflusszähler und den Durchflussregler, mit dem die Durchflussgeschwindigkeit auf 1–2 l/min begrenzt wird. Durchflusszähler sollten immer senkrecht von unten nach oben durchströmt werden, da sich sonst im Zählwerk Luftblasen ansammeln können. Schematische Darstellungen für die Anordnung der verschiedenen Gerätekomponenten bei der Probenahme sind in den bereits zitierten amerikanischen und britischen Normen enthalten. Für eine amtlich anerkannte Analyse von Trinkwasser wird im Vereinigten Königreich wohl hauptsächlich aus juristischen Gründen eine genau vorgeschriebene vor Ort fest installierte Anordnung von Durchflussbegrenzer, Druckminderer und Wasserzähler gefordert, die für orientierende Analysen wohl nicht in jedem Fall zwingend notwendig sein dürfte.

Da sich Cryptosporidien und Giardien im Probenmaterial nicht vermehren können, anderseits aber auch nicht besonders empfindlich gegenüber Umwelteinflüssen sind, sind an den Probentransport keine so strengen Anforderungen wie an den Transport von Proben zu stellen, die auf Bakterien untersucht werden müssen. Eine Transportzeit von zwei Tagen in einem Isolierbehälter ohne Kühlung ist durchaus noch akzeptabel. Auch die Proben für Ringversuche werden auf dem normalen Postweg und ohne Kühlung versandt. In Probenmaterialien mit sehr hohem Gehalt an Bakterien kann es jedoch dazu kommen, dass die spezifischen Epitope an der Oo-/Zystenoberfläche, die als Bindungsstellen für die monoklonalen Antikörper dienen, mikrobiell abgespalten werden und eine Detektion dann erschwert oder nicht mehr möglich ist.

Probenahme am Wasserhahn
Für die Probenahme am Wasserhahn wird das Filtergehäuse über ein möglichst kurzes, fabrikneues oder desinfiziertes Schlauchstück mit dem Filtergehäuse verbunden. Hierbei ist unbedingt darauf zu achten, dass Ein- und Auslassöffnung („IN“ bzw. „OUT“) nicht verwechselt werden. In der Praxis hat sich bei Entnahmestellen, die mehrfach beprobt werden sollen, auch die Verwendung so genannter Bewässerungscomputer bewährt, die im Gartenfachhandel relativ preisgünstig zu erwerben sind. Über solche Bewässerungscomputer können z. B. regelmäßige Beprobungszeiträume an bestimmten Wochentagen schon im Voraus festgelegt werden, sodass der Probennehmer den Standort nur noch anzufahren braucht und sofort den Filterhalter gegen einen frisch beschickten Filterhalter austauschen kann. Es entfallen damit die langen Wartezeiten bis die großen Probevolumina durch die Filter gelaufen sind. Außerdem ist es möglich, eine intermittierende Probenahme durchzuführen, in der Form, dass z. B. nicht 1000 l auf einmal, sondern an 5 aufeinander folgenden Tagen jeweils 200 l filtriert werden, ohne dass hierfür eine Person anwesend sein muss. Da bei vielen kleineren Wasserwerken die Rohwasserförderung ausschließlich bei Nacht erfolgt, kann sich auch hier die Anwendung eines Bewässerungscomputers als vorteilhaft erweisen.

Probenahme mit Saugpumpe
Da Pumpen in der Regel schlecht desinfizierbar sind, sollten bei der Probenentnahme in Oberflächengewässern bevorzugt Saugpumpen eingesetzt werden, denen das Filtergehäuse vorgeschaltet werden kann. Hierbei ist darauf zu achten, dass alle der Pumpe vorgeschalteten Wasser leitenden Teile absolut luftdicht miteinander verbunden sind. Über Saugpumpen ist eine Probennahme allerdings nur aus oberflächlichen Wasserschichten möglich. Mehr als 10 m Höhenunterschied kann eine Saugpumpe nicht überwinden, da aus physikalischen Gründen dann die Wassersäule abreißt.

Probenahme mit Druckpumpe
Soll Wasser aus größeren Tiefen (z. B. Grundwassermessstellen) gepumpt werden, ist die Anwendung von Druckpumpen unumgänglich. Diese sollten, sofern sie nicht desinfizierbar sind, vor Beginn der Probennahme für mindestens 10 min bei voller Leistung gespült werden, bevor das Filtergehäuse angekoppelt wird.

5.3.7.3 **Filterelution**

- Die Elution erfolgt bei den Pressschwammfiltern in einer speziellen Waschapparatur, in die die Filter eingespannt werden. Die Zentralschraube, mit der die beiden Backen zusammengehalten werden, zwischen denen die Schaumstoffringe komprimiert sind, wird gelöst, die Ringe expandieren und können durch Betätigen eines Hebels mehrfach komprimiert und dekomprimiert werden. Das Filterretentat löst sich dabei in der zugegebenen detergenzhaltigen Waschflüssigkeit.
- Die Filterkapsulen werden zur Elution mit einer detergenzhaltigen Elutionsflüssigkeit zu ca. 3/4 gefüllt und anschließend in einen Axialrüttler eingespannt. Durch schnelles Hin- und Herschwenken der Flüssigkeit wird der Filterkuchen von der Membran abgelöst und resuspendiert. Nach einer gewissen Zeit muss die Kapsule um 90° gedreht werden, damit alle Seiten der Membran ausreichend benetzt werden. Die Elutionsflüssigkeit wird dann in Zentrifugenbecher abgegossen. Dabei ist darauf zu achten, dass die Flüssigkeit zur Einlassseite, d. h. entgegen der Filtrationsrichtung, herausgekippt wird, da die Oo-/Zysten ja auf der Einlassseite auf der Membran haften und nicht auf der Auslassseite.

5.3.7.4 **Eluatkonzentrierung**

- Die Konzentration erfolgt beim Pressschwammfiltersystem in Form einer Membranfiltration in einem speziellen Konzentrator. Hierbei wird das Verstopfen der Membran dadurch verhindert, dass das Retentat über der Membran durch ständige Aufwirbelung mit einem Magnetrührfisch in Suspension gehalten wird.
- Beim Filterkapsulensystem erfolgt die Eluatkonzentration durch Abzentrifugieren in konisch zulaufenden Zentrifugenbechern und Absaugen des Überstands mit einer Wasserstrahlpumpe. Dabei muss vorsichtig von der Oberfläche her abgesaugt werden, damit das Sediment nicht aufgewirbelt wird.

5.3.7.5 **Immunomagnetische Separation**

Das Konzentrat wird mit den immunomagnetischen Partikeln zusammen mit einem Bindepuffer in spezielle Reagenzgläser gegeben und in einen Rotor eingespannt, wo es mit festgelegter Geschwindigkeit und für die festgelegte Dauer über Kopf gemischt wird.

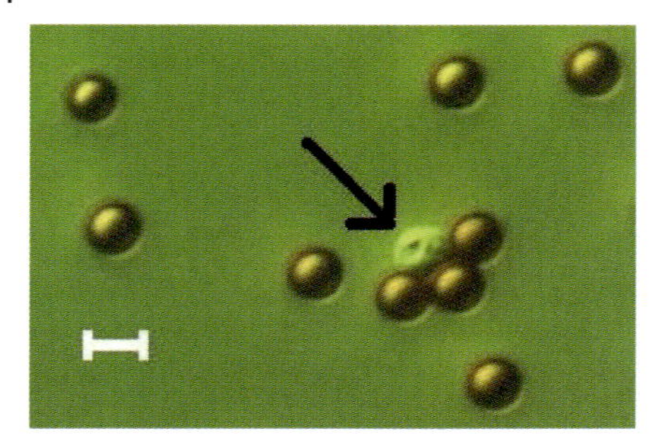

Abb. 5.10 *Cryptosporidium parvum*-Oozyste von immunomagnetischen Partikeln „eingefangen". Weißer Balken: 5 µm. Foto und Präparat: P. Krüger.

Anschließend werden die Reagenzgläser in den Magnethalter eingesetzt und von Hand über Kopf geschwenkt, bis die Magnetpartikel mit den „gefangenen" Oo-/Zysten (s. Abb. 5.10) an der Hinterwand des Reagenzglases haften.

Die Flüssigkeit mit den nicht gebundenen Störstoffen wird dekantiert und das Reagenzglas aus dem Magnethalter herausgenommen.

Die Oo-/Zysten werden durch einen Säurepuffer wieder von den Magnetpartikeln abgetrennt und gehen in Suspension.

Das Reagenzglas wird erneut in den Magnethalter eingespannt, und die immunomagnetischen Partikel werden an die Reagenzglasrückwand gezogen.

Die separierten Oo-/Zysten können jetzt herausgenommen werden und der Säurepuffer wird neutralisiert.

Die gereinigte Suspension wird durch Zentrifugation weiter aufkonzentriert.

5.3.7.6 **FITC-MAB-Markierung und mikroskopischer Nachweis**

- Für die Darstellung der Oo-/Zysten mit Hilfe von FITC-markierten monoklonalen Antikörpern (FITC-MAB's) werden die separierten Oo-/Zysten auf einem Objektträger mit maximal einem Feld fixiert.
- Anschließend erfolgt die Inkubation mit den Antikörpern und die Kernfärbung mit DAPI.
- Das Eindeckmedium (DABCO) wird aufgetropft und mit einem Deckglas abgedeckt.
- Im Epifluoreszenzmikroskop wird das Präparat zeilenweise bei 200facher Vergrößerung abgesucht und verdächtige Objekte werden mit 400- bis 1000facher Vergrößerung bestätigt.

5.3.7.7 **Desinfektion und Reinigung der Geräte**

Da Cryptosporidien und Giardien Krankheitserreger sind, müssen insbesondere bei der Durchführung von Versuchen zur Ermittlung von Wiederfindungsraten alle möglicherweise Oo-/zystenhaltigen Geräte und Materialien (Schläuche, Filterhalter, Zentrifugenbecher, Glasflaschen, Filterwolle etc.) vor ihrer Entsorgung bzw. Wiederverwendung desinfiziert werden. Eine Desinfektion kann durch Pasteurisieren oder im Autoklaven durch ein Desinfektionsprogramm bei 105 °C oder ein Sterilisationsprogramm bei 121 °C erreicht werden. Bei diesen Desinfektionsverfahren werden die Oo-/Zysten mit Sicherheit abgetötet. Es ist aber nicht möglich, die Oo-/Zysten durch diese Verfahren morphologisch komplett zu zerstören. Insbesondere bleiben die antikörperbindenden Epitope der Oo-/Zystenhüllen erhalten. Dies kann bei Verschleppung zu falsch-positiven Ergebnissen führen. Bei wiederverwendbaren Materialien (Kunststoffteile) müssen die Oo-/Zysten daher durch gründlichstes Waschen und Spülen mechanisch entfernt werden. Alternativ können die antikörperbindenden Epitope der dem Material evtl. anhaftenden Oo-/Zysten durch Einlegen in 5%ige Natriumhypochlorid-Lsg. für mindestens 20 min zerstört werden. Nach Einlegen in Natriumhypochlorid-Lsg. sollte überschüssiges Chlor durch Eintauchen in eine Natriumthiosulfat-Lösung neutralisiert werden. Beim Umgang mit Chlorbleichlauge sind unbedingt die entsprechenden Sicherheitsvorkehrungen zu treffen (Augenschutz, Schutzkleidung etc.)! Hitzeresistente Metall- oder Glasteile können auch durch Heißluftsterilisation über 30 min bei 180 °C oder gründliches Abflammen über dem Bunsenbrenner wieder aufbereitet werden.

5.3.7.8 **Auswertung**

Als Oo-/Zysten werden Strukturen von charakteristischer Größe und Fluoreszenz gewertet (s. Abb. 5.11). Da sich die Antikörper gleichmäßig von außen auf die Oo-/Zystenhülle setzen, fluoreszieren die tangential abstrahlenden äußeren Konturen infolge des Summationseffekts am stärksten. Zur Mitte hin nimmt die Fluoreszenz stark ab.

Cryptosporidien-Oozysten haben einen Durchmesser von 4–6, in aller Regel aber von ziemlich exakt 5 μm. Sie sind im Normalfall kreisrund bis allenfalls leicht oval (s. Abb. 5.11 a, b). Durch Eindellung oder teilweisen Kollaps können sich auch charakteristische Faltenstrukturen darstellen, die z. T. an einen eingedrückten Fußball mit zu wenig Luft erinnern (s. Abb. 5.11 d, e). Leere Oozystenhüllen können auch das sehr typische Bild einer halb geöffneten Tulpenblüte bieten (s. Abb. 5.11 f und Abb. 5.13).

Die Zysten von *G. lamblia* sind größer und in ihrer Form etwas variabler. Grundsätzlich sind die Zysten eiförmig bis oval (s. Abb. 5.11 i–k) oder andeutungsweise birnenförmig, können sich bei axialer Lage im Präparat aber auch nahezu kreisrund darstellen (s. Abb. 5.11 l). Der Längsdurchmesser beträgt 10–18, im Durchschnitt 14 μm, der Querdurchmesser 7–13, im Durchschnitt 10 μm. So ergab die mit Hilfe eines automatischen Bildanalysesystems (Kontron KS300) durchgeführte Vermessung von 200 FITC-markierten Zysten aus einer Patientenstuhlprobe z. B. folgende Werte: Für die Länge ein Maximum von 16,8 μm, ein Minimum von 10,9 μm, einen Mittelwert von 13,5 μm und eine Standardabweichung von 1,04, für die Breite ein Maximum von 12,9 μm, ein Minimum von 8,2 μm, einen Mittelwert von 10,8 μm und eine Standardabweichung von 0,69.

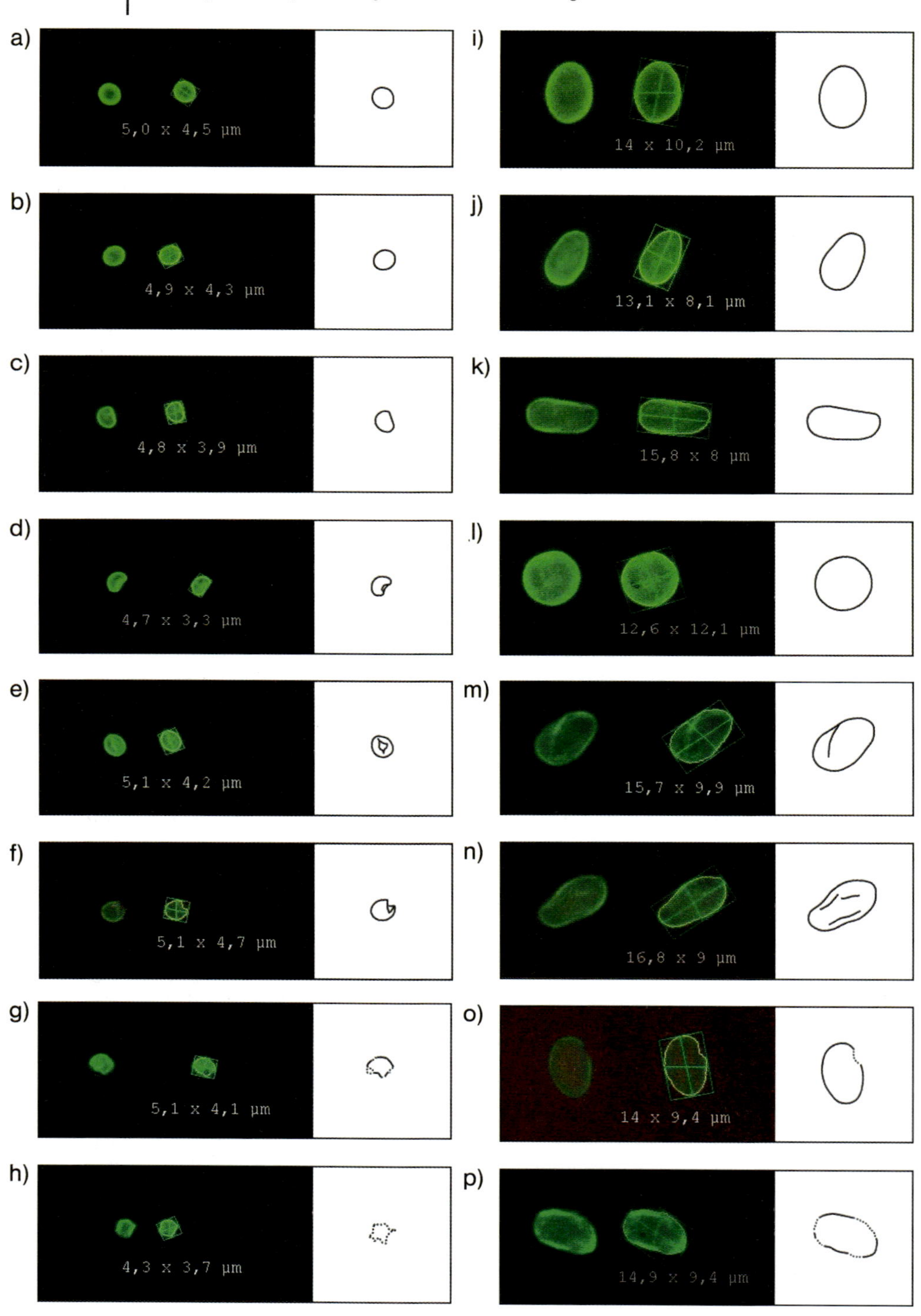
a)
5,0 x 4,5 µm
b)
4,9 x 4,3 µm
c)
4,8 x 3,9 µm
d)
4,7 x 3,3 µm
e)
5,1 x 4,2 µm
f)
5,1 x 4,7 µm
g)
5,1 x 4,1 µm
h)
4,3 x 3,7 µm
i)
14 x 10,2 µm
j)
13,1 x 8,1 µm
k)
15,8 x 8 µm
l)
12,6 x 12,1 µm
m)
15,7 x 9,9 µm
n)
16,8 x 9 µm
o)
14 x 9,4 µm
p)
14,9 x 9,4 µm

Geplatzte und kollabierte Zysten in getrockneten Präparaten können auch größer erscheinen. Wie Cryptosporidien-Oozysten können auch Giardien-Zysten durch teilweisen Kollaps bedingte Faltenstrukturen aufweisen (s. Abb. 5.11 m–n).

Sowohl Cryptosporidien-Oozysten wie Giardien-Zysten können im Laufe ihrer Umweltpassage aber auch während der Probenaufbereitung (zu starkes Vortexen, zu häufiges Zentrifugieren, Austrocknen) zunehmende Verschleißerscheinungen zeigen. Die Oberflächenstruktur stellt sich dann nicht mehr klar und glatt dar. Besonders bei Giardien können die Zystenhüllen auch teilweise zerfetzt und verformt erscheinen (Abb. 5.11 g–h und o–p).

Nach Auffinden von fluoreszierenden Objekten können diese dann durch einfachen Wechsel der optischen Filter auch im Durchlichtverfahren – am besten mit differenziellem Interferenzkontrast – betrachtet werden. Durch Darstellung der Innenstrukturen kann auf diese Weise eine höhere diagnostische Sicherheit erreicht werden. Diesem Zweck dient auch die im Vereinigten Königreich für die Cryptosporidien-Diagnostik obligatorische Kernfärbung mit DAPI (s. Abb. 5.12), die einen zusätzlichen geeigneten Fluoreszenzfiltersatz voraussetzt.

5.3.8 Störungsquellen

Neben morphologisch eindeutig abgrenzbaren Algen gibt es auch solche, die morphologisch insbesondere mit Giardien-Zysten zu verwechseln sind, da sie eine grünliche Autofluoreszenz aufweisen, oval geformt und auch von ähnlicher Größe sind (Clancy, 1994). Die Fluoreszenz ist aber über den gesamten Algenkörper gleichmäßig verteilt und flacht zum Rand hin eher ab, während sich bei den Giardienzysten die Fluoreszenz hauptsächlich auf die Umrisse der Zystenhülle konzentriert. Auch in lediglich mit Cryptosporidien-Konjugat markierten Proben haben wir des Öfteren Strukturen beobachtet, die mit Giardien-Zys-

Abb. 5.11 a–p Fluoreszenz-mikroskopischer Nachweis von *Cryptosporidium parvum*-Oozysten (a–h) und *Giardia lamblia*-Zysten (i–p). Fotos u. Vermessung: M. Lokhova u. A. Wiedenmann. Links: epifluoreszenzmikroskopisches Bild; Mitte: gleiches Bild wie links nach Vermessung mit einem automatischen Bildanalysesystem (Kontron KS300); rechts: schematische Darstellung.
Cryptosporidien-Oozysten:
a, b intakte, kreisrunde bis leicht ovale Oozysten
c seitlich leicht eingedellte Oozyste
d seitlich stark eingedellte Oozyste
e von oben stark eingedellte (kollabierte) Oozyste, deren Faltenbildung an einen Fußball mit zu wenig Luft erinnert
f typisches Bild einer seitlich geöffneten, leeren Oozystenhülle, das an eine Tulpenblüte erinnert
g leicht beschädigte Oozyste
h stark beschädigte Oozyste mit unregelmäßigem Rand.
Giardien-Zysten:
i, j typische eiförmige bis ovale Zysten
k seitlich abgeflachte, leicht gestreckte Zystenform
l eher seltene kreisrunde Zystenform
m, n Faltenbildung auf der Zystenoberfläche
o Zyste mit seitlichem Defekt oder teilweiser Überlagerung durch nicht fluoreszierenden Fremdkörper
p stark beschädigte Zyste mit unregelmäßigem Rand.

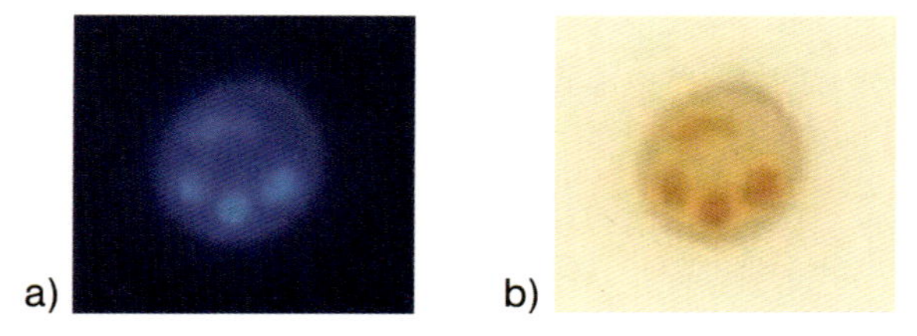

Abb. 5.12 Kernfärbung mit DAPI bei einer Cryptosporidien-Oozyste. a) Original. b) Negativ. Foto: P. Krüger/A. Wiedenmann.

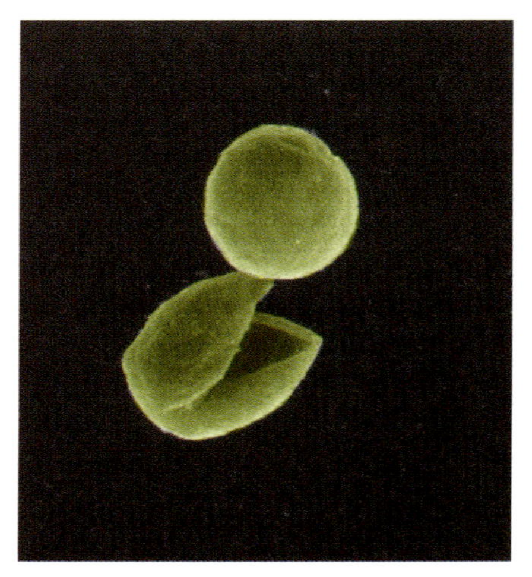

Abb. 5.13 Rasterelektronenmikroskopische Aufnahme von *Cryptosporidium parvum*-Oozysten: Intakte kugelförmige Oozyste und leere Oozystenhülle mit typischer „Tulpenblüten-Form“ nach in-vitro Exzystierung nach Krüger et al., 2001. Foto: G. Ungericht/J. Berger/A. Wiedenmann.

ten verwechselbar sind, die aber eine eher kristall- oder knollenartige Oberfläche haben und nur einen hauchdünnen Fluoreszenzsaum aufweisen. Diese Verwechslungsmöglichkeiten unterstreichen die Notwendigkeit der Mitführung von Positiv- und Negativkontrollen (vgl. Abschnitt 5.3.10). Weitere Störquellen können überalterte FITC-Konjugate und überalterte UV-Lampen im Mikroskop sein. Beides resultiert in einer Schwächung der Fluoreszenz und damit in einer Unterschätzung der tatsächlichen Oo-/Zystenzahl bzw. in falsch-negativen Befunden. Die Laufzeiten der UV-Lampe am Mikroskop müssen daher überprüfbar sein. Die Haltbarkeitsangaben der Hersteller der FITC-Konjugate sind naturgemäß sehr vorsichtig. Bei korrekter Lagerung und einwandfrei funktionierenden Positivkontrollen ist eine Verwendung auch über das Mindesthaltbarkeitsdatum hinaus akzeptabel.

5.3.9
Angabe der Ergebnisse

Bei der Angabe der Ergebnisse muss das ursprünglich filtrierte Probenvolumen sowie der tatsächlich mikroskopisch untersuchte Anteil des Probenvolumens mitgeteilt werden. Die verwendete Nachweismethode ist zu nennen. Es sollte auch angegeben werden, wie viele der Oo-/Zysten morphologisch intakt waren. Für die tatsächlich mikroskopisch detektierten Oo-/Zystenzahlen können die anhand der Versuche zur Wiederfindungsrate ermittelten Konfidenzintervalle für die tatsächliche Zahl angegeben werden. Alternativ kann auch die laborspezifische mittlere Wiederfindungsrate sowie deren Streuung mit angegeben werden. Es sollte auch ausdrücklich darauf hingewiesen werden, dass es sich bei der angewandten Methode um einen rein morphologischen Nachweis handelt, der keine Aussage darüber zulässt, ob es sich bei den nachgewiesenen Strukturen um lebendes und damit infektiöses Material handelt.

5.3.10
Interne Qualitätskontrolle

Bei der Fluoreszenzmikroskopie sollten immer Positiv- und Negativkontrollen mitgeführt werden. Positivkontrollen dürfen nie mit einer Probe auf den gleichen Objektträger aufgebracht werden.

5.3.11
Externe Qualitätskontrolle

Da die Methode insbesondere beim mikroskopischen Nachweis der Oo-/Zysten in erheblichem Maße von der Erfahrung des Untersuchers abhängt, sollte bei Neueinführung der Methode in einem Labor unbedingt Kontakt zu einem in der Diagnostik erfahrenen Labor hergestellt werden. Es ist außerdem sehr zu empfehlen, an externen Ringversuchen zur Qualitätskontrolle teilzunehmen. Solche Ringversuche werden z. B. von der britischen Health Protection Agency (HPA, 2006) sowohl für Cryptosporidien als auch für Giardien regelmäßig angeboten. Bei Teilnahme erhält man in regelmäßigen Abständen drei Trink- oder Flusswassersedimentproben von jeweils 1 ml. Diese Proben werden mit der jeweiligen Routinemethode der teilnehmenden Labors untersucht. Die Proben enthalten Cryptosporidien-Oozysten in Konzentrationen, wie sie auch in Wirklichkeit vorkommen können. Die Ergebnisse werden dem Veranstalter der Ringversuche vertraulich mitgeteilt. Am Ende eines Ringversuchs erhalten alle Teilnehmer eine Zusammenstellung aller Ergebnisse in anonymisierter Form. Im Rahmen des für die amtlich anerkannte Cryptosporidienanalytik im Vereinigten Königreich vorgeschriebenen Qualitätskontrollsystems sind auch gespickte Filter und Cryptosporidiensuspensionen sowie fertige Objektträger erhältlich, um alle Stufen der Analytik durch Qualitätskontrollmaßnahmen zu erfassen.

5.3.12 Laborakkreditierung

Das Akkreditierungssystem für Cryptosporidienanalysen im Vereinigten Königreich ist ausgesprochen anspruchsvoll und garantiert auch inhaltlich eine korrekte Analytik. In Deutschland ist eine Akkreditierung dagegen eher eine Bestätigung, dass ein ausreichendes Dokumentationssystem im Labor vorhanden ist. Die Qualität der Analytik als solche wird von Akkreditierungsunternehmen normalerweise nicht ausreichend kontrolliert. Ergebnisse von Ringversuchen sind für den Kunden daher eher relevant.

5.3.13 Alternativ-Verfahren, weitergehende Diagnostik und Methoden-Entwicklungen

Eine Untersuchungsanleitung der International Standardization Organization (ISO), die sowohl das britische als auch das amerikanische Standardverfahren und zusätzlich eine Membranfiltrationstechnik enthält, ist im Entwurfsstadium vorhanden (ISO, 2005).

Als Separationstechnik wird z.T. Fluorescence Activated Cell Sorting (FACS) angewandt (Vesey, 1993). Dieses Verfahren ist aber hinsichtlich der erforderlichen Ausrüstung extrem aufwändig und konnte sich bisher nicht allgemein durchsetzen.

Zur Detektion von Oo-/Zysten sind auch zahlreiche PCR-Protokolle entwickelt und in der Literatur beschrieben worden (Übersicht bei Wiedenmann, 1998; Caccio, 2003). Hinzu kommen Techniken, mit Hilfe derer man sich eine bessere Aussage über die Vitalität bzw. Infektiosität der Erreger verspricht. Hierunter fallen Färbetechniken (Campbell, 1992) und Verfahren, bei denen die Exzystierfähigkeit von Cryptosporidien in vitro überprüft wird (s. Abb. 5.13) und Techniken, bei denen Zellkulturen infiziert werden. Solche Vitalitätstests können auch mit molekularbiologischen Verfahren kombiniert werden (Filkorn, 1994; Krüger, 2001; Krüger et al., 2001; Filkorn-Kaiser, 2005; DiGiovanni, 2005). Der absolute Maßstab („Goldstandard") für die Überprüfung der Infektiosität ist der Tierversuch, der sich für Routinezwecke natürlich nicht eignet (Bukhari, 2000). Vergleichsuntersuchungen haben zwar gezeigt, dass Zellkulturtechniken hinsichtlich der Infektiosität sowohl vor als auch nach Anwendung von Desinfektionsverfahren (Ozon, UV) vergleichbare Ergebnisse wie der Tierversuch liefern. Die Streubreite der Ergebnisse machte aber nur grobe Unterschiede in der Infektiosität sicher erkennbar (Rochelle, 2002).

Zur Infektkettenaufklärung sind ebenfalls molekularbiologische Techniken das Mittel der Wahl. Diese beruhen in der Regel auf einer primären Amplifikation bestimmter Gensequenzen, einem Restriktionsverdau und einer anschließenden Gelelektrophorese, oder auf einer kompletten Sequenzierung des amplifizierten Genabschnitts (Hartelt, 2004; Caccio, 2005; Nichols, 2006).

Literatur

Botzenhart, K. (1994): Die Beherrschung mikrobiologischer Belastungen bei der Oberflächenwasseraufbereitung nach der SWTR (USA). Das Gas- und Wasserfach (gwf), Wasser Abwasser, 135, 201–206.

Bukhari, Z. M.; Marshall, M.; Korich, D. G.; Fricker, C. R.; Smith, H. V.; Rose, J.; Clancy, J. L. (2000): Comparison of *Cryptosporidium parvum* Viability and Infectivity Assays following Ozone Treatment of Oocysts. Appl. Environ. Microbiol., 66, 2972–2980.

Bundesministerium für Gesundheit (2001): Verordnung zur Novellierung der Trinkwasserverordnung. BGBl I, 959–980.

Caccio, S. M. (2003): Molecular techniques to detect and identify protozoan parasites in the environment. Acta Microbiol. Pol., 23–34.

Caccio, S. M.; Thompson, R. C.; McLauchlin, J.; Smith, H. V. (2005): Unravelling *Cryptosporidium* and Giardia epidemiology. Trends Parasitol. Review, 21, 430–437.

Campbell, A. T.; Robertson, L. J.; Smith, H. V. (1992): Viability of *Cryptosporidium parvum* Oocysts: Correlation of In Vitro Excystation with Inclusion or Exclusion of Fluorogenic Vital Dyes. Appl. Environ. Microbiol., 58, 3488–3493.

Clancy, J. L.; Gollnitz, W. D.; Tabib, Z. (1994): Commercial labs: how accurate are they? J. AWWA, 86, 89–97.

Current, W. L.; Garcia, L. S. (1991): Cryptosporidiosis. Clin. Microbiol. Reviews, 4, 325–358.

Di Giovanni, G. D.; Le Chevallier, M. W. (2005): Quantitative-PCR assessment of *Cryptosporidium parvum* cell culture infection. Appl. Environ. Microbiol., 71, 1495–1500.

Dupont, H. L.; Chappell, C. L.; Sterling, C. R.; Okhuysen, P. C.; Rose, J. B.; Jakubowski, W. (1995): The Infectivity of *Cryptosporidium parvum* in Healthy Volunteers. N. Engl. J. Med., 332, 855–859.

DVGW (Deutscher Verein des Gas- und Wasserfachs, 2001): Technischer Hinweis W 272: Hinweis zu Methoden der Parasitenanalytik von *Cryptosporidium sp.* und *Giardia lamblia.* http://www.dvgw.de (Zugriff: 2006)

DWI (Drinking Water Inspectorate, 2006): Regulatory Legal Requirements and Standard Operating Protocols (SOPs). http://www. dwi.gov.uk/regs/crypto/ (Zugriff: 2006 a)

DWI (Drinking Water Inspectorate, 2006): Approved Laboratories for *Cryptosporidium.* http://www.dwi.gov.uk/regs/crypto/ (Zugriff: 2006 b)

DWI (Drinking Water Inspectorate, 2006): Approved Regulatory Cryptosporidium Sampling Units. http://www.dwi.gov.uk/regs/crypto/ (Zugriff: 2006 c)

DWI (Drinking Water Inspectorate, 2006): Validation of New Methods or Parts of Methods for Sampling and Analysis. http://www.dwi.gov.uk/regs/crypto/ (Zugriff: 2006 d)

EPA (Environmental Protection Agency, 1989): National Primary Drinking Water Regulations: Filtration; Disinfection; Turbidity; *Giardia lamblia*; Viruses, Legionella, and Heterotrophic Bacteria. Final Rule. Fed. Reg., 54, 27486–27491.

EPA (Environmental Protection Agency, 2005): Method 1623: Cryptosporidium and *Giardia* in Water by Filtration/IMS/FA. http: //www.epa.gov /nerlcwww/ 1623de05. pdf (Zugriff: 2006)

Filkorn, R.; Wiedenmann, A.; Botzenhart, K. (1994): Selective Detection of Viable Cryptosporidium Oocysts by PCR. Zbl. Hyg., 195, 489–494.

Filkorn-Kaiser, R.; Botzenhart, K.; Wiedenmann, A. (2005) Development and test for long-term stability of a synthetic standard for a quantitative *Cryptosporidium parvum* LightCycler PCR assay. J. Water and Health, 3, 15–25.

Finch, G. R.; Black, E. K.; Gyürek, L.; Belosevic, M. (1993): Ozone inactivation of *Cryptosporidium parvum* in demand free phosphate buffer determined by in vitro excystation and animal infectivity. Appl. Environm. Microbiol., 59, 4203–4210.

Glaeser, C.; Grimm, F.; Mathis, A.; Weber, R.; Nadal, D.; Deplazes, P. (2004): Detection and molecular characterization of *Cryptosporidium spp.* isolated from diarrheic children in Switzerland. Pediatr. Infect. Dis. J., 23, 359–361.

Gornik, V.; Exner, M. (1991): Nachweismethode und Vorkommen von *Cryptosporidi-*

um sp. in ausgewählten Oberflächenwässern. Zbl. Hyg. 192, 124–133.

Gornik, V.; Behringer, K.; Kölb, B.; Exner, M. (2001): Erster Giardiasis-Ausbruch im Zusammenhang mit kontaminiertem Trinkwasser in Deutschland. Bundesgesundheitsbl. – Gesundheitsforsch. – Gesundheitsschutz, 44, 351–357.

Hartelt, K.; Kirch, A.; Wagner-Wiening, C.; Kimmig, P. (2004): Typisierung von Cryptosporidien zur Verfolgung einer Schwimmbad-Infektion. Landesgesundheitsamt Baden-Württemberg/Jahresbericht 29–30.

HPA (Health Protection Agency, 2006): Cryptosporidium and *Giardia* Detection Scheme. http://www.hpaweqa.org.uk/Crypto/Default.asp (Zugriff: 2006).

Hunter, P. R.; Thompson, R. C. (2005): The zoonotic transmission of *Giardia* and Cryptosporidium. Review. Int. J. Parasitol., 35, 1181–1190.

IfSG (Infektionsschutzgesetz, 2000): Gesetz zur Verhütung und Bekämpfung von Infektionskrankheiten beim Menschen. Bundesgesetzblatt der Bundesrepublik Deutschland, Teil 1, 33, 1045–1071.

ISO (International Standardization Organization, 2006): ISO 15553: Water quality – Isolation and identification of Cryptosporidium oocysts and *Giardia* cysts from water (under development). http://www. iso.org (Zugriff: 2006).

IWW (Rheinisch-Westfälisches Institut für Wasserchemie und Wassertechnologie GmbH, 1997): Parasit 1.4 (1997). http://www.uni-duisburg.de / FB7/ FG15 / wt / pdf-files/PARASIT.pdf (Zugriff 2006).

Jarroll, E. L.; Bingham, A. K.; Meyer, E. A. (1981): Effect of Chlorine on *Giardia lamblia* Cyst Viability. Appl. Environ. Microbiol., 41, 483–487.

Karanis, P.; Schoenen, D.; Maier, W. A.; Seitz, H. M. (1993): Trinkwasser und Parasiten. Immun. Infect., 21, 132–136.

Korich, D. G.; Mead, J. R.; Madore, M. S.; Sinclair, N. A. (1990): Effects of ozone, chlorine dioxide, chlorine, and monochloramine on *Cryptosporidium parvum* oocyst viability. Appl. Environ. Microbiol., 56, 1423–1428.

Krüger, P. (2001): Entwicklung und Optimierung eines praxistauglichen Verfahrens zum selektiven Nachweis vitaler Cryptosporidien-Oozysten und zum Nachweis von Giardien-Zysten in Wasserproben mit Hilfe der PCR. Dissertation. Fakultät für Biologie der Universität Tübingen.

Krüger, P.; Wiedenmann, A.; Tougianidou, D.; Botzenhart, K. (2001): Quantitative Detection of *Cryptosporidium parvum* after In Vitro Excystation by LightCycler PCR. In Meuer, S.; Wittwer, C.; Nakagawara, K. (Eds.): Rapid Cycle Real-Time PCR. Methods and Applications. Springer-Verlag Berlin Heidelberg New York, 341–348.

Nichols, R. A.; Campbell, B. M.; Smith, H. V. (2006): Molecular fingerprinting of Cryptosporidium oocysts isolated during water monitoring. Appl. Environ. Microbiol., 72, 5428–5435.

Leoni, F.; Amar, C.; Nichols, G.; Pedraza-Diaz, S.; McLauchlin, J. (2006): Genetic analysis of Cryptosporidium from 2414 humans with diarrhoea in England between 1985 and 2000. J. Med. Microbiol., 55, 703–707.

MacKenzie, W. R.; Hoxie, N. J.; Proctor, M. E.; Gradus, M. S.; Blair, K. A.; Peterson, D. E.; Katmierczak, J. J.; Addiss, D. G.; Fox, K. R.; Rose, J. B.; Davis, J. P. (1994): A Massive Outbreak in Milwaukee of Cryptosporidium Infection Transmitted through the Public Water Supply. N. Engl. J. Med., 331, 161–167.

Morgan-Ryan, U. M.; Fall, A.; Ward, L. A.; Hijjawi, N.; Sulaiman, I.; Fayer, R.; Thompson, R. C.; Olson, M.; Lal, A.; Xiao, L. (2002): *Cryptosporidium hominis* n. sp. (Apicomplexa: Cryptosporidiidae) from Homo sapiens. J. Eukaryot. Microbiol., 49, 433–440.

Nahrstedt, A.; Gimbel, R. (1994): Vorkommen und Verhalten von Parasiten bei der Trinkwassergewinnung. Teilprojekt III. Bericht zum anfinanzierten Forschungsvorhaben. Rheinisch-Westfälisches Institut für Wasserchemie und Wassertechnologie GmbH in Mühlheim an der Ruhr.

NCBI (National Center for Biotechnology Information, 2006) http://www.ncbi.nlm.nih.gov / Taxonomy / Browser / wwwtax.cgi?id=5806 und *http://www.ncbi.nlm.nih.gov/Taxonomy/Browser/wwwtax.cgi?id=5740*

Ongerth, J. E.; Stibbs, H. H. (1987): Identification of Cryptosporidium oocysts in river water. Appl. Environ. Microbiol., 53, 672–676.

Paul, A. (2000): Vergleich unterschiedlicher Filtrationssysteme und PCR Verfahren zum Nachweis von Cryptosporidien und Giardien aus Wasserproben. Dissertation. Fakultät für Biologie, Universität Tübingen.

Regli, S.; Rose, J.B.; Haas, C.N.; Gerba, C.P. (1991): Modelling the Risk from Giardia and Viruses in Drinking Water. J. AWWA, 5, 76–84.

Regli, W. (1994): Verbesserte Methoden für die Isolierung und den Nachweis von Giardia-Zysten und Cryptosporidium-Oozysten in Oberflächenwässern: Flockung mit $Al_2(SO_4)_3$ und fluorescence-activated cell sorting (FACS). Dissertation, Veterinärmedizinische Fakultät der Universität Zürich.

Rendtorff, R.C. (1954): The experimental transmission of human intestinal protozoan parasites. Am. J. Hyg., 59, 209–220.

Robertson, L.J.; Campbell, A.T.; Smith, H.V. (1992): Survival of *Cryptosporidium parvum* oocysts under various environmental pressures. Appl. Environ. Microbiol., 58, 3494–3500.

Rochelle, P.A.; Marshall, M.M.; Mead, J.R.; Johnson, A.M.; Korich, D.G.; Rosen, J.S.; De Leon, R. (2002): Comparison of in vitro cell culture and a mouse assay for measuring infectivity of *Cryptosporidium parvum*. Appl. Environ. Microbiol., 68, 3809–3817.

Rose, J.B.; Botzenhart, K. (1990): Cryptosporidium und Giardia im Wasser: Nachweisverfahren, Häufigkeit, und Bedeutung als Krankheitserreger. Das Gas- und Wasserfach (gwf): Wasser-Abwasser, 131, 563–572.

Ryan, U.M.; Bath, C.; Robertson, I.; Read, C.; Elliot, A.; McInnes, L.; Traub, R.; Besier, B. (2005): Sheep may not be an important zoonotic reservoir for Cryptosporidium and Giardia parasites. Appl. Environ. Microbiol., 71, 4992–4997.

Smith, H.V.; Nichols, R.A.; Mallon, M.; Macleod, A.; Tait, A.; Reilly, W.J.; Browning, L.M.; Gray, D.; Reid, S.W.; Wastling, J.M. (2005): Natural *Cryptosporidium hominis* infections in Scottish cattle. Vet. Rec., 28, 710–711.

Sterling, C.R. (1990): Effects of Ozone, Chlorine Dioxide, Chlorine, and Monochloramine on *Cryptosporidium parvum* Oocyst Viability. Appl. Environ. Microbiol., 56, 1423–1428.

Thompson, R.C.A.; Reynoldson, J.A. (1993): *Giardia* and Giardiasis. Advances in Parasitology, 32, 71–160.

Vesey, G.; Slade, J.S.; Byrne, M.; Shepherd, K.; Dennis, P.J.; Fricker, C.R. (1993): Routine monitoring of Cryptosporidium oocysts in water using Flow Cytometry. J. Appl. Bacteriol., 75, 87–90.

Wagner, C.; Kimmig, P. (1992): *Cryptosporidium parvum* und *Giardia lamblia* – Vorkommen in Oberflächen- und Trinkwasser – Bedeutung und Nachweisverfahren. Gesundheits. Wes., 54, 662–665.

Wiedenmann, A.; Krüger, P.; Botzenhart, K. (1998): PCR detection of *Cryptosporidium parvum* in environmental samples – a review of published protocols and current developments. J. Industr. Microbiol. & Biotechnol., 21, 150–166.

WHO (World Health Organization, 2005): Water safety plans: Managing drinking-water quality from catchment to consumer. Geneva. http://www.who.int/entity/water_sanitation_health/dwq/wsp170805.pdf (Zugriff 2006).

Willburger, A. (1981): Cryptosporidien bei Kälbern im Einzugsgebiet des Staatlichen Tierärztlichen Untersuchungsamtes in Aulendorf. Dissertation, Veterinärmedizinische Fakultät der Universität Zürich.

6
Molekularbiologische Methoden

Konrad Botzenhart

Unter molekularbiologischen Verfahren sollen hier solche verstanden werden, die auf der Anwesenheit und Erkennung spezifischer Moleküle oder Teilen von diesen in den gesuchten Objekten basieren und nicht z. B. auf Stoffwechselleistungen oder morphologischen Substraten. Für die molekularbiologische Diagnostik kommen vor allem Moleküle der Oberfläche und Moleküle des Genoms oder seiner Transkripte in Frage. Molekularbiologische Methoden können u. U. schneller, empfindlicher oder genauer und spezifischer sein, sie sind vor allem dann von Vorteil, wenn sich die gesuchten Mikroorganismen nicht oder nur mit Schwierigkeiten im Labor anzüchten lassen. Ihr Ergebnis ist mit dem von etablierten Methoden häufig nicht vergleichbar, weil unterschiedliche Eigenschaften der Mikroorganismen zur Analyse herangezogen werden. Ein großer Nachteil besteht ferner darin, dass noch keine genormten molekularbiologischen Verfahren für die Untersuchung von Trinkwasser bestehen und daher häufig die Ergebnisse verschiedener Laboratorien aufgrund abweichender Verfahren nicht identisch sind. Für die gesetzlich vorgeschriebene Überwachung kommen sie daher zurzeit noch nicht in Frage. Sie können aber sehr nützlich sein, wenn Erkenntnisse über die Zusammensetzung der Mikroflora im Rohwasser, in den verschiedenen Stufen der Aufbereitung und im Netz, namentlich in Biofilmen, gewonnen werden sollen. Hier ist es von Vorteil, wenn das Ergebnis von der Stoffwechsel- und Vermehrungstätigkeit der Mikroorganismen unabhängig ist. Ein bedeutender Einsatzbereich ist die Suche und Identifizierung von pathogenen Mikroorganismen, sowie die Identifizierung und die Verfolgung der Ausbreitung bestimmter Stämme oder Klone einer Art. Allerdings wird häufig eine Vorkultur angesetzt, um die Menge der Zielmoleküle zu vergrößern. Entsprechend der Aufgabenstellung ist zu prüfen, ob einfachere und genormte Methoden oder die moderneren molekularbiologischen Methoden vorteilhaft sind.

Hygienisch-mikrobiologische Wasseruntersuchung in der Praxis.
Irmgard Feuerpfeil und Konrad Botzenhart (Hrsg.)

ISBN: 978-3-527-31569-7

6.1
Molekularbiologische Verfahren mit praktischer Bedeutung (nach Köster et al. 2003)

Quantitativer Antigennachweis durch ELISA	Polymerasekettenreaktion (PCR) PCR nach reverser Transkription (RT-PCR)
Immunfluoreszenzmikroskopie	Restriktionsfragmentlängenanalyse, Ribotyping, Molekulares Fingerprinting
Immunomagnetische Separation (IMS)	Fluorescent In Situ Hybridisierung (FISH)
Durchflusszytometrie, Fluoreszenz Aktiviertes Cell Sorting (FACS)	DNA-Chip-Array

6.1.1
Nachweis von Antigenen der gesuchten Mikroorganismen durch spezifische Antikörper

Antigen-Antikörperreaktionen werden in der medizinischen Diagnostik seit langem mit großem Erfolg zum Nachweis und zur Identifizierung von Mikroorganismen angewendet. Mit dem Enzyme Linked Immuno Sorbent Assay (ELISA) ist es möglich, eine große Anzahl von Proben, namentlich auch Verdünnungsreihen, schnell und weitgehend automatisch bei hoher Empfindlichkeit zu untersuchen. Auf dieser Basis haben z. B. Hübner et al. (1995) einen normfähigen Schnellnachweis für Lactose fermentierende Enterobakterien entwickelt. Nach einer 6-stündigen Vorkultur wird in einem Sandwich-ELISA mithilfe eines monoklonalen Antikörpers das Enterobacteria Common Antigen ECA nachgewiesen. Der Test weist demgemäß lebende, in der Vorkultur vermehrte Keime nach, eine ja/nein-Antwort im Sinne eines presence/absence-Testes ist möglich, die Nachweisdauer wird auf ca. 24 h verkürzt. Das Spektrum der nachgewiesenen Bakterienarten umfasst alle Enterobakterien.

6.1.2
Immunfluoreszenzmikroskopie

Bei der Immunfluoreszenzmikroskopie werden die gesuchten Mikroorganismen ebenfalls mit spezifischen, möglichst monoklonalen Antikörpern, welche mit einem Fluoreszenzfarbstoff gekoppelt sind, markiert. Das Antigen muss auf der Oberfläche der Mikroorganismen zugänglich und in ausreichender Menge vorhanden sein. Sie können dann im Fluoreszenzmikroskop erkannt und ggf. gezählt werden. Das Verfahren ist einfach, sofern fluoreszenzmarkierte Antikörper zur Verfügung stehen, und funktioniert sehr gut, wenn die gesuchten Mikroorganismen in hoher Konzentration vorliegen. Bei niedrigen Konzentrationen wird die Durchmusterung der Objektträger allerdings sehr mühsam und durch unspezifische Markierungen und spontan fluoreszierende Partikel erschwert. Bei größeren Objekten wie den Oozysten von Cryptosporidien ist eine Zählung einigermaßen zuverlässig. Die Beurteilung beschränkt sich auf die geringe Menge von Material, die auf dem Objektträger ausgebracht und durchmustert werden kann. Eine Voranreicherung der Objekte aus dem Probenmaterial und Reinigung ist empfehlenswert (s. Kapitel 5.3).

6.1.3 Durchflusszytometrie, Fluorescent Activated Cell Sorting (FACS)

Das Durchflusszytometer kann einzelne Zellen erkennen und zählen, wenn sie mit spezifischen natürlichen Eigenschaften oder künstlichen Markern versehen sind. Nach der Markierung mit fluoreszierenden monoklonalen Antikörpern können im Prinzip einzelne lebende oder tote Bakterienzellen erfasst, gezählt und ggf. auch abgetrennt (FACS) werden. Eine Vorkultur wäre dann nicht erforderlich. Die für die Analyse benötigte Zeit ist mit wenigen Minuten sehr kurz, allerdings ist das Verfahren technisch sehr aufwendig. Die Nachweisgenauigkeit ist im Bereich niedriger Konzentrationen unbefriedigend, sodass es bisher für die Trinkwasseruntersuchung nicht in größerem Umfange eingesetzt wird.

6.1.4 Immunomagnetische Separation (IMS)

Die IMS wird zur Anreicherung und Abtrennung von Mikroorganismen aus dem Probenmaterial verwendet, z. B. zur Anreicherung von Cryptosporidien aus Wasser verschiedener Qualität. Dabei werden magnetische Eisenpartikel mit Antikörpern gegen Oberflächenantigene der gesuchten Mikroorganismen beladen und nach Anlagerung der Mikroorganismen an die Partikel durch Anlegen eines Magnetfeldes aus der Suspension entfernt. Für verschiedene Zielorganismen sind entsprechend präparierte Eisenpartikel (magnetic beads) bereits kommerziell erhältlich. Nach der Abtrennung aus der Suspension können die angereicherten Mikroorganismen mit anderen Methoden (Kultur, Fluoreszenzmikroskopie) weiter bearbeitet werden. Die IMS ist ein Spezialfall der Auftrennung und Anreicherung durch Immunoaffinität. Auch andere Trägermaterialien können mit Antikörpern beladen und zur Bindung der gesuchten Mikroorganismen verwendet werden. Das Verfahren ist als leistungsfähiges und wenig aufwendiges Anreicherungsverfahren vor einem Nachweisverfahren zu betrachten.

6.1.5 Molekulare Hybridisierung (MH)

Bei dieser Reaktion binden zwei komplementäre Nukleinsäurestränge aneinander, um das zweisträngige Doppelhelixmolekül zu bilden. Meistens wird ein synthetisiertes Oligonukleotid mit bekannter Nukleotidsequenz als Sonde (englisch: probe) verwendet, welches sich an die denaturierte DNA des Zielorganismus bindet, wenn dort die identische (oder fast identische) Nukleotidsequenz vorhanden ist. Nach Ablauf der Reaktion muss der nicht gebundene Anteil entfernt werden. Die Sonde wird radioaktiv oder mit nicht radioaktiven Substanzen markiert, die schließlich einen Nachweis und die Quantifizierung des gebundenen Sondenmaterials erlauben. Man kann auch umgekehrt das Oligonukleotid an ein Trägermaterial fixieren, z. B. ein Membranfilter, Mikrotiterplatten oder einen Mikrochip, und die unbekannte markierte DNA darauf geben, nach Reaktion abspülen und die verbliebene Markierung ausmessen. Das Verfahren ist nicht geeignet, einzelne Keime nachzuweisen, sondern würde für derartige Aufgaben eine vorherige Vermehrung der Mikroorganismen oder Amplifikation der DNA verlangen. Es stellt aber ein grundlegendes Nachweisprinzip in der Molekularbiologie dar.

6.1.6 Restriktionsfragmentkartierung, Restriktionsfragmentlängenpolymorphismus (RFLP)

Restriktionsenzyme (Endonukleasen) zerschneiden die DNA an Stellen, an denen palindrome Sequenzen vorliegen. Dadurch entstehen zahlreiche Fragmente, welche von Art zu Art, aber auch von Stamm zu Stamm einer Bakterienart unterschiedlich groß sind. Die Fragmente kann man durch Gelelektrophorese auftrennen. Nach Anfärbung der Gele entstehen so genannte Restriktionsmuster, welche mit DNA-Fragmenten bekannter Länge als Standard und mit den Restriktionsmustern bekannter Stämme verglichen werden können. Mithilfe der Pulsfeld-Gelelektrophorese können relativ lange Bruchstücke voneinander abgetrennt werden, die beim Einsatz von Restriktionsenzymen entstehen, welche die DNA nur an wenigen Stellen schneiden. Hierdurch wird der Vergleich vereinfacht. Ferner können die Fragmente mit DNA-Sonden hybridisiert und dadurch gesuchte Fragmente spezifisch markiert werden. Wenn das Verfahren auf die ribosomalen 16 S oder 23 S rRNA-Gene angewendet wird, spricht man von Ribotypisierung. Die Restriktionsfragmentkartierung erfordert Reinkulturen der zu untersuchenden Mikroorganismen.

6.1.7 Polymerase-Kettenreaktion (PCR)

Bei der PCR wird eine ausgewählte Nucleinsäuresequenz in exponentiellen Schritten (2–4–8–16 usw.) viele Male kopiert oder amplifiziert und auf diese Weise millionenfach vermehrt. Dadurch können sehr kleine Zahlen von Mikroorganismen (herunter bis zu 10^1) in Umweltproben ohne Wachstum in Kultur nachgewiesen werden. Die für die Amplifikation ausgewählte Sequenz muss für den gesuchten Organismus charakteristisch sein. Entsprechende Informationen sind bei Genbanken erhältlich. Ferner müssen komplementäre Oligonucleinsäuresequenzen synthetisiert werden, die auf den Anfang und das Ende der zu amplifizierenden Sequenz passen. Sie werden als Primer bezeichnet und müssen ebenfalls sorgfältig ausgewählt werden, um einerseits ein gutes Ergebnis und andererseits keine falsch-positiven Ergebnisse zu erhalten. Ferner ist für die Reaktion ein Gemisch der Desoxynukleotidtriphosphate (dNTP) erforderlich, aus dem die neue DNA aufgebaut wird, sowie das Enzym Polymerase, welches die Synthese katalysiert. Die Reaktion verläuft in folgenden Schritten: 1. Auftrennung des DNA-Doppelstranges in zwei Einzelstränge (Denaturieren) bei 95 °C, 2. Anlagern der Primer (Annealing) bei 55 °C, 3. Die Synthese der neuen DNA entlang der beiden Einzelstränge zwischen den Primern (Extension) bei 72 °C. Danach kann wieder der Schritt 1 folgen. Jeder der drei Schritte dauert etwa eine Minute. Meistens sind 25 bis 35 solcher Folgen erforderlich, sodass der ganze Untersuchungsgang in weniger als drei Stunden beendet sein kann. Die Gewinnung einer thermostabilen Polymerase aus dem thermophilen Bakterium *Thermus aquaticus* hat die Durchführung der Reaktion sehr erleichtert, weil damit nicht mehr bei jeder Amplifikationsrunde neues Enzym zugegeben werden muss (Alvarez und Toranzos in Toranzos, 1997).

Bis hierher ermöglicht das Verfahren nur den qualitativen Nachweis des gesuchten Materials in der Probe. Durch die Einführung von Methoden, welche es erlauben, gleichzeitig bei einer größeren Anzahl von Proben die Menge des gebildeten Amplifikates nach jedem Schritt zu dokumentieren, kann das Ergebnis mit Hilfe von Eichgeraden auch quantifiziert werden (Rasmussen in Meurer, Wittwer, Nakagawara, 2001).

Nach ca. 35 Reaktionszyklen kommt die Amplifikation meistens zum Stillstand, weil das Verhältnis der Komponenten des Reaktionsgemisches nicht mehr optimal ist. Durch eine nachfolgende so genannte „nested PCR“ kann man versuchen, die Empfindlichkeit und die Genauigkeit des Verfahrens zu steigern. Dabei wird durch einen („seminested“) oder zwei neue Primer eine möglichst spezifische Sequenz innerhalb des zunächst gewonnenen Amplifikates repliziert.

Die gebräuchlichen Polymerasen können nur DNA amplifizieren, aber keine RNA. Die Amplifikation der RNA ist aber häufig erforderlich, z. B. zum Nachweis von Viren, deren Genom aus RNA besteht (s. Kapitel 5.2), zur Gewinnung der ribosomalen RNA (rRNA) von Bakterien zu deren Typisierung oder zum Nachweis von Messenger RNA (mRNA) zum Nachweis der Vitalität der gefundenen Organismen. Hierfür ist die RT-PCR entwickelt worden, d. h. die PCR nach reverser Transkription der RNA zu der korrespondierenden DNA durch das Enzym Reverse Transkriptase unter dem Schutz eines Inhibitors der im biotischen Milieu weit verbreiteten RNasen.

Die Verfahren zur Amplifikation der DNA und RNA haben sich für die Mikrobiologie als äußerst nützlich erwiesen und sind in den letzten Jahrzehnten ständig erweitert und verbessert worden. Ihre Vorteile haben sich vor allem bei dem Nachweis von Viren, welche nicht in Zellkultur wachsen, Protozoen, Mykobakterien und Legionellen, bei der taxonomischen Einordnung von Bakterien sowie beim Nachweis sehr langsam wachsender Bakterien aus sauberem Wasser (Manz, 1993) erwiesen. Bei ihrer Verwendung müssen vor allem drei Fragen geprüft werden: Sind falsch-positive Ergebnisse möglich, oder sind falsch-negative Ergebnisse möglich, oder ist das positive Ergebnis auf tote, nicht mehr vermehrungsfähige Organismen zurückzuführen. Falsch-positive können durch Verunreinigungen mit Nucleinsäurefragmenten aus der Probe oder aus dem Labor entstehen, falsch-negative durch Inhibitoren, besonders bei Umweltproben, der Nachweis toter Mikroorganismen, weil die PCR unterschiedslos die DNA von lebenden und toten Organismen vermehrt.

6.1.8
DNA Chip Array, Biochips

In Weiterentwicklung der Southern Blot Technik wird auf eine kleine (z. B. 1 cm^2) Glas- oder Plastikfläche ein Muster aus vielen Tausend von mikroskopisch kleinen Mengen verschiedener bekannter DNA-Bruchstücke oder Oligonukleotide aufgetragen. Hieran können korrespondierende Oligonukleotide oder DNA-Fragmente aus der Probe binden und die Bindung durch geeignete Markierung sichtbar gemacht werden. Die Reaktionszeit einschließlich Auswertung dauert nur 2–4 h. Die Technik, welche seit 1995 bekannt ist, wird für viele Fragestellungen in Medizin, Biologie und Pharmakologie verwendet. Für die Trinkwasseruntersuchung hat sie aber noch keine weitergehende Anwendung gefunden. Sie erscheint aber viel versprechend, da sie weder eine Vorkultur noch eine Amplifikation erfordert und auch nicht auf den Nachweis von Nucleinsäuren beschränkt bleiben muss, sondern als so genannter Biochip auch für den Nachweis anderer hybridisierbarer Moleküle in Mikromengen entwickelt werden kann.

6.1.9
Fluoreszenz in situ Hybridisierung (FISH)

Mit Hilfe der in situ Hybridisierung (auch Ganzzellhybridisierung) können Mikroorganismen in ihrer natürlichen Umgebung ohne vorherige Isolierung und Vermehrung entdeckt und identifiziert werden. Das Verfahren erfordert zunächst die Fixierung der Zellen in ihrem natürlichen Zustand, z. B. durch Antrocknen auf einem Objektträger, und danach die Permeabilisierung der Zellwand. Dadurch können die Reagenzien einschließlich der art- oder stammspezifischen Oligonukleotidsonden in die Zelle gelangen und sich an die Zielsequenz anlagern (hybridisieren). Die Sonden werden mit fluoreszierenden Farbstoffen markiert. Dadurch können die hybridisierten Zielsequenzen innerhalb der Zelle durch Epifluoreszenzmikroskopie oder andere Verfahren erkannt werden, nachdem das nicht angelagerte Sondenmaterial ausgewaschen worden ist. Fluoreszierende Oligonukleotidsonden können synthetisch hergestellt werden und entsprechend den in Gendatenbanken vorhandenen Informationen mit Nukleotidsequenzen versehen werden, welche die Bakterien eines ganzen phylogenetischen Zweiges einer Gattung, einer Art oder spezieller Stämme erkennen können. Mit unterschiedlichen Fluoreszenzfarbstoffen markierte Sonden können in einer Probe mehrere Arten von Bakterien markieren. Als Zielsequenzen für die Hybridisierung können die chromosomale DNA, die mRNA und die rRNA dienen. Für eindeutige Signale müssen 1000 bis 10000 markierte Moleküle pro Objekt vorhanden sein.

Ein typisches Hybridisierungsverfahren für Trinkwasser umfasst die Anreicherung des Materials durch Filtration oder Zentrifugation, Fixierung der Bakterienzellen auf einem Objektträger oder einem geeigneten Membranfilter, Permeabilisierung der Zellen, Hybridisierung mit einer fluoreszenzmarkierten Sonde, den Waschvorgang und die mikroskopische Untersuchung. Das bevorzugte Ziel ist die ribosomale RNA (rRNA), die in Bakterien stets vorhanden ist und aus unterschiedlich konservierten Sequenzen aufgebaut ist. Aktive Zellen enthalten etwa 30000 Kopien der rRNA. Datenbanken enthalten viele potentiell geeignete rRNA-Sequenzen, jedoch muss für spezielle Fragestellungen die Spezifität gegen eine Reihe von Referenzorganismen ausgetestet werden. Zielsequenzen können in der 16S und der 23S rRNA gefunden werden. Die 23S rRNA bietet für taxonomische Untersuchungen zusätzliche Unterscheidungsmöglichkeiten.

Der Nachweis und die Identifizierung von Bakterien mit Hilfe der FISH Technik erfolgt im Rahmen einer molekularbiologischen Taxonomie, welche mit der herkömmlichen, überwiegend aufgrund biochemischer Reaktionen entstandenen Taxonomie häufig nicht übereinstimmt. Z. B. kann die Gruppe der Coliformen als solche nicht mit einer Nukleotidsonde entdeckt werden, Shigella Spezies können nicht von *E. coli* unterschieden werden.

Bakterien in Wasser und in Biofilmen sind häufig durch Nährstoffmangel ausgehungert oder durch andere Einflüsse gestresst, wodurch sie als relativ kleine Zellen mit stark verringertem rRNA-Gehalt vorkommen. Dadurch sind sie schwieriger zu entdecken, insbesondere dann, wenn in dem untersuchten Material noch natürlicherweise fluoreszierende Teilchen vorhanden sind. Die Menge der rRNA in den Bakterien kann dadurch vermehrt werden, dass sie in der Anwesenheit von Nährstoffen unter Zugabe von Nalidixinsäure oder Ciprofloxazin, welche die Zellteilung verhindern, inkubiert werden.

Die Sensitivität der Methode wird durch die mikroskopische Betrachtung begrenzt. Damit im Gesichtsfeld des Mikroskops regelmäßig markierte Objekte zu sehen sind, müssen in der fixierten Probe ca. 100000 markierte Bakterien vorhanden sein. Ein typisches FISH Protokoll für Wasserproben und Biofilme ist von Manz et al. (1993) bzw. Bohnert et al. (2000) angegeben. Das Verfahren ist relativ einfach und, abgesehen vom Einsatz eines Epifluoreszenzmikroskopes, kostengünstig und schnell. Es kann fotografisch dokumentiert werden. Kits mit Sonden für bestimmte Mikroorganismen, z. B. Legionellen, sind kommerziell erhältlich, eine sinnvolle Anwendung des Verfahrens außerhalb wissenschaftlicher Untersuchungen ist vor allem dann gegeben, wenn die gesuchten Bakterien in größerer Menge im Untersuchungsmaterial zu erwarten sind.

6.2
Praktische Bedeutung

Die molekularbiologischen Methoden sind für die gesetzlich vorgeschriebenen hygienischen Trinkwasseruntersuchungen bisher nicht einsetzbar (Bendinger et al., 2005). Die Gründe sind vor allem die folgenden: sie können überwiegend nicht zwischen lebenden und toten Bakterien unterscheiden, sofern keine Vorkultur eingesetzt wird. Ferner können sie beim derzeitigen Stand der Technik nicht im Sinne eines Presence-/Absencetestes die Frage beantworten, ob ein bestimmtes Wasservolumen von den nachzuweisenden Bakterien frei ist. Außerdem ist bisher noch keine Standardisierung dieser Methoden erfolgt. Für Fragestellungen, welche über die gesetzlich vorgeschriebene Untersuchung hinausgehen – sei es für die Rohwasseruntersuchung, für die Eigenkontrolle der Aufbereitung oder für die Suche nach Krankheitserregern – haben sich aber verschiedene Methoden als wertvoll erwiesen und können in leistungsfähigen Labors als Routineverfahren eingesetzt werden. Dies sind insbesondere die FISH-Technik für die Analyse von komplexen mikrobiellen Populationen, die PCR für den Nachweis von schwer anzüchtbaren Mikroorganismen und die verschiedenen Verfahren der Restriktionsfragmentkartierung zur Typisierung von Mikroorganismen unterhalb der Ebene der Arten.

Literatur

Alvarez, A.J.; Toranzos, G.A. (1997): Basic Methods for DNA and RNA Amplification. In: Toranzos G.A. (Ed.): Environmental applications of nucleic acid amplification techniques, 37–61.

Bendinger, B.; Botzenhart, K.; Feuerpfeil, I. et al. (2005): Wie sind molekularbiologische Methoden sinnvoll in die Trinkwasseranalytik zu integrieren? Gwf Wasser – Abwasser, 146, 466–469.

Bohnert, J.; Hübner, B.; Botzenhart, K. (2000): Rapid identification of *Enterobacteriaceae* using a novel 23S rRNA targeted probe. Int. J. Hyg. Environ. Health, 203, 77–82.

Hübner, I.; Bitter-Suermann, D.; Borniger, R.; Dobberstein, J. et al. (1995): Die Vornorm DIN V 38411 K9 für den Schnellnachweis von Lactose fermentierenden Enterobacteriaceae – erprobt von 6 Trinkwasserüberwachungslabors. Gwf-Wasser/Abwasser, 136, 187–193.

Köster, W.; Egli, T.; Ashbolt, N.; Botzenhart, K.; et al. (2003): Analytical methods for microbiological water quality testing. In. Dufour, A, Snozzi, M., Koster, W., Bartram, J., Ronchi, E., Fewtrell, L (Eds.): Assessing microbial safety of drinking water: improving approaches and methods. IWA Publishing London, 2003, 172–211.

Manz, W.; Szewcyk, U.; Ericson, P.; Amann, R.; Schleifer, K.-H.; Stenström, T.-A. (1993): In situ identification of bacteria in drinking water and adjoining biofilms by hybridisation with 16S and 23S rRNA directed fluorescent oligonucleotide probes. Appl. Environ. Microbiol. 59, 2293–2298.

Rasmussen, R. (2001): Quantification on the LightCycler. In: S. Meurer, C. Wittwer, K.-I. Nakagawara (Eds.): Rapid Cycle Real-Time PCR Methods and Applications, Springer Verlag, Berlin, 21–34.

7
Spezifische Kriterien

7.1
Untersuchung des Einflusses von Werkstoffen auf die Vermehrung von Mikroorganismen im Trink- und Badewasserbereich in der Praxis und im Laborversuch

Dirk Schoenen

7.1.1
Einleitung

Von Wasser benetzte Oberflächen werden immer auch durch die im Wasser vorhandenen Mikroorganismen besiedelt. Von der Oberflächenbesiedlung geht in aller Regel keine Beeinträchtigung des Trink- oder Badewassers aus. Aus der Oberflächenbesiedlung kann sich aber ein mikrobieller Bewuchs entwickeln, wenn den Mikroorganismen eine entsprechende Menge an organischen Nährsubstanzen zur Verfügung gestellt wird. Die in dem Bewuchs auf der Oberfläche herangewachsenen Mikroorganismen können dann auch ins Wasser abgeschwemmt werden und so zu einer nachteiligen Kontamination führen. Die Zunahme der Mikroorganismenzahl auf dem Transportweg, häufig auch als Wiederverkeimung bezeichnet, ist meistens Folge der Abschwemmung der Mikroorganismen von der Oberfläche und damit ursprünglich auf die Vermehrung der Mikroorganismen auf den Oberflächen zurückzuführen. Für eine auffällige Vermehrung der Mikroorganismen im transportierten Wasser reicht unter Berücksichtigung der Regenerationszeit der Mikroorganismen im nährstoffarmen Wasser die Verweilzeit im Verteilungssystem nicht aus. Die geringe Menge organischer Substanzen im Wasser stellt in aller Regel den wachstumslimitierenden Faktor dar. Mineralische Spurenstoffe und Sauerstoff sind für die Mikroorganismen immer in ausreichender Menge im Wasser vorhanden.

Die organischen, mikrobiell verwertbaren Substanzen können entweder aus dem Wasser stammen, mit der Luft eingetragen werden oder von den Materialien abgegeben werden, auf deren Oberfläche die Mikroorganismen heranwachsen. Tabelle 7.1 enthält eine Auflistung von Eintragsquellen für organische Substanzen ins Wasser, die zu einer Vermehrung führen können (Botzenhart und Hahn, 1989; Schoenen, 1992). Die Kenntnis über die Herkunft der organischen

Hygienisch-mikrobiologische Wasseruntersuchung in der Praxis.
Irmgard Feuerpfeil und Konrad Botzenhart (Hrsg.)

ISBN: 978-3-527-31569-7

Tabelle 7.1 Eintragsquellen für organische Substanzen in Wasser.

Organische, mikrobiell verwertbare Substanzen im Wasser durch
• bereits bei der Gewinnung bzw. nach der Aufbereitung im Wasser vorhandene organische Substanzen, • Rohrbrüche, • Reparaturarbeiten, • Einspeisen von belastetem Fremdwasser, • Rückfluss von belastetem Wasser, z. B. aus Geräten, • Reinigungsmittel für Wasserbehälter, • Regenerationsmittel für Brunnen, • Bohrspüladditive.

Substanzen, die zum Bakterienwachstum führen, ist von besonderer Bedeutung, um eine unerwünschte Kontamination des Wassers zu vermeiden.

In dem Bewuchs kommt es in der Regel nur zur Vermehrung unspezifischer Mikroorganismen, gelegentlich jedoch findet eine Vermehrung von fakultativ pathogenen Organismen, pathogenen Organismen oder Indikatororganismen aus der Gruppe der coliformen Keime statt (Hengesbach et al., 1993; Kilb et al., 2003; Koetter, 1974; Mackerness et al., 1991; Schoenen et al., 1988, 1989; Schofield und Locci, 1985; Seidler et al., 1977; Talbot et al., 1979). Der Bewuchs wird jedoch nicht nur von Mikroorganismen und der sie umgebenden EPS (extrazelluläre polymere Substanzen) gebildet, sondern auch höhere Organismen, Einzeller und Invertebraten können sich in dem Bewuchs ansiedeln und vermehren. Geruchs- und Geschmacksbeeinträchtigungen des Wassers können durch das Wachstum von Pilzen, speziell Actinomyceten, in dem Oberflächenbewuchs verursacht werden (Ashworth et al., 1987; Bellen et al., 1993; Berger et al., 1993; Burman und Colbourne, 1976, 1977; Colbourne, 1985; Groth, 1975; Kolch et al., 1993; Mäckle et al., 1988; Schoenen, 1989; Schoenen und Schöler, 1983, 1985).

Mit Hilfe einer kontinuierlichen und wirksamen Desinfektion des Wassers durch Zugabe eines entsprechend dosierten Desinfektionsmittels ist es möglich, erhöhte Mikroorganismenzahlen im Wasser zu verhindern. Eine Vermehrung der Mikroorganismen auf der Oberfläche kann ggf. durch eine kontinuierliche Desinfektion des Wassers mit einem Chlorgehalt $>0{,}2$ mg Cl_2 l^{-1} verhindert werden. Um die Bewuchsbildung und die damit verbundene mikrobielle Beeinträchtigung des Wassers auch ohne kontinuierliche Desinfektion des Wassers auszuschließen, ist es notwendig, den Eintrag der für die Vermehrung der Mikroorganismen erforderlichen Nährsubstrate zu verhindern.

Voraussetzung für eine aussagekräftige Untersuchung und Beurteilung eines Bewuchses bei Praxiszwischenfällen ist eine adäquate Probenahme. Die weitere Untersuchung – kultureller Nachweis, mikroskopische, rasterelektronenoptische Betrachtung, chemische, biochemische oder biologische Analyse – weicht nicht von den Verfahren ab, die auch für Proben aus anderen Bereichen eingesetzt werden und brauchen daher im Weiteren nicht dargestellt zu werden. Der Bewuchs entzieht sich aber häufig dem direkten Zugriff. Dies gilt nicht nur bei der Oberfläche von kleinlumigen Rohren und Schläuchen in der Hausinstallation sondern auch bei Einrichtungen im öffentlichen Verteilungssystem. Aber auch wenn die zu beprobenden Oberflächen direkt zugänglich sind, zeigt es sich, dass der Bewuchs nicht immer ohne weiteres zu erkennen ist.

7.1.2 Untersuchungen der Besiedlung bzw. Bewuchsbildung in der Praxis

Die einfachste Art der Untersuchung zum Nachweis von Mikroorganismen auf den von Wasser benetzten Oberflächen, z.B. von Trinkwasserbehältern und Rohren, ist die Kontaktkultur. Dabei wird das feste Nährmedium direkt mit der zu untersuchenden Oberfläche in Berührung gebracht. Die auf der Oberfläche des festen Nährmediums haftenden Mikroorganismen können bei der nachfolgenden Bebrütung heranwachsen und so nachgewiesen werden. In Abhängigkeit von dem eingesetzten Nährmedium und den Bebrütungsbedingungen – vor allem Zeit und Temperatur – können entweder spezifische Mikroorganismen oder eine allgemeine Kontamination erfasst werden. Mit Hilfe der Kontaktkultur ist damit der Nachweis der Art der Besiedlung, aber nur sehr begrenzt ein quantitativer Nachweis möglich. Vor allem kann mit Hilfe von Kontaktkulturen nicht zwischen einer immer vorhandenen aber unbedenklichen mikrobiellen Besiedlung und einer ggf. nachteiligen Bewuchsbildung unterschieden werden. Sowohl bei einer Oberflächenbesiedlung als auch bei einem Oberflächenbewuchs kommt es auf der Kontaktkultur zu einem rasenartigen Wachstum. Wenn die Oberfläche in bestimmten Zeitintervallen kontrolliert wird, kann festgestellt werden, ob es zu einer Verschiebung in der Mikroorganismenpopulation kommt. Dies kann vor allem von besonderem Interesse sein, wenn z.B. Indikatororganismen wie coliforme Keime oder pathogene Organismen heranwachsen und zu einer Kontamination des Wassers führen. Ein Aufwuchs kann entweder mit sterilem Wasser von der Oberfläche abgeschwemmt werden oder mit einem sterilen Schaber von der Oberfläche abgestreift werden. Wird der Aufwuchs von definierten Flächen entfernt und aufgefangen, ist es möglich, quantitative und qualitative Aussagen über den Bewuchs zu machen. Dies gilt vor allem, wenn wiederholt Untersuchungen vorgenommen werden. Die Probenahme kann jedoch nur vorgenommen werden, wenn die Oberfläche noch nicht angetrocknet ist. Das aufgefangene Material kann kulturell, mikroskopisch, rasterelektronenoptisch und chemisch untersucht werden.

Als erstes ist zu klären, ob es sich bei dem von der Oberfläche entfernten Material um einen mikrobiellen Bewuchs oder um Ablagerungen aus dem Wasser handelt. Ablagerungen aus dem Wasser können sich vom optischen Eindruck wie ein mikrobieller Aufwuchs darstellen. Die notwendige Unterscheidung zwischen einem mikrobiellen Aufwuchs und Ablagerungen aus dem Wasser ist durch mikroskopische, rasterelektronenoptische und chemische Untersuchungen vorzunehmen. Mithilfe der mikroskopischen und rasterelektronenoptischen Untersuchungen kann festgestellt werden, ob das Material im Wesentlichen von Bakterien gebildet wird oder von anorganischen Ablagerungen. Ggf. kann die Mikrostrahlanalyse zur Identifizierung der wesentlichsten chemischen Komponenten des Belags beitragen. Zur chemischen Charakterisierung eines mikrobiellen Aufwuchses führen insbesondere die Untersuchungen auf organische Substanzen wie organisch gebundener Kohlenstoff und Stickstoff, Trockengewicht und Glühverlust. Handelt es sich bei dem von der Oberfläche entfernten Material um einen mikrobiellen Bewuchs, so kann mit Hilfe kultureller Methoden die Art und Menge der auf der Oberfläche herangewachsenen Mikroorganismen festgestellt werden. Bei der Untersuchung des Einflusses von Werkstoffen für den Trinkwasserbereich auf die Vermehrung von Mikroorganismen hat sich gezeigt, dass oft weniger als 1% der mikroskopisch nachweisbaren Mikroorganismen auch kulturell erfasst werden können. Mithilfe der mikroskopischen Untersuchungen können Aussagen über die Bewuchsdichte, die evtl. vorhandene EPS sowie über die im Bewuchs vorhandenen höheren Organismen wie z. B. Einzeller, Amöben und Ciliaten gemacht werden. Für die Erfassung der Einzeller ist auch die Untersuchung im Lupenbereich bei 10- bis 40facher Vergrößerungen notwendig. Biochemische Untersuchungen des Aufwuchses können Aufschluss über die Stoffwechselaktivität und Abbauleistung der Mikroorganismen in dem Bewuchs geben.

Bei der Entfernung des Bewuchses von der Unterlage durch Abspülen oder Abstreifen wird der Aufbau des Bewuchses zwangsläufig zerstört. Für die mikroskopische und vor allem für die rasterelektronenoptische Untersuchung kann es jedoch von besonderer Bedeutung sein, dass der unveränderte Zustand des Bewuchses beobachtet werden kann. Dies gilt vor allem auch dann, wenn die Entwicklung eines Bewuchses durch Kontrollen in zeitlichen Intervallen verfolgt werden soll. Bei der Entnahme der Proben mit dem Bewuchs auf der Oberfläche ist es jedoch nicht auszuschließen, dass der Aufwuchs durch die Probenahme verändert wird. Die Art der Probenahme mit dem Untergrundmaterial richtet sich nach der Art des Materials. So können die Proben entweder ausgeschnitten, herausgestemmt oder erbohrt werden. Veränderungen durch die Probenahme sind bei der nachfolgenden Untersuchung zu berücksichtigen. Wesentlich günstiger für die Untersuchung eines ungestörten mikrobiellen Aufwuchses ist die Exposition von Testkörpern.

7.1.3
Exposition von Testkörpern und Untersuchung der Bewuchsbildung unter Laborbedingungen

Bei Praxiszwischenfällen ist es immer wieder zu Koloniezahlerhöhungen im Wasser und einem makroskopisch auffälligen Bewuchs auf der Oberfläche der Werkstoffe (Groth, 1975; Schoenen, 1989; Schoenen und Schöler, 1983, 1985) gekommen. Da bei den Praxiszwischenfällen jedoch nicht zweifelsfrei geklärt werden konnte, ob die Werkstoffe allein oder zumindest zum überwiegenden Teil die Vermehrung der Mikroorganismen förderten, wurden Vergleichsuntersuchungen durchgeführt. Von den zu untersuchenden Materialien wurden Testplatten hergestellt und für 5 Monate in 15 Trinkwasserbehältern mit Wässern unterschiedlicher Herkunft, Aufbereitung, Beschaffenheit und unterschiedlichem Chlorgehalt exponiert. Danach wurden sie entnommen und die Bewuchsbildung auf der Oberfläche kontrolliert. In Tab. 7.2 sind die Befunde von vier ausgewählten Materialien (Bitumen, Chlorkautschuk, Asbestzement und Plexiglas®) wiedergegeben. Danach hat lediglich der Chlorgehalt, nicht aber die Herkunft und Beschaffenheit des Trinkwassers einen Einfluss auf das mikrobielle Verhalten der Werkstoffe. Bei Bitumen und Chlorkautschuk kam es immer zu einem Oberflächenbewuchs, wenn ein Chlorgehalt von 0,15 mg l^{-1} im Wasser nicht überschritten wurde. Bei diesen beiden früher häufig für die Auskleidung von Trinkwasserbehältern verwandten Materialien wird die Vermehrung der Mikroorganismen durch die Lösemittel ausgelöst. Auf Asbestzement und Plexiglas® – zwei Materialien, die keine organischen, mikrobiell verwertbaren Bestandteile an die Umgebung abgeben – kam es nie zu einem mikrobiellen Aufwuchs. Damit ist die Mikroorganismenvermehrung, wie sie auf der Oberfläche nachweisbar ist, eine rein materialspezifische Erscheinung und nicht auf Wasserinhaltsstoffe oder besondere Wechselwirkung zwischen dem Wasser und dem Werkstoff zurückzuführen. Ggf. kann die Mikroorganismenvermehrung auf der Oberfläche durch die Desinfektionsmitteleinwirkung unterdrückt werden. Nachdem so nachgewiesen werden konnte, dass das Wasser von einwandfreier Trinkwasserbeschaffenheit keinen Einfluss auf die Vermehrung der Mikroorganismen hat, war es möglich, das Untersuchungsverfahren zu vereinfachen und die Werkstoffprüfung in nur einem Wasser durchzu-

Tabelle 7.2 Mikroorganismenwachstum auf Werkstoffen in unterschiedlichen Wässern (in 15 Reinwasserbehältern).

Behälter	Chlorgehalt mg l^{-1}	Bitumen	Chlor-kautschuk	Asbest-zement	Plexiglas®
1	–	+	+	–	–
2	–	+	+	–	–
3	–	+	+	–	–
4	–	n. u.	+	n. u.	–
5	–	+	+	–	–
6	0,1	+	+	n. u.	–
7	0,1	+	+	–	–
8	0,1	+	+	–	–
9	0,15	+	+	–	–
10	0,15	+	–	–	–
11	0,2	+	–	–	–
12	0,2	–	–	–	–
13	0,2	–	–	–	–
14	0,4	–	–	–	–
15	0,4	–	n. u.	–	–

+ = Mikroorganismenwachstum;
– = kein Mikroorganismenwachstum
n. u. = nicht untersucht

führen und trotzdem zu einer allgemeingültigen Aussage zu kommen. Aufgrund dieser Untersuchungen ist auch das DVGW-Arbeitsblatt W 270 (Anonym, 1999) erstellt worden.

7.1.4 Beurteilung nach dem DVGW Arbeitsblatt W270

Eine entscheidende Voraussetzung für eine praxisrelevante Prüfung des mikrobiologischen Verhaltens von Werkstoffen ist die Herstellung der Testplatten. Für die Prüfung von Werkstoffen anhand des makroskopisch erkennbaren Oberflächenbewuchses haben sich Testflächen von 20×20 cm bewährt. Andere Abmessungen sind möglich. Die Gesamtoberfläche sollte aber 800 cm^2 nicht unterschreiten. Bei der rasterelektronenoptischen Untersuchung von Werkstoffen sind Testflächen von 1 cm^2 ausreichend. Besitzen die zu testenden Werkstoffe keine ausreichende Eigenstabilität, um sie direkt exponieren zu können, können die Werkstoffe auf Edelstahl oder Glas aufgetragen werden. In der Regel können Teile von Produkten, wie z. B. Rohre, für die Untersuchung herangezogen werden. Die Testkörper müssen unter den gleichen Umgebungsbedingungen hergestellt werden, unter denen auch später die Werkstoffe in der Praxis eingesetzt werden. Die Abgaben von organischen mikrobiell verwertbaren Bestandteilen durch einen Werkstoff können durch die Art der Verarbeitung wesentlich beeinflusst werden und betreffen vor allem die Werkstoffe, die vor Ort auf der Baustelle verarbeitet werden. Gelegentlich weisen aber auch werkseitig fertig gestellte Produkte verarbeitungsbedingte Einflüsse auf. Von besonderer Bedeutung ist die Umgebungstemperatur und die Feuchtigkeit der Luft und des Untergrunds bei der Herstellung bzw. Verarbeitung und der Lagerung bis zur Exposition im Wasser sowie die Zeit zwischen Herstellung bzw. Verarbeitung der Testplatten bis zur Exposition im Wasser. Werden die praxisrelevanten Verarbeitungsbedingungen bei den Testplatten nicht eingehalten, ist zwar eine korrekte mikrobiologische Prüfung möglich, aber die Beurteilung ist für den Einsatz des Materials in der Praxis nicht aussagekräftig. Die Angaben der Herstellungsbedingungen für die Testplatten sollten immer Bestandteil der mikrobiologischen Beurteilung sein, um Fehlschlüsse zu vermeiden. Vor der Exposition der Testplatten für die Untersuchung sind diese einen Tag zu wässern, anschließend mit Chlorbleichlauge zu desinfizieren und danach mit reichlich Wasser (>1 min unter fließendem Wasser) abzuspülen. Die Testplatten dürfen nicht mit Haushalts- oder Laborreinigern auf Detergentienbasis gereinigt werden, da die auf der Oberfläche verbleibenden Reinigungsmittelreste zu einer Vermehrung der Mikroorganismen ausreichen und so das Testergebnis verfälschen. Für die Exposition ist Wasser von Trinkwasserbeschaffenheit einzusetzen. Das Wasser darf, falls es desinfiziert wurde, jedoch kein Desinfektionsmittel mehr enthalten. Soll desinfiziertes Wasser eingesetzt werden, muss das Desinfektionsmittel vor Einleiten in das Testbecken z. B. durch Filtration des Wassers über Aktivkohle entfernt werden. Bei der Prüfung von zementmörtelhaltigen Werkstoffen ist zusätzlich darauf zu achten, dass das Wasser nicht aggressiv ist. Andernfalls kommt es zu einem Abtrag des Mörtelmaterials und dadurch bedingt zu Schwierigkeiten bei der Beurteilung. Unabhängig von diesen Anforderungen an das Wasser muss der einwandfreie Versuchsablauf durch die Prüfung von Positiv- und Negativkontrollen nachgewiesen werden. Dadurch ist es möglich, einen gestörten Versuchsablauf festzustellen, und dadurch kann auch eine fehlerhafte Beurteilung der zu testenden Materialien verhindert werden. Als Negativkontrollen sind Edelstahl, Glas und Polymethylmethacrylat (Plexiglas®) geeignete Werkstoffe, als Positivkontrolle Paraffin. Auf den Negativkontrollen darf kein mikrobieller Aufwuchs nachweisbar sein. Auf Paraffin muss sich ein deutlich erkennbarer Bewuchs ausgebildet haben (>4 ml pro 400 cm^2). Zeigen die Kontrollen nicht die erwarteten Ergebnisse, sind die Versuche an den Testmaterialien nicht auszuwerten. Vor allem muss der Einfluss des Wassers (Desinfektionsmittel, hoher Gehalt an organischen Substanzen) auf das Testergebnis überprüft werden.

Die Becken, in denen die Testplatten exponiert werden, müssen permanent mit dem Wasser durchströmt sein. Ein vier- bis sechsfacher Wasseraustausch pro Tag hat sich in der Vergangenheit bewährt. In einem Becken von 100 l Fassungsvermögen können bis zu 10 Testplatten gleichzeitig exponiert werden. Auf den Beckenboden sollte ein Edelstahl- oder Plexiglasgestell gelegt werden, in das die Testplatten so eingestellt werden können, dass sie sich nicht gegenseitig berühren. Die Becken sind so aufzustellen, dass keine störenden Einflüsse auftreten. Das bedeutet, das Wasser muss permanent zu- und abfließen, und die Testplatten dürfen nicht trockenfallen. Es dürfen keine größeren Temperaturschwankungen auftreten. Räume, in denen die Becken aufgestellt werden, sollten in etwa die gleiche Temperatur aufweisen, wie das zufließende Wasser (8–20 °C). Vor allem müssen die Becken in einem dunklen Raum aufgestellt werden oder allseits gegen Lichteinfall abgedeckt werden, um ein nachteiliges Algenwachstum zu vermeiden.

Bei der Entnahme der Testkörper ist darauf zu achten, dass sie nicht durch die auf der Wasseroberfläche vorhandene Schwimmschicht kontaminiert werden und dadurch bei der nachfolgenden Untersuchung möglicherweise eine Besiedlung nachgewiesen wird, die eigentlich nicht zur Oberflächenkontamination des Testkörpers gehört, sondern von der Wasseroberfläche stammt. Eine Schwimmschicht muss daher vor der Entnahme der Testkörper entfernt werden.

Wird die Oberflächenbewuchsbildung mit Hilfe der Rasterelektronenmikroskopie kontrolliert, kann dies nach 4-wöchiger Exposition der Testplatten vorgenommen werden (Schoenen und Tuschewitzki, 1982). Dazu werden die Testkörper entnommen, wie üblich für rasterelektronenoptische Untersuchungen fixiert, besputtert und im Rasterelektronenmikroskop bei bis zu 5000facher Vergrößerung kontrolliert. Dabei muss festgestellt werden, ob die Oberfläche von einzelnen Mikroorganismen besiedelt ist oder ob sich ein Oberflächenbewuchs ausgebildet hat.

Bei Testplatten, bei denen die Bewuchsbildung makroskopisch untersucht werden soll, beträgt die Expositionsdauer 3 Monate. Danach werden die Testplatten entnommen und, nachdem das direkt herabrinnende Wasser abgetropft ist, der verbliebene Flüssigkeitsfilm oder der mikrobielle Aufwuchs mit einem sterilen Gummiwischer von der Oberfläche geschabt und in einem sterilen Messzylinder aufgefangen. Die aufgefangene Flüssigkeit bzw. der Aufwuchs müssen dann weitergehend kontrolliert werden, um festzustellen, ob es sich tatsächlich um einen Aufwuchs handelt oder nicht. Bei inerten Materialien sollte nur klares Wasser von der Oberfläche entfernt werden können. Der mikrobielle Aufwuchs ist flockig, schleimig und kann gelblich weiß bis fast schwarz erscheinen. Die weitergehende kulturelle und mikroskopische Untersuchung muss zeigen, dass es sich bei dem aufgefangenen Material tatsächlich um auf der Oberfläche herangewachsene Mikroorganismen – Bakterien und Pilze – handelt.

Da sich nicht bei allen Werkstoffen, die zu einer Vermehrung der Mikroorganismen führen können, dieser nachteilige Einfluss bereits während des ersten dreimonatigen Kontaktes mit Wasser zeigt, ist es notwendig, dass die Untersuchung mit Testplatten wiederholt wird, die bereits 3 Monate mit dem Wasser in Kontakt gestanden haben. Diese verzögerte Abgabe von organisch-mikrobiell verwertbaren Substanzen an die Umgebung wird dadurch erklärt, dass die Werkstoffe wie ein Schwamm erst Wasser aufnehmen müssen und danach die mikrobiell verwertbaren Komponenten an die Umgebung abgeben. Für die rasterelektronenoptische Untersuchung sind dazu zusätzliche Testplatten erforderlich. Bei der Untersuchung mit makroskopischer Inspektion können die gleichen Testplatten nach der ersten Untersuchung nochmals verwandt werden. Werkstoffe, auf denen es zu einer Bewuchsbildung kommt, sind für den Einsatz im Trink- und Badewasserbereich ungeeignet, da sie zu nachteiligen Koloniezahlerhöhungen im Wasser führen können. Nach dem DVGW Arbeitsblatt W 270 (Anonym, 1999) gelten Werkstoffe, die auf einer Fläche von 800 cm^2 mehr als 0,1 ml Aufwuchs aufwiesen, als ungeeignet für den Einsatz im Trinkwasserbereich.

7.1.5 Andere Beurteilungsverfahren

Für die Beurteilung des Einflusses von Werkstoffen auf die Vermehrung von Mikroorganismen durch Bewuchsbildung auf der Oberfläche können nicht nur die rasterelektronenoptischen Untersuchungen oder die makroskopische Kontrolle der Bewuchsbildung herangezogen werden, sondern alle Verfahren, mit denen es möglich ist, zwischen Besiedlung und Vermehrung auf der Oberfläche zu unterscheiden. Von v. d. Kooij und Veenendaal (1993) sowie v. d. Kooij et al. (2003) wurde die ATP-Bildung als Testkriterium und von Flemming (1994) die confocale Lasermikroskopie vorgeschlagen. Ein anderes mikrobiologisches Prüfverfahren wird seit Jahren in Großbritannien eingesetzt (BS 6920) (Anonym, 1988). Diese mikrobiologische Prüfvorschrift stützt sich auf Untersuchungen von Burman und Colbourne (1976, 1977). Die Autoren führten die mikrobiologischen Untersuchungen an Werkstoffen für den Trinkwasserbereich aufgrund nachteiliger Beobachtungen aus dem Bereich der Hausinstallation und bei Getränkeautomaten durch, und es wird die Vermehrung der Mikroorganismen im Wasser bei 2- bis 2½-monatiger Exposition kontrolliert.

7.1.6 Ausblick

Die Oberfläche ist zum Nachweis eines wachstumsfördernden Einflusses von Werkstoffen durch die Abgabe von organischen Substanzen der geeignetste Ort der Kontrolle. Auf der Oberfläche kommt es bei jedem Kontakt mit Wasser zu einer mikrobiellen Besiedlung. Die Mikroorganismen werden vom Wasser mit den notwendigen mineralischen Substanzen und Sauerstoff versorgt. Von der Materialseite erhalten sie die im Wasser nur im Minimum vorliegenden organischen Substanzen. Reicht die von den Werkstoffen abgegebene Menge an organischen Substanzen aus, kann es nicht nur zu einer Bewuchsbildung auf der Oberfläche kommen, sondern auch zu einer Abschwemmung der Mikroorganismen ins Wasser. Im Bereich von Trink-, Bade- und Reinstwasser stellt die Vermehrung der Mikroorganismen durch Werkstoffe einen besonders nachteiligen Einfluss dar und muss ausgeschlossen werden. Die eingesetzten Materialien sollten daher vorsorglich geprüft werden. Die Beurteilung der Bewuchsbildung auf der Oberfläche der Materialien hat sich daher bewährt.

Literatur

Anonym (1988): Suitability of Non-Metallic Products for Use in Contact with Water Intended for Human Consumption with Regard to Their Effect on the Quality of the Water. British Standard 6920 BSI, London.

Anonym (1999): Vermehrung von Mikroorganismen auf Materialien für den Trinkwasserbereich – Prüfung und Bewertung. Technische Regeln, DVGW-Arbeitsblatt W 270.

Ashworth, J. und Colbourne, J. S. (1987): The Testing of Non-metallic Materials for Use in Contact with Potable Water, and the Inter-relationships with In Service Use. In: Industrial Microbiological Testing, Society for Applied Bacteriology, Technical Series No. 23, 151–170. Blackwell Scientific Publications, Oxford.

Bellen, G. E.; Abrishami, S. H.; Colucci, P. M. und Tremel, C. J. (1993): Methods for Assessing the Biological Growth Support Potential of Water Contact Materials. American Water Works Association Research Foundation.

Berger, I.; Schiffers, A. und Voß, P. (1993): Gummierungsschäden durch Mikroorganismen in Aktivkohlefiltern zur Trinkwasseraufbereitung. Gas- und Wasserfach gwf (Wasser/Abwasser), 134, 102–105.

Botzenhart, K. und Hahn, T. (1989): Vermehrung von Krankheitserregern im Wasserinstallationssystem. Gas- und Wasserfach gwf (Wasser/Abwasser) 130, 432–440.

Burman, N. P. und Colbourne, J. S. (1976): The Effect of Plumbing Materials on Water Quality. J. Institute of Plumbing, Spring, 12–13.

Burman, N. P. und Colbourne, J. S. (1977): Techniques for the Assessment of Growth of Microorganisms on Plumbing Materials Used in Contact with Potable Water Supplies. J. Applied Bacteriology, 43, 137–144.

Colbourne, J. S. (1985): Materials Usage and Their Effects on the Microbiological Quality of Water Supplies. J. Applied Bacteriology Symposium Supplement, 47S–59S.

Flemming, H. C. (1994): Biofilme, Biofouling und mikrobielle Schädigung von Werkstoffen. Kommissionsverlag R. Oldenbourg, München.

Groth, P. (1975): Aufwuchsbildung auf Kunststoff-Folien in Reinwasserbehältern. Wasser und Boden, 27, 257–259.

Hengesbach, B.; Schulze-Röbbecke, R. und Schoenen, D. (1993): Legionellen in Membran-Druckausdehnungsgefäßen. Zbl. Hyg., 193, 563–566.

Kilb, B.; Lange, B.; Schaule, G.; Flemming H.-C. und Wingender, J. (1993): Contamination of drinking water by coliforms from biofilms grown on nubber-coated valves. Int. J. Hyg. Env. Health, 206, 563–573.

Koetter, K. (1974): Erhöhte Koloniezahlen im Trinkwasser als Folge ungeeigneter Probenahmestellen. Gas- und Wasserfach gwf (Wasser/Abwasser), 115, 405–410.

Kolch, A.; Krizek, L. und Schoenen, D. (1993): Mikrobielle Kontamination von Spülwasser in Reinigungs- und Desinfektionsautomaten. Zbl. Hyg., 195, 37–45.

Kooij, D. v. d. und Veenendaal, H. R. (1993): Assessment of the Biofilm Formation Potential of Synthetic Materials in Contact with Drinking Water During Distribution. Water Quality and Technology Conference Proceedings, Amer. Water Works Assoc., Miami.

Kooij, D. v. d., Vrouwenvelder, J. S. und Veenendaal, H. R. (2003): Elucidation and Control of Biofilm Formation Processes in Water Treatment and Distribution Using the Unified Biofilm Approach. Water Science Technology, 47, 83–90.

Mackerness, C. W.; Colbourne, J. S. und Keevil, C. W. (1991): Growth of Aeromonas hydrophila and Escherichia coli in a Distribution System Biofilm Model. In R. Morris, L. M. Alexander, P. Wyn-Jones und J. Sellwood (Eds.), Proceedings of the U.K. Symposium on Health-Related, University of Strathclyde Glasgow, 131–138.

Mäckle, H.; Mevius, W.; Pätsch, B.; Sacré, C.; Schoenen, D. und Werner, P. (1988): Koloniezahlerhöhungen sowie Geruchs- und Geschmacksbeeinträchtigungen des Trinkwassers durch lösemittelhaltige Auskleidematerialien. Gas- und Wasserfach gwf (Wasser/Abwasser), 129, 22–27.

Schoenen, D. (1989): Influence of Materials on the Microbiological Colonization of Drinking Water. Aqua, 38, 101–113.

Schoenen, D. (1992): Wiederverkeimung von Trinkwasser. Gas- und Wasserfach gwf (Wasser/Abwasser), 133, 173–186.

Schoenen, D. und Schlömer, G. (1989): Mikrobielle Kontamination des Wassers durch Rohr- und Schlauchmaterialien. 3. Mitt.: Verhalten von E. coli, Citrobacter freundii und Klebsiella pneumoniae. Zbl. Hyg., 188, 475–480.

Schoenen, D. und Schöler, H. F. (1985): Drinking Water Materials – Field Observations and Methods of Investigation. Ellis Horwood Ltd., Chichester (U. K.).

Schoenen, D. und Schöler, H. F. (1983): Trinkwasser und Werkstoffe – Praxisbeobachtungen und Untersuchungsverfahren. Gustav Fischer Verlag, Stuttgart.

Schoenen, D., Schulze-Röbbecke, R. und Schirdewahn, N. (1988): Mikrobielle Kontamination des Wassers durch Rohr- und Schlauchmaterialien. 2. Mitt.: Wachstum von Legionella pneumophila. Zbl. Bakt. Hyg., B. 186, 326–332.

Schoenen, D. und Tuschewitzki, G.-J. (1982): Mikrobielle Besiedlung benetzter Bitumen- und Edelstahlflächen in rasterelektronenmikroskopischen Aufnahmen. Zbl. Bakt. Hyg., I. Abt. Orig. B., 176, 116–123.

Schoenen, D. und Wehse, A. (1988): Mikrobielle Kontamination des Wassers durch Rohr- und Schlauchmaterialien. 1. Mitt.: Nachweis von Koloniezahlveränderungen. Zbl. Bakt. Hyg. B., 186, 108–117.

Schofield, G. M. und Locci, R. (1985): Colonization of Components of a Model Hot Water System by Legionella pneumophila. J. Applied Bacteriology, 58, 151–162.

Seidler, R. J.; Morrow, J. E. und Bagley, S. T. (1977): Klebsiellae in Drinking Water Emanating from Redwood Tanks. Applied and Environmental Microbiology, 33, 893–900.

Talbot, H. W.; Morrow, J. E. und Seidler, R. J. (1979): Control of Coliform Bacteria in Finished Drinking Water Stored in Redwood Tanks. J. Amer. Water Works Assoc., 71, 349–353.

7.2
Bakterienvermehrungspotential
Beate Hambsch und Peter Werner

7.2.1
Begriffsbestimmung

Die Vermehrung von Bakterien im Trinkwasser nach abgeschlossener Aufbereitung wird als Wiederverkeimung bezeichnet. Sie wird verursacht durch den mikrobiellen Abbau organischer Wasserinhaltsstoffe. Die Wiederverkeimung drückt sich durch erhöhte Koloniezahlen im Trinkwasser während der Verteilung im Netz aus. Keimeinbrüche durch Undichtigkeiten des Rohrnetzes oder Vermehrung durch Eintrag wachstumsfördernder organischer Substanzen sind nicht als Wiederverkeimung zu verstehen. Zur Wiederverkeimung kann es bei der Wasserversorgung immer dann kommen, wenn in einem Trinkwasser nach Abschluss der Aufbereitung noch mikrobiell verwertbare Substanzen enthalten sind (**A**ssimilable **o**rganic **c**arbon, AOC) und wenn die Verweilzeit des Trinkwassers im Verteilungsnetz sehr lang ist.

Nach einer von Werner (1984) entwickelten und von Hambsch (1992) weiterentwickelten Methode ist es möglich, die Substrateigenschaft organischer Wasserinhaltsstoffe zu charakterisieren. Das Bakterienvermehrungspotential (BVP) eines Wassers ergibt ein Maß für die Abbaubarkeit der in einem Wasser enthaltenen organischen Verbindungen und wird durch Wachstumsexperimente mit Mischbiozönosen unter definierten Bedingungen bestimmt. Die Methode besteht in der Aufnahme einer Bakterienwachstumskurve nach Sterilfiltration der zu untersuchenden Wasserprobe und Beimpfung mit einer Mischbiozönose, die möglichst aus dem jeweiligen Wasser gewonnen wird. Die Biomassezunahme wird anhand von Trübungsmessungen (12° Vorwärtsstreulicht) automatisch quasi-kontinuierlich verfolgt.

Die Aufnahme der Wachstumskurve ermöglicht die Bestimmung der Wachstumsrate μ und des Vermehrungsfaktors f (Hambsch et al., 1992). Die Wachstumsrate μ wird aus der Steigung der Kurve während der exponentiellen Wachstumsphase der Bakterien berechnet. Der Vermehrungsfaktor f berechnet sich aus dem Verhältnis der Trübung (bzw. der Biomasse) am Ende zu der am Beginn des Versuches.

Nach Monod (1942) sind bei Reinkulturen sowohl die Wachstumsrate μ als auch der Biomasseertrag eine Funktion der Substratkonzentration, wobei der Biomasseertrag in niedrigen Konzentrationsbereichen linear von der Substratkonzentration abhängt, während die Wachstumsrate μ eine Sättigungsfunktion der Substratkonzentration darstellt. Die prinzipielle Übertragbarkeit dieser Abhängigkeiten auch auf Mischbiozönosen konnte von Hambsch (1992) gezeigt werden.

Die Substratkonzentration kann bei natürlichen Wasserinhaltsstoffen nur in Form der Abnahme des Summenparameters „gelöster, organischer Kohlenstoff" (**D**issolved **O**rganic **C**arbon, DOC) bestimmt werden, sodass hierfür eine DOC-Erfassung vor und nach dem Bakterienwachstum erforderlich ist. Diese DOC-

Differenzmessung liegt jedoch in aufbereiteten Wässern i. d. R. unter 0,1 mg l^{-1} und ist somit ungenau. Durch Vergleich mit einer Acetat-Verdünnungsreihe ist jedoch eine Konzentrationsangabe in Acetat-C-Äquivalenten möglich.

7.2.2 Anwendungsbereich

Die Anwendung dieses Messverfahrens ist vor allem geeignet für die Untersuchung von Wasserproben aus der Trinkwasseraufbereitung, d. h. die Untersuchung von Rohwässern (Grundwasser, Oberflächenwasser), Wässern nach verschiedenen Aufbereitungsstufen und Rein- bzw. Trinkwässern. Dadurch wird eine Bewertung der Wasseraufbereitung in Hinblick auf die Entfernung leicht abbaubarer Wasserinhaltsstoffe ermöglicht.

Da es sich um eine sehr empfindliche Methodik handelt, ist die Untersuchung der Substrateigenschaften von Abwasserproben erst nach Verdünnung möglich, da die dort vorliegenden Substratkonzentrationen für eine direkte Untersuchung i. d. R. zu hoch sind.

Prinzipiell ist auch eine Charakterisierung von Einzelsubstanzen oder von Substanzgruppen wie z. B. Huminstoffen (Hambsch et al., 1993 a) oder Algeninhaltsstoffen (Hambsch et al., 1993 b) möglich.

7.2.3 Geräte und Chemikalien

7.2.3.1 Geräte

Vakuumpumpe mit Woulfscher Flasche
Saugflaschen 1000 ml mit entsprechenden Silikonstopfen
graduierter Glasaufsatz 250 ml, 800 ml
Glas- bzw. Porzellanfritte
Bechergläser 100 ml, 400 ml
Messkolben 100 ml, 250 ml, 1000 ml
Messzylinder 1000 ml
Wägeschiffchen
Spatel in verschiedenen Größen
Glaspipetten 1 ml, 2 ml, 5 ml, 10 ml
Pipettierhilfe
Schraubdeckelflaschen 100 ml, 250 ml, 1000 ml, 2000 ml, 5000 ml
Polycarbonatfilter (0,2 μm Porenweite)
Glasfaserfilter
Pinzette, spitz, gebogen
Magnetrührfische 19×6 mm ∅, 50×7,5 mm ∅
Alufolie
Präzisionsküvetten passend für Trübungsmessgeräte, 300 ml
Trübungsmessgeräte Vorwärtsstreulicht (z. B. Monitek, Modell 251), samt Datenerfassungseinheit, Rechner, Drucker und Software

pH-Meter
Magnetrührer
Autoklav
Trockenschrank
Analysenwaage
Tücher, fusselfrei

7.2.3.2 Chemikalien

Alle Lösungen werden mit Reinstwasser (H_2O_{reinst}) angesetzt.
Die Chemikalien müssen p.a.-Qualität aufweisen.

Trübungsstandard
Formazin-Eichstandard mit 2 TE/F (frisch aus Stammlösung mit 400 TE/F gemäß DIN EN 27027 hergestellt), entsprechend 4 ppm SiO_2 (Angaben des Geräteherstellers).

Kochsalzlösung
C(NaCl) = 9 g l^{-1} (physiolog. Kochsalzlösung), für Inokulum
zu je 40 ml in 100 ml-Schraubdeckelflaschen abfüllen, 20 min bei 121 °C autoklavieren.

Grundsalzlösung
Die Einwaagen beziehen sich auf 1 l Gesamtlösung. Die jeweilige Substanz muss erst in Lösung gebracht werden, bevor die Zugabe der nächsten erfolgt.

Hierbei wird wie folgt vorgegangen:
In 1 l Messkolben etwas H_2O_{reinst} vorlegen und folgende Substanzen der Reihe nach einwiegen:
100 mg Ammoniumchlorid NH_4Cl
100 mg Calciumnitrat-Tetrahydrat $Ca(NO_3)_2$ 4 H_2O
100 mg Calciumchlorid-2-hydrat $CaCl_2$ 2 H_2O
500 mg Magnesiumsulfat-Heptahydrat $MgSO_4$ 7 H_2O
100 mg Kaliumdihydrogenphosphat KH_2PO_4
0,5 ml Natronwasserglas Na_2SiO_3
10 mg Aluminiumsulfat $Al_2(SO_4)_3$ 18 H_2O
0,1 ml A-Z-Lösung nach Hoagland (10fach konzentriert), geschüttelt
Mit H_2O_{reinst} den Messkolben bis zur Eichmarke auffüllen. Die Lösung wird in eine 1 l Schraubdeckelflasche mit Magnetrührfisch umgefüllt, der pH-Wert wird auf 6,8 eingestellt.

A-Z-Lösung nach Hoagland (10fach konzentriert)
Folgende Einwaagen beziehen sich auf 1,8 l H_2O_{reinst} und werden nacheinander eingewogen:
1,0 g $Al_2(SO_4)_3$
0,5 g KJ
0,5 g KBr
1,0 g TiO_2
0,5 g $SnCl_2$ 2 H_2O
0,5 g LiCl
7,0 g $MnCl_2$ 4 H_2O
11,0 g H_3BO_4
1,0 g $ZnSO_4$
1,0 g $CuSO_4$
1,0 g $NiSO_4$ 6 H_2O
1,0 g $Co(NO_3)_2$ 6 H_2O

Nullwasser (= Negativkontrolle)
Als Negativkontrolle muss ein Wasser verwendet werden, das möglichst keine abbaubaren organischen Substanzen enthält. Hierfür kann z. B. Reinstwasser aus kommerziell erhältlichen Geräten eingesetzt werden.

Natrium-Acetat-Gebrauchslösung (= Positivkontrolle)
Durch die Positivkontrolle wird die Vermehrungsfähigkeit des Inokulums geprüft. Als Gebrauchslösung wird eine Lösung von 1 mg l^{-1} Acetat entsprechend 0,29 mg l^{-1} (C = organischer Kohlenstoff) verwendet, die jeweils frisch anzusetzen ist und noch am gleichen Tag verbraucht werden muss.

Phosphatfreies Detergens
zur Reinigung der Glasgefäße

Gebrauchsfertige Pufferlösungen
pH 4, pH 7, pH 9 zur Eichung des pH-Meters

7.2.4 Untersuchungsgang

7.2.4.1 Allgemeines
In Abb. 7.1 ist schematisch das Verfahren zur Erfassung des Bakterienvermehrungspotentials von der Probenvorbereitung bis zur Auswertung dargestellt. Die einzelnen Schritte werden im Folgenden ausführlich beschrieben.

7.2.4.2 Vorbereitung der Wasserproben
Zur Aufnahme der Wachstumskurven werden die zu untersuchenden Wasserproben sterilfiltriert. Dadurch entfernt man die zunächst in der Probe vorhande-

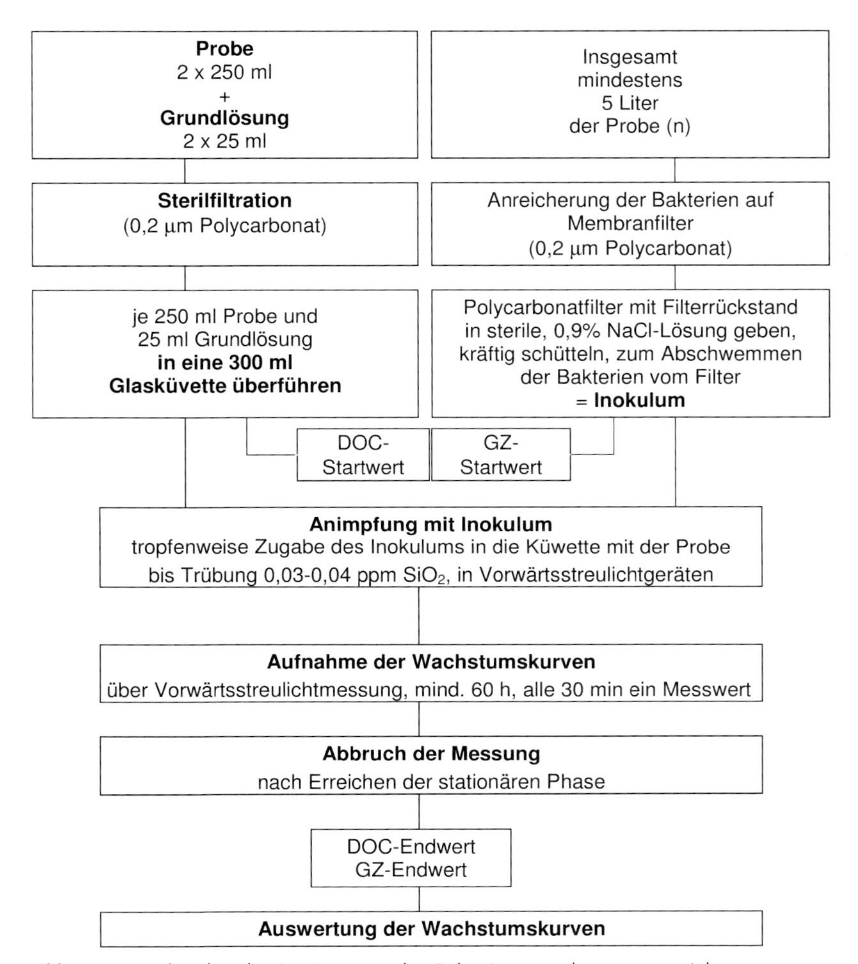

Abb. 7.1 Vorgehen bei der Bestimmung des Bakterienvermehrungspotentials.

nen Bakterien, um danach erneut mit einer definierten Menge dieser Bakterien anzuimpfen. Durch diese Filtration erreicht man bei allen Proben dieselben Ausgangsbedingungen, und anorganische Partikel, die zur Trübung in der Gesamtprobe beitragen, werden entfernt. Dadurch wird die Trübung in den Küvetten fast an die Nachweisgrenze gebracht. Der Trübungsanstieg ist dadurch nicht mehr als Differenz zweier großer Zahlen definiert. Die Sterilfiltration wird mit Glasgeräten (Filterfritte, Filteraufsatz, Saugflasche) durchgeführt. Als Membranfilter kommen Polycarbonatfilter der Porenweite 0,2 μm zum Einsatz, da diese eine Einschleppung von organischem Kohlenstoff über die Membranfilter minimieren. Trotzdem ist gründliches Vorspülen notwendig. Auch die Glasgeräte müssen entsprechend sorgfältig gereinigt sein. Das Filtrat wird danach mit der ebenfalls sterilfiltrierten anorganischen Grundsalzlösung (s. Abschnitt 7.2.3.2) im Verhältnis 10:1 versetzt. Dadurch wird erreicht, dass ausschließlich der organische Kohlenstoff als wachstumsbegrenzender Faktor wirkt, nicht jedoch anorganische Nährstoffe wie beispielsweise Phosphat oder Nitrat.

7.2.4.3 Herstellung des Inokulums und Animpfung der vorbereiteten Wasserprobe

Das Inokulum für diese Untersuchung wird aus der Mischbiozönose des jeweiligen Probenwassers oder eines bakterienreicheren Wassers derselben Herkunft gewonnen (z. B. aus dem Rohwasser eines entsprechenden Trinkwassers), indem 3 bis 5 Liter des oder der Wässer über Polycarbonatfilter filtriert werden. Die Filter werden mit dem Filterrückstand in 40 ml sterile, 0,9%ige Kochsalzlösung (s. Abschnitt 7.2.3.2) gegeben und gerührt. Nach ca. 1/2 h liegt ein Großteil der Bakterien suspendiert in der Lösung vor. Da möglicherweise auch größere, nicht-bakterielle Partikel enthalten sein können, sollte man diese Impflösung noch einmal über Glasfaserfilter filtrieren. Dadurch werden größere, unerwünschte Partikel entfernt, während die erheblich kleineren Bakterien (ca. 0,5–1,0 μm) größtenteils im Filtrat verbleiben.

Die Animpfung selbst wird durch tropfenweise Zugabe des Inokulums zu der vorbereiteten Wasserprobe in die Glasküvette vorgenommen, wobei ein Startwert der Vorwärtsstreulichtmessung von ca. 0,03 ppm SiO_2 angestrebt wird. Dies ist die untere Grenze, ab der ein linearer Zusammenhang zwischen Gesamtzellzahl und Streulichtmesssignal festgestellt wurde (Hambsch, 1992).

7.2.4.4 Registrierung der Wachstumskurven

Die Aufnahme der Kurven erfolgt automatisiert, indem die Vorwärtsstreulichtmessgeräte (z. B. Monitek 251) von einem Rechner gesteuert werden. Die Messgeräte werden mit den 300 ml-Glasküvetten (s. Abschnitt 7.2.3.1) bestückt, die die zu untersuchenden Wasserproben enthalten. Das gesamte System sollte in einem Raum mit einer gleichmäßigen Temperatur zwischen 20 und 25 °C stehen. Die gleichmäßige Durchmischung des Küvetteninhalts wird durch Magnetrührer gewährleistet. Die Rührer werden automatisch vor jeder Trübungsmessung abgeschaltet, um ein ungestörtes Messsignal zu erhalten. Eine kontinuierliche Trübungsmessung ist nicht möglich, da sich durch das Brennen der Lampe die Proben zu sehr erwärmen würden und dadurch unerwünschte Nebeneffekte auftreten können (z. B. Kalkausfällung durch Ausgasen des CO_2 mit steigender Temperatur). Es erwies sich als sinnvoll, halbstündlich Messungen von je 2 min Dauer vorzunehmen, da man damit einen quasi-kontinuierlichen Kurvenverlauf erhält. Nach Erreichen der stationären Phase der Bakterien (keine weitere Trübungszunahme) kann das Experiment beendet werden. Dies ist üblicherweise nach 2 bis 3 Tagen der Fall, sodass standardmäßig eine Inkubationszeit von 60 h vorgegeben wird.

7.2.4.5 Zusätzliche Analysen

Gelöster, organisch gebundener Kohlenstoff

Als summarisches Maß zur Bestimmung der organischen Inhaltsstoffe eines Wassers hat sich im Trinkwasserbereich die Messung des gelösten, organisch gebundenen Kohlenstoffs (**D**issolved **O**rganic **C**arbon, DOC) bewährt. Das Prinzip des Messverfahrens wurde von Wölfel und Sontheimer (1974) vorgeschlagen. Zur Bestimmung des abgebauten Substrats während eines Versuchs müssen Differenzen zwischen Start- und Endwert gebildet werden. Die Messung der Start- und Endwerte sollte grundsätzlich in derselben Messreihe erfolgen, um geräteseitige Schwankungen möglichst zu vermeiden. Die Proben müssen sofort filtriert und angesäuert werden, um eine Veränderung durch biologischen Abbau zu vermeiden. Die Proben sollten bis zur Messung, maximal 1 Woche, im Kühlschrank gelagert werden.

Gesamtzellzahl

Die hier verwendete Methode zur Bestimmung der Gesamtzellzahl erfasst sowohl aktive als auch inaktive Bakterien (Reichardt, 1978). Sie beruht auf einer mikroskopischen Zählung der auf einem Filter (Polycarbonat, 0,2 µm Porenweite) angereicherten Bakterien, die mit Acridinorange (0,1 g l^{-1}) 3 min angefärbt wurden. Sie wurde an die Methode von Hobbie et al. (1977) angelehnt. Der Farbstoff bindet an die DNA und zeigt bei Blauanregung mit Epifluoreszenz im Mikroskop die Bakterien orange gefärbt. Falls eine sofortige Verarbeitung der Proben nicht möglich ist, kann eine Fixierung mit sterilfiltriertem Formaldehyd mit einer Endkonzentration von 2% erfolgen.

Umrechnung in Acetat-C-Äquivalente

Zur Quantifizierung der in einem Wasser enthaltenen mikrobiell verwertbaren organischen Verbindungen werden diese als Acetat-C-Äquivalente angegeben. Für die Umrechnung der Trübungszunahme in Acetat-C-Äquivalente muss zunächst der Ertragskoeffizient Y bestimmt werden. Dies erfolgt über die Aufnahme von Wachstumskurven mit unterschiedlichen Acetat-Konzentrationen. Aus den jeweils ermittelten Trübungszunahmen kann aufgrund der linearen Beziehung zwischen Trübungszunahme und Acetat-C-Abnahme mittels linearer Regression der Ertragskoeffizient Y berechnet werden. Über den Ertragskoeffizienten Y und die in der zu untersuchenden Wasserprobe gemessene Trübungszunahme erfolgt dann die Umrechnung in Acetat-C-Äquivalente.

7.2.5 Störungsquellen

Um sicherzugehen, dass durch die Probenvorbereitung kein abbaubarer Kohlenstoff eingeschleppt wird, sollte bei jedem Versuch eine Negativkontrolle mitgeführt werden. Die Schwankungsbreite der Messung in diesem Nullwasser liegt bei einem Vermehrungsfaktor zwischen 1 und 2,5 und einer Wachstumsrate μ kleiner

0,05 h^{-1}. Werden höhere Werte gemessen, ist ein Eintrag von abbaubaren organischen Verbindungen während der Probenvorbereitung nicht auszuschließen.

Wenn die Wasserprobe noch Desinfektionsmittel enthält (freies Chlor, Ozon) würde kein Bakterienwachstum erfolgen, auch wenn das Wasser gut abbaubare organische Wasserinhaltsstoffe enthält. Um eine aussagekräftige Messung zu erhalten, muss in diesem Fall die Wirkung des Desinfektionsmittels durch Zugabe von Natriumthiosulfat neutralisiert werden.

Bei stark verschmutzten Proben (hoher Trübstoffgehalt, z. B. in Oberflächenwässern) empfiehlt sich eine Vorfiltration der Proben über Glasfaserfilter.

Bei eisen- und manganhaltigen Wässern kann es beim Rühren in den Küvetten zur Hydroxidbildung und damit zu Ausfällungen kommen. Dieser Anstieg der Trübung kann dann nicht von der Trübungszunahme durch Bakterienvermehrung unterschieden werden. Daher sind i. d. R. anaerobe Wässer von dieser Untersuchung auszuschließen.

7.2.6 Auswertung

Aus den Wachstumskurven wird zum einen die Wachstumsrate μ und zum anderen der Vermehrungsfaktor f berechnet. Des Weiteren kann bei zusätzlicher DOC-Bestimmung in den Versuchsansätzen die gemessene DOC-Differenz als Substratkonzentration angegeben werden. Bei niedrigen Konzentrationen empfiehlt sich jedoch die Umrechnung in Acetat-C-Äquivalente.

Wachstumsrate μ (in der exponentiellen Wachstumsphase):
$\mu = (\text{Ln Trüb}_2 - \text{Ln Trüb}_1)(t_2 - t_1)^{-1}$

Vermehrungsfaktor f:
$f = (\text{Trüb}_{max})(\text{Trüb}_0)^{-1}$

Trübungsertrag Y_{Acetat} (aus linearer Regression zu berechnen):
$Y_{Acetat} = (\text{Trüb}_{max} - \text{Trüb}_0)(\text{Konz}_{Acetat\text{-}C})^{-1}$

Acetat-C-Äquivalente Ac-C-Äqu.:
$\text{Ac-C-Äqu.} = (\text{Trüb}_{max} - \text{Trüb}_0)(Y_{Acetat})^{-1}$

7.2.7 Angabe der Ergebnisse

Wachstumsrate: μ in h^{-1}
Vermehrungsfaktor: f
Substratkonzentration: ΔDOC in mg l^{-1} C
Acetat-C-Äquivalente in µg l^{-1}.
Erfahrungsgemäß bereiten Trinkwässer mit einem Vermehrungsfaktor <5 und einer Wachstumsrate $<0{,}1$ h^{-1} keine Wiederverkeimungsprobleme im Leitungsnetz, auch wenn kein Restgehalt an Desinfektionsmittel das Bakterienwachstum verhindert (Hambsch, 1994). In den Negativkontrollen liegt der Vermehrungsfaktor $<2{,}5$ und die Wachstumsrate $<0{,}05$ h^{-1}.

Literatur

Hambsch, B. (1992): Untersuchungen zu mikrobiellen Abbauvorgängen bei der Uferfiltration. Dissertation, Karlsruhe.

Hambsch, B.; Werner, P. und Frimmel, F.H. (1992): Bakterienvermehrungsmessungen in aufbereiteten Wässern verschiedener Herkunft. Acta hydrochim. hydrobiol., 20, 9–14.

Hambsch, B.; Schmiedel, U.; Werner, P. und Frimmel, F.H. (1993a): Investigations on the biodegradability of chlorinated fulvic acids. Acta hydrochim. hydrobiol., 21, 167–173.

Hambsch, B.; Werner, P.; Mäckle, H. und Frimmel, F.H. (1993b): Degradation of algal exudates by mixed bacterial biocenoses. Wat. Sci. Tech., 27, 421–429.

Hambsch, B. (1994): Wiederverkeimung von Trinkwasser in Abhängigkeit von Wasserqualität, Kontaktflächen und Verweilzeit. DVGW-Schriftenreihe Wasser, 79, 203–212.

Hobbie, J.E.; Daley, R.J. und Jasper, S. (1977): Use of Nuclepore filters for counting bacteria by fluorescence microscopy. Appl. Environ. Microbiol. 33, 1225–1228.

Monod, J. (1942): Recherches sur la croissance des cultures bacteriennes. Hermann, Paris.

Reichardt, W. (1978): Einführung in die Methoden der Gewässermikrobiologie. Gustav Fischer Verlag, Stuttgart, New York.

Werner, P. (1984): Untersuchungen zur Substrateigenschaft organischer Wasserinhaltsstoffe bei der Trinkwasseraufbereitung. Zbl. Bakt. Hyg. I Abt. Orig. B 180, 46–61.

Wölfel, P. und Sontheimer, H. (1974): Ein neues Verfahren zur Bestimmung von organisch gebundenem Kohlenstoff im Wasser durch photochemische Oxidation. Vom Wasser, 43, 315.

8 Bewertung

8.1 Trinkwasser

Konrad Botzenhart und Irmgard Feuerpfeil

Die hygienisch-mikrobiologische Untersuchung des Trinkwassers wird mit dem Ziel durchgeführt, mögliche Gesundheitsgefahren zu erkennen und zu vermeiden. Nach den Vorgaben der EG-Richtlinie (98/831 EG, 1998), des Infektionsschutzgesetzes (IfSG, 2000) und der Trinkwasserverordnung 2001 (TrinkwV 2001) darf das Trinkwasser Krankheitserreger nicht in Konzentrationen enthalten, die die menschliche Gesundheit gefährden können. Dies soll durch die regelmäßige Überprüfung der in der TrinkwV 2001 angegebenen Grenzwerte und Anforderungen für die mikrobiologischen Parameter und Indikatorparameter (s. Kapitel 9) gewährleistet werden. Dabei beruht die Praxis der Qualitätssicherung des Trinkwassers seit etwa 100 Jahren auf dem Nachweis bestimmter Indikatorbakterien, welche auf Verunreinigungen des Wassers durch Fäkalien und damit fäkal ausgeschiedene Krankheitserreger von Mensch oder Tier hindeuten.

Als Kriterium für die mikrobiologische Qualität von Trinkwasser haben sich die Keimzahlen fakultativ aerober, mesophiler Bakterien, *E. coli* und Enterokokken durchgesetzt. Das Auftreten pathogener Bakterien korreliert in der Regel mit dem Nachweis von *E. coli* und Enterokokken. Die Verwendung von Indikatorbakterien stößt an ihre Grenzen, wenn o. g. Korrelationen nicht gegeben sind, nichtfäkale Quellen der Krankheitserreger bekannt sind (z. B. Legionellen), oder längeres Überleben der Krankheitserreger als der Indikatoren möglich ist (z. B. Parasitendauerformen nach Desinfektionsverfahren). Trotz dieser Einschränkungen wurde zur routinemäßigen mikrobiologischen Überwachung der Trinkwasserqualität das Indikatorprinzip beibehalten. Für chlorresistente Parasitendauerformen wurde durch die EG als Indikatorparameter *C. perfringens* eingeführt, dessen Sporen so widerstandsfähig wie die Dauerformen von Cryptosporidien und Giardien sein sollen. Zur Vermeidung von Kontaminationen des Trinkwassers mit Krankheitserregern, die nicht durch das Indikatorprinzip erfasst werden, wurden spezielle Vorschriften (z. B. § 5 Abs. 4 TrinkwV 2001) und Empfehlungen gegeben (UBA-Empfehlung, 2001).

Hygienisch-mikrobiologische Wasseruntersuchung in der Praxis.
Irmgard Feuerpfeil und Konrad Botzenhart (Hrsg.)

ISBN: 978-3-527-31569-7

Im Falle der Legionellen wurde erstmals die direkte Untersuchung auf diese Krankheitserreger in der TrinkwV 2001 vorgeschrieben.

Um den Anforderungen im IfSG und der TrinkwV 2001 gerecht zu werden (Krankheitserreger dürfen nicht in Konzentrationen enthalten sein, die die Gesundheit gefährden können) müssen zur mikrobiologischen Überwachung der Trinkwasserqualität Nachweisverfahren eingesetzt werden, die eine quantitative Bestimmung der jeweiligen Parameter erlauben.

Das betrifft in der Regel die entsprechenden Untersuchungen nach § 14 TrinkwV 2001 (routinemäßige und periodische Untersuchungen).

Die Häufigkeit dieser Untersuchungen ist auch in der TrinkwV 2001 vorgegeben. Untersuchungen dieser Art sind Stichproben aus dem kontinuierlichen Prozess der Trinkwasserversorgung. Ein günstiges Einzelergebnis erlaubt zunächst nur den Schluss, dass die Versorgungsanlagen zumindest zeitweise einwandfreies Wasser bereit stellen können. Eine Extrapolation auf eine längere Zeit und größere Volumina ist nur zulässig, wenn die Rohwasserqualität, das Aufbereitungsverfahren und das Verteilungsnetz dies ermöglichen. Liegen längere Untersuchungsreihen vor, ist von Interesse, ob deren Ergebnisse über längere Zeit auf gleicher Ebene bleiben. Zeigen sich Abweichungen vom gewohnten Niveau, sollten die Ursachen ermittelt werden, auch wenn die Grenzwerte noch nicht überschritten sind.

Für die mikrobiologischen Untersuchungen müssen vorgeschriebene, meist genormte Nachweisverfahren eingesetzt werden (Anlage 5, TrinkwV 2001), um vergleichbare Ergebnisse in den Untersuchungsstellen auch in juristischem Sinne zu erzielen.

Es sind aber auch mikrobiologische Untersuchungen auf Anweisung des Gesundheitsamtes in besonderen Fällen direkt auf die hier genannten (§ 20, Abs. 1, 4a TrinkwV 2001) oder weitere Krankheitserreger durchzuführen, für deren Nachweis in der TrinkwV 2001 keine Verfahren angegeben sind.

Für die Anordnung solcher Untersuchungen muss ein Grund vorhanden sein, z.B. der Ausbruch oder die Besorgnis möglicher wasserbürtiger Erkrankungen. Die Ursachenabklärung und die Ermittlung möglicher Übertragungswege erfordern eine erweiterte Untersuchungstätigkeit. Insbesondere ist von Interesse, ob der Krankheitserreger im Trinkwasser oder der Aufbereitung nachgewiesen werden kann. Zur Untersuchung sollten Nachweisverfahren nach den neuesten wissenschaftlichen Erkenntnissen eingesetzt werden, auch wenn diese noch nicht standardisiert sind und als Norm vorliegen.

Da für diese Krankheitserreger auch kein Grenzwert in der TrinkwV 2001 angegeben ist, muss das Gesundheitsamt den vom Untersuchungslabor gelieferten Befund im Sinne einer Risikobetrachtung interpretieren und Maßnahmen zur Abhilfe und zur Beseitigung der Kontamination anordnen. In diesen Fällen kann auf die „Leitlinien zu Maßnahmen im Fall nicht eingehaltener Grenzwerte und Anforderungen § 9 TrinkwV 2001“ des BMG zurückgegriffen werden, oder man sollte ein entsprechendes Hygieneinstitut mit fachlicher Kompetenz zur Befundinterpretation und zur Beseitigung des möglichen Störfalles einbeziehen.

8.1.1
Indikatorbakterien

Die Auswahl der Indikatorbakterien zur Überwachung der Wasserqualität wird von Land zu Land in unterschiedlichen Regelwerken und Vorschriften und seit ca. 100 Jahren Wasserhygiene nicht einheitlich getroffen. Indikatorbakterien sollten typisch für die Darmflora von Warmblütern und ihr Überleben außerhalb des Darmtraktes länger als das von Krankheitserregern sein, es soll aber dort keine Vermehrung stattfinden.

Am häufigsten werden in der Literatur „total coliforme Bakterien", thermotolerante coliforme Bakterien, *E. coli*, Fäkalstreptokokken bzw. Enterokokken und sulfitreduzierende anaerobe Clostridien/*C. perfringens* genannt.

Unter dem Begriff „total coliforme Bakterien" werden verschiedene Genera der Enterobacteriaceae zusammengefasst, die als Galaktosidase-positiv und Cytochromoxidase-negativ bestimmt werden. Unter ihnen sind einige Gattungen, die auch außerhalb des Darmtraktes vorkommen und keine geeigneten (fäkal) Indikatoren zur Überwachung der Trinkwasserqualität darstellen. Die Gruppe umfasst sowohl Arten fäkalen Ursprungs als auch Umweltcoliforme (s. a. Tab. 8.1).

Tabelle 8.1 Definitionen der coliformen Bakterien und zugehörige Gattungen (nach Stevens et al., 2003, verändert)

Methode nach TrinkwV 1990 Laktose zu Säure u. Gas	Methode nach ISO 9308-1, TrinkwV 2001 Laktose zu Säure	Alternativverfahren nach TrinkwV 2001, „Colilert-Verfahren" β-Galaktosidase
Escherichia	Escherichia	Escherichia
Klebsiella	**Klebsiella**	**Klebsiella**
Enterobacter	**Enterobacter**	**Enterobacter**
Citrobacter	**Citrobacter**	**Citrobacter**
	Yersinia	**Yersinia**
	Serratia	**Serratia**
	Hafnia	**Hafnia**
	Pantoea	***Pantoea***
	Kluyvera	***Kluyvera***
		Cedecea
		Ewingella
		Moellerella
		Leclercia
		Rahnella
		Yokenella

Fett: Coliforme, die in der Umwelt sowie in menschlichen Faeces vorkommen können.
Fett und kursiv: Coliforme, die als primäre Umweltkeime angesehen werden.

Thermotolerante Coliforme (auch als Fäkalcoliforme bezeichnet) wachsen nach Bebrütung bei 44 °C und können als zuverlässigere Indikatoren angesehen werden, da sie zum Teil die coliformen Bakterien ausschließen, die außerhalb des Darmtraktes überleben können. *E. coli* gilt bis heute als der geeignetste Fäkalindikator (WHO, 2004). Dies wurde im europäischen Raum und in Deutschland zur Überwachung der Trinkwasser- und Badewasserqualität in den gültigen Verordnungen und Richtlinien so übernommen (s. Kapitel 9). Auf die Bestimmung der coliformen Bakterien wird aus o. g. Gründen neuerdings entweder ganz verzichtet oder ihr Nachweis als allgemeine unerwünschte Belastung des Wassers angesehen und weniger streng beurteilt als der Nachweis von *E. coli*.

Intestinale Enterokokken (Eingrenzung der physiologischen Gruppe der Fäkalstreptokokken auf 4 fäkale Arten) sind resistenter gegenüber Desinfektionsmaßnahmen als *E. coli* und auch persistenter in der Umwelt. Ihr Nachweis wird deshalb als eine möglicherweise bereits länger zurückliegende fäkale Kontamination bewertet.

Sulfitreduzierende Clostridien und *C. perfringens* im Trinkwasser können aufgrund der Widerstandsfähigkeit ihrer Sporen ebenfalls auf eine länger zurückliegende fäkale Kontamination hinweisen, aber auch auf das Vorhandensein ähnlich chlorresistenter Parasitendauerformen. Diese Indikatorfunktion wird derzeit allerdings noch kontrovers diskutiert.

8.1.2
Koloniezahl

Die Koloniezahl hat sich als wichtige Kenngröße für die Herkunft, Aufbereitung und Verteilung von Wasser erwiesen. Sie ist von Robert Koch (1893) für die Charakterisierung der Leistung von Langsamsandfiltern eingeführt worden. Er verweist darauf, dass bei guter Funktion eines Filterwerkes erfahrungsgemäß weniger als 100 entwicklungsfähige Keime in 1 ml Wasserprobe nachzuweisen sind, unabhängig davon, ob das Rohwasser stark oder weniger stark mit Mikroorganismen belastet ist. Der auch bis heute noch geltende Parameterwert (nach Anlage 3 TrinkwV 2001 beim Einsatz des Nachweisverfahrens nach TrinkwV 1990) ist von der Art des Nährbodens und der Bebrütungstemperatur abhängig, welche deswegen exakt den gesetzlich vorgegebenen Bestimmungen entsprechen müssen. Grundwasser aus gut filtrierenden Schichten hat erfahrungsgemäß Koloniezahlen unter 10 pro ml, wenn mit der Methode der TrinkwV von 1990 gearbeitet wird. Bei den heranwachsenden Bakterien handelt es sich überwiegend um gramnegative, nicht sporenbildende Arten. Für die Bewertung eines Wassers nach Desinfektion kann der Wert 100 pro ml deswegen nicht herangezogen werden. Er würde auf eine mangelhafte Desinfektion oder andere irreguläre Verhältnisse hinweisen. Hier ist nach Anlage 3 TrinkwV 2001 für die Koloniezahl bei 22 °C Bebrütung der Wert 20 pro ml einzuhalten. Die nach EG-Richtlinie von 1998 in die TrinkwV 2001 übernommene Anforderung für die Koloniezahlbestimmung „ohne anormale Veränderung“ ist nicht praktikabel, vor allem wenn nur wenige Einzelwerte zur Auswertung vorliegen. In der Praxis wird deshalb die Koloniezahlbestimmung vorwiegend nach dem Nachweisverfahren der TrinkwV von 1990 und der dafür angegebenen Auswertung vorgenommen. Erhöhte Koloniezahlen können daneben, wie in Kap. 4.1 ausgeführt, auf Verunreinigungen des Wassers nach der Aufbereitung zurückzuführen sein, z. B. auf das Eindringen von Fremdwasser, auf mikrobielles Wachstum im Leitungs- und Verteilungsnetz, auf nachträgliche Aufkeimungen in der Trinkwasser-Installation von Gebäuden und von in der Trinkwasser-Installation integrierten Aufbereitungsgeräten und anderen technischen Einrichtungen. Häufig gibt die Koloniezahl die ersten Hinweise auf die hygienischen Mängel.

Mit der Koloniezahlbestimmung werden keine Krankheitserreger erfasst, deswegen ist der Wert dieser Untersuchung häufig in Zweifel gezogen worden, insbesondere von den Herstellern solcher Geräte oder Werkstoffe, die ein mikrobielles Wachstum auf den mit Wasser benetzten Oberflächen fördern. Nachdem aber immer deutlicher geworden ist, dass sich unter den im Leitungs- und Verteilungsnetz heranwachsenden Mikroorganismen auch Krankheitserreger befinden können und, speziell im Fall der Legionellen, ein mikrobielles Wachstum auf den Innenoberflächen von Rohren und Behältern mit Biofilmbildung geradezu die Voraussetzung für ihre Vermehrung darstellt, ist dieser Einwand nicht mehr zu halten.

Lange Stagnationszeiten führen ebenfalls zu erhöhten Koloniezahlen. Mineral- und Tafelwasser bzw. Wasser für den menschlichen Gebrauch, das zur Abgabe in Behältern bestimmt ist (TrinkwV 2001), muss daher die Grenzwerte der Koloniezahl nur bei der Abfüllung einhalten. Für Wasser aus den Tanks von Land-, Luft- und Seefahrzeugen ließ die TrinkwV von 1990 eine Koloniezahl von 1000 pro ml bei 22 °C Bebrütungstemperatur zu. Im Netz einer Trinkwasserversorgung und in der Trinkwasser-Installation sollten eine längere Speicherung des Wassers oder lokale Stagnationszonen, die zu einer Aufkeimung führen, vermieden werden. In anderen Ländern werden aber zuweilen Speicherbehälter für das Trinkwasser im Dachbereich von Wohnhäusern installiert, was zwangsläufig zu erhöhten Koloniezahlen führen muss.

8.1.3 *E. coli*

Um 1890 begann die Diskussion darüber, ob anstelle des schwierigen, damals fast unmöglichen Direktnachweises von Typhusbakterien im Wasser Colibakterien als Indikatoren verwendbar sind. 1884 hatte Gaffky den Typhus-Erreger angezüchtet, und 1885 beschrieb Escherich das *Bacterium coli commune*.

Die Diskussion um *E. coli* als Indikator beurteilte v. Freudenreich (1895) mit folgenden Worten: „Es ist daher die Tendenz vorherrschend geworden, bei fehlendem Nachweis von Typhusbacillen dem Vorhandensein der Colibacillen große Bedeutung beizulegen und jedes Wasser für verdächtig zu erklären, welches Colibacillen enthält, indem solche als Darmbewohner erklärt werden und ihr Vorhandensein im Wasser als gleichbedeutend mit einer Verunreinigung durch Fäkalstoffe angegeben wird.“ Freudenreich weist auch darauf hin, dass die Menge der Coli von Bedeutung ist: Kein Coli – gutes Trinkwasser, massenhaft Coli – kein Trinkwasser (Schulze, 1996).

E. coli ist natürlicher Bestandteil der Darmflora des Menschen und von warmblütigen Tieren. Allerdings haben *E. coli* und andere Enterobacteriaceae mit nur weniger als 1% einen geringen Anteil an der Darmflora. Vorherrschend sind andere, vorwiegend anaerobe Mikroorganismen.

Werden in 100 ml Trinkwasser *E. coli* nachgewiesen, ist die Annahme gerechtfertigt, dass durch menschliche und tierische Ausscheidungen auch Krankheitserreger in das Wasser gelangt sein können und eine Gefährdung der menschlichen Gesundheit durch diese Krankheitserreger besteht (Indikatorfunktion).

Mit dem Bekanntwerden weiterer durch Trinkwasser übertragbarer Krankheitserreger, insbesondere bestimmter Viren und Parasitendauerformen, gab es Diskussionen zur Indikatorfunktion von *E. coli*: Einerseits gleiches ökologisches Verhalten von *E. coli* und der Mehrzahl bakterieller Krankheitserreger, andererseits das „Versagen" der Indikatorfunktion im desinfizierten Trinkwasser und damit für desinfektionsmittelresistente Krankheitserreger. Deshalb sollte, wie auch in der Vergangenheit praktiziert, die Beurteilung des aufbereiteten Wassers vor der Chlorung erfolgen. Das Wasser sollte hier schon Trinkwasserqualität aufweisen (Schoenen, 2001; UBA-Empfehlung, 2001) und frei von *E. coli* und coliformen Bakterien in 100 ml sein. Auch die Bestimmung der Koloniezahl sollte vor der Chlorung erfolgen, um eine einwandfreie Trinkwasseraufbereitung zu dokumentieren.

Zum Nachweis von *E. coli* aus Wasserproben gibt es viele Möglichkeiten (s. auch Kapitel 4.2), das Nachweisprinzip ist in der Regel die Bildung von Säure (und Gas) aus Laktose und/oder die Bildung des Enzyms β-Glucuronidase. Die Gasbildung wird nach dem neuen Referenzverfahren nach TrinkwV 2001 zur Bestimmung von *E. coli* nicht mehr als notwendiges Merkmal zur Charakterisierung herangezogen. Damit werden nach der TrinkwV 2001 auch anaerogene Stämme erfasst. Dies kann eine Erhöhung der Zahl der positiven Nachweise für *E. coli* zur Folge haben. Neben den nicht-pathogenen treten pathogene *E. coli*-Stämme auf, die ernsthafte Erkrankungen verursachen können.

Hierzu werden enteropathogene *E. coli* (EPEC), enterotoxische *E. coli* (ETEC), enteroinvasive *E. coli* (EIEC), enterohämorrhagische *E. coli* (EHEC), enteroaggregative *E. coli* (EAEC) und diffuse adhärente *E. coli* (DAEC) gezählt (Burnens, 2001). Über die pathogene Bedeutung und Prävalenz von EAEC- und DAEC-Stämmen ist wenig bekannt. EAEC gelten als *E. coli*, die bei Kindern akuten wässrigen Durchfall hervorrufen können. Den ersten vier Gruppen ist gemeinsam, dass sie auch Durchfall auslösen können. Seit 1923 sind die sog. Dyspepsie-Coli (z. B. *E. coli* O111) und seit 1955 die enteropathogenen *E. coli* (EPEC) als wichtige Ursache von Brechdurchfällen bei Säuglingen und Kleinkindern, aber auch bei Touristen bekannt.

ETEC sind enterotoxinbildende Stämme von *E. coli*. Sie bilden hitzestabile und hitzelabile Enterotoxine, die denen von *V. cholerae* ähnlich sind, und verursachen wässrige Diarrhoe und Erbrechen und sind auch als Erreger der sog. Reisediarrhoe bekannt geworden.

Bei EIEC handelt es sich um enteroinvasive *E. coli*, die neben Shigella spp. wichtige Erreger der bakteriellen Dysenterie sind.

EHEC (z. B. auch *E. coli* O157:H7) gehören zu der Gruppe der verotoxinbildenden *E. coli* (VTEC), die seit 1977 bekannt sind. Ihre Infektionsdosis wird auf 10–100 Mikroorganismen geschätzt. Rund 10% der Risikogruppen (alte Menschen und Kleinkinder) entwickeln ein hämolytisch-urämisches Syndrom (HUS), das zu Nierenversagen und im schlimmsten Fall zum Tode führen kann. Reservoir der EHEC sind Kälber und Rinder.

Wasserbedingte Epidemien durch pathogene *E. coli* wurden aus den USA, Japan und Ungarn beschrieben (Rice, 1999). Ein bedeutender wasserbedingter Ausbruch mit mehr als 2300 Erkrankten wurde 2000 aus Walkerton, Kanada, berichtet. Hierbei war das Trinkwasser durch Schafexkremente nach Starkregenfällen mit EHEC und Campylobacter kontaminiert. Sechs Menschen starben an den Folgen der Erkrankung (CCDR, 2000). Pathogene *E. coli* werden durch Desinfektionsverfahren ebenso sicher abgetötet wie Stämme, die keine pathogene Bedeutung besitzen.

Zur Diagnostik von EHEC-Infektionen wurden Empfehlungen vom Robert-Koch-Institut veröffentlicht (RKI, 1997a). Eine weitergehende Typisierung der Erreger sollte, insbesondere für epidemiologische Fragestellungen, in einem Referenzlabor erfolgen. Der labordiagnostische Nachweis von EHEC und EHEC-Erkrankungen ist nach IfSG meldepflichtig.

8.1.4
Coliforme Bakterien

Die Gruppe der coliformen Bakterien ist durch ihre Ähnlichkeit mit *E. coli* definiert. Über ihre Definition und ihre hygienische Bewertung wird gestritten, seitdem dieser Begriff in die Trinkwassermikrobiologie eingeführt worden ist. Zunächst hatte man als in diesem Sinne ähnlich diejenigen Arten von Enterobakterien verstanden, die Laktose unter Bildung von Säure und Gas abbauen. Inzwischen haben aber die Kriterien gewechselt und man versteht unter coliformen Bakterien solche, die bei 37 °C *β*-Galactosidaseaktivität zeigen. Das hat aber dazu geführt, dass an Stelle von ursprünglich 4 Gattungen (Escherichia, Klebsiella, Citrobacter und Enterobacter) 11 weitere Gattungen getreten sind, die alle nicht ausschließlich fäkaler Herkunft sind und von denen einige fast niemals in Stuhlproben gefunden werden (Tab. 8.1).

Von diesen Gattungen ist allein Escherichia typisch für eine fäkale Verunreinigung, während alle anderen sich auch oder bevorzugt unter Umweltverhältnissen vermehren können. Andere Gattungen der Enterobakterien, welche beim Menschen Erkrankungen auslösen können, werden aber weiterhin nicht erfasst, namentlich die Gattungen Morganella, Proteus, Providencia, Salmonella und Shigella. Es handelt sich daher bei den mit Hilfe der *β*-Galactosidaseaktivität erfassten Enterobakterien um eine zufällige Auswahl, die weder mit dem Vorkommen in den Ausscheidungen von Warmblütern noch mit pathogenen Eigenschaften korreliert. Der Nachweis von coliformen Bakterien kann daher nicht mit dem Nachweis einer fäkalen Verunreinigung gleichgesetzt werden. Deshalb sind nach § 9 Abs. 5 TrinkwV 2001 entsprechende Risikoabschätzungen bei Grenzwertüberschreitung durchzuführen (sog. „30-Tage-Regel"), bevor Maßnahmen zur Beseitigung der Kontamination getroffen werden. Ohne weitere Hinweise auf eine fäkale Verunreinigung oder andere gravierende Mängel sollte der Nachweis von coliformen Bakterien nicht Anlass zu einer Abkochempfehlung sein (s. a. Leitlinien des BMG zu § 9 TrinkwV, 2004). Er stellt aber dem untersuchten Wasser kein gutes Zeugnis aus, indem zumindest schlecht filtriertes Wasser aus oberflächennahen Schichten zugetreten und unzureichend filtriert und desinfiziert worden ist. Zudem kann eine Vermehrung im Verteilungsnetz (z. B. Biofilme auf Gummischiebern) stattgefunden haben. Es hat sich gezeigt, dass manche Arten von coliformen Bakterien sich in Talsperren oder im Verteilungsnetz massenhaft vermehren können (systemische Kontamination). Dann ist unabhängig von der Indikatorfunktion die Möglichkeit einer Gesundheitsgefährdung der Verbraucher zu prüfen. Diesen Möglichkeiten muss durch Kontrolluntersuchungen nachgegangen, die Quelle der Verunreinigungen identifiziert und für Abhilfe gesorgt werden. Dabei kann es hilfreich sein, die Art der gefundenen coliformen Bakterien zu bestimmen, um möglichen fäkalen Einfluss aufzudecken oder potentiell-pathogene Coliforme, die in Risikobereichen (Krankenhäuser, Pflegeheime etc.) bedeutsam sein können, auszuschließen.

8.1.5
Enterokokken

Die intestinalen Enterokokken *E. faecalis, E. faecium, E. durans* und *E. hirae* werden derzeit als Indikatoren für eine fäkale Verunreinigung innerhalb der Überwachung des Wassers für den menschlichen Gebrauch (98/83/EG, 1998; TrinkwV 2001), aber auch zur Überwachung der Qualität des Badewassers (2006/7/EG, 2006; UBA-Empfehlung, 2003) eingesetzt.

Enterokokken vermehren sich nicht im Wasser, können aber dort länger überleben als *E. coli.* Sie gelten deshalb als Indikator für eine möglicherweise länger zurückliegende fäkale Kontamination.

Weil sie resistenter gegen Umwelteinflüsse und Desinfektionsmaßnahmen als *E. coli* sind, gelten sie auch als brauchbare Indikatoren für die Rohwasserqualität und für die Effektivität der Aufbereitung. Durch die neuen Nachweisverfahren werden vorwiegend die vier o. g. Enterokokkenarten bestimmt.

Lediglich zur Untersuchung von Mineral- und Tafelwasser werden durch das hierfür vorgegebene Nachweisverfahren noch Fäkalstreptokokken, eine größere physiologische Gruppe, nachgewiesen.

Während in der TrinkwV von 1990 für Fäkalstreptokokken lediglich Richtwerte vorgegeben wurden, muss der Parameter Enterokokken als Überwachungsparameter derzeit in bestimmten Zeitabständen im Trinkwasser (TrinkwV 2001) und Badewasser (Badegewässer, Kleinbadeteiche) regelmäßig überprüft werden.

Damit haben Enterokokken im hygienischen Sinn den gleichen Stellenwert wie *E. coli* und bei Überschreitung der Parameterwerte müssen gleich strenge Konsequenzen folgen und Abhilfemaßnahmen angeordnet werden.

Forschungsprojekte zur hygienischen Bedeutung der Enterokokken als Überwachungsparameter für Badegewässer (Binnenseen, Küstengewässer) ergaben, dass ihre Konzentration im Badewasser mit der Rate gastrointestinaler Erkrankungen der Badenden korreliert. Die hieraus abgeleiteten Werte bildeten die Grundlage für die Ableitung der neuen Bewertungszahlen zur Einstufung der Qualität der Badegewässer (Wiedenmann, 2004; Kay, 1994).

Die Nachweisverfahren für Enterokokken, die im Kapitel 4.4 beschrieben sind, werden in der Regel in der Laborpraxis gut angenommen und bereiten bei der Anwendung keine Probleme. Das gilt sowohl für die Verfahren mittels Membranfiltration, als auch für die Nachweismöglichkeiten nach Flüssiganreicherung in Mikrotiterplatten.

8.1.6 Clostridien

Der Nachweis von Clostridien (physiologische Gruppe) wird für Mineralwasser seit langer Zeit gefordert, um eine lang zurück liegende Kontamination mit Fäkalien menschlichen oder tierischen Ursprunges ausschließen zu können. Allerdings vermehren sich Clostridien auch unabhängig von höheren Wirtsorganismen unter nährstoffreichen, anaeroben Verhältnissen und höherer Temperatur, namentlich im Sediment stagnierender Gewässer. Ihre Sporen sind sehr langlebig und können unter geeigneten Umständen viele Jahrzehnte überdauern. Ihr Auftreten in einem Mineral- oder Grundwasser ist als Hinweis für unzureichende Filtrationsverhältnisse zu werten. Durch die im Wasserbereich angewendeten Desinfektionsmaßnahmen werden sie nicht abgetötet, sondern können nur durch Filtration entfernt werden, insoweit sind sie den Dauerformen von Parasiten, namentlich den Oozysten von Cryptosporidien und den Zysten von Giardien vergleichbar. Bei einer Stufenkontrolle der Wasseraufbereitung sollte nach den physikalisch-chemischen Stufen ohne desinfizierende Wirkung (Ozon!) primär auf *E. coli*, coliforme Bakterien und die Koloniezahl untersucht werden. Diese Parameter sind aufgrund der Zahlenverhältnisse (Clostridien, vor allem *C. perfringens*, liegen in wesentlich geringerer Anzahl als *E. coli* in der Darmflora vor) aussagekräftiger als Clostridien und sollten vor der abschließenden Desinfektion bereits den Anforderungen der TrinkwV 2001 entsprechen. Bei der Anwendung von Ozon als Oxidationsmittel bei der Aufbereitung und nach der abschließenden Desinfektion gibt aber die Untersuchung auf die vorgenannten Parameter keinen Hinweis mehr auf ein eventuelles Vorkommen von chlorresistenten Erregern, sodass in dieser Situation der Nachweis von Clostridien mit relativ einfachen Mitteln einen Hinweis auf eine mangelhafte Aufbereitung geben kann. Deshalb wurde *C. perfringens* (einschließlich Sporen) als Indikator für chlorresistente Mikroorganismen in die TrinkwV 2001 aufgenommen. Innerhalb der routinemäßigen Untersuchungen des Trinkwassers ist *C. perfringens* bei Aufbereitung von Oberflächenwässern zu bestimmen und darf in 100 ml nicht enthalten sein. Eine Korrelation zwischen dem Vorkommen von *C. perfringens* (incl. Sporen) einerseits und den erwähnten Parasitendauerformen ist aber nicht herstellbar und die Indikatorfunktion deshalb nicht unumstritten.

Die orale Aufnahme von Clostridiensporen gilt als ungefährlich. Es sind jedoch Ausnahmen zu beachten: bei Säuglingen können oral aufgenommene Sporen oder vegetative Formen von *C. botulinum* zu Vergiftungserscheinungen führen, dem Krankheitsbild des Säuglingsbotulismus. Ferner wird im Krankenhausbereich vermehrt über Infektionen mit *C. difficile* berichtet, welches eine schwere und schwer zu behandelnde Dickdarmschleimhautentzündung verursacht. Auch diese Infektion kommt durch orale Aufnahme zustande.

8.1.7
Pathogene Bakterien

Robert Koch beschrieb den Erreger der Cholera 1884, im gleichen Jahr wurde auch der Typhuserreger erstmals kultiviert. Es blieb aber ein seltenes Ereignis, diese Erreger im Wasser nachzuweisen, auch in Epidemiezeiten. Auch aus diesem Grund wurde das Indikatorprinzip formuliert (s.a. Abschnitt 8.1.3 *E. coli*). Neuerdings wird in der EG, der WHO und auch im IfSG 2000 und der TrinkwV 2001 gefordert, dass das für den menschlichen Gebrauch bestimmte Wasser pathogene Mikroorganismen und Parasiten nicht in einer Anzahl enthalten darf, die eine potentielle Gefährdung der menschlichen Gesundheit darstellt. Auch hier bedeutet dies nicht, dass das Trinkwasser auf eine Vielzahl von Krankheitserregern untersucht werden soll.

Krankheitserreger sind an ein Leben im Warmblüter angepasst und haben in der Umwelt in der Regel (Ausnahme sind Dauerformen, z.B. Sporen) geringe Vermehrungs- oder Überlebenschancen. Im Trinkwasser sind sie daher, wenn überhaupt, in geringer Konzentration zu erwarten. Dies erschwert ihren Direktnachweis und macht ihn teuer und aufwendig. Aufgrund der speziellen ökologischen und Wachstumsansprüche muss für jeden wasserbürtigen Krankheitserreger eine eigene, spezielle Nachweismethode angewendet werden. Der Aufwand hierfür ist sehr groß und die Untersuchung auf Indikatororganismen ist für die routinemäßigen Kontrollen des Trinkwassers die einzige brauchbare Alternative, auch für Badewasser, soweit es sich um fäkal-oral übertragbare Krankheitserreger handelt. Dieses Verfahren hat sich auch aus epidemiologischer Sicht außerordentlich gut bewährt.

Erstmals seit der neuen TrinkwV 2001 muss für Trinkwasser die Untersuchung auf Legionellen und damit direkt auf einen Krankheitserreger erfolgen. Dies ist notwendig, weil Legionellen nicht fäkalen Ursprungs sind und durch das Indikatorprinzip nicht angezeigt werden. Für die Badewasseruntersuchungen von nach DIN 19643 (1997) betriebenen Beckenbädern trifft dies ebenso für Legionellen, aber auch für *P. aeruginosa* zu. Auch im Beckenwasser von Kleinbadeteichen ist *P. aeruginosa* neben den Fäkalindikatoren *E. coli* und Enterokokken direkt zu untersuchen. In diesen Fällen werden zur Überwachung auch standardisierte bzw. genormte Nachweisverfahren angegeben. Für spezielle Untersuchungen bei Störfällen, zur Risikoabschätzung und zu Forschungszwecken ist jedoch die direkte Untersuchung auf weitere wasserübertragbare Krankheitserreger notwendig. Für diese Krankheitserreger, die hygienische Bedeutung für Trink- oder Badewasser haben, können im Rahmen ihrer Untersuchung aus Wasserproben die hier angegebenen entsprechenden Nachweisverfahren eingesetzt werden.

8.1.8 Salmonellen

Die Gattung Salmonella bildet eine große und vielfältige Gruppe von mehr als 2000 Serotypen. Sie kommen im Boden, im Wasser, in Pflanzen, Fäkalien und in der natürlichen Darmflora von Tieren vor.

Einige typische Enteritis-Erreger bei Warmblütern zeigen deutliche Beziehung zum Wasser, z. B. *S. agona, S. paratyphi B, S. enteritidis, S. typhimurium, S. anatum, S. panama* und weitere.

Wegen der erforderlichen hohen Infektionsdosis (10^5–10^6 Bakterien) kommen Trinkwasserepidemien durch Enteritissalmonellen zwar selten vor, nach Vermehrung in Nahrungsmitteln kann die Infektionsdosis jedoch schnell erreicht werden.

Enteritis-Salmonellen können in der Umwelt lange persistieren und kommen häufig in fäkal belasteten Oberflächengewässern vor, von wo aus sich auch Nutztiere infizieren können.

Während in der letzten Zeit Enteritis-Salmonellen an Bedeutung als Krankheitserreger auch in Europa zugenommen haben, sind Erkrankungen durch *S. typhi*, dem Erreger des Typhus, im europäischen Raum mit Einführung der Desinfektion des Trinkwassers an Bedeutung zurückgegangen.

In der Schweiz ist z. B. die letzte registrierte wasserbürtige Epidemie von *S. typhi* 1963 in Zermatt mit 437 erkrankten Personen aufgetreten. Ursache waren ungeklärte Abwässer, die das Rohwasser belasteten, und ein gleichzeitiger Defekt der Chlorungsanlage (Köster, 2002).

Für die Typhus-Salmonellen ist der Mensch das einzige Reservoir, die Infektionsdosis ist mit 10^2–10^3 Bakterien wesentlich geringer als bei den Enteritis-Salmonellen.

Salmonellen sind sensitiv gegenüber Desinfektionsverfahren. Kontaminationen des Trinkwassers sind durch Schutz der Ressourcen vor fäkalen Einflüssen, adäquate Aufbereitung des Trinkwassers und regelgerechte Verteilung zu verhindern.

E. coli ist bei der Überwachung der Trinkwasserqualität im Falle der Salmonellen der geeignete Indikator (WHO, 2004).

Bei der Anreicherung von Enteritis-Salmonellen aus „sauberen" Wasserproben sollte beachtet werden, dass bei Verwendung von magnesiumchloridhaltigen Medien (z. B. Rappaport-Medium) ein hypertones Milieu geschaffen und ein Austrocknen simuliert wird, das nur Salmonellen überstehen. Dadurch wirkt das Medium so stark selektiv, dass auch geschädigte Salmonellen nicht anwachsen und die Voranreicherung mit Peptonwasser empfehlenswert ist.

In stärker salmonellenhaltigen Wasserproben (z. B. Kläranlagenabläufe, vermutlich fäkal belastete Badegewässer) ist dies entbehrlich.

Die Anreicherung von *S. typhi* gelingt am besten mit natriumselenithaltigen Medien ohne Voranreicherung. Im Rappaport-Medium sterben Typhus-Erreger schnell ab, es ist zur Anreicherung nicht geeignet.

8.1.9 Shigellen

Shigella spp. (insbesondere *S. dysenteriae, S. flexneri, S. boydii* und *S. sonnei*) sind ebenfalls Durchfallerreger. Sie infizieren nur den Menschen. Sie haben Bedeutung vor allem in den Entwicklungsländern, wo jährlich von über 2 Mio. Infektionen berichtet wird. Die meisten Fälle werden bei Kindern unter 10 Jahren beobachtet. Infektionen durch *S. sonnei* verlaufen milder als Infektionen durch *S. dysenteriae,* die bei klinischer Manifestation zu blutiger Diarrhoe führen können. Die Infektionsdosis wird mit gering (10–100 Organismen) angegeben (WHO, 2004).

Shigella spp. werden fäkal-oral übertragen durch Schmierinfektion, über kontaminierte Nahrungsmittel, Fliegen oder Wasser.

Trinkwasserepidemien durch Shigellen sind selten. Shigellen sind empfindlich gegenüber Desinfektionsmaßnahmen. *E. coli* oder Coliforme sind deshalb gute Indikatoren bei der Überwachung der Wasserqualität. Zu einer Kontamination des Trinkwassers kann es nur kommen, wenn frisches Abwasser auf kürzesten Wegen in das Wasserversorgungssystem eindringt und dann stark verdünnt wird. Durch das Verdünnen ist das Aufeinandertreffen von Phagen und Shigellen ein seltenes Ereignis, wodurch die Shigellen länger überleben können.

Auf die Angabe einer Nachweismethode wurde verzichtet, da sich keines der beschriebenen Anreicherungsverfahren (z. B. mit Hajna-Anreicherungsbouillon oder modifiziertem Desoxycholat-Citrat-Agar) zum Nachweis aus natürlichen Wasserproben bewährt hat (Faruque, 2002). Shigellen vermehren sich nur in flüssigen Medien, wenn diese steril mit Reinkulturen beimpft werden.

Wird mit shigellenhaltigem Oberflächenwasser gearbeitet, vermehren sich die Shigellen ca. 5 h, um dann plötzlich abzusterben.

Vermutlich infizieren die in natürlichem Wasser vorhandenen Phagen die Zellen und bringen sie zum Absterben. Shigellen bilden keine Restriktionsendonukleasen, die eingedrungene Phagen zerstören können.

8.1.10
Vibrio cholerae, Vibrio vulnificus und weitere Vibrionen

Die Gattung Vibrio umfasst 30 Spezies, deren natürlicher Standort das Wasser ist. Vibrionen sind weltweit in tropischen und gemäßigten Klimazonen verbreitet. Vibrionen sind gramnegative, kommaförmige Bakterien mit einer polaren Geißel. Diese ist für die Beweglichkeit der Erreger verantwortlich. Zu den pathogenen Arten werden V. *cholerae, V. parahaemolyticus* und *V. vulnificus* gezählt. *V. cholerae* ist die einzige pathogene Art, die im Süßwasser von Bedeutung ist.

Während verschiedene Serotypen von *V. cholerae* Erreger von Durchfallerkrankungen sind, werden nur durch die Serotypen O1 und O139 Durchfallerkrankungen mit den „klassischen" Cholerasymptomen, d. h. mit Brechdurchfall und mit wässrigen Stühlen (sog. Reiswasserstühlen) hervorgerufen. *V. cholerae* O1 und O139 produzieren ein typisches Enterotoxin, welches zur Dehydration mit Exsikkose und Elektrolytverlust führt.

Stämme mit der Serogruppe O1 werden in „klassische" und „El Tor" Biotypen eingeteilt. Stämme des „klassischen" Biotyps waren die Verursacher der ersten bekannt gewordenen sechs Cholerapandemien, während der Biotyp „El Tor" während der Pandemien seit 1961 als Krankheitserreger auftrat (WHO, 2004).

Während die Cholera noch heute eine häufige infektiöse Erkrankung in den Entwicklungsländern darstellt, hat sie für Mitteleuropa keine Bedeutung. Ihre endemische Verbreitung setzt krasse Mängel in der Infrastruktur voraus. Schlechte Sanitärhygiene oder der Verzicht auf die Trinkwasseraufbereitung kann zu wasserbedingten Choleraausbrüchen führen, wie z. B. die Epidemie in Peru mit einer Million Erkrankten und 10 000 Toten aufgezeigt hat. Die Behörden hatten wegen möglichen gesundheitlichen Auswirkungen durch Desinfektionsmittelnebenprodukte die Chlorung des Trinkwassers untersagt (Ford, 1999; Daniel, 1998).

Vibrio cholerae ist sensitiv gegenüber Desinfektionsverfahren. Zu beachten ist aber bei der Überwachung der Trinkwasserqualität, dass *Vibrio cholerae* 01 auch bei Abwesenheit von *E. coli* im Trinkwasser nachgewiesen wurde und deshalb *E. coli* nicht als Indikator für *V. cholerae* im Trinkwasser angesehen werden kann (WHO, 2004).

V. vulnificus ist ein halophiles Bakterium, welches nur mit Zusatz von Natriumchlorid im Nährmedium wächst. Ein natürliches Vorkommen ist deshalb auf salzhaltiges Wasser (Meere, Küstengewässer, salzhaltige Binnengewässer) beschränkt. Die Bakteriendichte steigt bei Wassertemperaturen über 20 °C. Wegen der Salzbedürftigkeit der Erreger spielt eine Übertragung durch den Genuss von Trinkwasser oder damit zubereiteter Speisen im Gegensatz zu *V. cholerae* keine Rolle.

Über Wundinfektionen mit schwerem Krankheitsverlauf durch *V. vulnificus* wurde bisher aus Ländern, die ein wärmeres Klima als Mitteleuropa besitzen, berichtet.

An der deutschen Ostseeküste wurde im Sommer 1997 *V. vulnificus* zum ersten Mal nachgewiesen. Dabei bestand zwischen *V. vulnificus* und dem Vorkommen von fäkalen Indikatorbakterien keine Korrelation.

Infolge der Klimaveränderung und damit verbundener Erwärmung der Küstengewässer muss dem Vorkommen von *V. vulnificus* und seiner pathogenen Bedeutung, vor allem als Erreger von Wundinfektionen, weitere Beachtung zukommen.

8.1.11
Campylobacter

Diese vibrio-ähnlichen Krankheitserreger wurden erst in den letzten Jahrzehnten als wasserübertragbare Krankheitserreger (vorwiegend Enteritiserreger) erkannt. Oft wird den thermophilen Arten *C. jejuni*, aber auch *C. coli*, *C. laris* und *C. fetus* pathogene Bedeutung beigemessen. *C. jejuni* wurde am häufigsten bei Patienten mit akuten Durchfallerkrankungen isoliert, die anderen Campylobacterarten nur sporadisch. Epidemiologisch haben Campylobacter derzeit als Durchfallerreger etwa die gleiche Bedeutung wie Salmonellen (RKI, 2007). Seit 1991 werden auch aerotolerante und thermotolerante Campylobacter, sog. Arcobacter, als Durchfallerreger beschrieben (Vandamme, 1992). Als Reservoir für Campylobacter werden vorwiegend wildlebende Vögel und Geflügel (bis zu 10 000 000 Campylobacter g^{-1} Vogelkot; WHO, 1996) benannt. Im Darm von Schlachttieren wurden ebenfalls Campylobacter gefunden, als wichtige Infektionsquellen gelten auch Geflügelfleisch und nichtpasteurisierte Milch. Da Campylobacter besonders bei niedrigen Wassertemperaturen von 4–10 °C lange überlebensfähig sind, ist ihre Präsenz auch in (ungechlorten) Trinkwasserverteilungssystemen nicht auszuschließen. Trinkwasserepidemien wurden beschrieben (Sobsey, 1989). Ausdrücklich gewarnt wird vor Verunreinigungen von privaten Wasserversorgungen durch Vögel oder Schafe. Über wasserbürtige Campylobacterausbrüche wird häufig aus Schweden berichtet (De Jong, 1997). Ergebnisse eines Forschungsprojektes in Deutschland zeigten, dass im Rohwasser von Wasserwerken aus Flüssen zwischen 100 und 11 000 thermotolerante Campylobacter pro 100 ml, vorwiegend *C. cryaerophilus*, nachgewiesen werden konnten. Diese Campylobacter waren sporadisch auch in der Aufbereitung noch nachweisbar. Thermophile Campylobacter wurden nur selten im Rohwasser nachgewiesen (Feuerpfeil, 1997). Auch die WHO beschreibt Campylobacter zunehmend als Ursache von wasserbürtigen Ausbrüchen und empfiehlt ihre Kontrolle im Rahmen von „water safety plans“ (WHO, 2004).

In den Niederlanden werden Campylobacter in diesem Sinne als „Indexpathogene“ für Bakterien zu Risikoabschätzungen bei Oberflächenwasseraufbereitung eingesetzt (Inspektionsrichtlinie, 2004).

C. jejuni wurde ebenfalls in beträchtlicher Anzahl aus Wasserproben bayerischer Badeseen und vor allem von Flüssen isoliert, häufig auch aus Wasserproben, welche die Leitwerte für die Fäkalindikatoren der EG-Richtlinie für Badegewässer eingehalten hatten (Schindler, 2003). Hier ist besondere Aufmerksamkeit zur Vermeidung fäkaler Einträge, vor allem durch Wasservögel oder landwirtschaftliche Nutzung, notwendig. Seit 2005 liegt ein Nachweisverfahren für thermophile Campylobacter genormt vor (ISO 17995). Dieses Nachweisverfahren kann auch zum Isolieren von thermotoleranten Arcobacterarten aus Wasserproben eingesetzt werden, wenn bei 37 °C mikroaerophil bebrütet wird. Zur Bestätigung typischer Kolonien kann die Hellfeld-Durchlicht-Mikroskopie (nach Gramfärbung) bzw. Fluoreszenzmikroskopie (Anfärben mit Acridinorangelösung) verwendet werden. Campylobacter haben ein charakteristisches mikroskopisches Erscheinungsbild. Sie sind kommaförmig („Vogelflug") und fragmentieren in älteren Kulturen zu kokkoiden Strukturen. Durch ihre polare Begeißelung können sie sich „korkenzieherartig" bewegen.

Für *C. jejuni* und *C. coli* kann zum Nachweis auch eine spezifische PCR angewendet werden. Der Nachweis erfolgt hier durch Amplifikation von Genabschnitten des flaA/flaB-Genkomplexes. Erfahrungsgemäß sind Sensitivität und Spezifität der PCR entscheidend von den Begleitsubstanzen des zu untersuchenden Materials abhängig. Im Falle von Wasserproben sind es insbesondere Huminstoffe, welche die enzymatischen Reaktionen der PCR hemmen können.

8.1.12
Yersinien

Hierbei handelt es sich um erst in den letzten Jahrzehnten bekannt gewordene wasserübertragbare Krankheitserreger (WHO, 1996, 2004).

Y. enterocolitica und *Y. pseudotuberculosis* sind die Erreger einer als Yersiniose bekannten Krankheit, die sich in Enteritis, akuten Bauchschmerzen und Enterocolitis äußert.

Die Erreger kommen vorzugsweise im Darm des Menschen und im Darm von Wild- und Nutztieren vor, werden aber auch häufig in Lebensmitteln (Fleisch, Rohmilch, Eiscreme) nachgewiesen. Sie gelangen vorwiegend mit den Ausscheidungen in die Umwelt und kontaminieren Abwasser und Oberflächenwasser. Während apathogene Sero- und Biovare von *Y. enterocolitica* und weitere apathogene Yersiniaarten primär Umweltkeime sind und sich in der Außenwelt sogar vermehren können, scheinen humanpathogene Serovare offenbar nicht dazu fähig zu sein (WHO, 2004).

Der Nachweis von *Y. enterocolitica* in Trinkwasser ist kein so seltenes Ereignis, meist handelt es sich jedoch um apathogene Serotypen, sodass keine Seuchenausbrüche damit verbunden sind (Schindler, 1984; Jaeger, 1984; Bockemühl, 1985; Feuerpfeil, 1997).

Aufgrund ihrer kälteliebenden Eigenschaft (*Y. enterocolitica* kann sich in der Kälte, bei 0–4 °C, vermehren) können sich Yersinien z. B. in Filtern von Wasserwerken festsetzen, sodass man sie gelegentlich auch im Reinwasser in geringer Konzentration finden kann (Feuerpfeil, 1997).

Zum Nachweis von Yersinien aus Wasserproben gibt es kein genormtes Verfahren. Das im Kapitel 4.3.2 beschriebene Nachweisverfahren nutzt die o. g. Fähigkeit der Yersinien aus, in der Kälte zu überleben bzw. sich sogar vermehren zu können. *E. coli* und weitere Enterobakterien stellen im Bereich von 5–10 °C das Wachstum ein.

Die biochemische Artbestimmung der Yersinien und auch die serologische Typisierung von Yersinien aus Umwelt- und Wasserproben ist nicht immer eindeutig und sollte deshalb in dafür spezialisierten Laboratorien erfolgen.

Ein Nachweis pathogener *Y. enterocolitica,* der qualitativ auf Basis des Enterotoxingens erfolgt, ist auch mittels PCR möglich. Das Enterotoxingen kommt nur bei invasiven Stämmen von *Y. enterocolitica* vor, sein Nachweis ist also spezifisch für pathogene *Y. enterocolitica.* Alle für den Menschen pathogenen Yersiniaarten besitzen als wichtigste Virulenzdeterminante ein 75 kb-Virulenzplasmid. Dieses Virulenzplasmid konnte bei Umweltisolaten (Rohwässer, Trinkwasseraufbereitung) nicht nachgewiesen werden (Feuerpfeil, 1997).

8.1.13
Pseudomonas aeruginosa

P. aeruginosa wird in Wasserproben häufig gefunden, zum Teil als Nebenbefund in Trinkwasserproben oder im Rahmen der vorschriftsmäßigen Untersuchungen von Badebeckenwasser, Kleinbadeteichen, abgefülltem Trinkwasser nach TrinkwV 2001 und Mineral- und Tafelwasser. *P. aeruginosa* wächst bei aerober Bebrütung sehr leicht auf bzw. in den verschiedensten Nährböden und Bouillons. In Röhrchen mit Nährlösungen ist die Kahmhaut charakteristisch, die sich nach ein- bis zweitägigem Stehenlassen bei Zimmertemperatur bildet. Wegen ihrer sehr geringen Nährstoffansprüche ist *P. aeruginosa* im wässrigen Milieu sehr verbreitet und auf Grund der Produktion von extrazellulären Polysacchariden am Aufbau von Biofilmen beteiligt. Dadurch ist *P. aeruginosa* nach erfolgter Ansiedlung in Installationssystemen und Armaturen häufig schwer zu beseitigen. Als Krankheitserreger kann sie die Haut, die Schleimhäute der oberen Luftwege, der Harnwege sowie des Auges befallen und ungünstigenfalls in der Folge eine septische Allgemeinerkrankung verursachen. Besonders gefürchtet ist *P. aeruginosa* als Erreger von Krankenhausinfektionen, z. B. in Form einer Bronchopneumonie bei künstlich beatmeten Patienten. Mit molekularbiologischen Feintypisierungsverfahren lässt sich nachweisen, dass die Infektionen bei Krankenhauspatienten zu einem großen Teil von den mit *P. aeruginosa* besiedelten Wasserhähnen, Ausgüssen oder anderen kontaminierten Gegenständen der Sanitärinstallation ausgehen. Als Erreger von Magen-Darminfektionen spielt *P. aeruginosa* dagegen vermutlich wegen seines oxidativen Stoffwechsels keine Rolle, kommt aber bei ca. 10% der Stuhlproben von Gesunden vor. Auf jeden Fall ist *P. aeruginosa* als Krankheitserreger zu werten, der weder im Wasser für den menschlichen Gebrauch noch in Mineral- und Tafelwasser noch im Beckenwasser nach DIN 19643, vorkommen darf. Wenn *P. aeruginosa* in Trinkwasserproben gefunden wird, muss durch Nachuntersuchungen festgestellt werden, ob nur einzelne Auslaufarmaturen betroffen sind oder ob größere Teile des Installationsnetzes kontaminiert sind. Betroffen sind vor allem Anlagenteile, die langfristig erhöhten Temperaturen ausgesetzt sind. Wenn in Krankenhäusern Sanierungsversuche keinen Erfolg zeigen, besteht die Möglichkeit, durch endständige Filter an den Auslaufarmaturen einwandfreies Wasser bereit zu stellen (UBA-

Empfehlung, 2006). In Schwimmbädern kommt es häufig zu einer Vermehrung von *P. aeruginosa* in den Filtern des Aufbereitungskreislaufes. Dies kann dadurch verhindert werden, dass in den Ausgleichsbehältern und den Filtern stets ausreichend hohe Chlorkonzentrationen bzw. Redoxpotentiale (DIN 19643) vorliegen.

8.1.14
Aeromonaden

Aeromonaden können in jedem Oberflächengewässer in unterschiedlichen Konzentrationen mit Spitzenwerten in den Sommermonaten bei erhöhten Wassertemperaturen vorkommen.

Sie sind in Wasserproben der Trinkwasseraufbereitung und in Trinkwasserverteilungssystemen nachgewiesen worden. Dabei waren Faktoren wie der Gehalt an organischen Wasserinhaltsstoffen, die Wassertemperatur, die Aufenthaltszeiten des Wassers in Verteilungssystemen und der Restchlorgehalt von entscheidendem Einfluss auf die gemessenen Konzentrationen an Mikroorganismen.

Wie ein 1993–1996 durchgeführtes Forschungsvorhaben ergab, führte die Flockungsfiltration zu einer deutlichen Reduktion der Aeromonaden, sodass im Falle von Talsperrenwässern mit relativ niedrigen Ausgangswerten (bis 10^2 KBE 100 ml^{-1}) nach Abschluss der Aufbereitung keine Aeromonaden mehr nachweisbar waren.

Bei Fließgewässern mit z. T. sehr hohen Ausgangskonzentrationen (bis 10^6 KBE 100 ml^{-1}) ließen sich allerdings noch Aeromonaden im Filtrat nachweisen (nach Schubert „Aeromonaden-Schlupf", 1997). Dieses „Durchschlagen" der Aeromonaden und beobachtete Nachverkeimungen innerhalb der Aufbereitung und im Netz bedürfen weiterer Abklärung. Zu beachten ist auch, dass Stämme mit der Fähigkeit zur Zelladhäsion (welches als Pathogenitätsmerkmal gilt) im aufbereiteten, ungechlorten Reinwasser nachgewiesen werden konnten (Schubert, 1997).

Während im freien Wasser vorkommende Aeromonaden durch Desinfektionsverfahren in der Regel wirkungsvoll abgetötet werden (WHO, 2004), gibt es aber auch Berichte, dass Aeromonaden in Biofilmen nach Chlorung (bis zu 0,2 mg l^{-1}) überleben konnten (Edge und Finch, 1987).

Eigene Untersuchungen zeigten, dass nach Abgabe gechlorten Trinkwassers ins Verteilungssystem nach kurzer Fließstrecke (10 km vom Hochbehälter entfernt) und fehlendem Restchlorgehalt Aeromonaden nachweisbar waren, bevor später eine Erhöhung der Koloniezahlen eine Wiederverkeimung anzeigte (Stelzer et al., 1992). Während es wenig Literaturangaben zu durch Trinkwasser hervorgerufenen Durchfallerkrankungen gibt, wird über Erkrankungen der Haut, Septikämien und Wundinfektionen nach Baden in warmen Binnenseen berichtet, in denen Aeromonaden in hohen Konzentrationen (bis 10^6 KBE 100 ml^{-1}) vorkommen können.

8.1.15
Legionellen

Der Nachweis von Legionellen in einer Wasserprobe stellt für die verantwortliche Beurteilung ein diffiziles Problem dar. Legionellen werden im Warmwasserbereich häufig nachgewiesen. Man erkrankt allerdings nicht an dem getrunkenen Wasser, sondern an legionellenhaltigem Wasser, das in Form von feinen Tröpfchen oder sonst wie in die Atemwege gelangt ist. Legionellen sind Krankheitserreger nach IfSG (2000) und dürften demnach im Trinkwasser überhaupt nicht vorkommen, zumal ein Grenzwert in der Art eines NOAEL (no observed adverse effect level), also eine unschädliche Grenzkonzentration, nicht angegeben werden kann. Vielmehr existiert die paradoxe Situation, dass viele Menschen sehr großen Mengen an Legionellen ausgesetzt sind, ohne zu erkranken, während in manchen Situationen offenbar schon die Aufnahme weniger Bakterien zu einer Erkrankung geführt hat. Am Entstehen einer Infektion sind offenbar außer der Aufnahme von Legionellen noch andere Faktoren beteiligt, namentlich die Disposition des Empfängers und die pathogenen Eigenschaften des Erregers. Verglichen mit der Häufigkeit des Nachweises sind die Krankheitsfälle selten, insgesamt ist aber die Zahl der Erkrankungen und insbesondere der resultierenden Todesfälle beträchtlich. Je nachdem, ob man sich auf die Angaben des RKI, d.h. die gemeldeten Fälle, oder die Berechnungen der CAP-NETZ-Studie stützen will, ist mit ca. 5000–50000 Erkrankten pro Jahr in Deutschland zu rechnen, von denen 10–15% an der Krankheit versterben. Daher muss man die Legionellen zur Zeit vermutlich als die wichtigsten Krankheitserreger im Trink- und Badewasser ansehen. Deshalb wird ihre Untersuchung für Warmwassersysteme in Trinkwasser-Installationen von Gebäuden erstmalig in der TrinkwV 2001 gefordert, allerdings ohne genaue Angaben zur Untersuchungshäufigkeit, zum Nachweisverfahren und zur Bewertung des Befundes.

Zur Bewertung von Legionellenbefunden im Trinkwasser kann das DVGW Arbeitsblatt W 551, 2004 (Tab. 1a, b; Bewertung der Befunde einer orientierenden bzw. weitergehenden Untersuchung) herangezogen werden. 2006 wurden durch das UBA und die Trinkwasserkommission weitere Empfehlungen zur Untersuchung und Beurteilung von Legionellenbefunden in öffentlichen Gebäuden veröffentlicht. Die Beurteilung der Befunde ist ähnlich wie im DVGW W 551, besondere Hinweise werden allerdings für Risikobereiche, z.B. von Krankenhäusern, gegeben. Die zur Befundbewertung angegebenen Konzentrationsbereiche wurden ohne experimentelle und exakte epidemiologische Ableitung aus Vorsorgegründen so festgelegt. Sie sind aber auch international von anderen Stellen übernommen worden, weil es derzeit keine besseren Bewertungsmöglichkeiten gibt. Wichtigster Ansatzpunkt für hygienische Maßnahmen der Infektionsprävention ist die Reduktion oder Elimination der Legionellen aus dem Trinkwasser. Auch im Badewasser dürfen nach DIN 19643 (1997) in 1 ml keine Legionellen nachgewiesen werden. Legionellen in Wasserproben sind in aller Regel kein isolierter Zufallsbefund, sondern nach dem Motto „Eine Legionelle kommt selten allein" das Zeichen eines langfristigen, erheblichen und meistens hartnäckigen mikrobiellen Bewuchses an irgendeiner Stelle des Aufbereitungs- und Verteilungssystems. Dementsprechend erfordern die Abhilfemaßnahmen eine sorgfältige Analyse der betroffenen Anlagen und ihrer Betriebsweise, um zu einem dauerhaften Erfolg zu kommen.

8.1.16
Atypische Mykobakterien

Pathogene Arten der Gattung Mycobacterium, wie *M. tuberculosis, M. bovis, M. africanum* und *M. leprae,* kommen nur bei Mensch oder Tier vor und sind nicht wasserübertragbar. Im Gegensatz dazu sind die nicht-tuberkulösen bzw. „atypischen" Arten von Mycobacterium als Saprophyten naturnahe Bewohner des Wassers und von Umweltproben, vorwiegend in Biofilmen.

Der so genannte „Mycobacterium-avium-Komplex" beinhaltet eine Gruppe von potentiell pathogenen Arten wie z. B. *M. avium, M. kansasii* und *M. intracellulare.* Das Spektrum der von o. g. atypischen Mykobakterien beim Menschen hervorgerufenen Erkrankungen reicht von Infektionen der Haut, der Weichteile und der Lymphknoten über tuberkuloseähnliche Lungeninfektionen bis hin zu generalisierten Infektionen.

In den letzten Jahrzehnten wurde bekannt, dass auch aufbereitetes Trinkwasser fakultativ pathogene Mykobakterien enthalten kann. In Wasserverteilungssystemen wurden hohe Konzentrationen an atypischen Mykobakterien nachgewiesen, nachdem Maßnahmen zur Entfernung von Biofilmen, wie Druckstöße und Spülungen der Leitungen, durchgeführt worden waren.

Atypische Mykobakterien sind widerstandsfähig gegen Aufbereitungs- und Desinfektionsmaßnahmen und wurden in Wasserproben mit Chlorgehalten von mehr als 2,8 mg l^{-1} gefunden (WHO, 2004). In Biofilmen sind die Mikroorganismen gegen Desinfektionsmaßnahmen geschützt.

In einem Forschungsprojekt konnte gezeigt werden, dass Mykobakterien in 80–90% der Oberflächenwasser- und Trinkwasserproben in Konzentrationen von ca. 1000 KBE l^{-1} nachweisbar waren. Während einzelner Trinkwasser-Aufbereitungsschritte konnte eine Reduktion der Mykobakterienkonzentration nachgewiesen werden, bei der anschließenden Verteilung des Trinkwassers im Rohrnetz kam es zu einem Wiederanstieg der Mykobakterienkonzentrationen auf die Ausgangswerte im Rohwasser. Nachgewiesen wurden vorwiegend apathogene Arten (Schulze-Röbbecke, 1997).

Gegenwärtig in der Diskussion sind Besiedelungen von Trinkwasser-Installationen mit verschiedenen pathogenen und potentiell pathogenen Mikroorganismen in Gebäuden, vor allem im Krankenhausbereich. In diesem Zusammenhang wurde über nosokomiale Ausbrüche durch nicht-tuberkulöse Mykobakterien (MOTT) berichtet (Exner, 2007). Hier besteht Forschungsbedarf. Die Isolierung und Identifizierung von Mykobakterien erfordern einen großen Zeit- und Materialaufwand. Sie wachsen langsam in Umweltmedien und auch auf Kulturmedien im Labor.

Für spezielle wissenschaftliche Fragestellungen und zur Risikoabschätzung in Bezug auf diese Mikroorganismen im Trinkwasser und in Biofilmen ist es jedoch notwendig, direkt nach den Mykobakterien zu suchen, weil es derzeit keinen geeigneten Indikator für diese Mikroorganismen gibt.

8.2
Enterale Viren, Coliphagen

Der Aufwand zum Nachweis von Viren übertrifft noch den, der für pathogene Bakterien erforderlich ist. Daher können Viren nicht selbst zur Überwachung der Trinkwasserqualität routinemäßig herangezogen werden. Es wird auch hier ein geeignetes Indikationssystem benötigt. Der Direktnachweis von enteralen Viren wird zwingend erforderlich bei der Klärung epidemiologischer Fragen und bei Forschungsarbeiten über die Ökologie dieser Viren, d.h. ihr Verhalten in der Umwelt und im Verlauf der Trinkwasseraufbereitung.

Der Nachweis von infektionstüchtigen enteralen Viren, d.h. in der Zellkultur vermehrungsfähigen Viren aus Wasserproben der Trinkwassergewinnung und -aufbereitung, muss stets als Hinweis auf eine unmittelbar bestehende Infektionsgefahr verstanden werden. Als Gegenmaßnahmen kommen Abkochempfehlung, Ausweichen auf eine andere Wasserversorgung und eine eingehende Stufenkontrolle und Revision der betroffenen Gewinnungs- und Aufbereitungsanlagen sowie der Desinfektionsverfahren und der Betriebsweise in Frage. Ebenso muss ausgeschlossen werden, dass bei der Probegewinnung und der Untersuchung Fehler unterlaufen sind, die zu dem ungünstigen Ergebnis geführt haben.

Grenzwerte für Viren im Wasser können derzeit nicht angegeben werden. Die WHO (World Health Organisation, 2004) beschäftigt sich eingehend mit der Frage, welche Viruskonzentrationen im Wasser zulässig sind, um eine ausreichende Sicherheit der Verbraucher zu gewährleisten. Der Begriff „ausreichende Sicherheit“ muss durch mehr oder weniger willkürliche Annahmen festgelegt werden. Neben der Forderung, dass durch Trinkwasser keine Infektionskrankheiten in nennenswertem Umfange übertragen werden dürfen, wird dabei auch die Infektiosität der Viren, d.h. die minimale Infektionsdosis, und die Schwere der ggf. verursachten Krankheit berücksichtigt. In jedem Falle ergibt sich, dass je nach Virusart mehrere oder viele Kubikmeter Wasser von Viren frei sein müssen, um diese angenommene Größe „ausreichende Sicherheit“ zu erreichen. Diese Mengen sind weit größer als alle praktikablen Probevolumina. Daraus folgt, dass eine Kontrolle des aufbereiteten Wassers auf Viren in der Regel nicht sinnvoll ist und negative Befunde nur eine scheinbare Sicherheit vortäuschen würden. Die von der WHO angestellten Berechnungen können aber die Grundlage für die Anforderungen an die Reduktionsleistung der Aufbereitungs- und Desinfektionsverfahren eines Wasserwerkes bilden, wie es dort auch beispielhaft dargestellt wird. Um aus einem Flusswasser mit ca. 10 Viren pro Liter ein „ausreichend sicheres“ Wasser zu machen, ist im Falle von Rotaviren eine Reduktion um ca. 5,5 $\log_{10}$-Stufen erforderlich, die durch Filtration und Desinfektion sichergestellt werden muss. Diese Reduktionsleistung kann mit resistenten Bakteriophagen kontrolliert werden.

Das einzige genormte Verfahren zum Virusnachweis ist der Plaqueassay zum Nachweis von Enteroviren (DIN EN 14486, 2005, DEV Nr. K3). Hiermit wird aber, wie in Kap. 5.3 dargestellt, ein großer Teil der enteralen Viren nicht erfasst, welche andere Wirtszellen oder Anzuchtbedingungen brauchen. Die Sensitivität der Zellkulturmethoden ist häufig unbefriedigend und, abhängig vom Probematerial und den zur Aufkonzentrierung verwendeten Verfahren, stark wechselnd. Mitgeteilte Ergebnisse sollten stets auch Angaben zur Empfindlichkeit der Methode und zu den Resultaten von Kontrollversuchen enthalten.

Einige humanpathogene enterale Viren lassen sich aber bislang noch nicht oder nicht zuverlässig in Zellkulturen vermehren, namentlich die Rotaviren und die Noro- und Sappoviren. Hierfür kann die Polymerasekettenreaktion (PCR) herangezogen werden, für die es allerdings ebenfalls noch keine genormten Verfahren gibt. Hier stellt sich die Frage nach dem Verhältnis von nachgewiesenen DNA- bzw. RNA-Sequenzen zu der Zahl von infektionstüchtigen Viren. DNA-Stränge gelten unter Umweltbedingungen als relativ stabil, RNA-Sequenzen zerfallen dagegen ziemlich schnell. Untersuchungen von Maier (1995) und von Gassilloud (2003) haben demgegenüber gezeigt, dass der Nachweis der Virus-RNA auch noch längere Zeit (mehrere Wochen oder länger) nach dem Verlust der Infektiosität gelingen kann. Der Rückschluss von positiven PCR-Befunden auf eine Infektionsgefahr ist daher nicht ohne weitere Anhaltspunkte möglich.

Die Bakteriophagen sind im Vergleich zu Viren sehr einfach zu handhabende, ausgiebig untersuchte und kostengünstige Organismen ohne pathogene Eigenschaften für höhere Lebewesen. Die Coliphagen und die Bacteroidesphagen stammen aus Fäkalien bzw. aus Verhältnissen, in denen sich ihre Wirtsorganismen vermehren können. Eine Vermehrung unter Umweltbedingungen ist bei den F-spezifischen Phagen auszuschließen, aber auch bei den somatischen Phagen sicher ohne größere Bedeutung. Weil sie außerdem unter natürlichen Verhältnissen, z. B. in Flusswasser oder Abwasser, viel häufiger sind als Viren, sollten Untersuchungen zum Vorkommen von Viren, zu ihrer Rückhaltung und Abtötung und zur Beurteilung einer gesundheitlichen Gefährdung durch Viren stets von entsprechenden Untersuchungen auf oder mit Bakteriophagen begleitet werden. Die Existenz genormter Verfahren erhöht die Aussagekraft der erzielten Ergebnisse.

8.3
Cryptosporidium und Giardia

Die Untersuchungen auf Cryptosporidien und Giardien sind wegen des erforderlichen Probevolumens und der diffizilen Methodik aufwendig und als Routineverfahren zur routinemäßigen Überwachung nicht geeignet. Deshalb wurde als Indikatororganismus bei Oberflächenwasseraufbereitung durch die EG *C. perfringens*, dessen Sporen ähnlich desinfektionsmittelresistent sind, eingeführt. Dies wurde in die TrinkwV 2001 übernommen. Anlass zur Untersuchung auf die Parasitendauerformen besteht, wenn wiederholt *C. perfringens* in 100 ml Trinkwasser nachgewiesen wurde und epidemiologische Hinweise vorliegen, also Nachweis der Parasiten im Stuhl von Erkrankten. Möglich ist auch, dass sich das Wasserversorgungsunternehmen aufgrund der Qualität des Rohwassers in der Pflicht sieht, das Wasser in verschiedenen Stufen der Aufbereitung auf Parasitendauerformen zu untersuchen (UBA-Empfehlung, 2001). Im Stuhl von Erkrankten sind die Parasiten auf jeden Fall weitaus zahlreicher und leichter zu finden als in Wasserproben, deshalb sollten entsprechende Wasseruntersuchungen nicht auf vage Verdachtsmomente hin, sondern nur bei begründetem Anlass (s. auch Leitlinien des BMG zu § 9 TrinkwV 2001) angeordnet werden. Tierkontakte, der Genuss von Rohmilch und das Baden in natürlichen Gewässern müssen als wichtige Infektionsquellen mit in Betracht gezogen werden. Bei aus epidemiologischen Gründen veranlassten Wasseruntersuchungen müssen selbstverständlich auch alle anderen Indikatoren einer mikrobiellen Verunreinigung berücksichtigt werden.

Zur Ermittlung der Gefährdung einer Wasserversorgung durch resistente Parasitendauerformen ist zunächst das Rohwasser zu beurteilen. Hierbei ist es wichtig, alle Rohwasserquellen oder Brunnen eines Wasserwerkes einzeln zu untersuchen, um nicht durch Verdünnung den Befund zu verschleiern. Ferner ist mit starken saisonalen Schwankungen zu rechnen. Wasservorkommen ohne jemals auffällige bakteriologische Parameter brauchen nicht weiter untersucht zu werden, andere möglichst zur Zeit der stärksten Belastung. Die Elimination der Parasiten bei der Wasseraufbereitung ist Aufgabe der Filtration, deshalb müssen diese Einrichtungen hinsichtlich ihrer nominellen Leistungsfähigkeit, ihrer korrekten Betriebsweise beim An- und Abfahren und der Beseitigung des Rückspülwassers und hinsichtlich ihrer mikrobiologischen Effizienz im Detail geprüft werden. Nur wenn das Wasser vor der abschließenden Desinfektion durch Chlor oder Chlordioxid mikrobiologisch einwandfrei ist, einschließlich des Parameters *Clostridium perfringens,* kann eine ausreichende Sicherheit angenommen werden. Nur die UV-Bestrahlung entsprechend DVGW-Arbeitsblatt W 294 (2006) hat sich als wirksam gegenüber den Parasitendauerformen erwiesen. Der Nachweis der Parasiten im aufbereiteten Trinkwasser ist unabhängig von ihrer Konzentration als akute Gesundheitsgefahr für die Verbraucher zu werten und erfordert sofortige Abhilfemaßnahmen. Auch ohne Vitalitätsnachweis muss sofort gehandelt werden. Allenfalls bei abschließender Desinfektion durch UV-Bestrahlung könnte vermutet werden, dass alle gefundenen Zysten oder Oozysten abgetötet sind. Andererseits muss dann ebenfalls vermutet werden, dass unzureichend filtriertes Wasser bestrahlt worden ist. Hier ist eine individuelle Bewertung der lokal vorliegenden Umstände angebracht.

8.4 Mikrobieller Bewuchs/Biofilme

Biofilme entstehen durch Kolonisierung von wasserbenetzten Oberflächen durch verschiedene Mikroorganismen, so auch in Trinkwasserleitungen. Selbst wenn das Wasser mit einwandfreier mikrobiologischer Qualität vom Wasserwerk an das Verteilungsnetz abgegeben wird, kann es im Verteilungssystem zu Aufkeimungen kommen, die durch Biofilme verursacht sind.

Ihre Bildung ist von verschiedenen Faktoren abhängig (s. Kap. 7.1). Die aus dem Biofilm stammenden Mikroorganismen können zu Koloniezahlerhöhungen, aber auch zum Auftreten pathogener Bakterien, wie z. B. Legionellen, atypische Mykobakterien und Pseudomonaden, im Trinkwasser führen.

Mit Desinfektionsmitteln lassen sich Biofilme nur schwer bekämpfen, da sie aus einer gallertartigen Schicht aus organischem Material bestehen, welche Desinfektionsmittel absorbieren und wirkungslos machen kann.

In Trinkwasserversorgungsanlagen sind Biofilme in der Regel dünn und ihre Stärke übersteigt nur selten 5–10 µm. In dieser Form werden sie „Besiedelung" genannt und ihr Vorkommen als harmlos angesehen.

Nur wenn das besiedelte Material Nährstoffe abgibt oder im Trinkwasser deutlich mehr als 0,01 mg l^{-1} abbaubare organische Stoffe auftreten, wird in der Regel eine Vermehrung im Sinne von „Bewuchs" beobachtet.

Das in Kapitel 7.1 erwähnte DVGW-Blatt W 270 wird derzeit überarbeitet und soll als deutsches Verfahren zur mikrobiologischen Prüfung des Einflusses von Materialien im Trinkwasserbereich auch in der EU als Prüfverfahren vorgeschlagen werden.

Neben Verfahren zur direkten Bestimmung von Mikroorganismen in Biofilmen, wie z. B. der FTIR-Charakterisierung von Biofilm-Mikroorganismen (spektrometrische Bestimmung; Schmitt et al., 1997), der indirekten Bestimmung durch die Atmungsaktivität und die ATP-Bildung können auch molekularbiologische Verfahren eingesetzt werden (Szewczyk, 1994).

8.5 Qualitätssicherung

Da die Überschreitung der in der TrinkwV 2001 geforderten Grenzwerte für mikrobiologische Parameter und Indikatorparameter weitreichende Konsequenzen in seuchenhygienischer und epidemiologischer sowie auch in finanzieller Hinsicht haben kann, erfordern die gemäß TrinkwV 2001 durchzuführenden mikrobiologischen Untersuchungen nachweisbare Sachkunde und eine optimale Qualitätssicherung. In § 15 Abs. 4 TrinkwV 2001 sind deshalb Qualitätsanforderungen an Trinkwasseruntersuchungsstellen angegeben. Hier wird erstmalig der Nachweis einer Akkreditierung der entsprechenden Laboratorien gefordert. Die Grundlagen zur Erlangung der Akkreditierung sind in der DIN EN ISO/IEC 17025 (s. auch Kap. 3.1) angegeben.

Zu einer ordnungsgemäßen Untersuchung in diesem Sinne zählen neben der Probenahme ein System der internen Qualitätssicherung (z. B. Arbeit mit Referenzmaterial) und die regelmäßige, erfolgreiche Beteiligung an externen Qualitätssicherungsprogrammen (s. auch UBA-Empfehlung, Durchführung von Ringversuchen, 2002). Die Erfahrung hat gezeigt, dass durch diese Qualitätssicherungssysteme ein hohes Maß an Kompetenz der Untersuchungsstellen und damit des Verbraucherschutzes sichergestellt werden kann.

In der Empfehlung des UBA „Hygieneanforderungen an Bäder und deren Überwachung" (2006) wird auch darauf verwiesen, dass die Untersuchungen zur Überwachung der Badewasserproben durch ein für die Analytik von Schwimm- und Badebeckenwasser akkreditiertes Labor erfolgen sollen.

Wichtig ist auch die Tatsache, dass nach § 44 IfSG (2000) für die Bestimmung der Überwachungsparameter für Trink- und Badewasser *P. aeruginosa, C. perfringens* und Legionella aus Wasserproben eine Erlaubnis der zuständigen Behörde zum Arbeiten mit diesen Mikroorganismen vorliegen muss.

Für die Arbeiten zur Bestimmung der Koloniezahl, zum Nachweis von *E. coli* und coliformen Bakterien sowie der intestinalen Enterokokken durch die angegebenen Standardverfahren ist eine Erlaubnis unseres Erachtens nach nicht erforderlich.

Bei Untersuchungen von Krankheitserregern im Sinne von Forschungsaufgaben oder zur Risikoabschätzung bei Störfällen sind die Bestimmungen des IfSG und weitere Vorschriften (z. B. Biostoff-Verordnung) zu beachten, ob die o. g. Arbeiten anzeige- oder erlaubnispflichtig sind.

8.6 Badewasser

Wasser, welches zu Badezwecken genutzt wird, kann prinzipiell auch zur Übertragung von Infektionskrankheiten führen.

Um dies zu vermeiden, wurde die Anforderung im Infektionsschutzgesetz (§ 37 IfSG, 2000) „Schwimm- oder Badebeckenwasser ... muss so beschaffen sein, dass durch seinen Gebrauch eine Schädigung der menschlichen Gesundheit, insbesondere durch Krankheitserreger, nicht zu besorgen ist" formuliert.

Badewasserbedingte Infektionen können z. B. zu Dermatitis, Otitis externa, Gastroenteritis, Meningoenzephalitis und Lungenentzündungen führen.

Als wichtigste Krankheitserreger sind hier z. B. *P. aeruginosa, E. coli* O157:H7, Salmonellen, Shigellen, Parasitendauerformen (Cryptosporidienoocysten, Giardiacysten), Noro- und Adenoviren und Legionellen zu nennen.

Dabei steigt das Risiko, zu erkranken, wenn z. B. im Falle der Shigellen und von *E. coli* O157:H7 (EHEC) die für die Erkrankung notwendige Infektionsdosis gering ist. Kritisch ist auch die gleichzeitige Nutzung des Badewassers durch viele Badegäste zu sehen, da Krankheitserreger von den Badegästen selbst eingetragen werden können und im Falle von Beckenbädern nach DIN 19643 (1997) durch die eingetragenen organischen Substanzen die Aufbereitungs- und

Desinfektionskapazität des Bades überlastet werden kann, besonders in Planschbecken und Warmsprudelbecken („hot whirl pools"). Zur Einschätzung des Infektionsrisikos muss zwischen verschiedenen Bademöglichkeiten und den entsprechenden Wasserqualitäten unterschieden werden.

Die Überwachung der Wasserqualität von Badewässern wird, ähnlich wie beim Trinkwasser, durch die Bestimmung von mikrobiologischen Indikatoren vorgenommen. Auch hier erfolgen derzeit direkte Untersuchungen auf Krankheitserreger, mit Ausnahme der Legionellen und *Pseudomonas aeruginosa* im Beckenwasser, nur im Falle von Forschungsaufgaben und zur Risikoeinschätzung, vor allem bei epidemiologischen Fragestellungen.

8.6.1 Badegewässer

Bei Badegewässern (Binnenseen, Küstengewässer) führen fäkale Verunreinigungen aus dem Umfeld (Abwassereinleitungen, Mischkanalisationen, Regenrückhaltebecken, Abschwemmungen aus landwirtschaftlichen Bereichen, Wasservögel und andere Wildtiere) dazu, dass das Baden mit einem Infektionsrisiko verbunden sein kann. Da für diese Bademöglichkeiten keine Aufbereitung des Badewassers möglich ist, müssen die genannten Kontaminationsquellen aus dem Umfeld bekannt und beseitigt werden, um das Infektionsrisiko für Badende gering zu halten.

Seit 2006 gibt es zu o.g. Problematik eine neue Richtlinie der EG (2006/7/EG, 2006), die spätestens 2 Jahre nach Inkrafttreten in nationales Recht umgesetzt werden muss. Verantwortlich hierfür sind die Bundesländer, die im Bund-Länder-Arbeitskreis Badegewässer (BLAK) eine gemeinsame Musterverordnung erarbeitet haben.

Wichtigste Neuerung der EG-Badegewässerrichtlinie ist, dass nur solche Überwachungsparameter aufgenommen wurden, die einen direkten Bezug zu gesundheitlichen Risiken haben. Im Falle der Mikrobiologie wurden die Parameter *E. coli* und intestinale Enterokokken ausgewählt. Coliforme Bakterien wurden nicht mehr aufgenommen, da ihr Nachweis nicht zwangsläufig auf eine fäkale Kontamination hinweist. Auf die in der Richtlinie von 1975 angegebene Bestimmung von Salmonellen wurde ebenso verzichtet wie auf den Nachweis von Darmviren. Für Viren wird nach wie vor eine Gefährdung der Badenden für möglich erachtet, es sollen aber erst praktikable Nachweisverfahren erarbeitet und Forschungen zu möglichen Grenz- oder Richtwerten erfolgen, um bei Überarbeitung der Richtlinie Werte auf der Basis wissenschaftlich begründeter Ergebnisse aufnehmen zu können.

Weitere Neuerungen und Grundsätze dazu sind bei Szewzyk (2006) beschrieben. Die Bewertung der mikrobiologischen Befunde für die Überwachungsparameter orientiert sich an neuen wissenschaftlichen Erkenntnissen und epidemiologischen Studien an Binnen- und Küstengewässern (Wiedenmann et al., 2004; Kay et al., 1994; s. auch Tab. 9.6).

Um eine einheitliche Überwachung der mikrobiologischen Parameter in der EG zu erreichen, wurden internationale Normen als mikrobiologische Referenzverfahren festgelegt.

Die Normen DIN EN ISO 9308-3 für *E. coli* und DIN EN ISO 7899-1 für intestinale Enterokokken beschreiben Flüssigkeitsanreicherungen nach dem MPN-Prinzip in Mikrotiterplatten, die den jeweils entsprechenden Konzentrationsbereich von Badegewässerproben für o.g. Parameter erfassen.

Außer diesen Referenzverfahren werden in der Richtlinie für beide mikrobiologische Parameter alternative Referenzverfahren mit Membranfiltration angegeben, die eigentlich für Trinkwasserproben entwickelt wurden. Dabei hat sich das Nachweisverfahren für intestinale Enterokokken (DIN EN ISO 7899-2) aufgrund seiner Selektivität auch für Badegewässerproben als geeignet erwiesen.

Das Verfahren für *E. coli* (DIN EN ISO 9308-1, 2001) ist nur für Trinkwässer und nicht für Oberflächenwässer/Badegewässer geeignet. Deshalb ist dieses Nachweisverfahren auch nicht in die Musterverordnung für Deutschland aufgenommen worden.

Vorgesehen ist, dass ab der Badesaison 2008 die mikrobiologische Überwachung nach den neuen Nachweisverfahren erfolgen soll.

Nach dem in der EG-Richtlinie angegebenen Überwachungsprogramm kann dann frühestens nach 4 Jahren eine Bewertung der mikrobiologischen Befunde nach den in Tab. 9.6 angegebenen Kriterien durchgeführt werden.

Bis dahin werden zur Beurteilung der Wasserqualität der Badestellen mikrobiologische Höchstwerte durch die Badewasserkommission empfohlen, die in der Übergangszeit einzuhalten sind.

8.6.2 **Kleinbadeteiche**

In so genannten Kleinbadeteichen (UBA-Empfehlung, 2003) erfolgt die hygienische Beeinträchtigung des Beckenwassers fast ausschließlich über die Badenden selbst, da das Füllwasser mikrobiologisch Trinkwasserqualität haben soll. Die Aufbereitung des Beckenwassers ist durch biologische und mechanische Maßnahmen und nicht durch Desinfektion durchzuführen.

Infizierte Badegäste können Krankheitserreger in hohen Konzentrationen ausscheiden. Deshalb kann es wegen der fehlenden Desinfektionskapazität des Badewassers zu Situationen kommen, bei denen Krankheitserreger in höheren Konzentrationen vorliegen als die Indikatorbakterien, die zur Überwachung der Badewasserqualität vorgesehen sind. Aus diesem Grund sind die Anforderungen an die Konzentration der Überwachungsparameter *E. coli* und Enterokokken strenger als die Anforderungen der EG-Richtlinie für freie Badegewässer (s. Tab. 9.6 und 9.7).

Der Parameter *P. aeruginosa* ist in die Überwachung mit Höchstwert 10 KBE 100 ml^{-1} aufgenommen worden, da bekannt ist, dass dieser Krankheitserreger in kleinen nährstoffreichen Badeseen auftreten kann und nicht durch die o.g. Fäkalindikatoren angezeigt wird.

In Kleinbadeteichen ist es außerdem möglich, dass durch die technischen Systeme zur Aufbereitung des Beckenwassers zusätzliche Wachstumsmöglichkeiten für *P. aeruginosa* durch Biofilmbildung geschaffen werden.

Die zur mikrobiologischen Überwachung des Beckenwassers von Kleinbadeteichen angegebenen Höchstwerte wurden aus Vorsorgegründen durch die Badewasserkommission festgelegt, da bis jetzt keine gesicherten und epidemiologisch begründbaren Werte vorliegen. Hier besteht noch Forschungsbedarf. Bisherige Erfahrungen haben gezeigt, dass die Werte für *E. coli* und für Enterokokken in der Regel bei Beachtung aller technischen Betriebsbedingungen (FLL, 2003) eingehalten werden können. Dies ist für *P. aeruginosa* schwieriger, da hier, vor allem bei sommerlichen Wassertemperaturen häufig von Überschreitungen des Höchstwertes berichtet wird.

Die in der UBA-Empfehlung angegebenen Nachweisverfahren für die mikrobiologischen Überwachungsparameter *E. coli* (DIN EN ISO 9308-3) und Enterokokken (DIN EN ISO 7899-1, DIN EN ISO 7899-2) sind für den Anwendungsbereich geeignet und bereiten in der Laborpraxis in der Regel keine Probleme.

Beim Einsatz der Nachweisverfahren für *P. aeruginosa* ist Folgendes zu beachten: DIN 38411 T. 8 ist ein Nachweisverfahren durch Flüssigkeitsanreicherung, welches für ein quantitatives Ergebnis einen MPN-Ansatz (aus statistischen Gründen mit mindestens 5 Parallelansätzen pro Verdünnungsstufe) erfordert. Da das Verfahren nicht miniaturisiert in Mikrotiterplatten angeboten werden kann, ist der Aufwand im Labor verhältnismäßig groß (DIN 38411 T. 8 wird voraussichtlich als Norm zurückgezogen und steht dann nicht mehr zur Überwachung des Beckenwassers zur Verfügung).

Erfahrungsgemäß wird deshalb vorwiegend das Nachweisverfahren nach DIN EN 12780, ein Membranfilterverfahren, eingesetzt. Hier ist zu beachten, dass dieses Nachweisverfahren für die Untersuchung von sauberen (desinfizierten) Wässern entwickelt und genormt wurde.

Bei Wasserproben mit höheren Bakteriengehalten müssen für diese Fälle die in der Norm gegebenen Hinweise (z. B. Verdünnung der Probe) beachtet werden, um eine korrekte Auswertung nach ISO 8199 vornehmen zu können. Empfohlen wird hier, nicht nur eine Verdünnung der Probe, sondern mehrere zu untersuchen. Empfohlen wird auch, zusätzlich zu allen in der Norm vorgegebenen Verfahrensschritten den im Anhang der Norm gegebenen Hinweis der Bebrütung bei 42 °C im Falle der Untersuchung von Wasserproben aus Kleinbadeteichen oder anderen „Umwelt"-Wasserproben zu beachten, um z. B. *P. aeruginosa* (Acetamidase-positiv, Wachstum bei 42 °C) von *P. putida* (Acetamidasereaktion veränderlich, aber kein Wachstum bei 42 °C) unterscheiden zu können. Beachtet werden sollte generell, dass bei unklarem Erstbefund (keine blaugrünen Kolonien auf Cetrimid-Agar) alle weiteren Untersuchungsschritte der Norm durchgeführt werden müssen (einschließlich der oben empfohlenen Bebrütung bei 42 °C), um die Zielorganismen sicher nachweisen zu können.

Zur Absicherung der Ergebnisse der einzelnen Verfahrensschritte sollten bei jeder Untersuchung Positiv- und Negativkontrollen mitgeführt werden.

Zur dargestellten Problematik beim Nachweis von *P. aeruginosa* bei der mikrobiologischen Überwachung von Kleinbadeteichen gibt es auch eine Empfehlung der Badewasserkommission (2007).

8.6.3
Wasser in Beckenbädern

Beckenbäder nach DIN 19643 (1997) werden mit Wasser von Trinkwasserqualität befüllt. Die Aufbereitung des Beckenwassers erfolgt durch Kreislaufführung des Wassers mit Aufbereitung durch Adsorption-Flockung-Filtration-Chlorung (DIN 19643-2) oder Flockung-Filtration-Ozonung-Sorptionsfiltration an Aktivkohle – Chlorung (DIN 19643-3). Durch die im Beckenwasser vorherrschende Desinfektionskapazität sollen Infektionsmöglichkeiten ausgeschlossen werden. Dies trifft vermutlich auf bakterielle und virale Krankheitserreger zu, welche von den Badenden eingetragen werden, solange die chemische Beckenwasserqualität der DIN 19643 entspricht. Die Oozysten bzw. Zysten der Darmparasiten *Cryptosporidium parvum* und *Giardia lamblia* werden dagegen durch die zulässigen Chlorkonzentrationen nicht erfasst. Ein zusätzliches Problem entsteht dadurch, dass sich die Erreger *Legionella spec.* und *Pseudomonas aeruginosa* im Aufbereitungssystem vermehren und auf diese Weise mit dem Reinwasser in das Beckenwasser gelangen können.

Mikrobiologische Überwachungsparameter sind in der DIN 19643 (1997) benannt. Eine Empfehlung des UBA (nach Anhörung der Badewasserkommission des BMG beim UBA, 2006) gibt auch ausführliche Hinweise zu Überwachungsparametern für die Badewasserqualität, zu Parameter-Höchstwerten, Untersuchungsfrequenzen, Maßnahmen bei Überschreitung der Werte und auch zu den Nachweisverfahren für die mikrobiologischen Parameter (s. Tab. 9.8 u. 9.9).

In der DIN 19643 sind derzeit keine Untersuchungsverfahren für die mikrobiologischen Parameter angegeben. Es wäre wünschenswert, wenn bei Überarbeitung der DIN auch hier Nachweisverfahren angegeben würden. Dabei sind die Nachweisverfahren geeignet, die in den entsprechenden Normen für die Untersuchung von (desinfiziertem) Trinkwasser vorgegeben sind.

Derzeit ist nicht absehbar, ob oder ab wann es eine Schwimm- und Badebeckenwasserverordnung in Deutschland geben wird. Auch die EG hat derzeit keine Hygieneanforderungen an Beckenbäder und deren Überwachung veröffentlicht.

8.7
Mineral-, Quell- und Tafelwasser

Neben Trinkwasser sind natürliche Mineralwässer, Quellwässer und Tafelwässer gleichermaßen beliebt.

Mineralwasser und Quellwasser sind vor allem durch ihre Herkunft aus einem bekannten, unterirdischen und geschützten Vorkommen definiert. Tafelwasser wird aus Trinkwasser, natürlichem Mineralwasser, Meerwasser oder natürlichen salzhaltigen Wässern hergestellt.

Sie sind Lebensmittel und dienen wie Trinkwasser einer ausgeglichenen Ernährung. Anders als Trinkwasser sind sie nicht unverzichtbar und können leicht aus dem Verkehr gezogen werden, wenn sie den Anforderungen nicht entsprechen.

Diese Anforderungen sind in der Mineral- und Tafelwasserverordnung (1984, 1990) definiert. Durch die Einhaltung der Grenzwerte sollen, wie beim Trinkwasser, Verunreinigungen durch Krankheitserreger ausgeschlossen werden. Krankheitserreger kommen in gut geschützten Quellen nicht vor. Dennoch ist die mikrobiologische Kontrolle von Mineral- oder Quellwässern mittels Indikatororganismen notwendig, um frühzeitig Kontaminationen zu erkennen und zu beseitigen. Die mikrobiologischen Anforderungen unterscheiden sich nur unwesentlich von den Anforderungen der TrinkwV 2001 an abgepacktes Trinkwasser (s. Tab. 9.2). Zusätzlich sind sulfitreduzierende sporenbildende Anaerobier zu untersuchen. Aus Gründen des Verbraucherschutzes sind die Grenzwerte strenger als für Trinkwasser an der Zapfstelle im Haushalt, da sichergestellt werden soll, dass das Wasser auch bei längerer Lagerung in Flaschen seine gesundheitliche Unbedenklichkeit behält. Die mikrobiologische Untersuchung nach Mineral- und Tafelwasserverordnung ist ähnlich den Vorgaben in der TrinkwV 1990 durchzuführen und entspricht damit nicht mehr den derzeit vorgegebenen Nachweisverfahren für Trinkwasseruntersuchungen (Anlage 5, TrinkwV 2001). Eine Angleichung der Nachweisverfahren für die mikrobiologischen Parameter an internationale und national genormte moderne Nachweisverfahren zur mikrobiologischen Untersuchung des Trinkwassers wäre hier zu überlegen. Dies wäre auch vorteilhaft im Sinne der Vereinfachung der Arbeit in den Untersuchungsstellen.

8.8 Rohwasser

Nach dem Arbeitsblatt W 254 des DVGW (Grundsätze für Rohwasseruntersuchungen, 1988) wird als Rohwasser jenes Wasser bezeichnet, das einem Gewässer zur Nutzung als Trinkwasser entnommen wird. Darin ist auch Grund- und Quellwasser oder Uferfiltrat eingeschlossen. In der Praxis werden fließende Übergänge zwischen geschütztem Grundwasser mit stets einwandfreien mikrobiologischen Befunden und stark belastetem Oberflächenwasser beobachtet, wie der Terminus „von Oberflächenwasser beeinflusstes Grundwasser" verdeutlicht.

Während geschütztes Grundwasser als mikrobiologisch unbedenklich gilt, muss Oberflächenwasser, welches zu Trinkwasser aufbereitet werden soll, nach einer Richtlinie der EG (1975) mikrobiologisch untersucht werden und Richtwerte für Gesamtcoliforme, *E. coli*, Fäkalstreptokokken und Salmonellen einhalten (s. Tab. 9.5). In Deutschland wurden die Anforderungen an Oberflächenwasser für einfache Aufbereitung im DVGW Arbeitsblatt W 251 übernommen. Dieses Arbeitsblatt wird derzeit überarbeitet. Auch die o. g. EG-Richtlinie soll, ohne Angaben zu mikrobiologischen Parametern, in die Wasserrahmen-Richtlinie der EG integriert werden.

Die zusätzlich noch zu beachtenden Vorgaben und Anforderungen spezifischer Trinkwassergewinnungsverordnungen einzelner Bundesländer geben in mikrobiologischer Hinsicht zwar einige Richtwerte für Trinkwassergewinnung aus Oberflächengewässern vor, orientieren sich aber ausschließlich an den Indikatorparametern *E. coli*, coliforme Bakterien und Enterokokken bzw. Fäkalstreptokokken.

Krankheitserreger im Rohwasser haben oft ein anderes ökologisches Verhalten, treten in anderen Konzentrationen auf und sind manchmal umwelt- und desinfektionsmittelresistenter als die Indikatoren. Deshalb ist es in solchen Fällen sinnvoll, die Rohwasserbelastung generell oder bei bestimmten außergewöhnlichen oder saisonal bedingten Ereignissen wie Starkregen, Schneeschmelze u. ä. zu kennen, um die Aufbereitung an „Spitzenwerte" anpassen zu können. Diese Vorgehensweise wird auch von der WHO (Guidelines, 2004) empfohlen. Im Rahmen der sog. „water safety plans" wird gefordert, systematische Informationen über mikrobielle Grund- und Spitzenbelastungen bei Oberflächenwasseraufbereitung vorzuhalten, um dadurch Auslegung und Leistungsanforderungen des Aufbereitungssystems definieren zu können und das Risiko einer Kontamination des Trinkwassers gering zu halten bzw. auszuschließen.

Hierbei kann es notwendig sein, neben den o. g. Fäkalindikatoren auch Untersuchungen des Rohwassers auf Krankheitserreger selbst vorzunehmen. Hierzu gibt es ein interessantes Konzept aus den Niederlanden zur mikrobiologischen Risikoanalyse bei der Trinkwassergewinnung und -aufbereitung (Inspektionsrichtlinie, Niederlande, 2004). Darin wird vorgeschlagen, neben den bekannten Indikatoren auch sog. „Indexpathogene" (Campylobacter, Cryptosporidien und Giardia, Enteroviren) in die Risikoanalyse bei Rohwasseruntersuchungen einzubeziehen. Auch in Deutschland wäre es sicher sinnvoll, im Rahmen einer mikrobiologischen Risikoanalyse bei der Aufbereitung von Oberflächenwasser und möglicherweise von Oberflächenwasser beeinflusstem Grundwasser die Rohwasserbelastung für wasserhygienisch bedeutsame Pathogene, ihre Eintragsquellen und Spitzenbelastungen zu kennen.

Dies ist insbesondere zur Risikoabschätzung im Falle der wasserübertragbaren Viren zu empfehlen, da hier Untersuchungen im Trinkwasser selbst nicht zielführend sind (s. auch Kap. 5.2). Gegenwärtig befasst sich eine Arbeitsgruppe der Trinkwasserkommission mit der Erarbeitung einer Empfehlung zur Problematik der Virusbelastung des Rohwassers. Hierbei sollen somatische Coliphagen als Indikatoren im Rohwasser bestimmt werden und nur bei Überschreitung eines „Schwellenwertes" Untersuchungen auf Adenoviren (Indexpathogene für wasserhygienisch bedeutsame Viren) folgen.

Die hier angegebenen Nachweisverfahren für Fäkalindikatoren einschließlich Coliphagen können für diese Untersuchungen eingesetzt werden. Das Nachweisverfahren für Adenoviren (s. Kap. 5.2) ist ebenfalls hierfür geeignet.

Literatur

Arbeitsgemeinschaft Trinkwassertalsperren e.V. (Hrsg., 2004): Coliformen-Befunde gemäß Trinkwasserverordnung 2001 – Bewertung und Maßnahmen –. Tagungsbeiträge.

Bockemühl, J. et al. (1985): Zur seuchenhygienischen Bedeutung des Nachweises von Yersinia enterocolitica im Reinwasser eines Wasserwerkes. Hyg. u. Med.

Burnens, A. P. (2001): Aktuelle Diagnostik von Verotoxin bildenden *E. coli*. Epidemiologie und Infektionskrankheiten. Bulletin, 2, 27–30.

CCDR (Canada Communicable Disease Report, 2000): Waterborne outbreak of gastroenteritis associated with a contaminated municipal water supply. Walkerton, Ontario, 26, 20.

Daniel, O. (1998): Mikrobielle und chemische Risiken des Trinkwassers. Mitt. Gebiete Lebensm. Hyg. 89, 684–699.

DeJong, B.; Andersson, Y. (1997): Vattenburna uttbrott. Sverige 1992–1996, Smittskydd, 7–8, 67–68.

DIN EN 14486 (2005-08): Wasserbeschaffenheit – Nachweis humaner Enteroviren mit dem Monolayer-Plaque-Verfahren; Deutsche Fassung EN 14486: 2005.

DIN 19643 T. 1 (1997): Aufbereitung von Schwimm- und Badebeckenwasser – Allgemeine Anforderungen.

DVGW (2004): Trinkwassererwärmungs- und Trinkwasserleitungsanlagen; Technische Maßnahmen zur Verminderung des Legionellenwachstums; Planung, Errichtung, Betrieb und Sanierung von Trinkwasser-Installationen. Technische Regel, Arbeitsblatt W 551.

DVGW (1996): Eignung von Wasser aus Fließwässern als Rohstoff für die Trinkwasserversorgung. Technische Mitteilungen, Merkblatt W 251.

DVGW (1988): Grundsätze für Rohwasseruntersuchungen. Technische Mitteilungen Hinweis W 254.

DVGW-Arbeitsblatt W 294-1 (2006): UV-Geräte zur Desinfektion in der Wasserversorgung; Teil 1: Anforderungen an Beschaffenheit, Funktion und Betrieb.

DVGW-Arbeitsblatt W 294-2 (2006): UV-Geräte zur Desinfektion in der Wasserversorgung; Teil 2: Prüfung von Beschaffenheit, Funktion und Desinfektionswirksamkeit.

DVGW-Arbeitsblatt W 294-3 (2006): UV-Geräte zur Desinfektion in der Wasserversorgung; Teil 3: Messfenster und Sensoren zur radiometrischen Überwachung von UV-Desinfektionsgeräten; Anforderungen, Prüfung und Kalibrierung.

Edge, J. C.; Finch, P. E. (1987): Observations on bacterial after growth in water supply distribution systems: implications for disinfection strategies. Journal of the Institute for Water and Environmental Management, 1987, 1, 104–110.

EG-Richtlinie (2006): 2006/7/EG des Europäischen Parlaments und des Rates vom 15. Februar 2006 über die Qualität der Badegewässer und deren Bewirtschaftung und zur Aufhebung der Richtlinie 76/160/EWG, Amtsblatt der EG Nr. L. 64/37 vom 4. 3. 2006.

EG-Richtlinie (1998) des Rates vom 3. November 1998 über die Qualität von Wasser für den menschlichen Gebrauch (98/83/EG), Amtsblatt der EG Nr. L33 vom 5. 12. 1998, 32–54.

Exner, M.; Kramer, A.; Kistemann, T.; Gebel, J.; Engelhard, S. (2007): Wasser als Infektionsquelle in medizinischen Einrichtungen, Prävention und Kontrolle. Bundesgesundheitsbl – Gesundheitsforsch – Gesundheitsschutz 50, 302–311.

Faruque, S. M.; Khan, R. et al. (2002): Isolation of Shigella dysenteria Type 1 and S. flexner; strains from surface waters in Bangladesh: Comparative molecular analysis of Environmental Shigella-Isolates... clinical strains. Appl. and Environmental Microbiol, 3908–3913.

Feuerpfeil, I.; Vobach, V.; Schulze, E. (1997): Campylobacter und Yersinia-Vorkommen im Rohwasser und Verhalten in der Trinkwasseraufbereitung. BMBF-Statusseminar 3./4. Dez. 1997, DVG Schriftenreihe Wasser Nr. 91.

Ford, T. E. (1999): Microbial safety of drinking water, US and global perspectives. Env. Health perspectives, 107, 194–206.

Forschungsgesellschaft Landschaftsentwicklung Landschaftsbau e. V. (FLL) (Hrsg., 2003): Empfehlungen für Planung, Bau,

Instandhaltung und Betrieb von öffentlichen Schwimm- und Badeteichanlagen.

Gassillond, B.; Schwartzbrod, L.; Gantzer, C. (2003): Presence of viral genomes in mineral water: a sufficient condition to assume infections nsk?. Appl. Environ. Microbiol. 69, 3965–3969.

IfSG – Gesetz zur Verhütung und Bekämpfung von Infektionskrankheiten beim Menschen (Infektionsschutzgesetz) zuletzt geändert BG I vom 29. 12. 2003, 2954.

Inspektionsrichtlinie (2004): Analyse der mikrobiologischen Sicherheit des Trinkwassers. Niederlande, Entwurf.

Jaeger, D.; Piepel, A. (1984): Yersinia enterocolitica im Roh- und Reinwasser eines Wasserwerkes. Hyg. u. Med. 9, 351–358.

Kay, D.; Fleischer, J. M.; Salmon, R. L. et al. (1994): Predicting likelihood of gastroenteritis from seabathing: results from randomised exposure. Lancet, 344, 905–909.

Koch, R. (1893): Wasserfiltration und Cholera. Z. Hyg. Inf. Krh. 14, 393–426.

Köster, W.; Egli, T.; Rust, A. (2002): Krankheitserreger im (Trink)Wasser? EAWAG-news, 53, 26–28.

Leitlinien zum § 9 TrinkwV 2001 (2004): Maßnahmen im Fall nicht eingehaltener Grenzwerte und Anforderungen. Bundesministerium für Gesundheit, Referat 324.

Maier, A.; Tongianidon, D.; Wiedenmann, A.; Botzenhart, K. (1995): Detection of Poliovirus by cell culture and by PCR after UV disinfection. Wat. Sci. Tech. 31, 141–145.

Mineral- und Tafelwasser-Verordnung (1984, 1990): Verordnung über natürliches Mineralwasser, Quellwasser und Tafelwasser BGBl. I, 1036–1046. Änderung vom 5. 12. 1990, BGBl. I, 2610–2611.

RKI (1997): Empfehlungen zur Verbesserung der diagnostischen Erfassung und zum standardisierten Vorgehen bei der mikrobiologischen Diagnostik von EHEC-Infektionen beim Menschen. Epidemiol. Bulletin RKI 1997a, 39, 270–271.

RKI (2007): Meldepflichtige Infektionskrankheiten: Aktuelle Statistik, 19. Woche 2007 (Stand: 30. Mai 2007), 22, 186.

Rice, E. W. (1999): E. coli. Waterborne Pathogens. Manual of Water Supply Practices, AWWA, 1st, 75–78.

Schindler, P. R. G.; Elmer-Engelhard, D.; Hörmansdorfer, S. (2003): Untersuchungen zum mikrobiologischen Status südbayerischer Badegewässer unter besonderer Berücksichtigung des Vorkommens thermophiler *Campylobacter*-Arten. Bundesgesundheitsbl – Gesundheitsforsch – Gesundheitsschutz, 46, 483–487.

Schindler, P. R. G. (1984): Isolation von Yersinia enterocolitica aus Trinkwasserversorgungsanlagen in Südbayern. Zbl. Bakt. Hyg. I Abt. Orig. B. 180, 76–84.

Schmitt, J.; Schaule, G.; Krietemeyer, S.; Flemming, H.-C. (1997): Biofilme in Trinkwasserversorgungsanlagen. BMBF-Statusseminar 3./4. Dez. 1997, DVGW-Schriftenreihe Wasser Nr. 91.

Schoenen, D.; Botzenhart, K.; Exner, M.; Feuerpfeil, I.; Hoyer, O.; Sacré, C.; Szewzyk, R. (2001): Beobachtungen über parasitenbedingte Ausbrüche durch Trinkwasser und Maßnahmen zu deren Vermeidung. Teil III: Seuchenhygienische Anforderungen. Bundesgesundheitsbl – Gesundheitsforsch – Gesundheitsschutz, 44, 377–381.

Schubert, R. H. W. (1997): Vorkommen und Verhalten von Aeromonaden bei der Trinkwasseraufbereitung. DVGW-Schriftenreihe Wasser, 91, 115–151.

Schulze, E. (Hrsg., 1996): Hygienisch-mikrobiologische Wasseruntersuchungen, Gustav-Fischer-Verlag Jena, 152.

Schulze-Röbbecke, R.; Hageman, C.; Behringer, K. (1997): Verhalten von Mykobakterien bei der Trinkwasseraufbereitung, BMBF-Statusseminar. In: DVGW-Schriftenreihe Wasser 1997, Nr. 91.

Sobsey, M. D. (1989): Inactivation of health-related microorganisms in water by disinfection process. Water Sci. Tech. 21, 175–1.

Stelzer, W.; Jacob, J.; Feuerpfeil, I.; Schulze, E. (1992): Untersuchungen zum Vorkommen von Aeromonaden in einem Trinkwasserversorgungssystem. Zbl. Mikrobiol. 147, 231–232.

Stevens, M.; Ashbolt, N.; Cunliffe, D. (2003): Review of coliforms as microbial indicators of drinking water quality. National health and medical research council, Canberra, Australia.

Szewzyk, U.; Manz, W.; Amann, R.; Schleifer, K. H.; Stenström, T. H. (1994): Growth and in situ detection of a pathogenic Escherichia coli in biofilms of a heterotrophic water-bacterium by use of 16S- and

23S-rRNA-directed fluorescent oligonucleotide probes. FEMS Microbiol. 13, 169–176.

Szewzyk, R.; Lòpez-Pila, J. M.; Feuerpfeil, I. (2006): Entfernung von Viren bei der Trinkwasseraufbereitung – Möglichkeiten einer Risikoabschätzung. Ergebnisse eines internationalen Fachgesprächs im Umweltbundesamt. Bundesgesundheitsbl – Gesundheitsforsch – Gesundheitsschutz, 49, 1059–1062.

TrinkwV (1990): Verordnung über Trinkwasser und Wasser für Lebensmittelbetriebe (Trinkwasserverordnung) vom 12. Dez. 1990, BGBl., 2613–2629.

TrinkwV (2001): Verordnung über die Qualität von Wasser für den menschlichen Gebrauch (Trinkwasserverordnung), BGBl. I, 959–981.

UBA-Empfehlung (2001): Empfehlung zur Vermeidung von Kontaminationen des Trinkwassers mit Parasiten – Empfehlung des Umweltbundesamtes nach Anhörung der Trink- und Badewasserkommission des Umweltbundesamtes. Bundesgesundheitsbl – Gesundheitsforsch – Gesundheitsschutz, 44, 406–408.

UBA-Empfehlung (2002): Empfehlung der Trinkwasserkommission zur Risikoeinschätzung zum Vorkommen und zu Maßnahmen beim Nachweis von *Pseudomonas aeruginosa* in Trinkwassersystemen – Empfehlung des Umweltbundesamtes nach Anhörung der Trink- und Badewasserkommission des Umweltbundesamtes. Bundesgesundheitsbl – Gesundheitsforsch – Gesundheitsschutz, 45, 187–188.

UBA-Empfehlung (2002): Empfehlung für die Durchführung von Ringversuchen in der mikrobiologischen Trinkwasseranalytik – Mitteilung des Umweltbundesamtes nach Anhörung der Trinkwasserkommission des Bundesministeriums für Gesundheit beim Umweltbundesamt. Bundesgesundheitsbl – Gesundheitsforsch – Gesundheitsschutz, 45, 905.

UBA-Empfehlung (2003): Hygienische Anforderungen an Kleinbadeteiche (künstliche Schwimm- und Badeteichanlagen). Bundesgesundheitsbl – Gesundheitsforsch – Gesundheitsschutz, 46, 527–529.

UBA-Empfehlung (2006): Hygieneanforderungen an Bäder und deren Überwachung. Empfehlung des Umweltbundesamtes nach Anhörung der Schwimm- und Badebeckenwasserkommission des Bundesministeriums für Gesundheit beim Umweltbundesamt. Bundesgesundheitsbl – Gesundheitsforsch – Gesundheitsschutz, 49, 926–937.

UBA-Empfehlung (2007): Empfehlung des Umweltbundesamtes nach Anhörung der Schwimm- und Badebeckenwasserkommission des Bundesministeriums für Gesundheit (BMG) beim Umweltbundesamt, Nachweisverfahren für P. aeruginosa nach DIN EN 12780 zur Überwachung des Beckenwassers von Kleinbadeteichen, Bundesgesundheitsbl – Gesundheitsforsch – Gesundheitsschutz, 50, 987–988.

Vandamme, P. et al. (1992): Outbreak of recurrent abdominal cramps associated with Arcobacter butzleri in an Italien School. J. Clin. Microbiol. 30, 2335–2337.

WHO Guidelines for drinking water quality (2004): Recommendations, Microbial aspects, Tab. 7.1, 3rd edn. 2004, 1, 122–123.

Wiedenmann, A.; Dietz, K.; Krüger, P. et al. (2004): Epidemiological determination of disease risks from bathing. Abschlussbericht UBA Fo-Vorhaben Nr. 29881503, UBA Berlin.

Weiterführende Literatur

Botzenhart, K. (2007): Viren im Trinkwasser. Bundesgesundheitsbl – Gesundheitsforsch – Gesundheitsschutz, 50, 296–301.

Clancy, J. L.; Bukhari, Z.; Harg, T. M.; Bolton, J. R.; Dussert, B. W.; Marshall, M. M. (2000): "Using UV to inactivate Cryptosporidium". JAWWA, 92-9, 97–104.

DVGW (1996): Eignung von Fließgewässern für die Trinkwasserversorgung. Technische Mitteilung, Merkblatt W 252.

Exner, M.; Kistemann, T. (2004): Bedeutung der Verordnung über die Qualität von Wasser für den menschlichen Gebrauch (Trinkwasserverordnung 2001) für die Krankenhaushygiene. Bundesgesundheitsbl – Gesundheitsforsch – Gesundheitsschutz, 47, 384–391.

Feuerpfeil, I. (2002): Mikrobiologische Untersuchungsverfahren nach neuer Trinkwasserverordnung, Antrag auf Aufnahme alternativer Verfahren in die Liste des Umweltbundesamtes. Mitteilung des Umweltbundesamtes nach Anhörung der Trinkwasserkommission des Umweltbundesamtes. Bundesgesundheitsbl – Gesundheitsforsch – Gesundheitsschutz, 45, 311.

Feuerpfeil, I.; Szwezyk, R.; Hummel, A. (2002): Die mikrobiologischen Nachweisverfahren der neuen Trinkwasserverordnung (TrinkwV 2001). Bundesgesundheitsbl – Gesundheitsforsch – Gesundheitsschutz, 45, 1006–1009.

IfSG (2000) Gesetz zur Verhütung und Bekämpfung von Infektionskrankheiten beim Menschen, zuletzt geändert BGBl. I vom 29. 12. 2003, 2954.

Mitteilung der Trinkwasserkommission beim Umweltbundesamt. Clostridium perfringens (2002): Umfang der Untersuchungen nach Anlage 4 (zu § 14 Abs. 1) TrinkwV 2001. Bundesgesundheitsbl – Gesundheitsforsch – Gesundheitsschutz, 45, 1015.

Schaefer, B. (2007): Legionellenuntersuchung bei der Trinkwasseranalyse – Hinweise zur Probenahme, Durchführung im Labor und Bewertung. Bundesgesundheitsbl – Gesundheitsforsch – Gesundheitsschutz, 50, 291–295.

Szewzyk, R.; Knobling, A. (2007): Umsetzung der neuen EG-Badegewässerrichtlinie in Deutschland. Bundesgesundheitsbl – Gesundheitsforsch – Gesundheitsschutz, 50, 354–358.

Tagungsbericht (2006): Ergebnisse einer Expertenanhörung am 31. 03. 2004 im Universitätsklinikum Bonn. Hausinstallationen, aus denen Wasser für die Öffentlichkeit bereitgestellt wird, als potenzielles Infektionsreservoir mit besonderer Berücksichtigung von Einrichtungen zur medizinischen Versorgung – Kenntnisstand, Prävention und Kontrolle. Bundesgesundheitsbl – Gesundheitsforsch – Gesundheitsschutz, 49, 681–686.

UBA-Bekanntmachung (2004): Hinweise zu mikrobiologischen Parametern/Nachweisverfahren nach TrinkwV 2001. Nachtrag zur Liste alternativer Verfahren gemäß § 15 Abs. 1 TrinkwV 2001. Bundesgesundheitsbl – Gesundheitsforsch – Gesundheitsschutz, 47, 714–715.

UBA-Bekanntmachung (2006): Mikrobiologische Nachweisverfahren nach TrinkwV 2001, Liste alternativer Verfahren gemäß § 15 Abs. 1 TrinkwV 2001 – 1. Änderungsmitteilung. Bundesgesundheitsbl – Gesundheitsforsch – Gesundheitsschutz, 49, 1071–1072.

UBA-Empfehlung (2000): Empfehlung des Umweltbundesamtes nach Anhörung der Trink- und Badewasserkommission des Umweltbundesamtes, Nachweis von Legionellen in Trinkwasser und Badebeckenwasser, Bundesgesundheitsbl – Gesundheitsforsch – Gesundheitsschutz, 43, 911–915.

UBA-Empfehlung (2005): Empfehlung des Umweltbundesamtes nach Anhörung der Trinkwasserkommission des Bundesministeriums für Gesundheit. Hygienisch-mikrobiologische Untersuchung im Kaltwasser von Wasserversorgungsanlagen nach § 3 Nr. 2 Buchstabe c TrinkwV 2001, aus denen Wasser für die Öffentlichkeit im Sinne des § 18 Abs. 1 TrinkwV 2001 bereitgestellt wird. Bundesgesundheitsbl – Gesundheitsforsch – Gesundheitsschutz, 49, 693 – 696.

UBA-Empfehlung (2005): Empfehlung des Umweltbundesamtes nach Anhörung der Trinkwasserkommission des Bundesministeriums für Gesundheit. Periodische Untersuchung auf Legionellen in zentralen Erwärmungsanlagen der Hausinstallation nach § 3 Nr. 2 Buchstabe c TrinkwV 2001, aus denen Wasser für die Öffentlichkeit bereitgestellt wird. Bundesgesundheitsbl – Gesundheitsforsch – Gesundheitsschutz, 49, 697–700.

Ultraviolet Disinfection Guidance Manual (2006) for the final long Term to enhanced Surface Water Treatment Rule, EPA United States Environmental Protection Agency. (http://www.epa.gov/safewater/disinfection/lt2/pdfs/guide lt2 uvguidance.pdf)

WHO: guidelines for drinking water quality (1996): Health criteria and other supporting information, 2nd edn, Geneva, 2.

Wingender, J.; Dannehl, A.; Bressler, D.; Flemming, H.C. (2003): Charakterisierung von Biofilmen in Trinkwasserverteilungssystemen. In: Erfassung des Wachstums und des Kontaminationspotentials von Biofilmen in der Verteilung von Trinkwasser, Flemming, H.-C. (Hrsg.), 36, 27–86.

9
Anhang

Irmgard Feuerpfeil

Tabelle 9.1 Grenzwerte und Anforderungen für Wasser für den menschlichen Gebrauch (nach TrinkwV 2001)[1].

a) Allgemeine Anforderungen an Wasser für den menschlichen Gebrauch

Parameter	Grenzwert (Anzahl 100 ml^{-1})	Nachweisverfahren
Escherichia coli	0	ISO 9308-1/Colilert®-18/Quanti-Tray®
Enterokokken	0	ISO 7899-2/Chromocult®-Enterokokken-Agar
Coliforme Bakterien	0	ISO 9308-1/Colilert®-18/Quanti-Tray®

b) Anforderungen an Wasser für den menschlichen Gebrauch, das zur Abfüllung in Flaschen oder sonstigen Behältnissen zum Zwecke der Abgabe bestimmt ist

Parameter	Grenzwert	Nachweisverfahren
Escherichia coli	0 · 250 ml^{-1}	ISO 9308-1/Colilert®-18/Quanti-Tray®
Enterokokken	0 · 250 ml^{-1}	ISO 7899-2/Chromocult®-Enterokokken-Agar
Pseudomonas aeruginosa	0 · 250 ml^{-1}	prEN 12780
Koloniezahl bei 22 °C	100 ml^{-1}	EN ISO 6222/Anlage 1 Nr. 5 TrinkwV 1990
Koloniezahl bei 36 °C	20 ml^{-1}	EN ISO 6222/Anlage 1 Nr. 5 TrinkwV 1990
Coliforme Bakterien	0 · 250 ml^{-1}	ISO 9308-1/Colilert®-18/Quanti-Tray®

Hygienisch-mikrobiologische Wasseruntersuchung in der Praxis.
Irmgard Feuerpfeil und Konrad Botzenhart (Hrsg.)

ISBN: 978-3-527-31569-7

Tabelle 9.1 (Fortsetzung)

c) Grenzwerte und Anforderungen für Indikatorparameter

Indikatorparameter	Grenzwert/ Anforderung	Bemerkungen	Nachweisverfahren
Clostridium perfringens (einschließlich Sporen)	$0 \cdot 100\ ml^{-1}$	–	Verfahrenstext in Anlage 5 TrinkwV 2001
Koloniezahl bei 22 °C	• ohne anormale Veränderung	bei Einsatz des Nachweisverfahrens nach TrinkwV 1990: • $100\ ml^{-1}$ am Zapfhahn des Verbrauchers • $20\ ml^{-1}$ nach Abschluss der Aufbereitung im desinfizierten Wasser • $1000\ ml^{-1}$ bei Kleinanlagen, in denen pro Jahr höchstens $1000\ ml^3$ Wasser abgegeben werden und in sonstigen nicht ortsfesten Anlagen	EN ISO 6222/ Anlage 1 Nr. 5 TrinkwV 1990
Koloniezahl bei 36 °C	• ohne anormale Veränderung	bei Einsatz des Nachweisverfahrens nach TrinkwV 1990: • $100\ ml^{-1}$	EN ISO 6222/ Anlage 1 Nr. 5 TrinkwV 1990

1) Nachweisverfahren nach § 15 Abs. 1 (Anlage 5) TrinkwV 2001, Liste des UBA (Bundesgesundheitsbl – Gesundheitsforsch – Gesundheitsschutz 2006, 49, 1071–1072).

Tabelle 9.2 Grenz- und Richtwerte für Mineral-, Quell- und Tafelwasser (nach MTVO, 1984)[1].

Parameter	Grenzwert	Richtwert
Escherichia coli	in 250 ml nicht enthalten	–
Coliforme Bakterien	in 250 ml nicht enthalten	–
Fäkalstreptokokken	in 250 ml nicht enthalten	–
Pseudomonas aeruginosa	in 250 ml nicht enthalten	–
sulfitreduzierende sporenbildende Anaerobier	in 50 ml nicht enthalten	–
Koloniezahl (bis 12 h nach Abfüllung)		
bei 20 °C	≤100 pro ml	–
bei 37 °C	≤20 pro ml	–
Koloniezahl, am Quellaustritt *)		
bei 20 °C	–	≤20 pro ml
bei 37 °C	–	≤5 pro ml

*) nicht für Tafelwasser
1) Nachweisverfahren als Verfahrenstext in MTVO.

Tabelle 9.3 Grenzwerte und Anforderungen (Parameter und Parameterwerte) für Wasser für den menschlichen Gebrauch (98/83/EG, 1998)[1].

a) Parameter und Parameterwerte

Parameter	Parameterwert (Anzahl 100 ml^{-1})	Referenzverfahren
Escherichia coli	0	ISO 9308-1
Enterokokken	0	ISO 7899-2

b) Parameter und Parameterwerte für Wasser, das in Flaschen oder sonstigen Behältnissen zum Verkauf angeboten wird

Parameter	Parameterwert	Referenzverfahren
Escherichia coli	0 · 250 ml^{-1}	ISO 9308-1
Enterokokken	0 · 250 ml^{-1}	ISO 7899-2
Pseudomonas aeruginosa	0 · 250 ml^{-1}	prEN 12780
Koloniezahl bei 22 °C	100 ml^{-1}	prEN ISO 6222
Koloniezahl bei 37 °C	20 ml^{-1}	prEN ISO 6222

c) Grenzwerte und Anforderungen für Indikatorparameter

Parameter	Parameterwert	Referenzverfahren
Clostridium perfringens (einschließlich Sporen)	0 · 100 ml^{-1} (Anmerkung 2)	Verfahrenstext in Richtlinie (Anhang III)
Koloniezahl bei 22 °C	ohne anormale Veränderung	prEN ISO 6222
Coliforme Bakterien	0 · 100 ml^{-1} (Anmerkung 5)	ISO 9308-1

1) Nachweisverfahren im Anhang III der Richtlinie
Anmerkung 2: Dieser Parameter braucht nur bestimmt zu werden, wenn das Wasser von Oberflächenwasser stammt oder von Oberflächenwasser beeinflusst wird. Wird dieser Parameterwert nicht eingehalten, so stellt der betreffende Mitgliedsstaat Nachforschungen im Versorgungssystem an, um sicherzustellen, dass keine potentielle Gefährdung der menschlichen Gesundheit aufgrund eines Auftretens krankheitserregender Mikroorganismen, z. B. Cryptosporidium, besteht. Die Mitgliedsstaaten nehmen die Ergebnisse solcher Nachforschungen in ihre Berichte gemäß Artikel 13 Absatz 2 auf.
Anmerkung 5: Bei Wasser, das in Flaschen oder anderen Behältnissen abgefüllt ist, gilt die Einheit „Anzahl 250 ml^{-1}“.

Tabelle 9.4 Leitwerte für Trinkwasser nach WHO (Guidelines, 2004).

Organismus	Leitwert
a) Trinkwasser allgemein	
E. coli oder thermotolerante Coliforme	nicht nachweisbar in 100 ml
b) Aufbereitetes Wasser bei Eintritt in das Verteilungssystem	
E. coli oder thermotolerante Coliforme	nicht nachweisbar in 100 ml
c) Aufbereitetes Wasser im Verteilungssystem	
E. coli oder thermotolerante Coliforme	nicht nachweisbar in 100 ml

Tabelle 9.5 Leitwerte für Oberflächenwasser, das zu Trinkwasser aufbereitet werden soll, in Abhängigkeit von den erforderlichen Aufbereitungsverfahren (75/440/EWG, 1975).

Organismus	Leitwert		
	Einfache Aufbereitung (z. B. Schnellfilter u. Desinfektion)	**Normale Aufbereitung (z. B. Flockungsfiltration und Desinfektion)**	**Weitergehende Aufbereitung (zusätzliche Aufbereitung)**
Gesamtcoliforme	$50 \cdot 100\ ml^{-1}$	$5000 \cdot 100\ ml^{-1}$	$50\,000 \cdot 100\ ml^{-1}$
Fäkalcoli	$20 \cdot 100\ ml^{-1}$	$2000 \cdot 100\ ml^{-1}$	$20\,000 \cdot 100\ ml^{-1}$
Streptococcus faecalis	$20 \cdot 100\ ml^{-1}$	$1000 \cdot 100\ ml^{-1}$	$10\,000 \cdot 100\ ml^{-1}$
Salmonellen	n. n. in 5 l	n. n. in 1 l	–

Tabelle 9.6 Parameter und Bewertung für Oberflächengewässer, die als Badegewässer genutzt werden (2006/7/EG, 2006).

a) Binnengewässer

Parameter	Ausgezeichnete Qualität	Gute Qualität	Ausreichende Qualität	Referenzanalyse-methoden
Intestinale Enterokokken (KBE 100 ml^{-1})	200*)	400*)	330**)	ISO 7899-1 oder ISO 7899-2
Escherichia coli (KBE 100 ml^{-1})	500*)	1000*)	900**)	ISO 9308-3 oder ISO 9308-1

*) auf der Grundlage einer 95-Perzentil-Bewertung, siehe Anhang II der Richtlinie
**) auf der Grundlage einer 90-Perzentil-Bewertung, siehe Anhang II der Richtlinie

b) Küstengewässer und Übergangsgewässer

Parameter	Ausgezeichnete Qualität	Gute Qualität	Ausreichende Qualität	Referenzanalyse-methoden
Intestinale Enterokokken (KBE 100 ml^{-1})	100*)	200*)	185**)	ISO 7899-1 oder ISO 7899-2
Escherichia coli (*KBE 100* ml^{-1})	250*)	500*)	500**)	ISO 9308-3 oder ISO 9308-1

*) auf der Grundlage einer 95-Perzentil-Bewertung, siehe Anhang II der Richtlinie
**) auf der Grundlage einer 90-Perzentil-Bewertung, siehe Anhang II der Richtlinie

Tabelle 9.7 Anforderungen an die Qualität des Wassers im Kleinbadeteich (UBA-Empfehlung 2003)[1].

Parameter	Höchstwert	Anzuwendende Verfahren
Escherichia coli	$100 \cdot 100\ ml^{-1}$	DIN EN ISO 9308-3
Enterokokken	$50 \cdot 100\ ml^{-1}$	DIN EN ISO 7899-1, DIN EN ISO 7899-2
Pseudomonas aeruginosa	$10 \cdot 100\ ml^{-1}$	DIN EN 12780, DIN 38411 T. 8

1) UBA: „Hygienische Anforderungen an Kleinbadeteiche (künstliche Schwimm- und Badeteichanlagen)“, Bundesgesundheitsbl – Gesundheitsforsch – Gesundheitsschutz 2003, 46, 527–529

Tabelle 9.8 Anforderungen an das Reinwasser und das Beckenwasser von Schwimmbädern (DIN 19643, 1997).

Parameter	Einheit (KBE)	Reinwasser	Beckenwasser
Pseudomonas aeruginosa	$1 \cdot 100\ ml^{-1}$	n. n. [2]	n. n. [2]
Escherichia coli	$1 \cdot 100\ ml^{-1}$	n. n. [2]	n. n. [2]
Legionella spec.	$1\ ml^{-1}$	–	n. n. [2,4]
	$1 \cdot 100\ ml^{-1}$	n. n. [2,3]	–
Koloniezahl bei 20 °C	$1\ ml^{-1}$	20	100
Koloniezahl bei 36 °C	$1\ ml^{-1}$	20	100

2) n. n. = nicht nachweisbar
3) im Filtrat bei Beckenwassertemperatur 23 °C
4) im Beckenwasser von Warmsprudelbecken sowie Becken mit zusätzlichen aerosolbildenden Wasserkreisläufen und Beckentemperaturen 23 °C

Tabelle 9.9 Mikrobiologische Parameter für Beckenwasser (UBA-Empfehlung 2006)[1].

Parameter	Parameterhöchstwert	Nachweisverfahren
Escherichia coli	$0 \cdot 100\ ml^{-1}$	DIN EN ISO 9308-1 oder gleichwertige Verfahren nach DIN EN ISO 17994
Pseudomonas aeruginosa	$0 \cdot 100\ ml^{-1}$	DIN EN 12780
Legionella species[a]	$0\ ml^{-1}$	ISO 11731[b]
Koloniezahl	$100\ ml^{-1}$ bei einer Bebrütungstemperatur von $(36 \pm 1)\ °C$	s. Anhang I (Verfahren nach Anlage 1 Nr. 5 TrinkwV 1990)

a) Die Untersuchung auf Legionella species hat stets dann zu erfolgen, wenn die Wassertemperatur im Becken über 23 °C liegt und wenn Einrichtungen vorhanden sind, bei deren Betrieb Aerosole gebildet werden können.
b) Zu beachten ist auch die Empfehlung des Umweltbundesamtes „Nachweis von Legionellen in Trink- und Badebeckenwasser", Bundesgesundheitsbl – Gesundheitsforsch – Gesundheitsschutz 2000, 43, 911–915.
1) UBA: „Hygieneanforderungen an Bäder und deren Überwachung", Bundesgesundheitsbl – Gesundheitsforsch – Gesundheitsschutz 2006, 49, 926–937.

Hinweis

Die in den Tabellen angegebenen Normbezeichnungen entsprechen den Angaben in den zitierten Richtlinien, Verordnungen, technischen Regeln oder Empfehlungen. Es ist möglich, dass sich der Geltungsbereich (DIN, EN, ISO) oder der Bearbeitungsstand der zitierten Normen geändert hat.

Sachregister

a

Hygienisch-mikrobiologische Wasseruntersuchung in der Praxis.
Irmgard Feuerpfeil und Konrad Botzenhart (Hrsg.)

ISBN: 978-3-527-31569-7

b

C

g

h

n

S